W0260679

Der Abdruck der „Grundzüge einer allgemeinen Theorie der linearen Integralgleichungen" von D. Hilbert erfolgte mit freundlicher Genehmigung der Akademie der Wissenschaften zu Göttingen. Der Abdruck der beiden Arbeiten D. Hilbert (1909) und E. Schmidt (1908) erfolgte mit freundlicher Genehmigung der Redaktion der Rendiconti del Circolo Matematico di Palermo.

Verlag und Herausgeber danken für die Bereitstellung von Fotos bzw. Kopien:
Niedersächsische Staats- und Universitätsbibliothek Göttingen, Universitätsarchiv (Promotionsakten der Philosophischen Fakultät, Jahrgang 1905–1906): S. 4,
Sächsische Landesbibliothek Dresden, Abt. Deutsche Fotothek: S. 6,
Archiv für Geschichte der Naturforschung und Medizin, Deutsche Akademie der Naturforscher Leopoldina Halle/Saale (Matrikel-Mappe Nr. 3820): S. 170,
Archiv der Rheinischen Friedrich-Wilhelms-Universität Bonn: S. 248, 275–277,
Staatsarchiv des Kantons Zürich: S. 304,
Kustodie der Akademie der Wissenschaften der DDR, Berlin: S. 313 (Foto: H. Reuter).

Für ihre Unterstützung bei der Bereitstellung des Bildmaterials ist den Herren W. Berg, Halle, H. Hadan, Berlin, S. Hildebrand, Bonn, H. Jarchow, Zürich, M. Kneser, Göttingen, H.-G. Krey, Berlin, zu danken.

Der Verlag dankt außerdem der Leipziger Universitätsbibliothek (Außenstelle an der Sektion Mathematik der Karl-Marx-Universität), insbesondere Frau I. Letzel, sowie Herrn Buchbindermeister W. Frenkel, Leipzig, für die hilfreiche Unterstützung.

ISBN-13: 978-3-322-00681-3 e-ISBN-13: 978-3-322-84410-1

DOI: 10.1007/978-3-322-84410-1

TEUBNER-ARCHIV zur Mathematik · Band 11

1. Auflage
Lektor: Jürgen Weiß

Gesamtherstellung: Grafische Werke Zwickau

D. Hilbert · E. Schmidt

Integralgleichungen und Gleichungen mit unendlich vielen Unbekannten

Herausgegeben und mit einem Nachwort versehen
von
A. Pietsch

Dieser Band enthält fotomechanische Nachdrucke der entscheidenden Originalarbeiten über „Lineare Integralgleichungen und Gleichungen mit unendlich vielen Unbekannten", die David Hilbert und sein Schüler Erhard Schmidt in der Zeit von 1904 bis 1910 publiziert haben. Ein von Albrecht Pietsch verfaßtes Nachwort würdigt diese Leistungen, die ein Meilenstein in der Geschichte der linearen Funktionalanalysis waren. Anhand einiger wichtiger Beispiele wird der Einfluß der klassischen Resultate und Methoden auf die Entwicklung moderner Theorien beschrieben. Fotos und unveröffentlichte Archivalien komplettieren den Band. Diese Edition sollte sowohl für Mathematikhistoriker als auch für forschende Mathematiker von Interesse sein.

BSB B. G. Teubner Verlagsgesellschaft, Leipzig
Distributed by Springer-Verlag Wien New York

This volume contains photomechanical reproductions of the most important original papers on „Linear integral equations and equations in infinitely many variables“ published by David Hilbert and his student Erhard Schmidt between 1904 and 1910. An appendix, written by Albrecht Pietsch, presents an appreciation of these achievements which were a milestone in the history of linear functional analysis. The influence of the classical results and methods on the development of modern theories is described by means of some important examples. The book is completed by photographs and unpublished archive material. The edition should be of interest not only for historians but also for research workers in the field of mathematics.

Ce volume contient des reproductions photomécaniques des travaux originaux sur „les équations intégrales linéaires et les équations à une infinité des variables“ publiés par David Hilbert et son élève Erhard Schmidt entre 1904 et 1910. Un appendice écrit par Albrecht Pietsch met en valeur ces travaux qui constituent une étape marquante de l'histoire de l'analyse fonctionnelle linéaire. L'influence des résultats et des méthodes classiques sur le développement des théories modernes est mis en évidence par quelques exemples choisis parmi les plus importants. L'ouvrage est complété par des photographies et des archives non encore publiées. Cette édition doit être intéressante tout autant pour l'historien des mathématiques que pour le mathématicien chercheur.

Этот том содержит фотомеханическое воспроизведение наиболее важных оригинальных работ по теме „Линейные интегральные уравнения и уравнения с бесконечным числом неизвестных“, опубликованных Давидом Гильбертом и его учеником Эрхардом Шмидтом в период с 1904 года по 1910 год. Послесловие Альбрехта Питша подчёркивает значение этих работ, ставших важной вехой в истории линейного функционального анализа. На основе нескольких важных примеров показано влияние классических результатов и методов на развитие современных теорий. Фотографии и неопубликованные архивные материалы дополняют содержание этого тома. Это издание будет интересно не только историкам математики, но и активно работающим математикам.

Vorwort

> Ich hatte es oft schmerzlich empfunden,
> daß bei der Schnelligkeit
> der Entwicklung unserer Wissenschaft
> die Zeit vorüber ist,
> wo wir die größte Weisheit
> in den ältesten Büchern fanden
> und so das Glück genießen konnten,
> das Bewußtsein der Belehrung
> mit dem Gefühl der Pietät
> für das Ehrwürdige zu verbinden.
>
> ERHARD SCHMIDT, 1919

Dieser Band des „TEUBNER-ARCHIVs zur Mathematik" enthält die entscheidenden Arbeiten über „Lineare Integralgleichungen und Gleichungen mit unendlich vielen Unbekannten", die DAVID HILBERT und sein Schüler ERHARD SCHMIDT in der Zeit von 1904 bis 1910 publiziert haben. HILBERTS Mitteilungen „Grundzüge einer allgemeinen Theorie der linearen Integralgleichungen" sind in seinen „Gesammelten Abhandlungen" nicht enthalten, weil sie 1912 bei B. G. TEUBNER in Buchform erschienen (vgl. Foto S. 278); im vorliegenden Band findet der Leser fotomechanische Nachdrucke der Göttinger Erstveröffentlichungen. Außerdem wird diese Edition auch deshalb von Interesse sein, weil „Gesammelte Abhandlungen" von ERHARD SCHMIDT bisher nicht vorliegen.

Für die Erteilung der Abdruckgenehmigungen sei der Akademie der Wissenschaften zu Göttingen und der Redaktion der Rendicondi del Circolo Matematico di Palermo gedankt.

Das Staatsarchiv des Kantons Zürich, die Archive der Universitäten in Bonn und Göttingen sowie der Deutschen Akademie der Naturforscher Leopoldina in Halle/Saale, die Deutsche Fotothek Dresden und die Kustodie der Akademie der Wissenschaften der DDR haben durch die Bereitstellung von Fotos bzw. Kopien ganz wesentlich zur Komplettierung dieser Edition beigetragen. Für die Unterstützung bei der Bereitstellung des Bildmaterials danke ich neben den genannten Institutionen vor allem den Herren WIELAND BERG, Halle, HANS HADAN, Berlin, STEFAN HILDEBRAND, Bonn, HANS JARCHOW, Zürich, MARTIN KNESER, Göttingen, HANS-GEORG KREY, Berlin, und RUDOLF QUERFURTH, Leipzig.

Schließlich möchte ich mich bei den Herren GOTTFRIED KÖTHE, Frankfurt/Main, und WERNER LINDE, Jena, für ihre Vorschläge zur Verbesserung des Nachworts bedanken. Besonders wertvoll waren für mich die Hinweise von Herrn REINHARD SIEGMUND-SCHULTZE, Berlin, der mein Manuskript aus der Sicht des Mathematikhistorikers gelesen hat. Nicht zuletzt danke ich Herrn JÜRGEN WEISS vom BSB B. G. Teubner Verlagsgesellschaft, Leipzig, für die sehr gute Zusammenarbeit.

Jena, Mai 1988 — ALBRECHT PIETSCH

Die vorliegende Dissertation hat im Wesentlichen das Ziel, die in meiner Arbeit „Grundlagen einer Theorie der Integralgleichungen" aufgestellten Resultate auf einem neuen Wege ohne den von mir benutzten Grenzübergang aus dem algebraischen zu beweisen. Dem Verfasser gelingt dies auf eine ebenso scharfsinnige, wie elegante Art. Ich bin überzeugt, dass die Dissertation in Fachkreisen lebhaftes Interesse erwecken und erheblich dazu beitragen wird, dass die durch Allgemeinheit und Fruchtbarkeit so ausgezeichnete Theorie der Integralgleichungen die weiteste Verbreitung in Mathematikerkreisen finde.

Uebrigens gelangt der Kandidat im Einzelnen auch zu ganz neuen eigenartigen Resultaten z. B. bei seinen Betrachtungen des unsymmetrischen Kerns in Kap. III und in seinen am Schlusse der Dissertation aufgestellten Sätzen über allgemeine Entwickelungen nach willkürlich vorgeschriebenen Funktionen.

Die beiden beiliegenden Publikationen des Kandidaten – die eine aus dem Gebiete der Primzahlen, die andere eine elementare Frage der Geometrie betreffend – sind ebenfalls von hohem wissenschaftlichen Wert und zeugen von der grossen Vielseitigkeit und dem Ideenreichtum des Kandidaten.

Persönlich ist mir der Kandidat als ein Mathematiker bekannt, der sich durch Scharfsinn ebenso wie durch seine Schöpfungskraft auszeichnet und der daher für die Zukunft zu den weitesten Hoffnungen berechtigt.

Ich stimme für Zulassung

Hilbert.

Gutachten DAVID HILBERTS zur Dissertation von ERHARD SCHMIDT, 1905

Inhalt

David Hilbert.

Nachrichten

von der

Königl. Gesellschaft der Wissenschaften

zu Göttingen.

Mathematisch-physikalische Klasse

aus dem Jahre 1904.

Göttingen,

Commissionsverlag der Dieterich'schen Universitätsbuchhandlung

Lüder Horstmann.

1904.

Grundzüge einer allgemeinen Theorie der linearen Integralgleichungen.

(Erste Mitteilung.)

Von

David Hilbert in Göttingen.

Vorgelegt in der Sitzung vom 5. März

Es sei $K(s, t)$ eine Funktion der reellen Veränderlichen s, t; $f(s)$ sei eine gegebene Funktion von s und $\varphi(s)$ werde als die zu bestimmende Funktion von s angesehen; jede der Veränderlichen s, t möge sich in dem Intervalle a bis b bewegen: dann heiße

$$f(s) = \int_a^b K(s, t)\varphi(t)\,dt$$

eine *Integralgleichung erster Art* und

$$f(s) = \varphi(s) - \lambda\int_a^b K(s, t)\varphi(t)\,dt$$

eine *Integralgleichung zweiter Art*; dabei bedeutet λ einen Parameter. Die Funktion $K(s, t)$ heiße der *Kern der Integralgleichungen.*

Durch die Randwertaufgabe in der Potentialtheorie wurde zuerst Gauß auf eine besondere Integralgleichung geführt; die Benennung „Integralgleichung" hat bereits P. du Bois-Reymond[1]) angewandt. Die erste Methode zur Auflösung der Integralgleichung zweiter Art rührt von C. Neumann[2]) her: dieser Methode zufolge erscheint die Function $\varphi(s)$ direct als eine unend-

1) Bemerkungen über $\Delta z = 0$. Journ. f. Math. Bd. 103 (1888).

2) Ueber die Methode des arithmetischen Mittels. Leipz. Abh. Bd. 13 (1887).

liche Reihe, die nach Potenzen des Parameters λ fortschreitet und deren Coefficienten gewisse durch mehrfache Integrale definirte Funktionen von s sind. Eine andere Formel zur Auflösung der Integralgleichung zweiter Art fand Fredholm[1]), indem es ihm gelang, $\varphi(s)$ als Bruch darzustellen, dessen Zähler eine beständig convergente Potenzreihe in λ mit gewissen von s abhängigen Coefficienten ist, während als Nenner eine beständig convergente Potenzreihe in λ mit numerischen Coefficienten auftritt. Den directen Nachweis der Uebereinstimmung der Formeln von C. Neumann und Fredholm erbrachte auf meine Anregung hin Kellogg[2]). In dem besonderen Falle gewisser Randwertaufgaben in der Potentialtheorie hat Poincaré[3]) als der Erste den Parameter λ eingeführt und ihm gelang es auch zuerst nachzuweisen, daß die Lösung notwendig als Quotient zweier beständig convergenter Potenzreihen in λ darstellbar sein muß. Eine dritte Methode zur Lösung der Integralgleichung zweiter Art, die auch zugleich auf die Integralgleichung erster Art anwendbar ist, werde ich in einer späteren Note in diesen Nachrichten auseinandersetzen. Die Auflösung besonderer Integralgleichungen gelang Volterra[4]). In gewissen Fällen läßt sich die Integralgleichung erster Art auf die zweiter Art nach einer von mir angegebenen Methode[5]) zurückführen.

Die nähere Beschäftigung mit dem Gegenstande führte mich zu der Erkenntniß, daß der systematische Aufbau einer allgemeinen Theorie der linearen Integralgleichungen für die gesamte Analysis, insbesondere für die Theorie der bestimmten Integrale und die Theorie der Entwickelung willkürlicher Funktionen in unendliche Reihen, ferner für die Theorie der linearen Differentialgleichungen sowie für die Potentialtheorie und Variationsrechnung von höchster Bedeutung ist. Ich beabsichtige in einer Reihe von Mitteilungen die Frage nach der Lösung der Integralgleichungen von neuem zu behandeln, vor Allem aber den Zusammenhang und die allgemeinen Eigenschaften der Lösungen aufzusuchen, wobei ich meist die für meine Resultate wesentliche Voraussetzung mache,

1) Sur une classe d'équations fonctionnelles. Acta mathematica Bd. 27 (1903). und die daselbst citirte Abhandlung über denselben Gegenstand aus dem Jahre 1899.

2) Zur Theorie der Integralgleichungen. Gött. Nachr. 1902.

3) Sur les équations de la physique mathématique. Rendiconti del circolo di Palermo t. 8 (1894). La méthode de Neumann et le problème de Dirichlet. Acta mathematica Bd. 20 (1896—97).

4) Sopra alcune questioni di inversione di integrali definiti. Annali di mate matica s. 2 t. 25 (1897).

5) Vgl. Kellogg, Zur Theorie der Integralgleichungen. Inaugural-Dissertation, Göttingen 1902, sowie Math. Ann. Bd. 58.

daß der Kern $K(s, t)$ der Integralgleichung eine *symmetrische* Funktion der Veränderlichen s, t ist. Insbesondere in dieser ersten Mitteilung gelange ich zu Formeln, die die Entwickelung einer willkürlichen Funktion nach gewissen ausgezeichneten Funktionen, die ich Eigenfunktionen nenne, liefern: es ist dies ein Resultat, in dem als specielle Fälle die bekannten Entwickelungen nach trigonometrischen, Bessel'schen, nach Kugel-, Lamé'schen und Sturm'schen Funktionen, sowie die Entwickelungen nach denjenigen Funktionen mit mehr Veränderlichen enthalten sind, wie sie zuerst Poincaré (l. c.) bei seinen Untersuchungen über gewisse Randwertaufgaben in der Potentialtheorie nachwies. Meine Untersuchung wird zeigen, daß die Theorie der Entwickelung willkürlicher Funktionen durchaus nicht die Heranziehung von gewöhnlichen oder partiellen Differentialgleichungen erfordert, sondern daß die Integralgleichung es ist, die die notwendige Grundlage und den natürlichen Ausgangspunkt für eine Theorie der Reihenentwickelung bildet. Das merkwürdigste Resultat ist, daß die Entwickelbarkeit einer Funktion nach den zu einer Integralgleichung zweiter Art zugehörigen Eigenfunktionen als abhängig erscheint von der Lösbarkeit der entsprechenden Integralgleichung erster Art.

Zugleich erhält dabei die Frage nach der Existenz der Eigenfunktionen eine neue und vollständigere Beantwortung. In dem besonderen Fall der Randwertaufgaben der Potentialtheorie hat bekanntlich die Existenz der Eigenfunktionen zuerst H. Weber[1]) auf Grund des Dirichlet-Thomsonschen Minimalprincipes zu beweisen gesucht und sodann hat Poincaré (l. c.) den Beweis dafür für jenes besondere Problem mit Benutzung der von H. A. Schwarz ausgebildeten Methoden wirklich erbracht. Durch Anwendung meiner Theoreme folgt nicht nur die Existenz der Eigenfunktionen im allgemeinsten Falle, sondern meine Theorie liefert zugleich in einfacher Form die notwendige und hinreichende Bedingung für die Existenz unendlich vieler Eigenfunktionen. Dieser Erfolg ist wesentlich durch den Umstand bedingt, daß ich nicht, wie es bisher geschah, in erster Linie auf den Beweis für die Existenz der Eigenwerte ausgehe, sondern vielmehr zunächst ein allgemeines Entwicklungstheorem (S. 69—70) aufstelle und dann aus diesem ohne Mühe die Bedingungen für die Existenz der Eigenwerte und Eigenfunktionen abzuleiten vermag.

Die Methode, die ich in dieser ersten Mitteilung anwende,

---

1) Ueber die Integration der partiellen Differentialgleichung $\Delta u + k^2 u = 0$. Math. Ann. Bd. 1. (1868.)

4*

besteht darin, daß ich von einem algebraischen Problem, nämlich dem Problem der orthogonalen Transformation einer quadratischen Form von n Variabeln in eine Quadratsumme ausgehe und dann durch strenge Ausführung des Grenzüberganges für $n = \infty$ zur Lösung des zu behandelnden transcendenten Problemes gelange [1]). Dieser Grundgedanke ist als heuristisches Hülfsmittel bereits von anderen Autoren häufig herangezogen worden, insbesondere von Lord Rayleigh [2]); ich habe denselben zu einem beweisenden Prinzip umgestaltet.

Der leichteren Faßlichkeit und der kürzeren Darstellung wegen habe ich mich in dieser Mitteilung stets auf den Fall einer Integralgleichung mit einfachem Integrale beschränkt. Doch sind die Methoden und Resultate auch gültig, wenn in den oben angegebenen Integralgleichungen an Stelle der einfachen Integrale Doppel- oder mehrfache Integrale stehen und K sodann entsprechend eine symmetrische Function zweier Reihen von Variabeln bedeutet.

I.

Lösung des algebraischen Problems.

Es mögen $K(s, t)$, $f(s)$, $\varphi(s)$ die zu Anfang dieser Mitteilung angegebene Bedeutung haben; jedoch nehmen wir das Intervall der Variabeln s, t der Einfachheit halber als das Intervall 0 bis 1 an; außerdem sei $K(s, t)$ eine symmetrische Funktion in s, t. Ferner verstehen wir unter n eine bestimmte positive ganze Zahl und führen folgende abkürzende Bezeichnungen ein:

$$K_{pq} = K\left(\frac{p}{n}, \frac{q}{n}\right) \qquad (p, q = 1, 2, \ldots, n)$$

$$\begin{aligned} Kxy &= K_{11}x_1y_1 + K_{12}x_1y_2 + K_{21}x_2y_1 + \cdots + K_{nn}x_ny_n \\ &= \sum_{p,q} K_{pq}x_py_q, \qquad (K_{pq} = K_{qp}), \end{aligned}$$

$$\varphi_p = \varphi\left(\frac{p}{n}\right), \qquad f_p = f\left(\frac{p}{n}\right), \qquad (p = 1, 2, \ldots, n),$$

$$\begin{aligned} Kx_1 &= K_{11}x_1 + K_{12}x_2 + \cdots + K_{1n}x_n, \\ Kx_2 &= K_{21}x_1 + K_{22}x_2 + \cdots + K_{2n}x_n, \\ &\ldots\ldots\ldots\ldots\ldots\ldots \\ Kx_n &= K_{n1}x_1 + K_{n2}x_2 + \cdots + K_{nn}x_n, \\ [x, y] &= x_1y_1 + x_2y_2 + \cdots + x_ny_n. \end{aligned}$$

1) Die Grundidee dieser Methode habe ich seit W.-S. 1900—1901 wiederholt im Seminar und in Vorlesungen zum Vortrag gebracht.

2) Vgl. Rayleigh, The theory of Sound, 2. ed. London 1894—96 und Pockels-Klein, Ueber die partielle Differentialgleichung $\Delta u + k^2 u = 0$ und deren Auftreten in der mathematischen Physik. Leipzig 1891.

Es ist offenbar

$$Kxy = [Kx, y] = [Ky, x].$$

Wir legen nun das algebraische Problem zu Grunde: es seien aus den n linearen Gleichungen

$$\begin{aligned} f_1 &= \varphi_1 - l(K_{11}\varphi_1 + \cdots + K_{1n}\varphi_n), \\ f_2 &= \varphi_2 - l(K_{21}\varphi_1 + \cdots + K_{2n}\varphi_n), \\ &\cdots\cdots\cdots\cdots \\ f_n &= \varphi_n - l(K_{n1}\varphi_1 + \cdots + K_{nn}\varphi_n) \end{aligned} \tag{1}$$

oder kürzer

$$\begin{aligned} f_1 &= \varphi_1 - lK\varphi_1 \\ &\cdots\cdots \\ f_n &= \varphi_n - lK\varphi_n \end{aligned} \tag{2}$$

die n Unbekannten $\varphi_1, \varphi_2, \ldots, \varphi_n$ zu ermitteln, während die Werte f_p und die Coefficienten K_{pq} gegeben sind und l ebenfalls als ein bekannter Parameterwert anzusehen ist. Wir ziehen zugleich die Eigenschaften der Lösungen und den Zusammenhang mit dem Problem der orthogonalen Transformation der quadratischen Form Kxx in Betracht.

Um dieses algebraische Problem zu lösen, gebrauchen wir die Determinanten

$$d(l) = \begin{vmatrix} 1-lK_{11}, & -lK_{12}, & \ldots, & -lK_{1n} \\ -lK_{21}, & 1-lK_{22}, & \ldots, & -lK_{2n} \\ \cdots & \cdots & \cdots & \cdots \\ -lK_{n1}, & -lK_{n2}, & \ldots, & 1-lK_{nn} \end{vmatrix},$$

$$D\left(l, \begin{matrix} x \\ y \end{matrix}\right) = \begin{vmatrix} 0 & x_1, & x_2, & \ldots, & x_n \\ y_1, & 1-lK_{11}, & -lK_{12}, & \ldots, & -lK_{1n} \\ y_2, & -lK_{21}, & 1-lK_{22}, & \ldots, & -lK_{2n} \\ \cdots & \cdots & \cdots & \cdots & \cdots \\ y_n, & -lK_{n1}, & -lK_{n2}, & \ldots, & 1-lK_{nn} \end{vmatrix},$$

deren erste die Diskriminante der quadratischen Form

$$[x, x] - lKxx$$

ist. Bezeichnen wir mit $D\left(l, \begin{matrix} x \\ Ky \end{matrix}\right)$ diejenige Determinante, die aus $D\left(l, \begin{matrix} x \\ y \end{matrix}\right)$ entsteht, wenn man darin allgemein y_p durch

$$Ky_p = K_{p1}y_1 + K_{p2}y_2 + \cdots + K_{pn}y_n$$

ersetzt, so gilt, wie leicht ersichtlich ist, identisch in x, y und l die Gleichung:

$$(3) \qquad d(l)[x, y]+D\left(l, \begin{matrix} x \\ y \end{matrix}\right)-lD\left(l, \begin{matrix} x \\ Ky \end{matrix}\right) = 0.$$

Unser Problem bestand nun darin aus den Gleichungen (1) oder (2) die n Unbekannten $\varphi_1, \varphi_2, \ldots, \varphi_n$ zu ermitteln, d. h. eine Linearform

$$[\varphi, y] = \varphi_1 y_1+\varphi_2 y_2+\cdots+\varphi_n y_n$$

zu finden, die identisch in y die Gleichung

$$[f, y] = [\varphi, y]-l[K\varphi, y]$$

erfüllt. Da wegen

$$K_{pq} = K_{qp}$$

notwendig

$$[K\varphi, y] = [\varphi, Ky]$$

ausfällt, so ist die zu erfüllende Gleichung mit der Gleichung

$$[f, y] = [\varphi, y]-l[\varphi, Ky]$$

gleichbedeutend und diese Gleichung wird, wie aus (3) unmittelbar einleuchtet, durch die Formel:

$$(4) \qquad [\varphi, y] = -\frac{D\left(l, \begin{matrix} f \\ y \end{matrix}\right)}{d(l)}$$

gelöst. Wenn also der Parameterwert l so beschaffen ist, daß $d(l) \neq 0$ ausfällt, so sind die Coefficienten der Linearform (4) die gesuchten Werte der Unbekannten $\varphi_1, \varphi_2, \ldots, \varphi_n$.

Bekanntlich sind die Wurzeln der Gleichung

$$d(l) = 0$$

sämtlich reell; wir bezeichnen sie mit

$$l^{(1)}, l^{(2)}, \ldots, l^{(n)}$$

und nehmen an, daß sie voneinander verschieden sind.

Bedeuten $d_{11}(l), \ldots, d_{nn}(l)$ die Unterdeterminanten der Determinante $d(l)$ in Bezug auf ihre n Diagonalelemente und ist $d'(l)$ die Ableitung von $d(l)$ nach l, so gilt identisch in l die Gleichung

$$d_{11}(l)+\cdots+d_{nn}(l) = nd(l)-l\,d'(l)$$

und hieraus folgt für $l = l^{(h)}$

(5) $$d_{11}(l^{(h)})+\cdots+d_{nn}(l^{(h)}) = -l^{(h)}d'(l^{(h)}).$$

Da unserer Annahme zufolge $d'(l^{(h)})$ nicht Null sein kann, so sind auch die links stehenden Unterdeterminanten gewiß nicht sämtlich Null, d. h. die homogenen Gleichungen

(6) $$\begin{aligned}\varphi_1 - lK\varphi_1 &= 0\\ \cdots\cdots&\cdots\\ \varphi_n - lK\varphi_n &= 0\end{aligned}$$

besitzen für $l = l^{(h)}$ ein gewisses Lösungssystem

$$\varphi_1 = \varphi_1^{(h)}, \ldots, \varphi_n = \varphi_n^{(h)},$$

das bis auf einen allen diesen n Größen gemeinsamen Factor eindeutig bestimmt ist. Da wegen (3) die Coefficienten von $y_1, \ldots, y_n$ in dem Ausdruck

$$D\left(l^{(h)}, \begin{matrix}x\\y\end{matrix}\right)$$

unabhängig von den Werten $x_1, \ldots x_n$ Lösungen der homogenen Gleichungen (6) sein müssen, so gilt der Ansatz

$$D\left(l^{(h)}, \begin{matrix}x\\y\end{matrix}\right) = [\psi^{(h)}, x][\varphi^{(h)}, y],$$

wo der erste Faktor rechts eine lineare Form in $x_1, \ldots, x_n$ bedeutet. Hieraus folgt wegen der Symmetrie des Ausdrucks linker Hand bei Vertauschung von x mit y

$$D\left(l^{(h)}, \begin{matrix}x\\y\end{matrix}\right) = C[\varphi^{(h)}, x][\varphi^{(h)}, y],$$

wo unter C eine von x, y unabhängige Constante zu verstehen ist, und wenn wir den vorhin erwähnten gemeinsamen Faktor geeignet gewählt denken, so finden wir

(7) $$D\left(l^{(h)}, \begin{matrix}x\\y\end{matrix}\right) = \pm[\varphi^{(h)}, x][\varphi^{(h)}, y].$$

Aus dieser Gleichung schließen wir durch Vergleich der Coefficienten der Producte

$$x_1 y_1, \ldots, x_n y_n$$

auf beiden Seiten die speciellere Formel

(8) $$d_{11}(l^{(h)})+\cdots+d_{nn}(l^{(h)}) = \mp[\varphi^{(h)}, \varphi^{(h)}]$$

und wegen (5) ist somit

$$(9)\qquad [\varphi^{(h)}, \varphi^{(h)}] = \pm l^{(h)} d'(l^{(h)}), \qquad (h = 1, 2, \ldots, n)$$

und sodann nach (7)

$$(10)\qquad \frac{D\left(l^{(h)}, \begin{matrix} x \\ y \end{matrix}\right)}{l^{(h)} d'(l^{(h)})} = \frac{[\varphi^{(h)}, x][\varphi^{(h)}, y]}{[\varphi^{(h)}, \varphi^{(h)}]}, \qquad (h = 1, 2, \ldots, n).$$

Die Gleichung (9) zeigt an, daß in den Gleichungen (7), (8) das obere bez. das untere Vorzeichen auf der rechten Seite zu nehmen ist, je nachdem $l^{(h)} d'(l^{(h)})$ positiv oder negativ ausfällt. Die Gleichungen (6) schreiben wir als Identität in x, wie folgt

$$(11)\qquad [\varphi^{(h)}, x] = l^{(h)} [\varphi^{(h)}, Kx]$$

und entnehmen daraus, weil $l^{(h)}$ und $l^{(k)}$ bei ungleichen Indices verschieden sind, die Beziehung

$$[\varphi^{(h)}, \varphi^{(k)}] = 0, \qquad (h \neq k).$$

Um endlich den Zusammenhang mit der Theorie der orthogonalen Transformation der quadratischen Form zu erhalten, gehen wir von dem Ausdruck

$$\frac{D\left(l, \begin{matrix} x \\ y \end{matrix}\right)}{d(l)}$$

aus. Da der Zähler eine Function $(n-1)$-ten Grades in l und der Nenner vom $n$ten Grade in l ist, so erhalten wir nach den Regeln der Partialbruchentwickelung unter Benutzung von (10)

$$\begin{aligned} \frac{D\left(l, \begin{matrix} x \\ y \end{matrix}\right)}{d(l)} &= \frac{D\left(l^{(1)}, \begin{matrix} x \\ y \end{matrix}\right)}{d'(l^{(1)})} \frac{1}{l - l^{(1)}} + \cdots + \frac{D\left(l^{(n)}, \begin{matrix} x \\ y \end{matrix}\right)}{d'(l^{(n)})} \frac{1}{l - l^{(n)}} \\ &= \frac{[\varphi^{(1)}, x][\varphi^{(1)}, y]}{[\varphi^{(1)}, \varphi^{(1)}]} \frac{l^{(1)}}{l - l^{(1)}} + \cdots + \frac{[\varphi^{(n)}, x][\varphi^{(n)}, y]}{[\varphi^{(n)}, \varphi^{(n)}]} \frac{l^{(n)}}{l - l^{(n)}}, \end{aligned}$$

eine Formel, die identisch in x, y, l erfüllt ist. Für $l = 0$ gehen hieraus die Formeln

$$(12)\qquad [x, y] = \frac{D\left(l^{(1)}, \begin{matrix} x \\ y \end{matrix}\right)}{l^{(1)} d'(l^{(1)})} + \cdots + \frac{D\left(l^{(n)}, \begin{matrix} x \\ y \end{matrix}\right)}{l^{(n)} d'(l^{(n)})}$$

$$(13)\qquad = \frac{[\varphi^{(1)}, x][\varphi^{(1)}, y]}{[\varphi^{(1)}, \varphi^{(1)}]} + \cdots + \frac{[\varphi^{(n)}, x][\varphi^{(n)}, y]}{[\varphi^{(n)}, \varphi^{(n)}]}$$

hervor. Setzen wir hier an Stelle von y die lineare Combination Ky, so erhalten wir mit Rücksicht auf (11) die Identität

$$(14)\quad Kxy = [Kx, y] = [x, Ky] = \frac{D\left(l^{(1)}, \frac{x}{y}\right)}{(l^{(1)})^2\, d'(l^{(1)})} + \cdots + \frac{D\left(l^{(n)}, \frac{x}{y}\right)}{(l^{(n)})^2\, d'\, l^{(n)})}$$

$$(15)\quad = \frac{[\varphi^{(1)}, x][\varphi^{(1)}, y]}{l^{(1)}\,[\varphi^{(1)}, \varphi^{(1)}]} + \cdots + \frac{[\varphi^{(n)}, x][\varphi^{(n)}, y]}{l^{(n)}\,[\varphi^{(n)}, \varphi^{(n)}]}$$

Wir fügen noch die besonderen Formeln hinzu, die aus den beiden letzteren durch Gleichsetzen der x mit den y hervorgehen:

$$(16)\quad [x, x] = \frac{D\left(l^{(1)}, \frac{x}{x}\right)}{l^{(1)}\, d'(l^{(1)})} + \cdots + \frac{D\left(l^{(n)}, \frac{x}{x}\right)}{l^{(n)}\, d'(l^{(n)})}$$

$$= \frac{[\varphi^{(1)}, x]^2}{[\varphi^{(1)}, \varphi^{(1)}]} + \cdots + \frac{[\varphi^{(n)}, x]^2}{[\varphi^{(n)}, \varphi^{(n)}]}$$

$$(17)\quad Kxx = \frac{D\left(l^{(1)}, \frac{x}{x}\right)}{(l^{(1)})^2\, d'(l^{(1)})} + \cdots + \frac{D\left(l^{(n)}, \frac{x}{x}\right)}{(l^{(n)})^2\, d'(l^{(n)})}$$

$$= \frac{[\varphi^{(1)}, x]^2}{l^{(1)}\,[\varphi^{(1)}, \varphi^{(1)}]} + \cdots + \frac{[\varphi^{(n)}, x]^2}{l^{(n)}\,[\varphi^{(n)}, \varphi^{(n)}]}.$$

II.

Lösung des transcendenten Problems.

Wir erinnern an die Bedeutung der Größen K_{pq}, wie sie am Anfange von Abschnitt I aus der Funktion $K(s, t)$ gebildet worden sind und nehmen an, daß $K(s, t)$ eine symmetrische *stetige* Funktion der Variabeln s, t in den betrachteten Intervallen 0 bis 1 sein möge. Unsere Methode erheischt die strenge Durchführung des Grenzüberganges für $n = \infty$. Der in Abschnitt I zunächst erledigten algebraischen Aufgabe entspricht das transcendente Problem, die Integralgleichung zweiter Art

$$f(s) = \varphi(s) - \lambda \int_0^1 K(s, t)\, \varphi(t)\, dt,$$

aufzulösen. Wir beschränken uns in diesem Abschnitt II im wesentlichen darauf, nach unserer Methode die zur Auflösung der Integralgleichung nötigen Formeln zu gewinnen, wie sie von Fredholm zuerst angegeben worden sind.

Entwickeln wir $d(l)$ nach Potenzen von l, wie folgt:

$$d(l) = 1 - d_1\, l + d_2 l^2 - \cdots \pm d_n l^n,$$

so ist, wenn h irgend einen der Indices 1, 2, ..., n bedeutet,

$$d_h = \sum_{(p_1, p_2, \cdots, p_h)} \begin{vmatrix} K_{p_1 p_1} & K_{p_1 p_2} & \cdots & K_{p_1 p_h} \\ K_{p_2 p_1} & K_{p_2 p_2} & \cdots & K_{p_2 p_h} \\ \cdot & \cdot & \cdot & \cdot \\ K_{p_h p_1} & K_{p_h p_2} & \cdots & K_{p_h p_h} \end{vmatrix}, \quad \begin{pmatrix} p_1 < p_2 < p_3 < \cdots < p_h \\ p_1, p_2, \cdots, p_h = 1, 2, \cdots, n \end{pmatrix}$$

Die Summe rechter Hand besteht aus $\binom{n}{h}$ Determinanten; nach einem bekannten Satze[1]) überschreitet der absolute Wert einer jeden Determinante gewiß nicht die Grenze $\sqrt{h^h}K^h$, wo K das Maximum der absoluten Beträge der Funktionswerte $K(s,t)$ bedeutet. Hieraus entnehmen wir

$$|d_h| \leqq \binom{n}{h} \sqrt{h^h}\, K^h \leqq \frac{\sqrt{h^h}}{h!} (nK)^h \leqq \left(\frac{neK}{\sqrt{h}}\right)^h$$

d. h. es ist

$$\frac{|d_h|}{n^h} \leqq \left(\frac{eK}{\sqrt{h}}\right)^h. \tag{18}$$

Andererseits finden wir leicht, wenn h festgehalten wird, in der Grenze bei unendlich wachsendem n

$$\underset{n=\infty}{L} \frac{d_h}{n^h} = \delta_h, \tag{19}$$

wo δ_h die Bedeutung eines h-fachen Integrales hat:

$$\delta_h = \frac{1}{h!} \int_0^1 \cdots \int_0^1 \begin{vmatrix} K(s_1, s_1), & K(s_1, s_2), & \cdots, & K(s_1, s_h) \\ \cdot & \cdot & \cdot & \cdot \\ K(s_h, s_1), & K(s_h, s_2), & \cdots, & K(s_h, s_h) \end{vmatrix} ds_1 \cdots ds_h.$$

Aus (18) und (19) folgt auch

$$\left|\delta_h\right| \leqq \left(\frac{eK}{\sqrt{h}}\right)^h. \tag{20}$$

Wir führen nun die von **Fredholm** zuerst angegebene und wegen (20) beständig convergente Potenzreihe

$$\delta(\lambda) = 1 - \delta_1 \lambda + \delta_2 \lambda^2 - \delta_3 \lambda^3 + \cdots$$

ein und stellen dann folgenden Hilfssatz auf:

Hilfssatz 1. Der Ausdruck $d\left(\frac{\lambda}{n}\right)$ convergirt bei unendlich wachsendem n gegen $\delta(\lambda)$ und zwar ist diese Convergenz eine gleichmäßige für alle Werte von λ, deren absoluter Betrag unterhalb einer beliebig gewählten positiven Grenze Λ gelegen

1) **Hadamard**, Bulletin des sciences mathématiques (2) XVII (1893).

ist. In demselben Sinne convergirt der Ausdruck $\frac{1}{n} d'\left(\frac{\lambda}{n}\right)$ gegen $\delta'(\lambda)$.

Um diesen Hilfssatz zu beweisen, nehmen wir im Gegensatz zu demselben an, es existire eine positive Größe ε derart, daß für unendlich viele ganzzahlige n und zugehörige Werte von λ mit absoluten Beträgen unterhalb $\varLambda$ stets

$$\left|d\left(\frac{\lambda}{n}\right)-\delta(\lambda)\right|>\varepsilon$$

ausfällt. Nunmehr wählen wir die ganze Zahl m so groß, daß folgende Bedingungen erfüllt sind: es soll für alle λ, deren absoluter Betrag unterhalb $\varLambda$ liegt,

$$|\delta_{m+1}\lambda^{m+1}-\delta_{m+2}\lambda^{m+2}+\cdots|\leqq\frac{\varepsilon}{3} \tag{21}$$

sein; ferner sollen die Ungleichungen

$$m>(2eK\varLambda)^2 \tag{22}$$

$$\frac{1}{2^m}<\frac{\varepsilon}{3} \tag{23}$$

erfüllt sein; dann ist gewiß im Hinblick auf (18) und (22) für jedes n auch

$$\begin{aligned} d\left(\frac{\lambda}{n}\right) &= 1-\frac{d_1}{n}\lambda+\cdots\pm\frac{d_m}{n^m}\lambda^m\mp\frac{d_{m+1}}{n^{m+1}}\lambda^{m+1}\pm\cdots\pm\frac{d_n}{n^n}\lambda^n \\ &= 1-\frac{d_1}{n}\lambda+\cdots\pm\frac{d_m}{n^m}\lambda^m\pm\frac{\vartheta}{2^m} \qquad (0\leqq\vartheta\leqq 1) \end{aligned}$$

oder wegen (23)

$$\left|d\left(\frac{\lambda}{n}\right)-\left(1-\frac{d_1}{n}\lambda+\cdots\pm\frac{d_m}{n^m}\lambda^m\right)\right|<\frac{\varepsilon}{3} \tag{24}$$

Nachdem die ganze Zahl m in dieser Art bestimmt worden ist, wählen wir die ganze Zahl n so groß, daß

$$\begin{aligned} &\left|\left(1-\frac{d_1}{n}\lambda+\frac{d_2}{n^2}\lambda^2-\cdots\pm\frac{\delta_m}{n^m}\lambda^m\right)\right. \\ &\qquad\left.-\left(1-\delta_1\lambda+\delta_2\lambda^2-\cdots\pm\delta_m\lambda^m\right)\right|<\frac{\varepsilon}{3} \end{aligned} \tag{25}$$

ausfällt; wegen der Gleichung (19) ist eine solche Bestimmung von n gewiß möglich. Die Ungleichungen (21), (24), (25) zeigen nun, daß der Unterschied zwischen $d\left(\frac{\lambda}{n}\right)$ und $\delta(\lambda)$ absolut genommen weniger als ε betragen muß; diese Folgerung widerspricht unserer Annahme und damit ist Hilfssatz 1 bewiesen.

Um zu erkennen, wie sich für die Determinante $D\left(l, \begin{matrix} x \\ y \end{matrix}\right)$ der Grenzübergang zum transcendenten Problem gestaltet, verstehen wir unter $x(s)$ und $y(s)$ zwei willkürliche stetige Funktionen der reellen Variabeln s im Intervall 0 bis 1 und setzen allgemein

$$x_p = x\left(\frac{p}{n}\right), \quad y_p = y\left(\frac{p}{n}\right)$$

in jene Determinante $D\left(l, \begin{matrix} x \\ y \end{matrix}\right)$ ein. Sodann entwickeln wir dieselbe nach Potenzen von l, wie folgt:

$$D\left(l, \begin{matrix} x \\ y \end{matrix}\right) = D_1\begin{pmatrix} x \\ y \end{pmatrix} - D_2\begin{pmatrix} x \\ y \end{pmatrix} l + D_3\begin{pmatrix} x \\ y \end{pmatrix} l^2 - \cdots \pm D_n\begin{pmatrix} x \\ y \end{pmatrix} l^{n-1}$$

und finden leicht in der Grenze bei unendlich wachsendem n, wenn h festbleibt,

$$\underset{n=\infty}{L} \frac{D_h\begin{pmatrix} x \\ y \end{pmatrix}}{n^h} = \varDelta_h\begin{pmatrix} x \\ y \end{pmatrix},$$

wo $\varDelta_h\begin{pmatrix} x \\ y \end{pmatrix}$ die Bedeutung eines h-fachen Integrales hat:

$$\varDelta_h\begin{pmatrix} x \\ y \end{pmatrix} = \frac{1}{h!}\int_0^1 \cdots \int_0^1 \begin{vmatrix} 0, & x(s_1), & x(s_2), & \ldots & x(s_h) \\ y(s_1), & K(s_1, s_1), & K(s_1, s_2), & \ldots, & K(s_1, s_h) \\ \cdot & \cdot & \cdot & \cdot & \cdot \\ y(s_h), & K(s_h, s_1), & K(s_h, s_2), & \ldots, & K(s_h, s_h) \end{vmatrix} ds_1 \ldots ds_h.$$

Führen wir nun die beständig convergente Potenzreihe ein:

$$\varDelta\left(\lambda, \begin{matrix} x \\ y \end{matrix}\right) = \varDelta_1\begin{pmatrix} x \\ y \end{pmatrix} - \varDelta_2\begin{pmatrix} x \\ y \end{pmatrix}\lambda + \varDelta_3\begin{pmatrix} x \\ y \end{pmatrix}\lambda^2 - \ldots,$$

so folgt durch einen entsprechenden Beweis wie vorhin der folgende Hilfssatz:

Hilfssatz 2. Der Ausdruck $\frac{1}{n} D\left(\frac{\lambda}{n}, \begin{matrix} x \\ y \end{matrix}\right)$ convergirt bei unendlich wachsendem n gegen $\varDelta\left(\lambda, \begin{matrix} x \\ y \end{matrix}\right)$ und zwar ist diese Convergenz eine gleichmäßige für alle λ, deren absoluter Betrag unterhalb einer beliebig gewählten positiven Grenze $\varLambda$ gelegen ist.

Wie man sieht, ist $\varDelta\left(\lambda, \begin{matrix} x \\ y \end{matrix}\right)$ eine Potenzreihe in λ, deren Coefficienten noch von den willkürlichen Funktionen $x(s), y(s)$ abhängen.

Wir gehen dazu über, in der Formel (3) den Grenzübergang für $n = \infty$ zu vollziehen.

Bedenken wir, daß zufolge der eingangs eingeführten Abkürzungen

$$Ky_p = K_{p1}y_1 + K_{p2}y_2 + \cdots + K_{pn}y_n$$
$$= K\left(\frac{p}{n}, \frac{1}{n}\right)y\left(\frac{1}{n}\right) + K\left(\frac{p}{n}, \frac{2}{n}\right)y\left(\frac{2}{n}\right) + \cdots + K\left(\frac{p}{n}, \frac{n}{n}\right)y\left(\frac{n}{n}\right)$$

ist, so erhalten wir durch das nämliche Verfahren, das zu den Hilfssätzen 1 und 2 führte, die Formel

$$\underset{n=\infty}{L} \frac{\lambda}{n^2} D\left(\frac{\lambda}{n}, \frac{x}{Ky}\right) = \underset{n=\infty}{L} \frac{\lambda}{n} D\left(\frac{\lambda}{n}, \frac{x}{\frac{1}{n}Ky}\right)$$
$$= \lambda \left\{ \Delta\left(\lambda, \frac{x}{\bar{y}}\right)\right\}_{\bar{y}(s) = \int_0^1 K(s,t)\,y(t)\,dt}$$
$$= \lambda \int_0^1 \left\{ \Delta\left(\lambda, \frac{x}{\bar{y}}\right)\right\}_{\bar{y}(s) = K(s,t)} \cdot y(t)\,dt.$$

Setzen wir daher in der Formel (3) $l = \frac{\lambda}{n}$ ein und dividiren dieselbe durch n, so liefert der Grenzübergang für unendlich wachsende n:

$$(26)\quad \delta(\lambda)\int_0^1 x(s)\,y(s)\,ds + \Delta\left(\lambda, \frac{x}{y}\right) - \lambda\int_0^1 \left\{\Delta\left(\lambda, \frac{x}{\bar{y}}\right)\right\}_{\bar{y}(s) = K(s,t)} y(t)\,dt = 0.$$

Diese Formel ist eine Identität in λ und gilt, wenn $x(s)$, $y(s)$ irgend welche stetige Funktionen ihres Argumentes sind.

Setzen wir in dieser Formel (26)

$$x(r) = K(r, s) \text{ und } y(r) = K(r, t)$$

ein und benutzen die Abkürzung

$$(27)\qquad \Delta(\lambda; s, t) = \lambda\left\{\Delta\left(\lambda, \frac{x}{y}\right)\right\}_{\substack{x(r) = K(r,s)\\ y(r) = K(r,t)}} - \delta(\lambda)\,K(s,t),$$

so geht (26) über in

$$(28)\quad \delta(\lambda)\,K(s,t) + \Delta(\lambda; s,t) - \lambda\int_0^1 \Delta(\lambda; s, r)\,K(t,r)\,dr = 0.$$

Setzt man endlich

$$\mathsf{K}(s,t) = -\frac{\Delta(\lambda; s,t)}{\delta(\lambda)},$$

so erhält man

$$K(s,t) = \mathsf{K}(s,t) - \lambda \int_0^1 \mathsf{K}(s,r)\, K(t,r)\, dr. \tag{29}$$

Im Vorstehenden sind $\Delta(\lambda;\, s,t)$ und $\mathsf{K}(s,t)$ symmetrische Funktionen der reellen Veränderlichen s, t, die noch den Parameter λ enthalten; die Formeln (28) und (29) gelten identisch in s, t und λ.

Die Funktion $\mathsf{K}(s,t)$ heiße die *lösende Funktion für den Kern* $K(s,t)$; mittelst derselben läßt sich nämlich die zu Grunde gelegte Integralgleichung zweiter Art

$$f(s) = \varphi(s) - \lambda \int_0^1 K(s,t)\, \varphi(t)\, dt$$

auflösen, wie folgt:

$$\varphi(s) = f(s) + \lambda \int_0^1 \mathsf{K}(s,t)\, f(t)\, dt.$$

Man erkennt dies sofort durch Einführung der rechten Seite der letzten Formel in die voranstehende Integralgleichung; zugleich erkennen wir hieraus die Eindeutigkeit der Auflösung der Integralgleichung zweiter Art für solche λ, die nicht Nullstellen von $\delta(\lambda)$ sind.

Für $\Delta(\lambda;\, s,t)$ erhalten wir aus den obigen Angaben die Reihenentwickelung

$$\Delta(\lambda;\, s,t) = -K(s,t) + \Delta_1(s,t)\,\lambda - \Delta_2(s,t)\,\lambda^2 + - \cdots,$$

wo

$$\Delta_h(s,t) = \frac{1}{h!} \int_0^1 \cdots \int_0^1 \begin{vmatrix} K(s,t), & K(s,s_1), & \ldots, & K(s,\ s_h) \\ K(s_1,t), & K(s_1,s_1), & \ldots, & K(s_1,\ s_h) \\ \cdot & \cdot & \cdot & \cdot \\ K(s_h,t), & K(s_h,s_1), & \ldots, & K(s_h,\ s_h) \end{vmatrix} ds_1 \ldots ds_h$$

bedeutet. Aus dieser Formel folgt leicht die Identität in λ:

$$\delta'(\lambda) = \int_0^1 \Delta(\lambda;\, s,s)\, ds. \tag{30}$$

Die so erhaltenen Formeln sind nichts anderes als die bereits mehrmals erwähnten Formeln von Fredholm.

III.

Das transcendente Problem, welches der orthogonalen Transformation der quadratischen Form in eine Quadratsumme entspricht.

Unsere wichtigste Aufgabe besteht darin, diejenigen algebraischen Untersuchungen in Abschnitt I, welche die orthogonale Transformation der quadratischen Form Kxx betreffen, durch Ausführung des Grenzüberganges für $n = \infty$ auf das transcendente Gebiet zu übertragen.

Zu dem Zwecke beweisen wir zunächst folgende Sätze über die Nullstellen von $\delta(\lambda)$.

Satz 1. *Die Funktion $\delta(\lambda)$ besitzt keine complexen Nullstellen.*

Zum Beweise nehmen wir im Gegenteil das Vorhandensein einer solchen Nullstelle an, schlagen dann um dieselbe als Mittelpunkt in der complexen λ-Ebene einen Kreis, auf dessen Peripherie und in dessen Inneres keine weitere Nullstelle von $\delta(\lambda)$ fällt und auf dessen Peripherie überdies $\delta'(\lambda)$ von Null verschieden ist. Da $d\left(\frac{\lambda}{n}\right)$ nach Hilfssatz 1 für unendlich wachsendes n gleichmäßig gegen $\delta(\lambda)$ und $\frac{1}{n}d'\left(\frac{\lambda}{n}\right)$ gegen $\delta'(\lambda)$ convergirt, so müßte für genügend große Werte von n auf der ganzen Peripherie jenes Kreises der Quotient $\dfrac{d\left(\frac{\lambda}{n}\right)}{\frac{1}{n}d'\left(\frac{\lambda}{n}\right)}$ sich von den Werten des Quotienten $\dfrac{\delta(\lambda)}{\delta'(\lambda)}$ um beliebig wenig unterscheiden und ebenso würde dann auch von der Unterschied der über die Kreisperipherie erstreckten Integrale

$$\int \frac{d\left(\frac{\lambda}{n}\right)}{\frac{1}{n}d'\frac{\lambda}{n}}\,d\lambda \text{ und } \int \frac{\delta(\lambda)}{\delta'(\lambda)}\,d\lambda$$

beliebig nahe an Null liegen; dies aber wäre unmöglich; denn das erste Integral hat den Werth Null, da die Nullstellen von $d\left(\frac{\lambda}{n}\right)$ sämtlich reell sind, das letzte Integral dagegen wird derjenigen ganzen Zahl gleich, die die Vielfachheit der Nullstelle von $\delta(\lambda)$ im Kreismittelpunkt angiebt.

In ähnlicher Weise erkennen wir auf Grund der in Hilfssatz 1 angegebenen gleichmäßigen Convergenz auch folgende Thatsache:

Satz 2. Wir denken uns für jede der Gleichungen $d(l) = 0$ ihre n Wurzeln dem absoluten Betrage nach geordnet

$$l^{(1)}, \ldots, l^{(n)}$$

derart, daß, wenn entgegengesetzt gleiche Wurzeln vorhanden sind, die positive vorangeht und überdies beim Vorhandensein mehrfacher Wurzeln jede so oft gesetzt werden soll, als ihre Vielfachheit beträgt. Ebenso ordne man die Nullstellen von $\delta(\lambda)$, soweit solche da sind: alsdann ist

$$\underset{n=\infty}{L}\, n l^{(1)} = \lambda^{(1)}, \quad \underset{n=\infty}{L}\, n l^{(2)} = \lambda^{(2)}, \quad \underset{n=\infty}{L}\, n l^{(3)} = \lambda^{(3)} \ldots$$

Man darf jedoch aus Satz 2 keineswegs auf die Existenz von Nullstellen von $\delta(\lambda)$ schließen, da sehr wohl der Fall eintreten kann, daß bereits $nl^{(1)}$ für unendlich wachsendes n absolut über alle Grenzen zunimmt.

Wir führen hier noch folgende Bezeichnungen ein: die Nullstellen von $\delta(\lambda)$ mögen die *zum Kern $K(s, t)$ gehörigen Eigenwerte* heißen.

Unter $K(s, t)$ wurde bisher irgend eine symmetrische Funktion der reellen Veränderlichen s, t verstanden; wir machen nun in diesem Abschnitte III durchweg die Annahme, daß die zu $K(s, t)$ gehörige Funktion $\delta(\lambda)$ keine mehrfache Nullstelle besitzen möge, so daß für eine jede Wurzel der Gleichung $\delta(\lambda) = 0$ gewiß $\delta'(\lambda)$ von Null verschieden ausfällt.

Wir haben ferner zu beachten, daß die gegen Schluß des Abschnittes I entwickelte Transformationstheorie der quadratischen aus $K(s, t)$ gebildeten Form

$$Kxx = \sum_{p,q} K\left(\frac{p}{n}, \frac{q}{n}\right) x_p x_q \qquad (p, q = 1, 2 \ldots, n)$$

zur Voraussetzung hatte, daß die Determinante $d(l)$ keine mehrfache Nullstelle besitzt. Sollte nun für irgend welche Werte von n die zu $K(s, t)$ gehörige Determinante $d(l)$ eine mehrfache Nullstelle aufweisen, so verfahre man in folgender Weise: man denke sich für jeden solchen Wert von n an Stelle von $K(s, t)$ eine modificirte Funktion $\overline{K}(s, t)$ gesetzt, so daß die Nullstellen der entsprechend gebildeten Determinante $\overline{d}(l)$ für $\overline{K}(s, t)$ sämtlich einfach ausfallen; doch sollen die Werte der modificirten Funktion $\overline{K}(s, t)$ sich von denen des ursprünglichen Kerns $K(s, t)$ nur so wenig unterscheiden, daß für alle Werte der Variabeln s, t, für alle Indices h (= 1, 2, ..., n und für alle Paare von stetigen Funktionen $x(s)$; $y(s)$ die Ungleichungen

$$|K(s, t) - \overline{K}(s, t)| < \frac{1}{n},$$

$$\left.\begin{aligned} |d_h - \overline{d}_h| &< 1, \\ |l^{(h)} - \overline{l}^{(h)}| &< \frac{1}{n^2}, \\ \left|D_h\binom{x}{y} - \overline{D}_h\binom{x}{y}\right| &< M(x)\cdot M(y) \end{aligned}\right\} \quad (h = 1, 2, \ldots, n)$$

erfüllt sind; dabei bedeuten $\overline{d}_h$, $\overline{D}_h\binom{x}{y}$ die Coefficienten der entsprechend für $\overline{K}(s, t)$ gebildeten Determinanten $\overline{d}(l)$, $\overline{D}\left(l, \frac{x}{y}\right)$, ferner $\overline{l}^{(h)}$ die entsprechenden Nullstellen von $\overline{d}(l)$ und $M(x)$, $M(y)$ sollen die Maxima der absoluten Werte der Funktionen $x(s)$ bez. $y(s)$ sein. Offenbar nähern sich dann die Ausdrücke

$$\overline{K}(s, t), \qquad \overline{d}\left(\frac{\lambda}{n}\right), \qquad \frac{1}{n}\overline{D}\left(\frac{\lambda}{n}, \frac{x}{y}\right)$$

für unendlich wachsendes n gleichmäßig den Grenzen bez.

$$K(s, t), \qquad \delta(\lambda), \qquad \Delta\left(\lambda, \frac{x}{y}\right),$$

d. h. den nämlichen Grenzen, wie die mittelst des nicht modificirten Kernes gebildeten Ausdrücke. Wir sind dadurch in den Stand gesetzt, auch diejenigen Formeln der in Abschnitt I entwickelten Theorie der quadratischen Form Kxx anzuwenden, zu deren Gültigkeit das Nichtvorhandensein mehrfacher Nullstellen von $d(l)$ eine notwendige Voraussetzung war. Obwohl wir in den fraglichen Fällen mit den modificirten Ausdrücken operiren müssen, wollen wir doch fortan bei unserer Darstellung der größeren Uebersicht halber die ursprünglichen Ausdrücke ohne die Querstriche beibehalten.

Es bezeichne $\lambda^{(h)}$ die h^{te} Nullstelle von $\delta(\lambda)$ unter Beachtung der S. 63 festgesetzten Reihenfolge; aus (26) folgt

$$\text{(31)} \qquad \Delta\left(\lambda^{(h)}, \frac{x}{y}\right) = \lambda^{(h)}\int_0^1 \left\{\Delta\left(\lambda^{(h)}, \frac{x}{\overline{y}}\right)\right\}_{\overline{y}(r) = K(r,t)} y(t)\,dt$$

und wegen der Symmetrie des Ausdruckes $\Delta\left(\lambda, \frac{x}{y}\right)$ in Bezug auf $x(s)$, $y(s)$ ist daher auch:

$$\Delta\left(\lambda^{(h)}, \frac{x}{y}\right) = \lambda^{(h)}\int_0^1 \left\{\Delta\left(\lambda^{(h)}, \frac{\overline{x}}{y}\right)\right\}_{\overline{x}(r) = K(r,s)} x(s)\,ds$$

und, wenn wir hierin $y(r) = K(r, t)$ einsetzen:

$$\left\{\Delta\left(\lambda^{(h)}, \frac{x}{y}\right)\right\}_{y(r) = K(r,t)} = \lambda^{(h)}\int_0^1 \left\{\Delta\left(\lambda^{(h)}, \frac{\overline{x}}{y}\right)\right\}_{\substack{\overline{x}(r) = K(r,s)\\ y(r) = K(r,t)}} x(s)\,ds$$

oder im Hinblick auf (27)

$$\text{(32)} \qquad \left\{\Delta\left(\lambda^{(h)}, \frac{x}{y}\right)\right\}_{y(r) = K(r,t)} = \int_0^1 \Delta(\lambda^{(h)}; s, t)\, x(s)\,ds.$$

Aus (31) und (32) erhalten wir

$$(33)\qquad \varDelta\left(\lambda^{(h)}, \begin{matrix} x \\ y \end{matrix}\right) = \lambda^{(h)}\int_0^1\int_0^1 \varDelta(\lambda^{(h)}; s, t)\, x(s)\, y(t)\, ds\, dt.$$

Zugleich ergiebt sich, wenn wir in (32) $x(r) = K(r, s)$ einführen, im Hinblick auf (27)

$$(34)\qquad \varDelta(\lambda^{(h)}; s, t) = \lambda^{(h)}\int_0^1 \varDelta(\lambda^{(h)}; r, t)\, K(r, s)\, dr;$$

Nunmehr bezeichne $l^{(h)}$ die h^{te} Nullstelle von $d(l)$ unter Beachtung der oben festgesetzten Reihenfolge. Wegen Formel (7) ist allgemein

$$D\left(l^{(h)}, \begin{matrix} x \\ y \end{matrix}\right) D\left(l^{(h)}, \begin{matrix} x^* \\ y^* \end{matrix}\right) = D\left(l^{(h)}, \begin{matrix} x \\ x^* \end{matrix}\right) D\left(l^{(h)}, \begin{matrix} y \\ y^* \end{matrix}\right)$$

und hieraus folgt in der Grenze für unendlich wachsendes n

$$\varDelta\left(\lambda^{(h)}, \begin{matrix} x \\ y \end{matrix}\right) \varDelta\left(\lambda^{(h)}, \begin{matrix} x^* \\ y^* \end{matrix}\right) = \varDelta\left(\lambda^{(h)}, \begin{matrix} x \\ x^* \end{matrix}\right) \varDelta\left(\lambda^{(h)}, \begin{matrix} y \\ y^* \end{matrix}\right)$$

wenn hierin x^*, y^* ebenso wie x, y stetige Funktionen ihres Argumentes vorstellen, und folglich im Hinblick auf (27)

$$(35)\qquad \varDelta(\lambda^{(h)}; s, t)\, \varDelta(\lambda^{(h)}; s^*, t^*) = \varDelta(\lambda^{(h)}; s, s^*)\, \varDelta(\lambda^{(h)}; t, t^*).$$

Wegen (30) ist

$$(36)\qquad \int_0^1 \varDelta(\lambda^{(h)}; s, s)\, ds = \delta'(\lambda^{(h)}),$$

und da unserer Annahme zufolge die Nullstellen von $\delta(\lambda)$ sämtlich einfach sind, so fällt $\delta'(\lambda^{(h)})$ von Null verschieden aus und folglich ist auch gewiß $\varDelta(\lambda^{(h)}; s, s)$ nicht identisch für alle Werte von s Null; es sei s^* ein solcher specieller Wert, daß $\varDelta(\lambda^{(h)}; s^*, s^*)$ von Null verschieden ausfällt. Alsdann setzen wir

$$(37)\qquad \varphi^{(h)}(s) = \left|\sqrt{\frac{\lambda^{(h)}}{\varDelta(\lambda^{(h)}; s^*, s^*)}}\right| \varDelta(\lambda^{(h)}; s, s^*);$$

dadurch ist $\varphi^{(h)}(s)$ als eine stetige Funktion der Variabeln s definirt: sie heiße die *zu dem Eigenwerte $\lambda^{(h)}$ gehörige Eigenfunktion.* Wir gewinnen aus (35), (37), wenn wir noch t^* durch s^* ersetzen, die Gleichung

$$(38)\qquad \lambda^{(h)}\varDelta(\lambda^{(h)}; s, t) = \pm\varphi^{(h)}(s)\,\varphi^{(h)}(t).$$

Mit Hülfe von (36) folgt mithin

$$\int_0^1 (\varphi^{(h)}(s))^2\, ds = \pm\lambda^{(h)}\delta'(\lambda^{(h)}),$$

und daraus erkennen wir, daß in den beiden letzten Gleichungen das obere oder untere Vorzeichen gilt, je nach dem $\lambda^{(h)}\delta'(\lambda^{(h)})$ positiv oder negativ ausfällt.

Unter Hinzuziehung von (33) leiten wir noch die Formeln ab:

$$\varDelta\left(\lambda^{(h)}, \begin{matrix} x \\ y \end{matrix}\right) = \pm \int_0^1 \varphi^{(h)}(s)\, x(s)\, ds \cdot \int_0^1 \varphi^{(h)}(s)\, y(s)\, ds$$

und

$$\frac{\varDelta\left(\lambda^{(h)}, \begin{matrix} x \\ y \end{matrix}\right)}{\lambda^{(h)}\delta'(\lambda^{(h)})} = \frac{\int_0^1 \varphi^{(h)}(s)\, x(s)\, ds \cdot \int_0^1 \varphi^{(h)}(s)\, y(s)\, ds}{\int_0^1 (\varphi^{(h)}(s))^2\, ds}.$$

Endlich ergiebt die Formel (34) in Verbindung mit (38) nach Weglassung des Faktors $\varphi^{(h)}(t)$

$$\varphi^{(h)}(s) = \lambda^{(h)} \int_0^1 K(s, t)\, \varphi^{(h)}(t)\, dt$$

und hieraus leiten wir, wenn $\varphi^{(k)}(s)$ die zu einem anderen Eigenwerte $\lambda^{(k)}$ gehörige Eigenfunktion bezeichnet, sofort die Gleichung ab:

$$\int_0^1 \varphi^{(h)}(s)\, \varphi^{(k)}(s)\, ds = 0, \quad (h \neq k).$$

Oftmals ist es im Interesse einer kürzeren Schreibweise vorzuziehen, an Stelle der Eigenfunktionen $\varphi^{(h)}(s)$ die Funktionen

$$\psi^{(h)}(s) = \frac{\varphi^{(h)}(s)}{\left|\sqrt{\int_0^1 (\varphi^{(h)}(s))^2 ds}\right|}$$

einzuführen: dieselben mögen *normirte Eigenfunktionen* oder, wenn ein Mißverständnis ausgeschlossen erscheint, *Eigenfunktionen* schlechtweg heißen: sie genügen den Gleichungen

$$(39) \qquad \frac{\varDelta\left(\lambda^{(h)}, \begin{matrix} x \\ y \end{matrix}\right)}{\lambda^{(h)}\delta'(\lambda^{(h)})} = \int_0^1 \psi^{(h)}(s)\, x(s)\, ds \cdot \int_0^1 \psi^{(h)}(s)\, y(s)\, ds,$$

$$\int_0^1 (\psi^{(h)}(s))^2\, ds = 1,$$

$$\int_0^1 \psi^{(h)}(s)\, \psi^{(k)}(s)\, ds = 0, \qquad (h \neq k)$$

$$(40) \qquad \psi^{(h)}(s) = \lambda^{(h)} \int_0^1 K(s, t)\, \psi^{(h)}(t)\, dt.$$

Nunmehr haben wir die Vorbereitungen beendet, um dieje-

5*

nige Fragestellung zu erledigen, welche aus dem algebraischen Problem der orthogonalen Transformation der quadratischen Form beim Grenzübergange für unendlich wachsendes n entsteht.

Wir haben am Schluß des Abschnitt I die Formeln erhalten:

$$[x, x] = \frac{D\left(l^{(1)}, \begin{matrix} x \\ x \end{matrix}\right)}{l^{(1)} d'(l^{(1)})} + \frac{D\left(l^{(2)}, \begin{matrix} x \\ x \end{matrix}\right)}{l^{(2)} d'(l^{(2)})} + \cdots + \frac{D\left(l^{(n)}, \begin{matrix} x \\ x \end{matrix}\right)}{l^{(n)} d'(l^{(n)})}$$

$$\frac{D\left(l^{(h)}, \begin{matrix} x \\ x \end{matrix}\right)}{l^{(h)} d'(l^{(h)})} = \frac{[\varphi^{(h)}, x]^2}{[\varphi^{(h)}, \varphi^{(h)}]}, \qquad (h = 1, 2, \ldots, n).$$

Die letzte Formel zeigt, daß jedes Glied der Summe rechter Hand im Ausdruck für $[x, x]$ positiv ausfällt; mithin gilt, wenn m irgend eine ganze Zahl unterhalb n bedeutet, die Ungleichung:

$$(41) \qquad \frac{D\left(l^{(m+1)}, \begin{matrix} x \\ x \end{matrix}\right)}{l^{(m+1)} d'(l^{(m+1)})} + \frac{D\left(l^{(m+2)}, \begin{matrix} x \\ x \end{matrix}\right)}{l^{(m+2)} d'(l^{(m+2)})} + \cdots + \frac{D\left(l^{(n)}, \begin{matrix} x \\ x \end{matrix}\right)}{l^{(n)} d'(l^{(n)})} \leqq [x, x].$$

Da wegen

$$|[\varphi^{(h)}, x][\varphi^{(h)}, y]| \leqq \tfrac{1}{2}([\varphi^{(h)}, x]^2 + [\varphi^{(h)}, y]^2)$$

notwendig

$$\left|\frac{D\left(l^{(h)}, \begin{matrix} x \\ y \end{matrix}\right)}{l^{(h)} d'(l^{(h)})}\right| \leqq \tfrac{1}{2}\left(\frac{D\left(l^{(h)}, \begin{matrix} x \\ x \end{matrix}\right)}{l^{(h)} d'(l^{(h)})} + \frac{D\left(l^{(h)}, \begin{matrix} y \\ y \end{matrix}\right)}{l^{(h)} d'(l^{(h)})}\right)$$

ist, so folgt, indem wir (41) anwenden

$$\left|\frac{D\left(l^{(m+1)}, \begin{matrix} x \\ y \end{matrix}\right)}{l^{(m+1)} d'(l^{(m+1)})}\right| + \left|\frac{D\left(l^{(m+2)}, \begin{matrix} x \\ y \end{matrix}\right)}{l^{(m+2)} d'(l^{(m+2)})}\right| + \cdots + \left|\frac{D\left(l^{(n)}, \begin{matrix} x \\ y \end{matrix}\right)}{l^{(n)} d'(l^{(n)})}\right| \leqq \tfrac{1}{2}([x, x] + [y, y])$$

und mithin ist umsomehr die Summe der $n-m$ letzten Glieder auf der rechten Seite der Formel (14) absolut nicht größer als

$$\frac{1}{2\,|\,l^{(m+1)}\,|}([x, x] + [y, y]);$$

demnach ist mit Rücksicht auf jene Formel (14) auch

$$(42) \qquad \left| Kxy - \frac{D\left(\left(l^{(1)}, \begin{matrix} x \\ y \end{matrix}\right)\right.}{(l^{(1)})^2 d'(l^{(1)})} - \frac{D\left(l^{(2)}, \begin{matrix} x \\ y \end{matrix}\right)}{(l^{(2)})^2 d'(l^{(2)})} - \cdots - \frac{D\left(l^{(m)}, \begin{matrix} x \\ y \end{matrix}\right)}{(l^{(m)})^2 d'(l^{(m)})} \right|$$

$$\leqq \frac{1}{2\,|\,l^{(m+1)}\,|}([x, x] + [y, y]).$$

In dieser Formel wollen wir, wie bereits früher geschehen ist,

$$K_{pq} = K\left(\frac{p}{n}, \frac{q}{n}\right) \qquad x_p = x\left(\frac{p}{n}\right), \; y_p = \left(\frac{p}{n}\right)$$

eingesetzt denken und sodann nach Division durch n^2, während m festbleibt, den Grenzübergang für $n = \infty$ ausführen. Berücksichtigen wir die Grenzgleichungen:

$$\underset{n=\infty}{L} \frac{1}{n^2} Kxy = \underset{n=\infty}{L} \frac{1}{n^2} \sum K\left(\frac{p}{n}, \frac{q}{n}\right) x_p y_q$$

$$= \int_0^1 \int_0^1 K(s, t)\, x(s)\, y(t)\, ds\, dt$$

$$\underset{n=\infty}{L} \quad nl^{(h)} = \lambda^{(h)}$$

$$\underset{n=\infty}{L} \frac{[x, x]}{n} = \int_0^1 (x(s))^2 ds, \qquad \underset{n=\infty}{L} \frac{[y, y]}{n} = \int_0^1 (y(s))^2 ds$$

und beachten wir, daß den Hilfssätzen 1 und 2 gemäß die Ausdrücke $\frac{1}{n} D\left(\frac{\lambda}{n}, \begin{matrix} x \\ y \end{matrix}\right)$ und $\frac{1}{n} d'\left(\frac{\lambda}{n}\right)$ gleichmäßig für alle unterhalb einer festen Grenze liegenden λ gegen $\Delta\left(\lambda, \begin{matrix} x \\ y \end{matrix}\right)$ bez. $\delta'(\lambda)$ convergiren, so geht die Ungleichung (42) in die folgende über:

$$(43) \quad \left| \int_0^1 \int_0^1 K(s, t)\, x(s)\, y(t)\, ds dt - \frac{\Delta\left(\lambda^{(1)}, \begin{matrix} x \\ y \end{matrix}\right)}{(\lambda^{(1)})^2 \delta'(\lambda^{(1)})} - \frac{\Delta\left(\lambda^{(2)}, \begin{matrix} x \\ y \end{matrix}\right)}{(\lambda^{(2)})^2 \delta'(\lambda^{(2)})} - \cdots \right.$$

$$\left. - \frac{\Delta\left(\lambda^{(m)}, \begin{matrix} x \\ y \end{matrix}\right)}{(\lambda^{(m)})^2 \delta'(\lambda^{(m)})} \right| \leqq \frac{1}{2\,|\,\lambda^{(m+1)}\,|} \left(\int_0^1 (x(s))^2 ds + \int_0^1 (y(s))^2 ds \right).$$

Nunmehr benutzen wir die Thatsache, daß die Eigenwerte $\lambda^{(m)}$, falls es ihrer unendlich viele giebt, mit unendlich wachsendem m absolut genommen selbst über jede Grenze wachsen und erkennen dann mit Hilfe der Formel (39), indem wir noch statt der Integrationsgrenzen 0, 1 die allgemeineren Grenzen a, b einführen, folgendes grundlegende Theorem:

Theorem. *Es sei der Kern* $K(s, t)$ *einer Integralgleichung zweiter Art*

$$f(s) = \varphi(s) - \lambda \int_a^b K(s, t)\, \varphi(t) dt$$

eine symmetrische stetige Funktion von s, t; ferner seien $\lambda^{(h)}$ die zu $K(s,t)$ gehörigen Eigenwerte und $\psi^{(h)}(s)$ die zugehörigen normirten Eigenfunktionen; endlich seien $x(s)$, $y(s)$ irgend welche stetige Funktionen von s: alsdann gilt die Entwickelung

$$(44)\quad \int_a^b\int_a^b K(s,t)\,x(s)\,y(t)\,ds\,dt = \frac{1}{\lambda^{(1)}}\int_a^b \psi^{(1)}(s)\,x(s)\,ds\cdot\int_a^b \psi^{(1)}(s)\,y(s)\,ds$$
$$+\frac{1}{\lambda^{(2)}}\int_a^b \psi^{(2)}(s)\,x(s)\,ds\cdot\int_a^b \psi^{(2)}(s)\,y(s)\,ds+\cdots,$$

wobei die Reihe rechter Hand absolut und gleichmäßig für alle Funktionen $x(s)$, $y(s)$ konvergirt, für welche die Integrale

$$\int_a^b (x(s))^2 ds,\qquad \int_a^b (y(s))^2 ds$$

unterhalb einer festen endlichen Grenze bleiben.

Dies ist dasjenige Theorem, das für $x(s) = y(s)$ dem in I genannten algebraischen Satze über die Transformation einer quadratischen Form in die Quadratsumme von linearen Formen entspricht.

Einige unmittelbare Folgerungen dieses Theorems sind folgende:

Die nämlichen Eigenwerte $\lambda^{(h)}$ und Eigenfunktionen $\psi^{(h)}(s)$ können nicht noch zu einem anderen von $K(s,t)$ verschiedenen Kern gehören; die $\lambda^{(h)}$ und $\psi^{(h)}(s)$ *bestimmen vielmehr in ihrer Gesammtheit den Kern* $K(s,t)$ *vollständig.*

Setzt man in die Formel des Theorems an Stelle von $y(t)$ das Integral $\int_a^b K(r,t)\,y(r)\,dr$ ein, so entsteht mit Rücksicht auf (40) die folgende Formel:

$$\int_a^b\int_a^b KK(s,t)\,x(s)\,y(t)\,ds\,dt = \frac{1}{(\lambda^{(1)})^2}\int_a^b \psi^{(1)}(s)\,x(s)\,ds\cdot\int_a^b \psi^{(1)}(s)\,y(s)\,ds$$
$$+\frac{1}{(\lambda^{(2)})^2}\int_a^b \psi^{(2)}(s)\,x(s)\,ds\cdot\int_a^b \psi^{(2)}(s)\,y(s)\,ds+\cdots,$$

wobei zur Abkürzung

$$KK(s,t) = \int_a^b K(s,r)\,K(t,r)\,dr$$

gesetzt ist; diese Funktion $KK(s,t)$ möge der *aus* $K(s,t)$

zweifach zusammengesetzte Kern heißen. Aus Formel (44) erkennen wir, daß der aus $K(s,t)$ zweifach zusammengesetzte Kern dieselben Eigenfunktionen besitzt, wie $K(s,t)$, während die Eigenwerte die Quadrate der zu $K(s,t)$ gehörigen Eigenwerte sind.

Es möge hier noch eine Verallgemeinerung der Formel (29) Platz finden. Bringen wir nämlich die Abhängigkeit der lösenden Funktion $\mathsf{K}(s,t)$ vom Parameter λ zum Ausdruck, indem wir für dieselbe die Bezeichnung $\mathsf{K}(\lambda;s,t)$ anwenden und setzen wir zur vorübergehenden Abkürzung

$$F(s,t) = \mathsf{K}(\lambda;s,t) - \mathsf{K}(\mu;s,t) + (\mu-\lambda)\int_a^b \mathsf{K}(\lambda;r,s)\,\mathsf{K}(\mu;r,t)\,dr,$$

so erhalten wir mittelst wiederholter Anwendung von (29) die Identität

$$F(s,t) - \lambda\int_a^b F(r,s)\,K(r,t)\,dr = 0$$

und diese zeigt zu Folge einer Bemerkung am Schluß von II, daß $F(s,t)$ jedenfalls für jeden solchen Wert von λ verschwindet, der von den Eigenwerten $\lambda^{(h)}$ verschieden ausfällt. Daher ist $F(s,t)$ notwendig für alle Argumente λ, μ, s, t identisch Null, d. h. es gilt die allgemeine Formel

$$\text{(45)}\qquad \mathsf{K}(\lambda;s.t) - \mathsf{K}(\mu;s,t) = (\lambda-\mu)\int_a^b \mathsf{K}(\lambda;r,s)\,\mathsf{K}(\mu;r,t)\,dr.$$

Diese Formel können wir auch in der Gestalt schreiben:

$$\text{(46)}\qquad \mathsf{K}(\mu;s,t) = \mathsf{K}(\lambda+\mu;s,t) - \lambda\int_a^b \mathsf{K}(\lambda+\mu;r,s)\,\mathsf{K}(\mu;r,t)\,dr$$

hieraus folgt, daß, wenn wir $\mathsf{K}(\mu;s,t)$ als Kern für eine Integralgleichung zweiter Art nehmen, die zugehörige lösende Funktion notwendig $\mathsf{K}(\lambda+\mu;s,t)$ ist. Zugleich finden wir

$$\int_a^b \psi^{(h)}(t)\,\mathsf{K}(\lambda;s,t)\,dt = \frac{\psi^{(h)}(s)}{\lambda^{(h)}-\lambda}$$

und erkennen hieraus, daß zum Kern $\mathsf{K}(\mu;s,t)$ dieselben Eigenfunktionen wie zum Kern $K(s,t)$ gehören, während die zugehörigen Eigenwerte die Größen $\lambda^{(h)}-\mu$ sind.

IV.

Entwickelung einer willkürlichen Funktion nach Eigenfunktionen.

Die erste wichtige Anwendung des in Abschnitt III bewiesenen Theorems geschehe zur Beantwortung der Frage nach der

Existenz der Eigenwerte $\lambda^{(h)}$. Diese Frage ist von besonderem Interesse, weil die entsprechende speciellere Aufgabe in der Theorie der linearen partiellen Differentialgleichungen, nämlich der Nachweis der Existenz gewisser ausgezeichneter Werte für die in der Differentialgleichung oder in der Randbedingung auftretenden Parameter bisher wesentliche Schwierigkeiten verursacht hat. Durch Heranziehung unseres Theorems wird die weit allgemeinere Frage nach der Existenz der Eigenwerte, die zu einer Integralgleichung zweiter Art gehören, auf einfache und vollständige Weise beantwortet. Nehmen wir nämlich an, es gäbe keine oder nur eine endliche Anzahl, etwa m Eigenwerte, so ist die in dem Theorem auftretende Reihe (44) eine endliche mit m Gliedern und, da die Formel (44) des Theorems für alle stetigen Funktionen $x(s)$ und $y(s)$ gelten soll, so folgt aus derselben mit Notwendigkeit

$$K(s,t) = \frac{1}{\lambda^{(1)}}\,\psi^{(1)}(s)\,\psi^{(1)}(t) + \cdots + \frac{1}{\lambda^{(m)}}\,\psi^{(m)}(s)\,\psi^{(m)}(t),$$

d. h. $K(s,t)$ vermag, wenn man eine der beiden Variablen, etwa t als Parameter auffaßt und diesem irgend welche constante Werte erteilt, nur m linear unabhängige Funktionen der anderen Variabeln s darzustellen. Umgekehrt, wenn $K(s,t)$ diese Besonderheit aufweist, so verschwinden, wie man sieht, alle Coefficienten der Potenzreihe $\delta(\lambda)$, die mit einer höheren als der $m$ten Potenz von λ multiplicirt sind, d. h. $\delta(\lambda)$ wird eine ganze rationale Funktion in λ und es giebt dann gewiß nur m Eigenwerte. Wir sprechen somit den Satz aus:

Satz 3. *Die zu $K(s,t)$ gehörigen Eigenwerte sind stets in unendlicher Anzahl vorhanden — es sei denn, daß $K(s,t)$ als eine endliche Summe von Produkten darstellbar ist, deren Faktoren nur von je einer der Variabeln s, t abhängen; tritt dieser Fall ein, so ist die Zahl der Eigenwerte gleich der Anzahl der Summanden in jener Summe und $\delta(\lambda)$ ist eine ganze rationale Funktion von einem Grade gleich dieser Anzahl.*

Wir wenden uns nunmehr zu der Frage der Entwickelung jener willkürlichen Funktion in eine unendliche Reihe, die nach Eigenfunktionen fortschreitet. Führen wir in die Formel (44) unseres Theorems

$$y(t) = K(r,t)$$

ein und setzen

$$f(r) = \int_a^b\!\!\int_a^b K(s,t)\,K(r,t)\,x(s)\,ds\,dt,$$

bedenken wir sodann, daß mit Rücksicht auf (40)

$$\int_a^b f(r)\,\psi^{(m)}(r)\,dr = \frac{1}{(\lambda^{(m)})^2}\int_a^b x(s)\,\psi^{(m)}(s)\,ds$$

wird, so geht die Formel (44) unseres Theorems über in

$$f(r) = \int_a^b f(s)\,\psi^{(1)}(s)\,ds\cdot\psi^{(1)}(r) + \int_a^b f(s)\,\psi^{(2)}(s)\,ds\cdot\psi^{(2)}(r) + \cdots,$$

d. h. es gilt der Satz:

Satz 4. *Wenn eine Funktion $f(s)$ sich in der Gestalt*

$$f(s) = \int_a^b\int_a^b K(r,t)\,K(s,t)\,h(r)\,dr\,dt$$

darstellen läßt, wo $h(r)$ eine stetige Funktion von r ist, so läßt sie sich auf die Fouriersche Weise in eine nach Eigenfunktionen fortschreitende Reihe entwickeln, wie folgt

$$f(s) = c_1\,\psi^{(1)}(s) + c_2\,\psi^{(2)}(s) + \cdots$$

$$c_m = \int_a^b f(s)\,\psi^{(m)}(s)\,ds.$$

Diese Reihe convergirt absolut und gleichmäßig.

Die in diesem Satze gemachte Voraussetzung über $f(s)$ ist gleichbedeutend mit der Forderung, es soll eine stetige Funktion $h(s)$ geben, so daß die Integraldarstellung

$$f(s) = \int_a^b KK(s,t)\,h(t)\,dt$$

gilt, oder auch mit der Forderung, es soll zwei stetige Funktionen $g(s)$ und $h(s)$ geben, so daß

$$f(s) = \int_a^b K(s,t)\,g(t)\,dt$$

$$g(s) = \int_a^b K(s,t)\,h(t)\,dt$$

wird.

Wenn $K(s,t)$ eine solche symmetrische Funktion von s, t ist, daß die Gleichung

$$\int_a^b K(s,t)\,g(s)\,ds = 0$$

sich niemals durch eine stetige von Null verschiedene Funktion $g(s)$ identisch in t erfüllen läßt, so heiße $K(s,t)$ *ein abgeschlos-*

sener Kern. Es ist leicht, aus Satz 3 zu erkennen, daß zu einem abgeschlossenen Kern stets unendlich viele Eigenwerte gehören. Ferner können wir für einen abgeschlossenen Kern folgende Behauptungen aufstellen:

Satz 5. *Es sei $K(s,t)$ ein abgeschlossener Kern und $\psi^{(m)}(s)$ die zugehörigen Eigenfunktionen: wenn dann $h(s)$ eine stetige Funktion ist, so daß für alle m die Gleichung*

$$\int_a^b h(s)\,\psi^{(m)}(s)\,ds = 0$$

erfüllt ist, so ist $h(s)$ identisch Null.

Um diesen Satz zu beweisen, setzen wir

$$g(s) = \int_a^b K(s,t)\,h(t)\,dt,$$

$$f(s) = \int_a^b K(s,t)\,g(t)\,dt.$$

Nach Satz 4 gestattet $f(s)$ die Entwickelung nach den Eigenfunktionen $\psi^{(m)}(s)$, und zwar erhält man für die Coefficienten dieser Entwickelung

$$c_m = \int_a^b f(s)\,\psi^{(m)}(s)\,ds = \frac{1}{\lambda^{(m)}}\int_a^b g(s)\,\psi^{(m)}(s)\,ds =$$

$$\frac{1}{(\lambda^{(m)})^2}\int_a^b h(s)\,\psi^{(m)}(s)\,ds = 0,$$

folglich ist $f(s)$ identisch Null. Da $K(s,t)$ ein abgeschlossener Kern sein sollte, so folgt hieraus zunächst $g(s) = 0$ und sodann auch $h(s) = 0$.

Satz 6. *Es sei $K(s,t)$ ein abgeschlossener Kern und $f(s)$ irgend eine stetige Funktion: wenn sich alsdann herausstellt, daß die in Fourierscher Weise gebildete Reihe*

$$c_1\psi^{(1)}(s) + c_2\psi^{(2)}(s) + \cdots,$$

$$c_m = \int_a^b f(s)\,\psi^{(m)}(s)\,ds$$

gleichmäßig convergirt, so stellt sie die Funktion $f(s)$ dar.

In der Tat erweist sich die Differenz von $f(s)$ und der durch jene Reihe dargestellten Funktion von s unter Benutzung des Satzes 5 als Null.

Für die Entwickelbarkeit einer willkürlichen Funktion $f(s)$ nach Eigenfunktionen haben wir in den Sätzen 4 und 6 gewisse Kriterien aufgestellt. Wir können die Bedingungen des Satzes 4 wesentlich vereinfachen, wenn wir über den Kern $K(s, t)$ eine gewisse Vorraussetzung machen. Wir wollen nämlich eine symmetrische stetige Funktion $K(s, t)$ dann einen *allgemeinen Kern* nennen, wenn es möglich ist, zu jeder stetigen Funktion $g(s)$ und zu jedem beliebig kleinen positiven ε stets eine stetige Funktion $h(s)$ zu ermitteln, so daß, wenn

$$x(s) = g(s) - \int_a^b K(s, t)\, h(t)\, dt$$

gesetzt wird, die Ungleichung

$$\int_a^b (x(s))^2\, ds < \varepsilon$$

gilt, d. h. der Kern $K(s, t)$ heißt *allgemein*, wenn das Integral

$$\int_a^b K(s, t)\, h(t)\, dt$$

bei geeigneter Wahl der stetigen Funktion $h(s)$ jede stetige Funktion $g(s)$ in dem eben bezeichneten Sinne angenähert darzustellen fähig ist. Nunmehr gilt der Satz:

Satz 7. *Wenn $K(s, t)$ ein allgemeiner Kern ist, so ist jede unter Vermittelung einer stetigen Funktion $g(s)$ durch das Integral*

$$f(s) = \int_a^b K(s, t)\, g(t)\, dt$$

darstellbare Funktion in eine nach Eigenfunktionen fortschreitende Reihe entwickelbar, wie folgt

$$f(s) = c_1 \psi^{(1)}(s) + c_2 \psi^{(2)}(s) + \cdots,$$

$$c_m = \int_a^b f(s)\, \psi^{(m)}(s)\, ds.$$

Diese Reihe convergirt absolut und gleichmäßig.

Zum Beweise bezeichnen wir mit ε irgend eine beliebig kleine positive Größe; sodann bedeute M das Maximum der Funktion

$$\int_a^b (K(s, t))^2\, dt,$$

wenn die Variabele s sich im Intervall a bis b bewegt. Da $K(s, t)$ ein allgemeiner Kern und $g(s)$ eine stetige Funktion sein soll, so läßt sich eine stetige Funktion $h(s)$ finden, so daß, wenn

$$x(s) = g(s) - \int_a^b K(s, t)\, h(t)\, dt$$

gesetzt wird, die Ungleichung

$$\int_a^b (x(s))^2 ds < \left(\frac{2\varepsilon}{3(1+M)}\right) \tag{47}$$

erfüllt ist. Wir setzen

$$g^*(s) = \int_a^b K(s,t)\,h(t)\,dt,$$

$$f^*(s) = \int_a^b K(s,t)\,g^*(t)\,dt.$$

Nach Satz 4 gestattet die Funktion $f^*(s)$ die Reihenentwickelung nach Eigenfunktionen

$$f^*(s) = c_1^*\psi^{(1)}(s) + c_2^*\psi^{(2)}(s) + c_3^*\psi^{(3)}(s) + \cdots$$

und wegen der gleichmäßigen und absoluten Convergenz dieser Reihe ist es gewiß möglich, eine ganze Zahl m zu finden, so daß für alle s

$$|f^*(s) - c_1^*\psi^{(1)}(s) - c_2^*\psi^{(2)}(s) - \cdots - c_m^*\psi^{(m)}(s)| < \frac{\varepsilon}{3} \tag{48}$$

ausfällt und auch die Ungleichungen noch gelten, die entstehen wenn man m hierin durch eine größere Zahl ersetzt.

Nun ist

$$\left|\int_a^b K(s,t)\,x(t)\,dt\right| \leqq \left|\sqrt{\int_a^b (K(s,t))^2 dt \cdot \int_a^b (x(t))^2 dt}\right|$$

und mit Rücksicht auf (47) mithin

$$\leqq |\sqrt{M}|\frac{2\varepsilon}{3(1+M)} \leqq \frac{\varepsilon}{3}.$$

Wegen

$$f(s) = f^*(s) + \int_a^b K(s,t)\,x(t)\,dt \tag{49}$$

haben wir folglich die Ungleichung

$$|f(s) - f^*(s)| \leqq \frac{\varepsilon}{3}. \tag{50}$$

Andererseits ist wegen (49)

$$c_j - c_j^* = \int_a^b\int_a^b K(s,t)\,\psi^{(j)}(s)\,x(t)\,dt = \frac{1}{\lambda^{(j)}}\int_a^b \psi^{(j)}(t)\,x(t)\,dt$$

und folglich

$$(51) \qquad (c_j - c_j^*)\,\psi^{(j)}(s) = \int_a^b \psi^{(j)}(s)\,x(s)\,ds \cdot \int_a^b K(s,t)\,\psi^{(j)}(t)\,dt.$$

Nehmen wir

$$A = \frac{\int_a^b \psi^{(j)}(s)\,x(s)\,ds}{\sqrt[4]{\int_a^b (x(s))^2\,ds}}, \quad B = \sqrt[4]{\int_a^b (x(s))^2\,ds} \cdot \int_a^b K(s,t)\,\psi^{(j)}(t)\,dt,$$

so folgt wegen

$$|AB| \leqq \tfrac{1}{2}(A^2 + B^2)$$

aus (51) die Ungleichung

$$(52) \qquad |(c_j - c_j^*)\,\psi^{(j)}(s)| \leqq \frac{1}{2}\left\{\frac{\left(\int_a^b \psi^{(j)}(s)\,x(s)\,ds\right)^2}{\sqrt{\int_a^b (x(s))^2\,ds}} + \sqrt{\int_a^b (x(s))^2\,ds}\,\left(\int_a^b K(s,t)\,\psi^{(j)}(t)\,dt\right)^2\right\}.$$

Wir wenden uns nunmehr zu der Formel (16) zurück. Da jedes Glied der Summe auf der rechten Seite dieser Formel (16) $\geqq 0$ ausfällt, so gilt die Ungleichung

$$\frac{D\left(l^{(1)}, \begin{matrix} x \\ x \end{matrix}\right)}{l^{(1)}\,d'(l^{(1)})} + \frac{D\left(l^{(2)}, \begin{matrix} x \\ x \end{matrix}\right)}{l^{(2)}\,d'(l^{(2)})} + \cdots + \frac{D\left(l^{(m)}, \begin{matrix} x \\ x \end{matrix}\right)}{l^{(m)}\,d'(l^{(m)})} \leqq [x, x].$$

Denken wir uns in dieser Formel wieder, wie früher

$$K_{pq} = K\left(\frac{p}{n}, \frac{q}{n}\right), \quad x_p = x\left(\frac{p}{n}\right)$$

eingesetzt und sodann nach Division durch n, während m festbleibt, den Grenzübergang für $n = \infty$ ausgeführt, so entsteht die Ungleichung

$$(53) \qquad \begin{aligned} &\left\{\int_0^1 \psi^{(1)}(s)\,x(s)\,ds\right\}^2 + \left\{\int_0^1 \psi^{(2)}(s)\,x(s)\,ds\right\}^2 + \cdots \\ &+ \left\{\int_0^1 \psi^{(m)}(s)\,x(s)\,ds\right\}^2 \leqq \int_0^1 (x(s))^2\,ds. \end{aligned}$$

Mit Benutzung dieser Ungleichung, in der wir wieder die Integrationsgrenzen a bis b eingeführt annehmen, folgt, wenn wir (52) für $j = 1, 2, \ldots, m$ bilden und summiren:

$$\sum_{j=1,\ldots,m} |(c_j - c^*)\,\psi^{(j)}(s)| \leqq \tfrac{1}{2}\sqrt{\int_a^b (x(s))^2\,ds} \quad (1 + M)$$

oder im Hinblick auf (47)

$$\leqq \tfrac{1}{2} \frac{2\varepsilon}{3(1+M)}(1+M) = \frac{\varepsilon}{3},$$

d. h. es ist auch

$$(54) \qquad |c_1\psi^{(1)}(s)+\cdots+c_m\psi^{(m)}(s)-c_1^*\psi^{(1)}(s)-\cdots-c_m^*\psi^{(m)}(s)| \leqq \frac{\varepsilon}{3}.$$

Aus (48), (50), (54) folgt für alle s

$$|f(s)-c_1\psi^{(1)}(s)-c_2\psi^{(2)}(s)-\cdots-c_m\psi^{(m)}(s)| < \varepsilon$$

und man sieht zugleich, daß diese Ungleichung gültig bleibt, wenn man auf der linken Seite statt m eine größere Zahl wählt; damit ist der Beweis für unseren Satz vollständig erbracht.

Auf Grund des eben bewiesenen Satzes 7 läßt sich auch zeigen, daß die unendliche Reihe

$$\left(\int_a^b \psi^{(1)}(s)x(s)\,ds\right)^2+\left(\int_a^b \psi^{(2)}(s)x(s)\,ds\right)^2+\cdots$$

convergirt und den Wert

$$\int_a^b (x(s))^2\,ds$$

besitzt; dabei ist $K(s,t)$ als allgemeiner Kern vorausgesetzt und $x(s)$ bedeutet eine beliebige stetige Funktion.

V.

Das Variationsproblem, das der algebraischen Frage nach den Minima und Maxima einer quadratischen Form entspricht.

Die in Abschnitt III—IV entwickelte Theorie ist für die Variationsrechnung von besonderer Bedeutung. Ich möchte jedoch hier nur dasjenige transcendente Problem behandeln, welches der algebraischen Frage nach den relativen Maxima und Minima einer quadratischen Form bei Konstanz einer zweiten anderen Form entspricht: es ist dies das Problem, diejenigen Funktionen $x(s)$ zu finden, für welche das Doppelintegral

$$J(x) = \int_a^b\int_a^b K(s,t)\,x(s)x(t)\,ds\,dt$$

minimale oder maximale Werte besitzt, während die Nebenbedingung

$$(55) \qquad \int_a^b (x(s))^2\,ds = 1$$

erfüllt ist.

Wenn der Kern $K(s,t)$ die Eigenschaft hat, daß das Integral $J(x)$ nur positive Werte besitzt, was auch $x(s)$ für eine stetige Funktion sei und Null nur für $x(s) = 0$ wird, so heiße der *Kern* $K(s,t)$ *definit.* Wir machen im Folgenden die Annahme, daß $K(s,t)$ ein definiter Kern sei.

Wenn für eine gewisse stetige Funktion $x(s)$ identisch in allen s

$$\int_a^b K(s,t)x(t)dt = 0$$

wird, so folgt offenbar $J(x) = 0$ und hieraus auch $x(s) = 0$, d.h. *ein definiter Kern ist stets auch ein abgeschlossener Kern*; es giebt für ihn also gewiß unendlich viele Eigenwerte und Eigenfunktionen.

Die Eigenwerte eines definiten Kerns sind stets positiv. Denn fiele im Gegenteil etwa $\lambda^{(h)}$ negativ aus, so würde sich aus

$$(56) \qquad J(x) = \frac{1}{\lambda^{(1)}}\left\{\int_a^b \psi^{(1)}(s)x(s)ds\right\}^2 + \frac{1}{\lambda^{(2)}}\left\{\int_a^b \psi^{(2)}(s)x(s)ds\right\}^2 + \cdots$$

für $x(s) = \psi^{(h)}(s)$ der Wert des Doppelintegrals $J(x)$ negativ ergeben.

Betreffs der Minima und Maxima von $J(x)$ gelten folgende Sätze:

Satz 8. *Es giebt keine stetige Funktion $x(s)$, welche das Doppelintegral $J(x)$ zu einem Minimum macht, während die Nebenbedingung* (55) *erfüllt ist.*

In der Tat, die Eigenfunktionen $\psi^{(1)}(s)$, $\psi^{(2)}(s), \ldots$ erfüllen sämtlich die Nebenbedingung (55); wegen

$$J(\psi^{(1)}) = \frac{1}{\lambda^{(1)}}, \quad J(\psi^{(2)}) = \frac{1}{\lambda^{(2)}}, \ldots$$

könnte daher der gewünschte Minimalwert nur gleich Null sein; diesen Wert nimmt $J(x)$ aber nur für $x(s) = 0$ an.

Satz 9. *Der größte Wert, den das Doppelintegral $J(x)$ annimmt, falls $x(s)$ eine stetige der Nebenbedingung* (55) *genügende Funktion sein soll, ist $\frac{1}{\lambda^{(1)}}$; denselben nimmt das Doppelintegral für $x(s) = \psi^{(1)}(s)$ an.*

Sei nämlich im Gegenteil $x(s)$ eine Funktion, die der Nebenbedingung (55) genügt und für welche

$$J(x) > \frac{1}{\lambda^{(1)}}$$

ausfiele, so müßte sich eine ganze Zahl m so wählen lassen, daß auch die Summe $S(x)$ der ersten m Glieder rechter Hand in (56) größer als $\frac{1}{\lambda^{(1)}}$ wird. Nunmehr setzen wir

$$x(s) = c_1\psi^{(1)}(s) + c_2\psi^{(2)}(s) + \cdots + c_m\psi^{(m)}(s) + y(s),$$

wo zur Abkürzung

$$c_h = \int_a^b \psi^{(h)}(s)\,x(s)\,ds \qquad (h = 1, 2, \ldots, m)$$

gesetzt ist und demnach

$$\int_a^b \psi^{(h)}(s)y(s)\,ds = 0 \qquad (h = 1, 2, \ldots, m)$$

ausfällt; wir finden dann leicht

(57) $$\int_a^b (x(s))^2 ds = c_1^2 + c_2^2 + \cdots + c_m^2 + \int_a^b (y(s))^2 ds$$

(58) $$S(x) = \frac{c_1^2}{\lambda^{(1)}} + \frac{c_2^2}{\lambda^{(2)}} + \cdots + \frac{c_m^2}{\lambda^{(m)}}.$$

Aus (57) folgt mit Rücksicht auf (55)

$$c_1^2 + c_2^2 + \cdots + c_m^2 \leqq 1;$$

umsomehr ist also

$$\frac{c_1^2}{\lambda^{(1)}} + \frac{c_2^2}{\lambda^{(2)}} + \cdots + \frac{c_m^2}{\lambda^{(m)}} \leqq \frac{1}{\lambda^{(1)}}$$

und diese Gleichung steht mit (58) in Widerspruch, da $S(x)$ größer als $\frac{1}{\lambda^{(1)}}$ sein sollte; die ursprünglich gemachte Annahme trifft mithin nicht zu.

In analoger Weise erkennen wir die Richtigkeit des folgenden allgemeineren Satzes:

Satz 10. *Der größte Wert, den das Doppelintegral $J(x)$ annimmt, falls $x(s)$ eine stetige Funktion sein soll, die den Nebenbedingungen*

$$\int_a^b (x(s))^2 ds = 1,$$

$$\int_a^b \psi^{(h)}(s)\,x(s)\,ds = 0, \qquad (h = 1, 2, \ldots, m-1)$$

genügt, ist $\frac{1}{\lambda^{(m)}}$; denselben nimmt das Doppelintegral für $x(s) = \psi^{(m)}(s)$ an.

Durch ähnliche Schlüsse erlangen wir auch die Lösung weiterer Maximalprobleme. Beispielsweise gelingt ohne wesentliche Schwierigkeit die Auffindung der Funktion $x(s)$, die das Integral $J(x)$ zu einem Maximum macht, wenn außer der Nebenbedingung (55) noch die folgende Nebenbedingung

$$(59) \qquad \int_a^b f(s)x(s)\,ds = 0$$

erfüllt sein soll, wobei $f(s)$ irgend eine gegebene Funktion bedeutet.

Wenn der Kern $K(s, t)$ die Eigenschaft besitzt, stets positive Werte anzunehmen, sobald $x(s)$ eine dieser Nebenbedingung (59) genügende stetige Funktion ist, so heiße er kurz *relativ definit*.

Unter den Eigenwerten eines relativ definiten Kernes ist höchstens einer negativ. Denn wären etwa $\lambda^{(1)}$ und $\lambda^{(2)}$ negativ, so bestimme man die Constanten c_1, c_2 derart, daß die Funktion

$$x(s) = c_1\psi^{(1)}(s) + c_2\psi^{(2)}(s)$$

der Nebenbedingung (59) genügt, und überdies $c_1^2 + c_2^2 = 1$ ausfällt: alsdann fällt nach (56) gewiß $J(x)$ negativ aus.

VI.

Ergänzung und Erweiterung der Theorie.

Wir haben bisher in Abschnitt I—V stets vorausgesetzt, daß $K(s, t)$ eine *stetige* Funktion der Veränderlichen s, t sei; es ist unsere nächste Aufgabe, festzustellen, inwieweit sich diese Annahme beseitigen läßt.

Wenn es eine endliche Anzahl von analytischen Linien L

$$s = F(t) \text{ oder } t = G(s)$$

in der st-Ebene giebt, so daß $K(s, t)$ in den Punkten dieser Linien unstetig oder unendlich wird, während für einen gewissen positiven, unterhalb $\frac{1}{2}$ liegenden Exponenten α das Produkt

$$(s - F(t))^{\alpha} K(s, t) \text{ bez. } (t - G(s))^{\alpha} K(s, t)$$

daselbst stetig bleibt, so sagen wir, daß $K(s, t)$ *Singularitäten von niederer als der $\frac{1}{2}$ten Ordnung besitzt.* Dabei setzen wir voraus, daß $K(s, t)$ außerhalb der Linien L durchweg stetig sei. Nunmehr stellen wir die Behauptung auf:

Die sämtlichen in Abschnitt III—V bewiesenen Resultate sind gültig, auch wenn der Kern $K(s, t)$ der zu Grunde gelegten Integralgleichung Singularitäten von niederer als der $\frac{1}{2}^{\text{ten}}$ Ordnung besitzt. Zugleich dürfen auch die in unserer Theorie auftretenden Funktionen

$x(s)$, $y(s)$ solche Funktionen sein, die an einer endlichen Anzahl von Stellen von niederer als der $\frac{1}{2}$ten Ordnung unendlich werden, wenn sie sonst stetige Funktionen von s sind.

Die Methode, mittelst der wir die Gültigkeit dieser Behauptung erkennen, besteht darin, daß wir die Linien L durch Gebietsstreifen der st-Ebene von beliebig geringer Breite ε ausschließen und alsdann eine Funktion $K_\varepsilon(s,t)$ construiren, die innerhalb jener Gebietsstreifen Null ist, während sie außerhalb derselben mit $K(s,t)$ übereinstimmt. Die Funktion $K_\varepsilon(s,t)$ ist überall stetig mit Ausnahme der Grenzlinien jener Gebietsstreifen, in denen sie, wie man sieht, sprungweise Wertänderungen erfährt. Für einen solchen Kern wie $K_\varepsilon(s,t)$, dessen Werte überall unterhalb einer endlichen Grenze bleiben und nur in gewissen Linien unstetig werden, sind unsere früheren Beweise unverändert gültig. Um ihre Gültigkeit für den Kern $K(s,t)$ zu erkennen, bedarf es der Ausführung des Grenzüberganges für $\varepsilon = 0$. Wir wollen im Folgenden auseinandersetzen, wie dies zu geschehen hat.

Zu dem Zwecke wenden wir uns zunächst zu den Potenzreihen $\delta(\lambda)$ S. 58 und $\Delta\left(\lambda, \begin{matrix} x \\ y \end{matrix}\right)$ S. 60. Die Coefficienten δ_h bez. $\Delta_h\binom{x}{y}$ derselben lassen sich für den Kern $K(s,t)$ gewiß dann nicht bilden, wenn $K(s,s)$ als Funktion von s keine Bedeutung hat, d. h. sobald die Linie $s = t$ oder ein Teil derselben zu den singulären Linien des Kerns gehört. Diesem Uebelstande helfen wir dadurch ab, daß wir an Stelle der früher angewandten Formeln für δ_h S. 58 bez. $\Delta_h\binom{x}{y}$ S. 60 die folgenden eingesetzt denken

$$\delta_h = \frac{1}{h!}\int_0^1 \cdots \int_0^1 \begin{vmatrix} 0 & K(s_1,s_2), & \ldots, & K(s_1,s_h) \\ \cdot & \cdot & \cdot & \cdot \\ K(s_h,s_1), & K(s_h,s_2), & \ldots, & 0 \end{vmatrix} ds_1 \ldots ds_h,$$

$$\Delta_h\binom{x}{y} = \frac{1}{h!}\int_0^1 \cdots \int_0^1 \begin{vmatrix} 0, & x(s_1), & x(s_2), & \ldots, & x(s_h) \\ y(s_1), & 0, & K(s_1,s_2), & \ldots, & K(s_1,s_h) \\ \cdot & \cdot & \cdot & \cdot & \cdot \\ y(s_h), & K(s_h,s_1), & K(s_h,s_2), & \ldots, & 0 \end{vmatrix} ds_1 \ldots ds_h.$$

Wie man sieht, unterscheiden sich die neuen Ausdrücke für δ_h bez. $\Delta_h\binom{x}{y}$ von den früheren nur dadurch, daß in der Determinante die Elemente der Diagonalreihe überall 0 sind. Die mit den neuen Coefficienten gebildeten Potenzreihen $\delta(\lambda)$ bez. $\Delta\left(\lambda, \begin{matrix} x \\ y \end{matrix}\right)$ stimmen mit den früheren bis auf einen unwesentlichen Exponentialfaktor überein, der für $\delta(\lambda)$ und $\Delta\left(\lambda, \begin{matrix} x \\ y \end{matrix}\right)$ derselbe ist und daher bei der Bildung des Quotienten $\dfrac{\Delta\left(\lambda, \begin{matrix} x \\ y \end{matrix}\right)}{\delta(\lambda)}$ wegfällt[1]).

Hilfssatz 3. Die neuen Ausdrücke δ_h und $\Delta_h\begin{pmatrix} x \\ y \end{pmatrix}$ haben für unsern Kern $K(s, t)$ gewiß stets einen Sinn und die mit ihnen gebildeten Potenzreihen $\delta(\lambda)$ und $\Delta\left(\lambda, \begin{matrix} x \\ y \end{matrix}\right)$ in λ sind beständig convergent.

Wir wollen der Einfachheit halber den Beweis hierfür nur in dem Falle erbringen, daß $s = t$ die einzige singuläre Linie von $K(s,t)$ ist. In dem h-fachen Integrale für δ_h sollen die Integrationsveränderlichen $s_1, \ldots, s_h$ alle Werte zwischen 0 und 1 durchlaufen. Wir betrachten zunächst den $h!^{\text{ten}}$ Teil T dieses h-dimensionalen Integrationsgebietes, der durch die Ungleichungen

$$s_1 > s_2 > \ldots > s_h$$

charakterisirt ist. Wir denken uns dann in der h-reihigen Determinante, die im Ausdruck für δ_h auftritt, die Elemente

der ersten Horizontalreihe mit			$\lvert (s_1 - s_2)^{\alpha} \rvert$
„ zweiten	„	„	$\{\lvert (s_1 - s_2)^{-\alpha} \rvert + \lvert (s_2 - s_3)^{-\alpha} \rvert\}^{-1}$
„ dritten	„	„	$\{\lvert (s_2 - s_3)^{-\alpha} \rvert + \lvert (s_3 - s_4)^{-\alpha} \rvert\}^{-1}$
. . . .	. . .	. . .	. . . .
„ h-ten	„	„	$\lvert (s_{h-1} - s_h)^{\alpha} \rvert$

multiplicirt; dadurch entsteht eine Determinante, deren Elemente, wie man leicht sieht, gewiß sämtlich für alle Werte der Variabeln absolut genommen unterhalb einer endlichen positiven Größe K liegen. Der Wert der letzteren Determinante ist gewiß $\leqq \sqrt{h^h}\, K^h$ und folglich ergiebt sich für das über T erstreckte h-fache Integral als obere Grenze der Ausdruck

$$\begin{aligned}(60)\qquad & \sqrt{h^h}\, K^h \int \cdots \int \lvert (s_1 - s_2)^{-\alpha} \rvert \, \{ \lvert (s_1 - s_2)^{-\alpha} \rvert + \lvert (s_2 - s_3)^{-\alpha} \rvert \} \\ & \{ \lvert (s_2 - s_3)^{-\alpha} \rvert + \lvert (s_3 - s_4)^{-\alpha} \rvert \} \cdots \lvert (s_{h-1} - s_h)^{-\alpha} \rvert \, ds_1 ds_2 \ldots ds_h \\ & 1 > s_1 > s_2 > \cdots > s_h > 0.\end{aligned}$$

---

1) Vergl. Kellogg, Zur Theorie der Integralgleichungen, § 5. Göttinger Nachr. 1902.

6*

Wenn wir in dem h-fachen Integral hier die neuen Veränderlichen

$$s_1 - s_2 = \sigma_1,\ s_2 - s_3 = \sigma_2,\ \ldots\ s_{h-1} - s_h = \sigma_{h-1},\ s_h = \sigma_h$$

einführen und die Produkte unter den Integralzeichen ausmultipliciren, so erkennen wir, daß jenes Integral sich aus 2^{h-2} h-fachen Integralen von folgender Gestalt zusammensetzt:

$$(61)\qquad \int \ldots \int \sigma_1^{\alpha_1} \sigma_2^{\alpha_2} \ldots \sigma_h^{\alpha_h}\, d\sigma_1\, d\sigma_2 \ldots d\sigma_h,$$

$$\begin{pmatrix} \sigma_1 > 0, \sigma_2 > 0, \ldots, \sigma_h > 0 \\ \sigma_1 + \sigma_2 + \cdots + \sigma_h < 1 \end{pmatrix}$$

wo die Exponenten $\alpha_1, \alpha_2, \ldots, \alpha_h$ die Werte $0, -\alpha$ oder -2α haben, ihre Summe $\alpha_2 + \alpha_3 + \cdots + \alpha_h$ jedoch stets gleich $-h\alpha$ ausfällt. Die Berechnung des Integrals (61) liefert für dasselbe als obere Grenze einen Ausdruck

$$\frac{A^h}{\Gamma(1 + h - \alpha h)} < \frac{B^h}{h^{h(1-\alpha)}}$$

wo A, B gewisse von h unabhängige positive Größen bedeuten, und hieraus folgt für (60) eine obere Grenze

$$(62)\qquad \frac{C^h}{h^{h(\frac{1}{2}-\alpha)}},$$

wo C wiederum eine von h unabhängige positive Größe darstellt. Der Ausdruck (62) ist zugleich eine obere Grenze für den über T erstreckten Teil des h-fachen Integrales, das in δ_h auftritt. Da aber alle übrigen $h! - 1$ Teile jenes h-fachen Integrales, wie sich bei Vertauschung der Integrationsveränderlichen zeigt, den gleichen Wert besitzen, so folgt, daß das vollständige h-fache Integral, das in δ_h auftritt, den mit $h!$ multiplicirten Ausdruck (62) zur oberen Grenze hat, d. h. es ist

$$(63)\qquad |\delta_h| \leqq \frac{C^h}{h^{h(\frac{1}{2}-\alpha)}}.$$

Wegen $\alpha < \frac{1}{2}$ folgt hieraus die Richtigkeit des Hilfssatzes 3 in Betreff der Potenzreihe $\delta(\lambda)$ *).

*) Die Darstellung dieses Beweises in den früher genannten Dissertationen von Kellogg und Andrae ist unrichtig.

Die nämliche Beweisführung gelingt für die Potenzreihe $\Delta\left(\lambda, \begin{matrix} x \\ y \end{matrix}\right)$.

Wir kehren nun zu dem Kern $K_\varepsilon(s, t)$ zurück; erinnern wir uns, wie $K_\varepsilon(s, t)$ aus $K(s, t)$ durch Ausschalten der singulären Stellen entstand, so erhellt, daß $K_\varepsilon(s, t)$ als abhängig von der Streifenbreite ε zu betrachten ist. Da für ein bestimmtes ε $K_\varepsilon(s, t)$ absolut genommen stets unterhalb einer endlichen Grenze bleibt, so ist unsere frühere Theorie für $K_\varepsilon(s, t)$ unverändert gültig. Wir bezeichnen die hier zu $K_\varepsilon(s, t)$ gehörigen Potenzreihen in λ mit $\delta_\varepsilon(\lambda)$ bez. $\Delta_\varepsilon\left(\lambda, \begin{matrix} x \\ y \end{matrix}\right)$. Da offenbar die Ungleichung (63) und die entsprechende für $\Delta_h\left(\begin{matrix} x \\ y \end{matrix}\right)$ umsomehr für die Coefficienten der Potenzreihen $\delta_\varepsilon(\lambda)$ bez. $\Delta_\varepsilon\left(\lambda, \begin{matrix} x \\ y \end{matrix}\right)$ gültig sind, so erkennen wir durch das nämliche Schlußverfahren, wie wir es zum Beweise des Hülfssatzes 1 (S. 58) angewandt haben, die Richtigkeit der folgenden Tatsache:

Hilfssatz 4. Die Funktionen $\delta_\varepsilon(\lambda)$ bez. $\Delta_\varepsilon\left(\lambda, \begin{matrix} x \\ y \end{matrix}\right)$ convergiren für $\varepsilon = 0$ gegen $\delta(\lambda)$ bez. $\Delta\left(\lambda, \begin{matrix} x \\ y \end{matrix}\right)$ und zwar ist diese Convergenz eine gleichmäßige für alle Werte von λ, deren absoluter Betrag unterhalb einer beliebig gewählten positiven Grenze Λ gelegen ist.

Es ist nicht schwer, nach diesen Vorbereitungen die Gültigkeit unseres grundlegenden Theorems S. 69 auf den Fall auszudehnen, daß der Kern $K(s, t)$ Singularitäten von niederer als der $\frac{1}{2}$ten Ordnung aufweist.

Für den Kern $K_\varepsilon(s, t)$ ist unser Theorem bereits als gültig erkannt, vorausgesetzt, daß die Nullstellen der zugehörigen Funktion $\delta_\varepsilon(\lambda)$ sämtlich einfach sind. Sollte diese Voraussetzung für einen Kern $K_\varepsilon(s, t)$ nicht zutreffen, so denke man sich — ähnlich wie zu Beginn des Abschnitt III ausgeführt worden ist — den betreffenden Kern $K_\varepsilon(s, t)$ ein wenig modificirt, sodaß jener Voraussetzung genügt wird und doch die modificirten Ausdrücke für $\varepsilon = 0$ nach denselben Grenzen $K(s, t)$ bez. $\delta(\lambda)$, $\Delta\left(\lambda, \begin{matrix} x \\ y \end{matrix}\right)$ gleichmäßig convergiren.

Es sei jetzt Λ irgend eine positive Größe; aus Hilfssatz 4 kann dann geschlossen werden, daß diejenigen Nullstellen $\lambda_\varepsilon^{(h)}$ von $\delta_\varepsilon(\lambda)$, deren absolute Beträge auch für $\varepsilon = 0$ unterhalb $\varDelta$ bleiben, in der Grenze für $\varepsilon = 0$ in die Nullstellen $\lambda^{(h)}$ von $\delta(\lambda)$, die absolut genommen unterhalb $\varDelta$ liegen, übergehen, und daß die zu jenen Nullstellen $\lambda_\varepsilon^{(h)}$ zugehörigen Werte von $\varDelta_\varepsilon\left(\lambda_\varepsilon^{(h)}, \begin{matrix} x \\ y \end{matrix}\right)$ bei diesem Grenzübergang $\varepsilon = 0$ in die bezüglichen Werte von $\varDelta\left(\lambda^{(h)}, \begin{matrix} x \\ y \end{matrix}\right)$ übergehen.

Wir bezeichnen nun die zum Kern $K_\varepsilon(s, t)$ gehörigen Eigenfunktionen mit $\psi_\varepsilon^{(1)}(s)$, $\psi_\varepsilon^{(2)}(s)$, ... Da wegen (53) S. 77 für jedes noch so große m die Ungleichung

$$\left\{\int_a^b \psi_\varepsilon^{(1)}(s)\, x(s)\, ds\right\} + \left\{\int_a^b \psi_\varepsilon^{(2)}(s)\, x(s)\, ds\right\}^2 + \cdots$$

$$+ \left\{\int_a^b \psi_\varepsilon^{(m)}(s)\, x(s)\, ds\right\}^2 \leqq \int_a^b (x(s))^2\, ds$$

gilt, so ist auch gewiß:

$$\text{(64)} \qquad \sum_{(\lambda_\varepsilon^{(h)} \geqq \varDelta)} \left\{\int_a^b \psi_\varepsilon^{(h)}(s)\, x(s)\, ds\right\}^2 \leqq \int_a^b (x(s))^2 ds.$$

Nunmehr setzen wir in der Formel (44) unseres Theorems an Stelle von $y(s)$ die Funktion $x(s)$ ein und schreiben die entstehende Formel dann in der Gestalt

$$\text{(65)} \quad \int_a^b \int_a^b K_\varepsilon(s, t)\, x(s)\, x(t)\, ds\, dt = \sum_{(\lambda_\varepsilon^{(h)} < \varDelta)} \frac{1}{\lambda_\varepsilon^{(h)}} \left\{\int_a^b \psi_\varepsilon^{(h)}(s)\, x(s)\, ds\right\}^2$$

$$+ \sum_{(\lambda_\varepsilon^{(h)} \geqq \varDelta)} \frac{1}{\lambda_\varepsilon^{(h)}} \left\{\int_a^b \psi_\varepsilon^{(h)}(s)\, x(s)\, ds\right\}^2;$$

dabei soll die erstere Summe rechter Hand über alle Eigenfunktionen $\psi_\varepsilon^{(h)}(s)$ erstreckt werden, deren zugehörige Eigenwerte $\lambda_\varepsilon^{(h)}$ absolut genommen unterhalb $\varDelta$ bleiben, während die zweite Summe rechter Hand ebenso wie die Summe linker Hand in (64) alle übrigen Glieder enthält. Wegen (64) folgt aus (65) die Gleichung:

$$\int_a^b \int_a^b K_\varepsilon(s, t)\, x(s)\, x(t)\, ds\, dt = \sum_{(\lambda_\varepsilon^{(h)} < \varDelta)} \frac{1}{\lambda_\varepsilon^{(h)}} \left\{\int_a^b \psi_\varepsilon^{(h)}(s)\, x(s)\, ds\right\}^2$$

$$\pm \frac{\vartheta}{\varDelta} \int_a^b (x(s))^2 ds$$

$$(0 \leqq \vartheta \leqq 1)$$

und durch Grenzübergang für $\varepsilon = 0$ entsteht hieraus:

$$\int_a^b \int_a^b K(s,t)\, x(s)\, x(t)\, ds\, dt = \sum_{(\lambda^{(h)} < \Lambda)} \frac{1}{\lambda^{(h)}} \left\{ \int_a^b \psi^{(h)}(s)\, x(s)\, ds \right\}^2$$

$$\pm \frac{\vartheta}{\Lambda} \int_a^b (x(s))^2\, ds,$$

$$(0 \leqq \vartheta \leqq 1).$$

Wenn wir nun Λ über jede Grenze zunehmen lassen, so ergiebt sich die Formel (44) unseres Theorems für den Kern $K(s, t)$ und im Falle $x(s) = y(s)$ genommen wird. Die letztere Einschränkung läßt sich sofort beseitigen.

Wir erkennen ohne Schwierigkeit auch alle früheren Folgerungen unseres Theorems für den Kern $K(s, t)$ als gültig, insbesondere die Sätze 4 und 7 über die Entwickelbarkeit willkürlicher Funktionen nach den Eigenfunktionen, die zu $K(s, t)$ gehören.

Sollte der vorgelegte Kern $K(s, t)$ singuläre Linien von höherer als der $\frac{1}{2}$ten und niederer als erster Ordnung besitzen, so bedürfen unsere Sätze gewisser Modifikationen; man erkennt diese leicht, wenn man die zweifach bez. mehrfach aus $K(s, t)$ zusammengesetzten Kerne (vgl. S. 70—71) bildet; bedenkt man, daß unter diesen Kernen stets solche Kerne vorhanden sein müssen, für die unsere oben dargelegte Theorie gültig ist, so ergeben sich die gewünschten Folgerungen für den Kern $K(s, t)$.

Wir haben bisher durchweg — auch in den Entwickelungen dieses Abschnittes VI — die Voraussetzung gemacht, daß für den zu Grunde gelegten Kern $K(s, t)$ die Potenzreihe $\delta(\lambda)$ nur einfache Nullstellen besitzt. Es sind nunmehr die Modifikationen zu ermitteln, die unsere Theorie erfährt, wenn wir diese beschränkende Annahme fallen lassen.

Zu dem Zwecke sei $K(s, t)$ ein solcher Kern, zu dem $\lambda^{(h)}$ als n_h-facher Eigenwert gehört, d. h. $\lambda^{(h)}$ sei genau eine n_h-fache Nullstelle von $\delta(\lambda)$. Sodann bietet es keine erhebliche principielle Schwierigkeit, einen Kern $K_\mu(s, t)$ von folgeden Eigenschaften zu finden: $K_\mu(s, t)$ sei eine solche Potenzreihe von μ, deren Coefficienten stetige symmetrische Funktionen von s, t sind, die für genügend kleine Werte von μ convergirt und für $\mu = 0$ in $K(s, t)$ übergeht. Es sei $\delta_\mu(\lambda)$ die fragliche zum Kern $K_\mu(s, t)$ gehörige Potenzreihe, so daß $\delta_u(\lambda)$ für $\mu = 0$ in die zu $K(s, t)$ gehörige Potenzreihe $\delta(\lambda)$ übergeht; $\delta_\mu(\lambda)$ wird, wie man aus dem früheren Beweise leicht erkennt, eine Potenzreihe in λ, die gewiß für alle λ und genügend kleine μ convergirt; diese Convergenz ist außerdem für alle absolut unterhalb einer endlichen Grenze Λ liegenden λ bei genügend kleinem μ gewiß eine gleichmäßige, sodaß $\delta_\mu(\lambda)$ auch als Potenzreihe in λ und μ darstellbar ist. Endlich gestatte — so sei der Parameter μ gewählt — die Gleichung

$$\delta_\mu(\lambda) = 0$$

in der Umgebung von $\lambda = \lambda^{(h)}$ die folgenden n_h Auflösungen:

$$(66)\qquad \begin{aligned} \lambda_\mu^{(h)} &= \mathfrak{P}(\mu), \\ \lambda_\mu^{(h+1)} &= \mathfrak{P}_1(\mu), \\ &\cdots\cdots\cdots \\ \lambda_\mu^{(h+n_h-1)} &= \mathfrak{P}_{n_h-1}(\mu); \end{aligned}$$

hierin sollen $\mathfrak{P}(\mu)$, $\mathfrak{P}_1(\mu)$, ... $\mathfrak{P}_{n_h-1}(\mu)$ Potenzreihen in μ bedeuten und unter diesen seien keine zwei in μ einander identisch gleich. Die letztere Festsetzung bringt die für die nachfolgenden Entwickelungen wesentliche Eigenschaft der Funktion $K_\mu(s, t)$ zum Ausdruck, die darin besteht, daß für alle genügend kleinen, von Null verschiedenen Werte des Parameters μ die Funktion $K_\mu(s, t)$ einen Kern darstellt, der lauter einfache Eigenwerte besitzt. Wir bilden nunmehr für $K_\mu(s, t)$ nach Art von (27) die Potenzreihe $\Delta_\mu(\lambda; s, t)$, die für $\mu = 0$ in die zu $K(s, t)$ gehörige Potenzreihe $\Delta(\lambda; s, t)$ übergeht. $\Delta_\mu(\lambda; s, t)$ ist gewiß für alle λ und genügend kleine μ ebenso wie $\delta_\mu(\lambda)$ gleichmäßig convergent und auch als Potenzreihe von λ und μ darstellbar. Endlich construiren wir für $K_\mu(s, t)$ die zu

$$\lambda_\mu^{(h)}, \quad \lambda_\mu^{(h+1)}, \quad \ldots, \quad \lambda_\mu^{(h+n_h-1)}$$

gehörigen normirten Eigenfunktionen

$$\psi_\mu^{(h)}(s), \quad \psi_\mu^{(h+1)}(s), \quad \ldots, \quad \psi_\mu^{(h+n_h-1)}(s),$$

indem wir in $\delta_\mu(\lambda)$ und $\Delta_\mu(\lambda; s, t)$ an Stelle von λ der Reihe nach aus (66) die Werte für $\lambda_\mu^{(h)}$, $\lambda_\mu^{(h+1)}$, ..., $\lambda_\mu^{(h+n_h-1)}$ als Potenzreihen in μ einsetzen; wir erhalten zunächst

$$\psi_\mu^{(h)}(s)\,\psi_\mu^{(h)}(t) = \frac{\Delta_\mu(\lambda^{(h)}; s, t)}{\delta'_\mu(\lambda^{(h)})} = \mu^{\pm e}\{\Psi^{(h)}(s, t) + \Psi_1^{(h)}(s, t)\,\mu + \cdots\},$$

$$\psi_\mu^{(h+1)}(s)\,\psi_\mu^{(h+1)}(t) = \frac{\Delta_\mu({}^{(h+1)}; s, t)}{\delta'_\mu(\lambda^{(h+1)})} = \mu^{\pm e_1}\{\Psi^{(h+1)}(s, t) + \Psi_1^{(h+1)}(s, t)\,\mu + \cdots\},$$

$$\cdots\cdots\cdots\cdots\cdots\cdots\cdots\cdots\cdots$$

$$\psi_\mu^{(h+n_h-1)}(s)\,\psi_\mu^{(h+n_h-1)}(t) = \frac{\Delta_\mu(\lambda^{(h+n_h-1)}; s, t)}{\delta'_\mu(\lambda^{(h+n_h-1)})} = \mu^{\pm e_{n_h-1}}\{\Psi^{(h+n_h-1)}(s, t) + \Psi^{(h+n_h-1)}(s,t)\,\mu + \cdots\};$$

darin bedeuten $e, e_1, \ldots e_{n_h-1}$ gewisse ganze rationale Exponenten die $\geqq 0$ sind; ferner bedeuten die Ausdrücke $\Psi(s,t)$ auf der rechten Seite stetige Funktionen von s, t. Es fällt nicht schwer, hieraus für die gesuchten Eigenfunktionen Formeln von folgender Art abzuleiten:

$$(67)\qquad \begin{array}{l} \psi_\mu^{(h)}(s) = \mu^{\pm f}\left\{\psi^{(h)}(s) + \psi_1^{(h)}(s)\mu + \cdots\right\}, \\ \cdot\;\cdot\;\cdot\;\cdot\;\cdot\;\cdot\;\cdot\;\cdot\;\cdot\;\cdot\;\cdot\;\cdot\;\cdot\;\cdot\;\cdot\;\cdot \\ \psi_\mu^{(h+n_h-1)}(s) = \mu^{\pm f_{n_h-1}}\left\{\psi^{(h+n_h-1)}(s) + \psi^{(h+n_h-1)}(s)\mu + \cdots\right\}; \end{array}$$

darin bedeuten wiederum $f, f_1, \ldots, f_{n_h-1}$ gewisse ganze rationale Exponenten, die $\geqq 0$ sind. Ferner bedeuten die Ausdrücke $\psi^{(j)}(s)$ auf der rechten Seite stetige Funktionen von s, und insbesondere dürfen wir annehmen, daß von den Funktionen

$$(68)\qquad \psi^{(h)}(s),\ \psi^{(h+1)}(s),\ \ldots,\ \psi^{(h+n_h-1)}(s)$$

keine für alle s identisch gleich Null sei. Da andererseits für alle genügend kleinen von Null verschiedenen μ die Gleichungen

$$\int_a^b (\psi_\mu^{(h)}(s))^2 ds = 1,\ \ldots,\ \int_a^b (\psi^{h+n_h-1}(s))^2 ds = 1$$

bestehen müssen, so folgt, daß die Exponenten $f, f_1, \ldots, f_{n_h-1}$ sämtlich Null sind, und die Formeln (67) lehren dann, daß die Funktionen

$$\psi_\mu^{(h)}(s),\ \psi_\mu^{(h+1)}(s),\ \ldots,\ \psi_\mu^{h+n_h-1}(s)$$

für $\mu = 0$ stetig in die Funktionen (68) übergehen. Diese Funktionen (68) heißen *die zum n_h-fachen Eigenwert $\lambda^{(h)}$ gehörigen Eigenfunktionen*; sie erfüllen, wie man aus den Formeln für die Eigenfunktionen $\psi_\mu^{(1)}(s)$, $\psi_\mu^{(2)}(s)$, ... durch Grenzübergang zu $\mu = 0$ sofort erkennt, die folgenden Gleichungen

$$\int_a^b (\psi^{(k)}(s))^2 ds = 1,$$

$$\int_a^b \psi^{(k)}(s)\,\psi^{(k')}(s)\,ds = 0,$$

$$(k = h, h+1, \ldots h+n_h-1;\ k' \neq k).$$

Wir wenden nunmehr die Formel (43) auf den Kern $K_\mu(s,t)$ an, wobei μ einen genügend kleinen von Null verschiedenen Wert bedeutet. Mit Rücksicht auf (39) erhalten wir

$$\Bigg|\int_0^1\int_0^1 K_\mu(s,t)\,x(s)\,y(t)\,ds\,dt - \frac{1}{\lambda_\mu^{(1)}}\int_0^1 \psi_\mu^{(1)}(s)\,x(s)\,ds\,.\int_0^1 \psi_\mu^{(1)}(s)\,y(s)\,ds$$

$$-\frac{1}{\lambda^{(2)}}\int_0^1 \psi_\mu^{(2)}(s)\,x(s)\,ds\cdot\int_0^1 \psi_\mu^{(2)}(s)\,y(s)\,ds - \cdots - \frac{1}{\lambda^{(m)}}\int_0^1 \psi_\mu^{(m)}(s)\,x(s)\,ds\;.\;\int_0^1 \psi_\mu^{(m)}(s)\,y(s)\,ds\Bigg|$$

$$\leqq \frac{1}{2\,|\lambda_\mu^{(m+1)}|}\left(\int_0^1 (x(s))^2\,ds + \int_0^1 (y(s))^2\,ds\right);$$

wenn wir hierin zur Grenze $\mu = 0$ übergehn und alsdann m über jede Grenze wachsen lassen, so erkennen wir, daß auch für den Kern $K(s,t)$ die Formel (44) des grundlegenden Theorems unverändert gültig bleibt: *man hat nur nötig, für den Fall eines n_h-fachen Eigenwertes $\lambda^{(h)}$ rechter Hand in (44) der Reihe nach jede der n_h verschiedenen, zu $\lambda^{(h)}$ gehörigen Eigenfunktionen zu berücksichtigen, so daß in jedem dieser n_h Glieder der reciproke Wert desselben Eigenwertes $\lambda^{(h)}$ als Faktor zu stehen kommt.*

Eine einfache Methode zur Berechnung der Eigenfunktionen (68) gewinnen wir, indem wir von der Formel

$$\int_a^b\int_a^b \mathsf{K}(\lambda;s,t)\,x(s)\,y(t)\,ds\,dt = \sum_{(h=1,2,\ldots)} \frac{1}{\lambda^{(h)}-\lambda}\int_a^b \psi^{(h)}(s)\,x(s)\,ds\;.\;\int_a^b \psi^{(h)}(s)\,y(s)\,ds$$

ausgehen. Setzen wir hierin

$$\mathsf{K}(s,t) = -\frac{\Delta(\lambda;s,t)}{\delta(\lambda)}$$

ein, multipliciren dann die Formel mit $\lambda - \lambda^{(h)}$ und gehen zur Grenze $\lambda = \lambda^{(h)}$ über, so erhalten wir schließlich:

$$\left(\frac{\dfrac{\partial^{n_h-1}}{\partial\lambda^{n_h-1}}\,\Delta(\lambda;s,t)}{\dfrac{\partial^{n_h}}{\partial\lambda^{n_h}}\,\delta(\lambda)}\right)_{\lambda=\lambda^{(h)}} = \psi^{(h)}(s)\,\psi^{(h)}(t) + \psi^{(h+1)}(s)\,\psi^{(h+1)}(t) + \cdots + \psi^{(h+n_h-1)}(s)\,\psi^{(h+n_h-1)}(t).$$

Durch diese Gleichung sind die zu dem n_h-fachen Eigenwerte $\lambda^{(h)}$ gehörigen Eigenfunktionen (68) eindeutig bestimmt, wenn man von einer unwesentlichen orthogonalen Combination derselben mit constanten Coefficienten absieht.

Mittelst einer eben bewiesenen Verallgemeinerung unseres grundlegenden Theorems sind wir im Staude, auch die anderen im Falle mehrfacher Eigenwerte entstehenden Fragen ohne Schwierigkeit zu beantworten.

In einer zweiten Mitteilung werde ich einige Anwendungen der obigen Theorie der Integralgleichungen zweiter Art auf die Theorie der linearen gewöhnlichen und partiellen Differentialgleichungen behandeln.

Grundzüge einer allgemeinen Theorie der linearen Integralgleichungen.

(Vierte Mitteilung).

Von

David Hilbert.

Vorgelegt in der Sitzung vom 3. März 1906.

In der Einleitung meiner ersten Mitteilung habe ich eine neue Methode zur Behandlung der Integralgleichungen in Aussicht gestellt; dieselbe beruht auf einer Theorie der quadratischen Formen mit unendlichvielen Variabeln, die ich in der gegenwärtigen Mitteilung entwickeln werde.

Die systematische Behandlung der quadratischen Formen mit unendlichvielen Variabeln ist auch an sich von großer Wichtigkeit und erscheint mir als eine wesentliche Ergänzung der bekannten Theorie der quadratischen Formen mit endlicher Variabelnzahl. Die Anwendungen der Theorie der quadratischen Formen mit unendlichvielen Variabeln sind nicht auf die Integralgleichungen beschränkt: es wird sich nicht minder eine Berührung dieser Theorie mit der schönen Theorie der Kettenbrüche von Stieltjes[1]) darbieten, wie andererseits mit der Frage nach der Auflösung von Systemen unendlichvieler linearen Gleichungen, deren Untersuchung Hill, Poincaré, H. v. Koch und Andere erfolgreich in Angriff genommen haben. Auch zu den Untersuchungen Minkowskis über Volumen und Oberfläche findet in methodischer Hinsicht nahe Beziehung statt. Vor allem aber eröffnet die Theorie der quadratischen Formen mit unendlichvielen Variabeln

1) Recherches sur les fractions continues, Ann. de Toulouse VIII (1894).

einen neuen Zugang zu den allgemeinsten Entwickelungen willkürlicher Funktionen in unendliche Reihen nach Fourierscher Art, wie am Schlusse von XI in dieser Mitteilung angedeutet werden wird.

In einer fünften Mitteilung will ich zeigen, wie außerordentlich einfach nicht nur alle in meiner ersten Mitteilung gewonnenen Resultate über Integralgleichungen zweiter Art nunmehr bewiesen und wesentlich erweitert werden können, sondern auch wie durch die Methode der quadratischen Formen mit unendlichvielen Variabeln die Uebertragung dieser Resultate auf Integralgleichungen erster Art und auf gewisse Integralgleichungen einer neuen „dritten" Art gelingt und wie nach der neuen Methode auch solche Integralgleichungen, deren Kern höhere Singularitäten aufweist, einer erfolgreichen Behandlung zugänglich sind.

XI.

Theorie der orthogonalen Transformation einer quadratischen Form mit unendlichvielen Variabeln.

Es seien

$$k_{pq} = k_{qp},$$

wo jeder der beiden Indices p, q die Reihe aller ganzen Zahlen $1, 2, \ldots$ durchläuft, beliebig gegebene reelle Konstante, dann stellt

$$K(x) = \sum_{(p,q=1,2,\ldots)} k_{pq} x_p x_q$$

eine *quadratische Form* mit den unendlichvielen Variabeln $x_1, x_2, \ldots$ dar; die Konstanten k_{pq} heißen die Koefficienten dieser quadratischen Form. Ein Ausdruck

$$A(x, y) = \sum_{(p,q=1,2,\ldots)} a_{pq} x_p y_q$$

mit irgend welchen Koeffizienten a_{pq} heißt ein *bilinearer Ausdruck* oder eine *bilineare Form* der unendlichvielen Variabeln $x_1, x_2, \ldots, y_1, y_2, \ldots$. Der Ausdruck

$$K(x, y) = \sum_{(p,q=1,2,\ldots)} k_{pq} x_p y_q$$

heißt die zu $K(x)$ gehörige Bilinearform der unendlichvielen Variabeln $x_1, x_2, \ldots, y_1, y_2, \ldots$.

Lassen wir die Indices p, q nur die Werte $1, \ldots, n$ durchlaufen, wo n eine endliche Zahl bedeutet, so entspringen die

Formen mit der endlichen Variabelnzahl n, wie folgt:

$$K_n(x) = \sum_{(p,\,q=1,\ldots,n)} k_{pq}x_p x_q,$$

$$K_n(x,y) = \sum_{(p,\,q=1,\ldots,n)} k_{pq}x_p y_q.$$

Diese Formen $K_n(x)$, $K_n(x,y)$ mögen die *Abschnitte* der Form $K(x)$ bez. $K(x,y)$ heißen und auch, mitunter ohne den Index n ausdrücklich hinzuzusetzen, mit $[K]$ bezeichnet werden.

Wenn irgend ein bilinearer Ausdruck mit endlicher Variabelnzahl

$$A_n(x,y) = \sum_{(p,\,q,=1,\ldots,n)} a_{pq}x_p y_q$$

vorgelegt ist, so heiße die Summe aller Koeffizienten der Glieder $x_p y_p$ die *Faltung* des Ausdruckes $A_n(x,y)$ und werde mit $A_n(.,.)$ bezeichnet; es ist also

$$A(.,.) = \sum_{(p=1,\ldots,n)} a_{pp}$$

und insbesondere

$$K_n(.,.) = k_{11} + \cdots + k_{nn}.$$

Außer den allgemeinen quadratischen Formen K, K_n ziehen wir noch die besonderen quadratischen Formen

$$(x,x) = x_1^2 + x_2^2 + \cdots$$

$$(x,x)_n = x_1^2 + \cdots + x_n^2$$

und die besonderen Bilinearformen

$$(x,y) = x_1y_1 + x_2y_2 \cdots$$

$$(x,y)_n = x_1y_1 + \cdots + x_ny_n$$

in Betracht.

Die Diskriminante der Form

$$(x,x)_n - \lambda K_n(x)$$

d. h. die Determinante

$$(1) \qquad D_n(\lambda) = \begin{vmatrix} 1-\lambda k_{11}, & -\lambda k_{12}, \ldots, & -\lambda k_{1n} \\ -\lambda k_{21}, & 1-\lambda k_{22}, \ldots, & -\lambda k_{2n} \\ \cdots & \cdots & \cdots \\ -\lambda k_{n1}, & -\lambda k_{n2}, \ldots, & 1-\lambda k_{nn} \end{vmatrix}$$

ist bekanntlich eine ganze rationale Funktion $n$ten Grades in λ mit lauter reellen Nullstellen; dieselben mögen mit

$$\lambda_1^{(n)}, \lambda_2^{(n)}, \ldots, \lambda_n^{(n)}$$

12*

bezeichnet werden und die *Eigenwerte* der Form K_n heißen; die Gesamtheit dieser n Eigenwerte heiße das *Spektrum* der Form K_n. Wenn ein reeller Wert λ so beschaffen ist, daß in ihm oder in beliebiger Nähe desselben noch für unendlichviele n Eigenwerte von K_n liegen, so heiße dieser Wert λ ein Verdichtungswert von K. Wenn die absolut größten Beträge der Eigenwerte von K_n mit wachsendem n absolut über alle Grenzen wachsen, so soll der Wert $\lambda = \infty$ ebenfalls als Verdichtungswert der Form K gerechnet werden.

Wir bilden nun aus (1) durch Ränderung die Determinante

$$D_n(\lambda; x, y) = \begin{vmatrix} 1-\lambda k_{11}, \ldots, & -\lambda k_{1n}, x_1 \\ \cdots\cdots & \cdots\cdots \\ -\lambda k_{n1}, \ldots, & 1-\lambda k_{nn}, x_n \\ y_1, \ldots, & y_n, 0 \end{vmatrix}$$

und nennen den Quotienten

$$\mathsf{K}_n(\lambda; x, y) = -\frac{D_n(\lambda; x, y)}{D_n(\lambda)}$$

bez.

$$\mathsf{K}_n(\lambda, x) = \mathsf{K}_n(\lambda, x, x)$$

die *Resolvente der quadratischen Form* K_n; die Koeffizienten von $x_1, \ldots, x_n$ in $\mathsf{K}_n(\lambda; x, y)$ geben, wenn λ kein Eigenwert ist, die Lösung der linearen Gleichungen

$$x_p - \lambda(k_{p1} x_1 + \cdots + k_{pn} x_n) = y_p, \qquad (p = 1, \ldots, n);$$

wir drücken dies durch die Identität aus:

$$\mathsf{K}_n(\lambda; x, y) - \lambda K_n(x, .)\,\mathsf{K}_n(\lambda; ., y) = (x, y).$$

Es ist offenbar

$$(2) \qquad \mathsf{K}_n(\lambda; x, y) = (x, y)_n + \lambda K_n(x, y) + \lambda^2 K_n K_n(x, y) + \lambda^3 K_n K_n K_n(x, y) + \cdots,$$

wo $K_n K_n$, $K_n K_n K_n, \ldots$ die aus K_n durch fortgesetzte Faltungen entstehenden Formen

$$K_n K_n(x, y) = K_n(x, .) K_n(., y) = \sum_{(p, q, r = 1, \ldots, n)} k_{pr} k_{rq} x_p y_q,$$

$$K_n K_n K_n(x, y) = K_n(x, .) K_n K_n(., y) = \sum_{(p, q, r, s = 1, \ldots, n)} k_{pr} k_{rs} k_{sq} x_p y_q$$

. . . .

bedeuten. Für die Resolvente K_n gilt die Partialbruchdarstellung

$$\mathsf{K}_n(\lambda; x, y) = \frac{L_1^{(n)}(x)\, L_1^{(n)}(y)}{1 - \frac{\lambda}{\lambda_1^{(n)}}} + \cdots + \frac{L_n^{(n)}(x)\, L_n^{(n)}(y)}{1 - \frac{\lambda}{\lambda_n^{(n)}}}, \tag{3}$$

wo $L_1^{(n)}, \ldots, L_n^{(n)}$ gewisse lineare Formen der Variabeln mit reellen Koeffizienten bedeuten. Insbesondere gelten mithin die Formeln:

$$\begin{aligned} (x, y)_n &= x_1 y_1 + \cdots + x_n y_n = L_1^{(n)}(x)\, L_1^{(n)}(y) + \cdots + L_n^{(n)}(x)\, L_n^{(n)}(y), \\ K_n(x, y) &= \frac{L_1^{(n)}(x)\, L_1^{(n)}(y)}{\lambda_1^{(n)}} + \cdots + \frac{L_n^{(n)}(x)\, L_n^{(n)}(y)}{\lambda_n^{(n)}} \end{aligned} \tag{4}$$

$$\begin{aligned} (x, x)_n &= x_1^2 + \cdots + x_n^2 = (L_1^{(n)}(x))^2 + \cdots + (L_n^{(n)}(x))^2, \\ K_n(x) &= \frac{(L_1^{(n)}(x))^2}{\lambda_1^{(n)}} + \cdots + \frac{(L_n^{(n)}(x))^2}{\lambda_n^{(n)}}, \\ K_n K_n(x) &= \frac{(L_1^{(n)}(x))^2}{(\lambda_1^{(n)})^2} + \cdots + \frac{(L_n^{(n)}(x))^2}{(\lambda_n^{(n)})^2}, \\ K_n K_n K_n(x) &= \frac{(L_1^{(n)}(x))^2}{(\lambda_1^{(n)})^3} + \cdots + \frac{(L_n^{(n)}(x))^2}{(\lambda_n^{(n)})^3}, \\ & \cdots\cdots\cdots\cdots \end{aligned} \tag{5}$$

Aus (4) folgen die Orthogonalitätseigenschaften der Linearformen $L_1^{(n)}, \ldots, L_n^{(n)}$:

$$\begin{aligned} L_p^{(n)}(.)\, L_q^{(n)}(.) &= 0, \quad (p \neq q), \\ L_p^{(n)}(.)\, L_p^{(n)}(.) &= 1, \end{aligned}$$

wo $L_p(.)\, L_q(.)$ die Faltung der Bilinearform $L_p^{(n)}(x)\, L_q^{(n)}(y)$ bedeutet, und alsdann wiederum ergiebt sich durch Faltung

$$\begin{aligned} K_n(.,.) &= \sum_{(p=1,\ldots,n)} k_{pp} &&= \frac{1}{\lambda_1^{(n)}} + \cdots + \frac{1}{\lambda_n^{(n)}}, \\ K_n K_n(.,.) &= \sum_{(p,r=1,\ldots,n)} k_{pr} k_{rp} &&= \frac{1}{(\lambda_1^{(n)})^2} + \cdots + \frac{1}{(\lambda_n^{(n)})^2}, \\ K_n K_n K_n(.,.) &= \sum_{(p,r,s=1,\ldots,n)} k_{pr} k_{rs} k_{sp} &&= \frac{1}{(\lambda_1^{(n)})^3} + \cdots + \frac{1}{(\lambda_n^{(n)})^3}, \\ & \cdots\cdots\cdots\cdots \end{aligned} \tag{6}$$

Unsere erste wichtige Aufgabe besteht darin, den Begriff der Resolvente der Form K_n auf die Form K zu übertragen und zu der Partialbruchdarstellung (3) das Analogon für die Form K mit unendlichvielen Variabeln aufzusuchen.

Zu dem Zwecke bedienen wir uns eines allgemeinen Hilfssatzes aus dem Gebiete der stetigen (gleichmäßigen) Konvergenz, den ich in einer spezielleren Gestalt bereits in meinen Untersuchungen über das Dirichletsche Prinzip [1]) angewandt habe.

Hilfssatz 1. Es sei J ein ganz im Endlichen gelegenes Intervall für die Variable s, ferner

$$f_1(s), f_2(s), f_3(s), \ldots \tag{7}$$

eine unendliche Reihe von Funktionen der Variabeln s, die in J stetig sind, deren Werte absolut genommen unterhalb einer endlichen Grenze bleiben und deren Differenzenquotienten sämtlich unterhalb einer endlichen Grenze bleiben, so daß für alle s, t in J stets

$$\left|\frac{f_h(s) - f_h(t)}{s - t}\right| \leqq E$$

gilt, wo E eine endliche von h und von der Wahl der Argumente s, t unabhängige Größe bedeutet:

Alsdann lassen sich aus eben dieser Reihe von Funktionen (7) unendlichviele Funktionen

$$f_1^*(s), f_2^*(s), f_3^*(s), \ldots$$

auswählen derart, daß die Reihe dieser Funktionen für jeden beliebigen Punkt in J gegen einen endlichen Grenzwert und zwar stetig (mithin auch gleichmäßig) konvergirt, woraus ersichtlich ist, daß der Limes

$$\underset{p=\infty}{L} f_p^*(s)$$

eine in J stetige Funktion von s darstellt.

Zum Beweise bestimmen wir auf die Art, wie es in § 5 meiner genannten Abhandlung über das Dirichletsche Prinzip geschehen ist, aus der Reihe (7) eine Reihe von Funktionen $f_1^*(s)$, $f_2^*(s), \ldots$ derart, daß die Reihe dieser Funktionen für jeden Punkt einer in J überall dichten abzählbaren Punktmenge P^* gegen einen endlichen Grenzwert konvergirt; die so ausgewählten Funktionen sind, wie wir nun zeigen wollen, von der im Hilfssatze verlangten Art.

In der Tat bezeichnen wir mit $s_1, s_2, \ldots$ irgend eine unendliche Reihe von Punkten aus J, die gegen einen bestimmten Punkt s konvergirt. Bedeutet dann ε irgend eine beliebig kleine positive Größe, so bestimmen wir zunächst einen Punkt s^* der Punktmenge

1) Math. Ann. Bd. 59, 1904.

P^* derart, daß

(8) $$|s^* - s| < \frac{\varepsilon}{8E}$$

wird; wegen der Konvergenz der Wertreihe

$$f_1^*(s^*),\ f_2^*(s^*), \ldots$$

läßt sich alsdann gewiß eine Zahl N finden, so daß für alle N überschreitenden Indizes p, q

(9) $$|f_p^*(s^*) - f_q^*(s^*)| < \frac{\varepsilon}{2}$$

wird; wegen der Konvergenz der Punktreihe $s_1, s_2, \ldots$ kann diese ganze Zahl N zugleich auch so groß gewählt werden, daß für alle N überschreitenden Indizes p, q

$$|s - s_p| < \frac{\varepsilon}{8E},\ |s - s_q| < \frac{\varepsilon}{8E}$$

ausfällt. Mit Hilfe von (8) folgt hieraus für alle N überschreitenden Indizes p, q

(10) $$|s^* - s_p| < \frac{\varepsilon}{4E},\ |s^* - s_q| < \frac{\varepsilon}{4E}.$$

Andrerseits ist nun wegen der Voraussetzung unseres Hilfssatzes

$$\left|\frac{f_p^*(s^*) - f_p^*(s_p)}{s^* - s_p}\right| < E,\ \left|\frac{f_q^*(s^*) - f_q^*(s_q)}{s^* - s_q}\right| < E$$

und folglich mit Hilfe von (10)

$$|f_p^*(s^*) - f_p^*(s_p)| < \frac{\varepsilon}{4},\ |f_q^*(s^*) - f_q^*(s_q)| < \frac{\varepsilon}{4}.$$

Addiren wir diese Gleichungen zu (9), so folgt für alle N überschreitenden Indizes p, q

$$|f_p^*(s^*) - f_q^*(s^*)| + |f_p^*(s^*) - f_p^*(s_p)| + |f_q^*(s^*) - f_q^*(s\ )| < \varepsilon$$

und umsomehr

$$|f_p^*(s_p) - f_q^*(s_q)| < \varepsilon.$$

Da ε eine beliebig kleine Größe war, so folgt hieraus, daß die Wertreihe

$$f_1^*(s_1),\ f_2^*(s_2), \ldots$$

gegen einen endlichen Grenzwert konvergirt, d. h. die Funktionenreihe

$$f_1^*(s),\ f_2^*(s), \ldots$$

konvergirt stetig an jeder Stelle s des Intervalles J, womit der Hilfssatz vollständig erwiesen ist.

Wir kehren zur Theorie der quadratischen Formen zurück und zwar nehmen wir im Folgenden zunächst an, es $\lambda = \infty$ nicht Verdichtungswert von K, d. h. es sei K eine solche Form, dass die sämtlichen Eigenwerte von K_n für alle n in dem endlichen Intervalle J liegen. Wir definiren sodann gewisse zu K_n gehörige Funktionen der Variabeln λ, wie folgt: es werde allgemein

$$(11) \qquad \left.\begin{aligned} \varkappa_p^{(n)}(\lambda) &= 0 && \text{für } \lambda \leqq \lambda_p^{(n)} \\ \varkappa_p^{(n)}(\lambda) &= (L_p^{(n)}(x))^2(\lambda - \lambda_p^{(n)}) && \text{für } \lambda > \lambda_p^{(n)} \end{aligned}\right\} p = 1, \ldots, n$$

und

$$\varkappa^{(n)}(\lambda) = \varkappa_1^{(n)}(\lambda) + \cdots + \varkappa_n^{(n)}(\lambda)$$

gesetzt; dann sind $\varkappa_p^{(n)}$ und folglich auch $\varkappa^{(n)}$ stetige Funktionen von λ, die nirgends negativ ausfallen und bei wachsendem Argument λ und festgehaltenem n niemals abnehmen; die Differenzenquotienten dieser Funktionen, d. h. die Ausdrücke

$$\frac{\varkappa_p^{(n)}(\lambda) - \varkappa_p^{(n)}(\mu)}{\lambda - \mu},$$

$$\frac{\varkappa^{(n)}(\lambda) - \varkappa^{(n)}(\mu)}{\lambda - \mu}$$

sind, wie wir ebenfalls sofort sehen, nirgends negativ und nehmen, wenn eines der Argumente λ, μ fest bleibt und das andere wächst, niemals ab, und zwar gelten die Gleichungen

$$\frac{\varkappa_p^{(n)}(\lambda) - \varkappa_p^{(n)}(\mu)}{\lambda - \mu} = \pi_p (L_p^{(n)}(x))^2$$

und folglich

$$\frac{\varkappa^{(n)}(\lambda) - \varkappa^{(n)}(\mu)}{\lambda - \mu} = \pi_1 (L_1^{(n)}(x))^2 + \cdots + \pi_n (L_n^{(n)}(x))^2,$$

wo $\pi_1, \ldots, \pi_n$ zwischen 0 und 1 liegende von λ, μ abhängige Größen bedeuten. Aus dieser Gleichung folgt unmittelbar die Ungleichung

$$\left|\frac{\varkappa^{(n)}(\lambda) - \varkappa^{(n)}(\mu)}{\lambda - \mu}\right| \leqq (L_1^{(n)}(x))^2 + \cdots + (L_n^{(n)}(x))^2$$

oder wegen (5)

$$(12) \qquad \left|\frac{\varkappa^{(n)}(\lambda) - \varkappa^{(n)}(\mu)}{\lambda - \mu}\right| \leqq x_1^2 + \cdots + x_n^2.$$

Endlich bemerken wir noch, daß auf jeder Strecke, die keinen der Eigenwerte $\lambda_p^{(n)}$ von K_n enthält, die Funktionen $\varkappa_p^{(n)}(\lambda)$ und folglich auch die $\varkappa^{(n)}(\lambda)$ lineare Funktionen von λ sind. Für alle außerhalb auf der negativen Seite von J gelegenen λ ist $\varkappa^{(n)}(\lambda)$ identisch Null; daher ist mit Rücksicht auf (12) stets:

$$\varkappa^{(n)}(\lambda) \leqq (x_1^2 + \cdots + x_n^2)\, J,$$

wo J die Länge des Intervalles J bezeichnet. Auf der positiven Seite außerhalb von J ist

$$\varkappa^{(n)}(\lambda) = \lambda\,(x_1^2 + \cdots + x_n^2) + C(x),$$

wo $C(x)$ eine von λ unabhängige Form bedeutet. In Bezug auf die Variabeln $x_1, \ldots, x_n$ ist $\varkappa^{(n)}$ eine quadratische Form.

Es seien nunmehr unendlichviele Variable $x_1, x_2, \ldots$ vorgelegt; wir ziehen dann diejenigen speziellen Wertsysteme derselben in Betracht, die entstehen, wenn wir irgend eine dieser Variabeln $= 1$ und alle übrigen $= 0$ oder wenn wir irgend zwei dieser Variabeln $= \frac{1}{\sqrt{2}}$ und alle übrigen $= 0$ setzen. Wir denken uns alle diese speziellen Wertsysteme der unendlichvielen Variabeln $x_1, x_2, \ldots$ in bestimmter Weise in eine Reihe geordnet und bezeichnen sie in dieser Reihenfolge als erstes, zweites, drittes u. s. f. spezielles Wertsystem der unendlich vielen Variabeln $x_1, x_2, \ldots$ Für alle diese speziellen Wertsysteme gilt wegen (12) die Ungleichung

$$\left| \frac{\varkappa^{(n)}(\lambda) - \varkappa^{(n)}(\mu)}{\lambda - \mu} \right| \leqq 1. \tag{13}$$

Wir betrachten nun die Formenreihe

$$\varkappa^{(1)}(\lambda),\quad \varkappa^{(2)}(\lambda),\quad \varkappa^{(3)}(\lambda),\ \ldots \tag{14}$$

und wenden, indem wir darin für die Variabeln $x_1, x_2, \ldots$ das erste spezielle Wertsystem eingesetzt denken, unsern Hilfssatz 1 an; wir sehen, daß dann im Intervalle J für λ die Werte der Formenreihe (14) sämtlich unterhalb einer endlichen Grenze liegen müssen und wegen (13) auch die weitere Voraussetzung unseres Hilfssatzes erfüllt ist. Diesem Hilfssatz zufolge läßt sich daher aus (14) gewiß eine unendliche Reihe von Formen

$$\varkappa^{(1^*)}(\lambda),\quad \varkappa^{(2^*)}(\lambda),\quad \varkappa^{(3^*)}(\lambda),\ \ldots \tag{15}$$

auswählen, die, wenn wir darin für die Variabeln $x_1, x_2, \ldots$ das erste spezielle Wertsystem einsetzen, gegen eine gewisse stetige Funktion von λ in dem Intervalle J gleichmäßig konvergirt.

Sodann wenden wir unsern Hilfssatz auf die Formenreihe (15) an. Diesem Hilfssatz zufolge läßt sich aus jener Formenreihe gewiß eine unendliche Reihe

(16) $$\varkappa^{(1^{**})}(\lambda),\ \varkappa^{(2^{**})}(\lambda),\ \varkappa^{(3^{**})}(\lambda),\ \ldots$$

auswählen, die, wenn wir darin für die Variabeln $x_1, x_2, \ldots$ das zweite spezielle Wertsystem einsetzen, gegen eine gewisse stetige Funktion von λ gleichmäßig konvergirt. Indem wir ferner unsern Hilfssatz auf die Funktionenreihe (16) anwenden, gelangen wir durch Auswahl zu einer Funktionenreihe

$$\varkappa^{(1^{***})}(\lambda),\ \varkappa^{(2^{***})}(\lambda),\ \varkappa^{(3^{***})}(\lambda),\ \ldots,$$

die nach Einsetzung des dritten speziellen Wertsystems gegen eine gewisse stetige Funktion von λ gleichmäßig konvergirt.

Endlich betrachten wir, indem wir uns das Verfahren unbegrenzt fortgesetzt denken, die Formenreihe

(17) $$\varkappa^{(1^{*})}(\lambda),\ \varkappa^{(2^{**})}(\lambda),\ \varkappa^{(3^{***})}(\lambda),\ \ldots;$$

dieselbe konvergirt gleichmäßig, sowohl wenn wir darin für die Variabeln $x_1, x_2, \ldots$ das erste als auch wenn wir das zweite als auch wenn wir das dritte spezielle Wertsystem u. s. f. einsetzen. Da sich aber allgemein der Koeffizient von $x_p\, x_q$ einer quadratischen Form linear aus den Werten zusammensetzen läßt, die die quadratische Form für $x_p, x_q = 1{,}0$ bez. $0{,}1$, bez., $\frac{1}{\sqrt{2}}, \frac{1}{\sqrt{2}}$ annimmt, während man alle übrigen Variabeln gleich 0 setzt, so folgt, daß auch allgemein der Koeffizient von $x_p x_q$ in der Formenreihe (17) gegen eine gewisse in λ stetige Funktion $\varkappa_{pq}(\lambda)$ konvergirt. Wir setzen

$$\varkappa(\lambda) = \sum_{p,q=1,2\ldots} \varkappa_{pq}(\lambda)\, x_p\, x_q,$$

so daß $\varkappa(\lambda)$ eine quadratische Form der unendlichvielen Variabeln $x_1, x_2, \ldots$ bedeutet, deren Koeffizienten stetige Funktionen von λ sind. Diese Funktionen von λ sind zunächst nur innerhalb J definirt; da wir aber statt J ein beliebig großes J enthaltendes Intervall wählen dürfen, so ist damit die Definition jener Funktionen für alle endlichen Werte von λ gegeben.

Die Werte irgend eines Abschnittes einer quadratischen Form mit unendlichvielen Variabeln sind als lineare Kombinationen derjenigen Werte darstellbar, die die quadratische Form für unsere speziellen Wertsysteme annimmt. Daraus folgt, daß, wenn wir in den Formen der Formenreihe (17) $x_1, \dots x_n$ beliebig lassen, die übrigen Variabeln $x_{n+1}, x_{n+2}, \dots$ sämtlich $= 0$ setzen, d. h. von jeder Form in (17) denselben Abschnitt nehmen, diese aus den Abschnitten gebildete Reihe gewiß ebenfalls gleichmäßig konvergirt und zwar gegen denjenigen Wert, den der betreffende Abschnitt von $\varkappa(\lambda)$ annimmt. Wenn wir noch

$$1^* = m_1, \quad 2^{**} = m_2, \quad 3^{***} = m_3, \dots$$

setzen, so gilt also die Gleichung:

$$\underset{h=\infty}{L} [\varkappa^{(m_h)}(\lambda)] = [\varkappa(\lambda)].$$

Der Kürze und Uebersicht halber wollen wir im Folgenden bei einer Gleichung oder einer Ungleichung die eckigen Klammern fortlassen, d. h. nach dieser Festsetzung ist eine Gleichung oder Ungleichung zwischen Formen mit unendlichvielen Variabeln stets so zu verstehen, daß dieselbe identisch für alle Variabeln gilt, wenn man in der Formel auf beiden Seiten die gleichen Abschnitte der Formen nimmt; so lautet die letzte Gleichung

(18) $$\underset{h=\infty}{L} \varkappa^{(m_h)}(\lambda) = \varkappa(\lambda).$$

Zugleich bemerken wir, daß die oben genannten Eigenschaften der Funktionen $\varkappa^{(n)}(\lambda)$ als Funktion von λ sich sofort auf einen beliebigen Abschnitt $[\varkappa(\lambda)]$ der Form $\varkappa(\lambda)$ übertragen, wenn wir diesen als Funktion von λ betrachten. Wir erkennen so, daß die Funktion $[\varkappa(\lambda)]$ ebenfalls nirgends negativ ausfällt und bei wachsendem Argument λ niemals abnimmt, ferner, daß der Differenzenquotient dieser Funktion d. h. der Ausdruck

$$\frac{[\varkappa(\lambda)] - [\varkappa(\mu)]}{\lambda - \mu}$$

wiederum nirgends negativ wird, und, wenn eines der Argumente λ, μ fest bleibt, während das andere wächst, niemals abnimmt. Wegen (12) folgt für jenen Differenzenquotient die Ungleichung

(19) $$\frac{\varkappa(\lambda) - \varkappa(\mu)}{\lambda - \mu} \leqq (x, x).$$

Innerhalb eines Intervalles, das keinen Verdichtungswert der Form K enthält, wird $[\varkappa(\lambda)]$ eine lineare Funktion von λ. Außerhalb J

ist auf der negativen Seite $[\varkappa(\lambda)]$ identisch Null, auf der positiven Seite gleich $\lambda\,[(x,x)] + C(x)$.

Wir denken uns nun in der Form $\varkappa(\lambda)$ das erste spezielle Wertsystem eingesetzt und bezeichnen die so entstehende Funktion von λ mit $\varkappa(\lambda)_1$. Nach den obigen Ausführungen wird, wenn wir λ festhalten und μ einen λ übersteigenden Wert beilegen, der Differenzenquotient von $\varkappa(\lambda)_1$, sobald μ gegen λ hin abnimmt, gewiß nicht wachsen und mithin, wenn μ nach λ fällt, einem Grenzwert zustreben, d. h. $\varkappa(\lambda)_1$ besitzt gewiß für jedes λ einen vorderen Differentialquotienten; wir bezeichnen denselben mit $\mathfrak{k}^{(+)}(\lambda)_1$. In derselben Weise wird gezeigt, daß $\varkappa(\lambda)_1$ für jedes λ einen hinteren Differentialquotienten besitzt; wir bezeichnen denselben mit $\mathfrak{k}^{(-)}(\lambda)_1$.

Aus den oben genannten Tatsachen über die Differenzenquotienten von $\varkappa(\lambda)_1$ folgt zugleich, daß sowohl $\mathfrak{k}^{(+)}(\lambda)_1$, wie $\mathfrak{k}^{(-)}(\lambda)_1$ Funktionen von λ sind, die nirgends negativ ausfallen, mit wachsendem Argument λ nicht abnehmen und für welche überdies stets

$$(20) \qquad \begin{aligned} \mathfrak{k}^{(-)}(\lambda)_1 &\leqq \mathfrak{k}^{(+)}(\mu)_1 \quad \text{für } \lambda \leqq \mu \\ \mathfrak{k}^{(+)}(\lambda)_1 &\leqq \mathfrak{k}^{(-)}(\mu)_1 \quad \text{für } \lambda < \mu \end{aligned}$$

ausfällt.

Da ferner wegen (13) die Differentialquotienten $\mathfrak{k}^{(+)}(\lambda)_1$, $\mathfrak{k}^{(-)}(\lambda)_1$ den Wert 1 nicht überschreiten können, so gilt dasselbe umsomehr für die Differenz vom vorderen und hinteren Differentialquotient an der nämlichen Stelle λ und wir ersehen hieraus, daß, wenn m irgend eine ganze Zahl bedeutet, höchstens m Stellen λ vorhanden sind, für welche

$$\mathfrak{k}^{(+)}(\lambda)_1 - \mathfrak{k}^{(-)}(\lambda)_1 \geqq \frac{1}{m}$$

gilt. Wegen dieser Tatsache ist die Menge derjenigen Werte λ, für welche vorderer und hinterer Differentialquotient von einander verschieden ausfallen, notwendig abzählbar.

Nunmehr denken wir uns in $\varkappa(\lambda)$ das zweite spezielle Wertsystem eingesetzt, verfahren mit der so entstehenden Funktion $\varkappa(\lambda)_2$, wie vorhin mit $\varkappa(\lambda)_1$ geschehen ist, und suchen diejenige Menge von Stellen λ, für welche der vordere und hintere Differentialquotient von einander verschieden ausfallen. Die Menge dieser Stellen λ ist gewiß wiederum abzählbar. Mit Benutzung des dritten speziellen Wertsystems erhalten wir entsprechend eine abzählbare Menge von Stellen λ u. s. f. Die Gesamtheit aller solchen

Stellen ist wiederum abzählbar; sie mögen *die Eigenwerte* der Form K heißen und mit $\lambda_1, \lambda_2, \ldots$ bezeichnet werden. Die Stellen $\lambda_1, \lambda_2, \ldots$ und ihre Verdichtungsstellen sind gewiß Verdichtungswerte der Form K, da ja $\varkappa(\lambda)_1, \varkappa(\lambda)_2, \ldots$ außerhalb der Verdichtungswerte lineare Funktionen von λ sind und folglich die vorderen und hinteren Differentialquotienten daselbst einander gleich ausfallen. Die Gesamtheit der Stellen $\lambda_1, \lambda_2, \ldots$ werde *das Punktspektrum oder das diskontinuirliche Spektrum* der Form K genannt.

Da die Koeffizienten einer quadratischen Form sich linear aus den Werten zusammensetzen lassen, die die quadratische Form für die Reihe der speziellen Wertsysteme der Variabeln annimmt, so schließen wir, daß die sämtlichen Koeffizienten $\varkappa_{pq}$ der Form $\varkappa(\lambda)$ ebenfalls sowohl vordere wie hintere Differentialquotienten besitzen und daß dieselben für jede Stelle mit Ausnahme der Stellen $\lambda_1, \lambda_2, \ldots$ einander gleich sind; die vorderen und hinteren Differentialquotienten von $\varkappa_{pq}$ mögen mit $\mathfrak{k}_{pq}^{(+)}$ bez. $\mathfrak{k}_{pq}^{(-)}$ bezeichnet werden. Für jede von $\lambda_1, \lambda_2, \ldots$ verschiedene Stelle λ stimmen diese beiden Differentialquotienten mit einander überein; wir setzen daselbst

$$\mathfrak{k}_{pq} = \mathfrak{k}_{pq}^{(+)} = \mathfrak{k}_{pq}^{(-)};$$

die quadratischen Formen mit den Koeffizienten $\mathfrak{k}_{pq}^{(+)}, \mathfrak{k}_{pq}^{(-)}$ mögen mit $\mathfrak{k}^{(+)}(\lambda)$ bez. $\mathfrak{k}^{(-)}(\lambda)$ bezeichnet werden. Für jede von $\lambda_1, \lambda_2, \ldots$ verschiedene Stelle setzen wir

$$\mathfrak{k}(\lambda) = \mathfrak{k}^{(+)}(\lambda) = \mathfrak{k}^{(-)}(\lambda).$$

Wir bilden nun allgemein für die Stelle λ_h die Differenz $\mathfrak{k}_{pq}^{(+)} - \mathfrak{k}_{pq}^{(-)}$ und nehmen diese Differenz als Koeffizient von $x_p x_q$; die so entstehende quadratische Form mit unendlich vielen Variabeln, deren Koeffizienten jedenfalls nicht sämtlich verschwinden, werde *die zum Eigenwert λ_h gehörige quadratische Eigenform* von K genannt und mit E_h bezeichnet. Offenbar ist für jeden Eigenwert λ_p

$$\mathfrak{k}^{(+)}(\lambda_p) - \mathfrak{k}^{(-)}(\lambda_p) = E_p \tag{21}$$

und da auch zu (20) analog

$$\begin{aligned} \mathfrak{k}^{(-)}(\lambda) &\leqq \mathfrak{k}^{(+)}(\mu) \text{ für } \lambda \leqq \mu \\ \mathfrak{k}^{(+)}(\lambda) &\leqq \mathfrak{k}^{(-)}(\mu) \text{ für } \lambda < \mu \end{aligned} \tag{22}$$

gelten muß, so fällt gewiß

$$E_p \geqq 0 \tag{23}$$

aus. Andererseits folgt aus (19), wenn wir für μ einen λ übersteigenden Wert wählen und diesen gegen λ konvergiren lassen

$$\mathfrak{k}^{(+)}(\lambda) \leqq (x, x). \tag{24}$$

Wir betrachten nunmehr irgend m nach zunehmender Größe geordnete Eigenwerte der Form K, etwa

$$\lambda_{p_1}, \ldots, \lambda_{p_m}$$

und die diesen zugehörigen Eigenformen

$$E_{p_1}, \ldots, E_{p_m}.$$

Wegen (21) haben wir

$$\mathfrak{k}^{(+)}(\lambda_{p_h}) - \mathfrak{k}^{(-)}(\lambda_{p_h}) = E_{p_h} \quad (h = 1, 2 \ldots, m) \tag{25}$$

und wegen (22)

$$\begin{gathered} \mathfrak{k}^{(-)}(\lambda_{p_2}) - \mathfrak{k}^{(+)}(\lambda_{p_1}) \geqq 0, \\ \cdot\ \cdot\ \cdot\ \cdot\ \cdot\ \cdot\ \cdot\ \cdot\ \cdot \\ \mathfrak{k}^{(-)}(\lambda_{p_m}) - \mathfrak{k}^{(+)}(\lambda_{p_{m-1}}) \geqq 0. \end{gathered} \tag{26}$$

Die Addition von (25) und (26) ergibt

$$\mathfrak{k}^{(+)}(\lambda_{p_m}) - \mathfrak{k}^{(-)}(\lambda_{p_1}) \geqq E_{p_1} + \cdots + E_{p_m} \tag{27}$$

und diese Ungleichung lehrt, da $[\mathfrak{k}^{(-)}(\lambda)]$ nirgends negativ ist, wegen (24) die weitere Ungleichung

$$E_{p_1} + \cdots + E_{p_m} \leqq (x, x). \tag{28}$$

Aus (23) und (28) erkennen wir, daß die über alle Indizes p erstreckte Summe $\sum [E_p]$ konvergirt und zwar gegen eine quadratische Form der n Variabeln $x_1, \ldots, x_n$, die $\leqq x_1^2 + \cdots + x_n^2$ ausfällt, d. h. es ist

$$\sum_{(p)} E_p \leqq (x, x).$$

Wir definiren jetzt folgende Formen der unendlichvielen Variabeln $x_1, x_2, \ldots$:

$$\mathfrak{e}(\lambda) = \sum_{(\lambda_p < \lambda)} E_p,$$

$$\eta(\lambda) = \sum_{(\lambda_p < \lambda)} E_p(\lambda - \lambda_p),$$

wo die Summen rechter Hand über alle diejenigen Indizes p zu erstrecken sind, für die $\lambda_p < \lambda$ ausfällt. Die Koeffizienten von

$\eta(\lambda)$ sind stetige Funktionen von λ. Die Abschnitte $[\mathfrak{e}(\lambda)]$, $[\eta(\lambda)]$ dieser Formen sind Funktionen von λ, die, wie sich ohne Schwierigkeit mit Benutzung von (23) und der Konvergenz von $\sum_{(p)}[E_p]$ ergibt, folgende Eigenschaften besitzen:

$[\mathfrak{e}(\lambda)]$ ist nirgends negativ und nimmt mit wachsendem λ niemals ab; außerhalb J ist $[\mathfrak{e}(\lambda)]$ auf der negativen Seite Null, auf der positiven gleich $\sum_{(p)}[E_p]$.

$[\mathfrak{e}(\lambda)]$ ist an allen Stellen stetig, die nicht Eigenwerte sind; für den Eigenwert λ_p besitzt $[\mathfrak{e}(\lambda)]$ einen endlichen Sprung und zwar ist bei positivem gegen Null abnehmendem τ:

$$\underset{\tau=0}{L}\,\mathfrak{e}(\lambda_p-\tau) = \mathfrak{e}(\lambda_p)$$

$$\underset{\tau=0}{L}\,\mathfrak{e}(\lambda_p+\tau = \mathfrak{e}(\lambda_p)+E_p.$$

$[\eta(\lambda)]$ hat sowohl einen vorderen, wie einen hinteren Differentialquotient; dieselben stimmen an allen Stellen, die nicht Eigenwerte sind, mit einander überein und haben den Wert $[\mathfrak{e}(\lambda)]$; für den Eigenwert λ_p ist der hintere Differentialquotient $= [\mathfrak{e}(\lambda_p)]$, der vordere $= [\mathfrak{e}(\lambda_p)]+[E_p]$, so daß der Ueberschuß des vorderen Differentialquotienten über den hinteren $[E_p]$ beträgt.

Aus (27) folgt, wenn λ', $\lambda''>\lambda'$ keine Eigenwerte sind:

$$\mathfrak{k}(\lambda'')-\mathfrak{k}(\lambda')\geqq \sum_{(\lambda'<\lambda_p<\lambda'')} E_p;$$

nun ist

$$\sum_{(\lambda'<\lambda_p<\lambda'')} E_p = \mathfrak{e}(\lambda'')-\mathfrak{e}(\lambda')$$

und folglich auch

$$\mathfrak{k}(\lambda'')-\mathfrak{k}(\lambda')\geqq \mathfrak{e}(\lambda'')-\mathfrak{e}(\lambda'). \tag{29}$$

Ist eine der Größen λ', λ'' ein Eigenwert, bez. sind beide Eigenwerte von K, so folgt ebenso statt (29) eine entsprechende Ungleichung. Setzen wir nun

$$\varrho(\lambda) = \varkappa(\lambda)-\eta(\lambda),$$

so besitzt mit Rücksicht auf (21) die Funktion $[\varrho(\lambda)]$ vordere und hintere Differentialquotienten, die für jede Stelle λ miteinander übereinstimmen, und dieser Differentialquotient ist überdies, wie aus (29) bez. aus der entsprechenden Ungleichung folgt, eine mit wachsendem Argument nicht abnehmende Funktion von λ; daher stellt dieser Differentialquotient eine Funktion dar, die in λ stetig ist. Setzen wir also

(30) $$\sigma(\lambda) = \sum \sigma_{pq} x_p x_q = \frac{d\varrho(\lambda)}{d\lambda} = \mathfrak{k}(\lambda) - \mathfrak{e}(\lambda),$$

so ist jeder Abschnitt der Form $\sigma(\lambda)$ eine stetige, nicht negative, mit wachsendem λ nicht abnehmende Funktion von λ. Die Form $\sigma(\lambda)$ der unendlichvielen Variabeln, deren Koeffizienten σ_{pq} stetige Funktionen von λ sind, heiße die *Spektralform* von K.

Wegen (24) gilt die Ungleichung

(31) $$\sigma(\lambda) + \mathfrak{e}(\lambda) \leqq (x, x).$$

Die Formen $\mathfrak{k}(\lambda)$, $\mathfrak{e}(\lambda)$, $\sigma(\lambda)$ werden für alle außerhalb auf der negativen Seite von J liegenden Werte λ identisch gleich Null; auf der positiven Seite gehen sie in bestimmte Formen über, die wir bez. mit $\mathfrak{k}(+\infty)$, $\mathfrak{e}(+\infty)$, $\sigma(+\infty)$ bezeichnen wollen. Wegen (30) haben wir

(32) $$\sigma(+\infty) = \mathfrak{k}(+\infty) - \mathfrak{e}(+\infty).$$

Da $[\varkappa(\lambda)]$ rechts von J in $\lambda[(x, x)] + C(x)$ übergeht, so haben wir

(33) $$\mathfrak{k}(+\infty) = (x, x)$$

und wie früher bemerkt ist

$$\mathfrak{e}(+\infty) = \sum_p E_p.$$

Wir wählen jetzt solche reellen Werte λ aus, in deren beliebiger Nähe noch Punkte λ' existiren, für die nicht identisch in allen Variabeln $x_1, x_2, \ldots$

$$\sigma(\lambda) = \sigma(\lambda')$$

ausfällt. Die Menge s aller solchen Punkte λ ist perfekt (abgeschlossen und in sich dicht); sie heiße *das Streckenspektrum* oder *das kontinuirliche Spektrum* der Form K. Außerhalb der Verdichtungswerte von K sind die Koeffizienten von $\varkappa(\lambda)$ sämtlich linear in λ, diejenigen von $\mathfrak{e}(\lambda)$ konstant und folglich werden auch die Koeffizienten von $\sigma(\lambda)$ konstant d. h. das Streckenspektrum liegt gewiß innerhalb der Verdichtungswerte der Form K. Das Punktspektrum nebst den Häufungsstellen der Eigenwerte und das Streckenspektrum zusammengenommen heiße das *Spektrum* der Form K.

Setzen wir nun

$$\sigma(+\infty) = \int_{-\infty}^{+\infty} d\sigma(\lambda) = \int_{(s)} d\sigma(\lambda),$$

so erhalten wir aus (32), (33)

$$(x, x) = \mathfrak{e}(+\infty) + \int_{(s)} d\sigma(\lambda)$$

oder

$$(34)\qquad (x, x) = \sum_{(p)} E_p + \int_{(s)} d\sigma(\lambda),$$

wo die Summe über alle p zu erstrecken ist.

Wir kehren nunmehr zu der quadratischen Form K_n mit endlicher Variabelnzahl n zurück. Bedeutet λ eine komplexe Größe oder eine von sämtlichen Eigenwerten $\lambda_p^{(n)}$ der Form K_n verschiedene reelle Größe, so erhalten wir aus der Definition (11) der Funktion $\varkappa_p^{(n)}$ sofort die Gleichung

$$\int_{-\infty}^{+\infty} \frac{\varkappa_p^{(n)}(\mu)}{(\mu-\lambda)^3}\, d\mu = (L_p^{(n)}(x))^2 \int_{\lambda_p^{(n)}}^{+\infty} \frac{\mu-\lambda_p^{(n)}}{(\mu-\lambda)^3}\, d\mu = \frac{1}{2}\,\frac{(L_p^{(n)}(x))^2}{\lambda_p^{(n)}-\lambda};$$

die Integration ist hier reell von $\mu = -\infty$ bis $\mu = +\infty$, im Falle eines reellen λ jedoch mit kurzer Umgehung des Punktes λ in der komplexen μ-Ebene auszuführen, wobei man beachte, daß $\varkappa_p^{(n)}(\mu)$ in der Umgebung des Punktes λ als lineare Funktion auch für komplexe μ definirt ist. Durch Summation über $p = 1, \ldots, n$ finden wir

$$(35)\qquad \int_{-\infty}^{+\infty} \frac{\varkappa^{(n)}(\mu)}{(\mu-\lambda)^3}\, d\mu = \frac{1}{2}\left\{\frac{(L_1^{(n)}(x))^2}{\lambda_1^{(n)}-\lambda} + \cdots + \frac{(L_n^{(n)}(x))^2}{\lambda_n^{(n)}-\lambda}\right\},$$

wobei die Integration wie vorhin auszuführen ist. Andererseits ist, wie aus (3) und (5) folgt

$$(36)\qquad \frac{\mathsf{K}_n(\lambda, x) - (x, x)_n}{\lambda} = \frac{(L_1^{(n)}(x))^2}{\lambda_1^{(n)}-\lambda} + \cdots + \frac{(L_n^{(n)}(x))^2}{\lambda_n^{(n)}-\lambda}.$$

Wenn wir in (35), (36) für n die besonderen Zahlen $m_1, m_2, \ldots$ einsetzen und auf beiden Seiten einen bestimmten Abschnitt nehmen, ferner unter λ irgend eine komplexe Größe oder eine solche reelle Größe verstehen, die nicht zum Spektrum der Form K gehört, so erhalten wir wegen (18) durch Grenzübergang die Formel

$$(37)\qquad \underset{h=\infty}{L}\ \frac{[\mathsf{K}_{m_h}(\lambda, x)] - [(x, x)_{m_h}]}{\lambda} = 2\int_{-\infty}^{+\infty} \frac{[\varkappa(\mu)]}{(\mu-\lambda)^3}\, d\mu;$$

die Integration ist hier wiederum reell von $\mu = -\infty$ bis $\mu = +\infty$, im Falle eines reellen λ jedoch mit kurzer Umgehung des Punktes λ in der komplexen μ-Ebene auszuführen, wobei man beachte, daß $\varkappa(\mu)$ in der Umgebung des Punktes λ als lineare Funktion auch für komplexe μ definirt ist. Infolgedessen stellt das Integral rechter Hand eine Funktion von λ dar, die für alle komplexen und für die nicht zum Spektrum von K gehörigen reellen λ regulär analytischen Charakter in Bezug auf λ besitzt.

Wir setzen

$$\mathsf{K}(\lambda, x) = (x, x) + 2\lambda \int_{-\infty}^{+\infty} \frac{\varkappa(\mu)}{(\mu-\lambda)^3}\, d\mu \tag{38}$$

und nennen diesen Ausdruck *die Resolvente der Form K*; jeder Koeffizient oder Abschnitt derselben ist ebenfalls für alle komplexen und für die nicht zum Spektrum von K gehörigen endlichen reellen Werte von λ regulär analytisch und man sieht auch, daß derselbe für $\lambda = \infty$ regulär analytisch ist.

Die oben gefundene Gleichung (37) geht über in

$$\underset{h=\infty}{L}\, \mathsf{K}_{m_h}(\lambda, x) = \mathsf{K}(\lambda, x).$$

Aus der Definition der Form $\eta(\lambda)$ entnehmen wir die Gleichung

$$\int_{-\infty}^{+\infty} \frac{\eta(\mu)}{(\mu-\lambda)^3}\, d\mu = \sum_{(p)} E_p \int_{\lambda_p}^{+\infty} \frac{\mu-\lambda_p}{(\mu-\lambda)^3}\, d\mu = \frac{1}{2} \sum_{(p)} \frac{E_p}{\lambda_p - \lambda}, \tag{39}$$

wobei unter λ irgend eine komplexe Größe oder eine solche reelle Größe zu verstehen ist, die nicht zum Spektrum der Form K gehört und die Integration nach μ im Falle eines reellen λ mit kurzer Umgehung des Punktes λ in der komplexen μ-Ebene ausgeführt werden soll.

Wegen

$$\varrho(\lambda) = \varkappa(\lambda) - \eta(\lambda),$$

$$\sigma(\lambda) = \frac{d\varrho(\lambda)}{d\lambda}$$

erhalten wir

$$\begin{aligned}\int_{-\infty}^{+\infty} \frac{\varkappa(\mu)}{(\mu-\lambda)^3}\, d\mu - \int_{-\infty}^{+\infty} \frac{\eta(\mu)}{(\mu-\lambda)^3}\, d\mu &= \int_{-\infty}^{+\infty} \frac{\varrho(\mu)}{(\mu-\lambda)^3}\, d\mu \\ &= \frac{1}{2} \int_{-\infty}^{+\infty} \frac{\sigma(\mu)}{(\mu-\lambda)^2}\, d\mu \\ &= \frac{1}{2} \int_{(s)} \frac{d\sigma(\mu)}{\mu-\lambda}\end{aligned}$$

Aus (38), (39) ergibt sich

$$\mathsf{K}(\lambda, x) = (x, x) + \lambda \sum_{(p)} \frac{E_p}{\lambda_p - \lambda} + \lambda \int_{(s)} \frac{d\sigma(\mu)}{\mu-\lambda} \tag{40}$$

und hieraus mit Rücksicht auf (34)

$$\mathsf{K}(\lambda, x) = \sum_{(p)} \frac{E_p}{1-\frac{\lambda}{\lambda_p}} + \int_{(s)} \frac{d\sigma(\mu)}{1-\frac{\lambda}{\mu}}.$$

Diese Formel ist das gesuchte Analogon zu der Partialbruchdarstellung (3) der Resolvente $\mathsf{K}_n(\lambda, x)$ der Form K_n mit der endlichen Variabelnzahl n.

Wir fassen die gefundenen Resultate in folgender Weise zusammen:

Satz I. Die Resolvente einer quadratischen Form K, für welche $\lambda = \infty$ nicht Verdichtungswert ist, ist eine quadratische Form mit unendlichvielen Variabeln

$$\mathsf{K}(\lambda, x) = \sum_{p,q} \mathsf{K}_{pq} x_p x_q,$$

deren Koeffizienten für alle außerhalb des Spektrums der Form K gelegenen Argumente λ regulär analytische Funktionen dieses Argumentes sind.

Ist $m_1, m_2, \ldots$ eine gewisse Reihe ins Unendliche zunehmender ganzer Zahlen, so gilt für jeden Abschnitt der Resolvente die Gleichung

$$\underset{h=\infty}{L}\ \mathsf{K}_{m_h}(\lambda, x) = \mathsf{K}(\lambda, x), \tag{41}$$

wo K_{m_h} die Resolvente der Form K_{m_h} bedeutet.

Die Resolvente K gestattet folgende Darstellung (für jeden Abschnitt)

$$\mathsf{K}(\lambda, x) = \sum_{(p)} \frac{E_p}{1-\frac{\lambda}{\lambda_p}} + \int_{(s)} \frac{d\sigma(\mu)}{1-\frac{\lambda}{\mu}}; \tag{42}$$

dabei ist die Summe über das gesamte Punktspektrum von K, d. h. über alle Eigenwerte von K zu erstrecken; E_p bezeichnet allgemein die zu λ_p gehörige quadratische Eigenform; sie ist eine Form, deren Abschnitte für keinen Wert der Variabeln $x_1, x_2, \ldots$ negativ sind. Das Integral ist über das Streckenspektrum von K zu erstrecken. Die Spektralform $\sigma(\lambda)$ ist eine Form, deren Koeffizienten stetige Funktionen in λ, und deren Abschnitte bei wachsendem Argument λ innerhalb des Streckenspektrums s nicht abnehmende nicht sämtlich konstante Funktionen von λ, in jedem außerhalb s gelegenen Intervalle aber sämtlich konstant sind.

Endlich gilt die Gleichung (für jeden Abschnitt)

$$(x, x) = \sum_{(p)} E_p + \int_{(s)} d\sigma(\lambda). \tag{43}$$

13*

Wenn die sämtlichen Abschnitte einer quadratischen oder einer bilinearen Form mit unendlichvielen Variabeln $x_1, x_2, \ldots$, $y_1, y_2, \ldots$ absolut genommen unterhalb einer von der Wahl des Abschnittes unabhängigen endlichen Grenze liegen, sobald man die Variabeln den Bedingungen

$$(44) \qquad (x, x) \leqq 1, \quad (y, y) \leqq 1$$

unterwirft, so heiße die quadratische bez. bilineare Form eine *beschränkte Form*.

Die zu einer beschränkten quadratischen Form gehörige bilineare Form ist ebenfalls eine beschränkte Form.

Beispielsweise sind wegen (23) und (28) die Eigenformen E_p stets beschränkte Formen und da nach (31) die Ungleichung

$$\sigma(\lambda) + \mathfrak{e}(\lambda) \leqq (x, x)$$

gilt, so sind auch die Spektralform $\sigma(\lambda)$, ebenso wie die Formen $\mathfrak{k}(\lambda)$ und $\mathfrak{e}(\lambda)$ beschränkte Formen. Endlich ist, wenn λ einen außerhalb des Spektrums von $K(x)$ liegenden Wert bedeutet, die Resolvente $\mathsf{K}(\lambda, x)$ und zwar sowohl der Summen- wie der Integralbestandteil von $\mathsf{K}(\lambda, x)$ für sich eine beschränkte Form.

Die Begriffe „Abschnitt" und „beschränkt" können offenbar in gleichem Sinne auch für *lineare Formen* mit unendlichvielen Variabeln angewandt werden. Eine lineare Form

$$L(x) = l_1 x_1 + l_2 x_2 + \cdots$$

ist dann und nur dann eine beschränkte Form, wenn die Summe der Quadrate ihrer Koeffizienten

$$l_1^2 + l_2^2 + \cdots$$

endlich bleibt.

Die Richtigkeit hiervon erkennt man leicht mit Hilfe der beiden folgenden Tatsachen:

I. Wenn $u_1, u_2, \ldots$ und $v_1, v_2, \ldots$ irgend welche Größen sind, so gilt stets die Ungleichung

$$(u, v)^2 \leqq (u, u)(v, v).$$

II. Wenn $u_1, u_2, \ldots$ irgend welche Größen sind, ferner M eine endliche positive Zahl bedeutet und überdies für alle der Bedingung (44) genügenden Werte $x_1, x_2, \ldots$ die Ungleichung

$$(u, x) \leqq M$$

stattfindet, so ist stets

$$(u, u) \leqq M^2.$$

Fortan ziehen wir durchweg nur solche Wertsysteme der unendlichvielen Variabeln $x_1, x_2, \ldots, y_1, y_2, \ldots$ u. s. f. in Betracht, die der Bedingung (44) genügen. Ist $a_1, a_2, \ldots$ ein solches Wertsystem, so existirt, wenn $L(x)$ eine beschränkte lineare Form ist, gewiß der Limes des n^{ten} Abschnittes $[L(a)]_n$ derselben für $n = \infty$; wir setzen

$$L(a) = \underset{n=\infty}{L} [L(a)]_n;$$

somit haben wir erkannt, daß eine beschränkte Linearform der unendlichvielen Variabeln $x_1, x_2, \ldots$ für alle in Betracht kommenden Wertsysteme dieser Variabeln einen bestimmten endlichen Wert annimmt und demnach eine *Funktion* der unendlichvielen Variabeln $x_1, x_2, \ldots$ darstellt.

Es heiße allgemein eine Funktion $F(x_1, x_2, \ldots)$ der unendlichvielen Variabeln $x_1, x_2, \ldots$ an der Stelle $a_1, a_2, \ldots$ *stetig*, wenn der Wert von $F(a_1 + \varepsilon_1, a_2 + \varepsilon_2, \ldots)$ gegen den Wert von $F(a_1, a_2, \ldots)$ konvergiert, sobald die Summe der Quadrate der Größen $\varepsilon_1, \varepsilon_2, \ldots$ nach Null abnimmt, d. h. wenn

$$\underset{(\varepsilon_1^2 + \varepsilon_2^2 + \cdots = 0)}{L} F(a_1 + \varepsilon_1, a_2 + \varepsilon_2, \ldots) = F(a_1, a_2, \ldots).$$

wird.

Wir sehen sofort, daß die beschränkte Linearform $L(x)$ eine stetige Funktion der unendlichvielen Variabeln darstellt.

Die entsprechenden Sätze gelten auch für eine beschränkte Bilinearform. Um dies zu erkennen, bezeichnen wir mit $A(x, y)$ eine beschränkte Bilinearform und mit $a_1, a_2, \ldots$ und $b_1, b_2, \ldots$ besondere Wertsysteme der unendlichvielen Variabeln, sodann setzen wir

$$x_1 = a_1, \ldots, x_n = a_n, x_{n+1} = 0, \quad x_{n+2} = 0, \ldots$$

$$x_1' = 0, \ldots, x_n' = 0, x_{n+1}' = \frac{a_{n+1}}{\alpha_{nm}}, x_{n+2}' = \frac{a_{n+2}}{\alpha_{nm}}, \ldots, x_m' = \frac{a_m}{\alpha_{nm}}, x_{m+1}' = 0, x_{m+2}' = 0, \ldots$$

$$y_1 = b_1, \ldots, y_n = b_n, y_{n+1} = 0, \quad y_{n+2} = 0, \ldots$$

$$y_1' = 0, \ldots, y_n' = 0, y_{n+1}' = \frac{b_{n+1}}{\beta_{nm}}, y_{n+2}' = \frac{b_{n+2}}{\beta_{nm}}, \ldots, y_m' = \frac{b_m}{\beta_{nm}}, y_{m+1}' = 0, y_{m+2}' = 0, \ldots$$

$$\alpha_{nm} = \sqrt{a_{n+1}^2 + a_{n+2}^2 + \cdots + a_m^2}, \quad \beta_{nm} = \sqrt{b_{n+1}^2 + b_{n+2}^2 + \cdots + b_m^2},$$

worin n und $m > n$ irgend welche ganze Zahlen bedeuten. Nun ist, wenn wir mit $[A]_m$, $[A]_n$ die betreffenden Abschnitte von A bezeichnen,

$$\begin{aligned}[A(a,b)]_m &= A(x+\alpha_{nm}x', y+\beta_{nm}y'),\\ &= A(x,y) + \alpha_{nm}A(x',y) + \beta_{nm}A(x,y') + \alpha_{nm}\beta_{nm}A(x',y'),\\ &= [A(a,b)]_n + \alpha_{nm}A(x',y) + \beta_{nm}A(x,y') + \alpha_{nm}\beta_{nm}A(x',y').\end{aligned}$$

Da $A(x',y)$, $A(x,y')$, $A(x',y')$ absolut unterhalb einer von n, m unabhängigen Grenze bleiben und überdies α_{nm}, β_{nm} mit wachsenden n, m verschwinden, so folgt, daß $[A(a,b)]_n$ mit wachsendem n gegen einen Grenzwert konvergieren muß; derselbe werde kurz mit $A(a,b)$ bezeichnet. In analoger Weise folgt, daß die durch $A(x,y)$ dargestellte Funktion der unendlichvielen Variabeln $x_1, x_2, \ldots$ und $y_1, y_2, \ldots$ stetig ist.

Insbesondere schließen wir, daß auch eine beschränkte, quadratische Form unendlichvieler Veränderlichen $x_1, x_2, \ldots$ stets eine stetige Funktion derselben darstellt.

Wir entnehmen aus den eben bewiesenen Sätzen noch folgende Tatsache: Wenn auf beiden Seiten einer Formel eine endliche Anzahl quadratischer oder bilinearer beschränkter Formen von unendlichvielen Variabeln stehen und die durch die Formel dargestellte Gleichung oder Ungleichung für alle Abschnitte beider Seiten gültig ist, so ist sie überhaupt für alle Wertsysteme der unendlichvielen Variabeln gültig — wobei stets nur solche Wertsysteme dieser Variabeln gemeint sind, die den Bedingungen (44) genügen.

Wenn wir in der beschränkten Bilinearform $A(x,y)$ die Variabeln $y_1, y_2, \ldots$ sämtlich Null setzen mit alleiniger Ausnahme der einen Variabeln y_p, der wir den Wert 1 erteilen, so entsteht eine beschränkte Linearform der Variabeln $x_1, x_2, \ldots$; dieselbe werde mit $\frac{\partial A(x,y)}{\partial y_p}$ bezeichnet.

Da $A(x,y)$ beschränkt ist, so folgt auch, daß

$$y_1\frac{\partial[A(x,y)]_n}{\partial y_1} + \cdots + y_m\frac{\partial[A(x,y)]_n}{\partial y_m}$$

absolut unter einer endlichen von n und m unabhängigen Grenze liegt und mit Rücksicht auf die oben angeführte Tatsache II liegt mithin auch

$$\left(\frac{\partial[A(x,y)]_n}{\partial y_1}\right)^2 + \cdots + \left(\frac{\partial[A(x,y)]_n}{\partial y_m}\right)^2$$

unterhalb einer von n und m unabhängigen Grenze. Nehmen wir nun zuerst $n=\infty$ und dann $m=\infty$, so erkennen wir, daß die

Quadratsumme

$$\left(\frac{\partial A(x,y)}{\partial y_1}\right)^2 + \left(\frac{\partial A(x,y)}{\partial y_2}\right)^2 + \cdots$$

gegen eine endliche Größe konvergiert. Ist nun $B(x, y)$ ebenfalls eine beschränkte Bilinearform, so bleibt auch die Quadratsumme

$$\left(\frac{\partial B(x,y)}{\partial x_1}\right)^2 + \left(\frac{\partial B(x,y)}{\partial x_2}\right)^2 + \cdots$$

unterhalb einer endlichen Grenze und folglich muß mit Rücksicht auf die oben angeführte Tatsache I auch die unendliche Reihe

$$\frac{\partial A(x,y)}{\partial y_1}\,\frac{\partial B(x,y)}{\partial x_1} + \frac{\partial A(x,y)}{\partial y_2}\,\frac{\partial B(x,y)}{\partial x_2} + \cdots$$

absolut konvergieren; dieselbe stellt dann notwendig wiederum eine Bilinearform der Variabeln $x_1, x_2, \ldots, y_1, y_2, \ldots$ dar, die wir mit

$$A(x, .)\, B(., y)$$

bezeichnen und die *Faltung* der Bilinearformen A, B nennen.

Die Faltung ist gewiß eine beschränkte Bilinearform und zwar erkennen wir mit Rücksicht auf die oben angeführten Tatsachen I und II aus der vorangehenden Betrachtung die Richtigkeit des folgenden Satzes:

Hilfssatz 2. Wenn M, N zwei positive Konstante bedeuten, so daß für alle $x_1, x_2, \ldots$ und $y_1, y_2, \ldots$

$$|A(x,y)| \leqq M, \quad |B(x,y)| \leqq N$$

ausfällt, so genügt die Faltung notwendig der Ungleichung

$$|A(x, .)\, B(., y)| \leqq MN.$$

Zugleich stellen wir folgende Hilfssätze auf, deren Richtigkeit unmittelbar einleuchtet.

Hilfssatz 3. Für jeden Abschnitt der Faltung zweier beschränkter Bilinearformen A, B gilt

$$[A(x, .)\, B(., y)]_m = \underset{n=\infty}{L}\, [A_n(x, .)\, B_n(., y)]_m,$$

wo rechts unter dem Limes der m^{te} Abschnitt der Faltung der n^{ten} Abschnitte von A, B steht. Der Wert der Faltung ist demnach:

$$A(x, .)\, B(., y) = \underset{m=\infty}{L}\ \underset{n=\infty}{L}\, [A_n(x, .)\, B_n(., y)]_m.$$

Es folgt daraus insbesondere:

$$A(x, .)(., y) = A(x, y),$$

d. h. jede Bilinearform reproduziert sich durch Faltung mit (x, y); wir können daher auch den Wert der Bilinearform darstellen als:

$$A(x,y) = y_1\frac{\partial A}{\partial y_1} + y_2\frac{\partial A}{\partial y_2} + \cdots = x_1\frac{\partial A}{\partial x_1} + x_2\frac{\partial A}{\partial x_2} + \cdots.$$

Hilfssatz 4. Wenn $A, B, C, \ldots$ beschränkte Bilinearformen sind und mit denselben wiederholt der Prozeß der Faltung ausgeführt wird, so ist das Resultat von der Reihenfolge der einzelnen Faltungen unabhängig; es ist beispielsweise

$$(A(x,.)\,B(.,\bullet))\,C(\bullet,y) = A(x,.)\,(B(.,\bullet)\,C(\bullet,y)).$$

Wir entwickeln nunmehr die einfachsten Begriffe und Tatsachen über orthogonale Transformationen unendlichvieler Variabler.

Bedeuten

$$o_{pq} \qquad (p, q = 1, 2, \ldots)$$

irgend welche unendlichviele den Relationen

$$\sum_{(q=1,2,\ldots)} o_{pq}^2 = 1,$$

$$\sum_{(r=1,2,\ldots)} o_{pr}\,o_{qr} = 0, \qquad (p \neq q)$$

und

$$\sum_{(p=1,2,\ldots)} o_{pq}^2 = 1,$$

$$\sum_{(r=1,2,\ldots)} o_{rp}\,o_{rq} = 0, \qquad (p \neq q)$$

genügende Konstanten, so definieren die Formeln

$$\begin{aligned} x_1 &= o_{11}x_1' + o_{12}x_2' + \cdots, \\ x_2 &= o_{21}x_1' + o_{22}x_2' + \cdots, \\ &\cdots\cdots\cdots \end{aligned} \tag{45}$$

und

$$\begin{aligned} x_1' &= o_{11}x_1 + o_{21}x_2 + \cdots, \\ x_2' &= o_{12}x_1 + o_{22}x_2 + \cdots, \\ &\cdots\cdots\cdots \end{aligned}$$

je eine orthogonale Transformation; die letztere Transformation ist die Umkehrung der ersteren. Die Ausdrücke rechter Hand sind beschränkte Linearformen der unendlichvielen Variabeln $x_1', x_1', \ldots$ bez. $x_1, x_2, \ldots$.

Die Bilinearform

$$O(x, x') = \sum o_{pq}\,x_p\,x_q'$$

heiße die zur orthogonalen Transformation (45) zugehörige Bilinearform; dieselbe ist, wie man leicht aus der oben angeführten Tatsache I erkennt, gewiß eine beschränkte Form. Es gilt nach Hilfssatz 3 die Formel

$$(46) \qquad O(x,.)\,O(y,.) = (x,y);$$

insbesondere wird:

$$\sum_{(p)} (o_{p1}x_1' + o_{p2}x_2' + \cdots)^2 = (x', x'),$$

$$\sum_{(p)} (o_{1p}x_1 + o_{2p}x_2 + \cdots)^2 = (x, x).$$

Wenn wir auf irgend eine beschränkte Linearform $L(x)$ die orthogonale Transformation (45) anwenden, so entsteht die Linearform

$$L'(x') = L(.)\,O(.,x');$$

mithin entsteht, wenn wir beide Variabelnreihen irgend einer beschränkten Bilinearform $A(x,y)$ jener Transformation unterwerfen die Bilinearform

$$A'(x',y') = A(.,\bullet)\,O(.,x')\,O(\bullet,y').$$

Sind $A(x,y)$, $B(x,y)$ irgend zwei beschränkte Bilinearformen, setzen wir ferner

$$C(x,y) = A(x,.)\,B(.,y)$$

und berechnen die orthogonaltransformierten Formen

$$A'(x',y') = A(.,\bullet)\,O(.,x')\,O(\bullet,y'),$$
$$B'(x',y') = B(\circ,*)\,O(\circ,x')\,O(*,y'),$$
$$C'(x',y') = C(.,\bullet)\,O(.,x')\,O(\bullet,y'),$$

so finden wir als Faltung der transformierten Formen

$$A'(x,\circ)\,B'(\circ,y) = A(.,\bullet)\,O(.,x)\,O(\bullet,\circ)\,B(*,*)\,O(*,\circ)\,O(*,y)$$

und mit Benutzung des Hilfssatzes 3 und 4 und der Formel (46)

$$A'(x,\circ)\,B'(\circ,y) = A(.,\circ)\,B(\circ,*)\,O(.,x)\,O(*,y)$$
$$= C(.,*)\,O(.,x)\,O(*,y)$$

und mithin

$$(47) \qquad A'(x,.)\,B'(.,y) = C'(x,y);$$

d. h. die Faltung zweier Bilinearformen ist eine Kovariante gegenüber einer orthogonalen Transformation.

Wenn die Summe der Koeffizienten von $x_p y_p$ einer Bilinearform $A(x,y)$ konvergiert, so bezeichnen wir diese Summe allgemein mit $A(.,.)$.

Wir erwähnen hier noch folgende ebenfalls leicht zu beweisende Tatsache:

Hilfssatz 5. Wenn

$$Q(x) = \sum_{(p,q=1,2,\ldots)} c_{pq} x_p x_q$$

eine quadratische Form von solcher Art ist, daß

$$Q(\bullet,.)\,Q(.,\bullet) = \sum_{(p,q=1,2,\ldots)} c_{pq}^2$$

gegen einen endlichen Grenzwert konvergiert, so stellt derselbe eine Invariante gegenüber einer orthogonalen Transformation von $Q(x)$ dar; d. h. jener Grenzwert stimmt mit

$$Q'(\bullet,.)\,Q'(.,\bullet) = \sum_{(p,q=1,2,\ldots)} c_{pq}'^2$$

überein, wobei

$$Q'(x') = \sum_{(p,q=1,2,\ldots)} c'_{pq} x'_p x'_q$$

die durch orthogonale Transformation aus $Q(x)$ hervorgehende quadratische Form bedeutet.

Wir kehren nunmehr zu der oben entwickelten Theorie der quadratischen Form $K(x)$ zurück und nehmen an, daß diese quadratische Form $K(x)$ eine beschränkte Form sei.

Bedeutet wiederum

$$K_n(x) = [K(x)]_n$$

den n^{ten} Abschnitt von $K(x)$, so ist der größte Wert, den $K_n(x)$ absolut genommen annimmt, gleich $\frac{1}{|\lambda_1^{(n)}|}$, wenn $\lambda_1^{(n)}$ den absolut kleinsten der n Eigenwerte von $K_n(x)$ bezeichnet. Da $K(x)$ eine beschränkte Form sein soll, so giebt es eine positive Konstante M, so daß für alle Werte n und jedes Variabelnsystem

$$|K_n(x)| \leqq M$$

ausfällt und mithin gilt auch

$$\left|\frac{1}{\lambda_1^{(n)}}\right| \leqq M$$

oder

$$|\lambda_1^{(n)}| \geqq \frac{1}{M},$$

d. h. die absoluten Beträge der Eigenwerte von $K_n(x)$ bleiben sämtlich oberhalb einer von Null verschiedenen positiven Größe und es gehört somit $\lambda = 0$ gewiß nicht zum Spektrum von $K(x)$. Nehmen wir umgekehrt von einer quadratischen Form $K(x)$ an, daß $\lambda = 0$ nicht zu ihrem Spektrum gehöre, so müssen sämtliche Eigenwerte $\lambda_h^{(n)}$ ihrer Abschnitte $K_n(x)$ von einem gewissen n an absolut genommen oberhalb einer von Null verschiedenen positiven Grenze m bleiben und hieraus wiederum folgt, daß die Maxima $\frac{1}{|\lambda_1^{(n)}|}$ der absolut genommenen Abschnitte $K_n(x)$ unterhalb der Grenze $\frac{1}{m}$ bleiben müssen, d. h. die Form $K(x)$ ist notwendig eine beschränkte.

Die vorhin gemachte und im Folgenden stets beibehaltene Annahme, daß $K(x)$ eine beschränkte Form sei, ist also damit völlig aequivalent, daß $\lambda = 0$ nicht zum Spektrum von $K(x)$ gehöre, während die absoluten Beträge der Eigenwerte von $K(x)$ sehr wohl über alle Grenzen wachsen dürfen.

Wir bestimmen nun eine Größe α so klein, daß auch $\lambda = \alpha$ nicht dem Spektrum von $K(x)$ angehört. Da dann die Nullstellen der Discriminanten der Abschnitte von

$$(x, x) - \lambda K(x)$$

sich an der Stelle $\lambda = \alpha$ nicht häufen, so werden diejenigen der Abschnitte von

$$(x, x) - \lambda \{(x, x) - \alpha K(x)\}$$

absolut genommen nicht über alle Grenzen wachsen, d. h. die quadratische Form

$$K^*(x) = (x, x) - \alpha K(x)$$

hat $\lambda = \infty$ nicht zum Verdichtungswert; dieselbe ist zugleich auch beschränkt. Bezeichnen wir mit $\mathsf{K}_n(\lambda; x, y)$ die Resolvente von $K_n(x)$ und mit $\mathsf{K}_n^*(\lambda; x, y)$ diejenige von $K_n^*(x)$, so finden wir unmittelbar aus der Definition der Resolvente die Gleichung:

$$\mathsf{K}_n(\lambda; x, y) = \frac{1}{1 - \frac{\lambda}{\alpha}} \mathsf{K}_n^*\left(\frac{\lambda}{\lambda - \alpha}; x, y\right). \tag{48}$$

Wenden wir nun unseren Satz I auf die Form $K^*(x)$ an und bezeichnen die Eigenwerte, Eigenformen, ferner das Streckenspektrum und die Spektralform von $K^*(x)$ bez. mit

$$\lambda_1^*, \lambda_2^*, \ldots, \quad E_1^*, E_2^*, \ldots, s^*, \sigma^*,$$

so ergibt sich für alle außerhalb des Spektrums von K^* liegenden Werte von λ^* die für jeden Abschnitt bestehende Gleichung

$$\underset{h=\infty}{L} \mathsf{K}_{m_h}^*(\lambda^*, x) = \sum_{(p)} \frac{E_p^*}{1 - \frac{\lambda^*}{\lambda_p^*}} + \int_{(s^*)} \frac{d\sigma^*(\mu^*)}{1 - \frac{\lambda^*}{\mu^*}}. \tag{49}$$

und ebenso

$$(x, x) = \sum_{(p)} E_p^* + \int_{(s^*)} d\sigma^*(\lambda^*).$$

Setzen wir in (49)

$$\lambda^* = \frac{\lambda}{\lambda - \alpha}, \qquad \lambda_p^* = \frac{\lambda_p}{\lambda_p - \alpha}, \qquad \mu^* = \frac{\mu}{\mu - \alpha}$$

ein, wobei

$$\frac{1}{1 - \frac{\lambda^*}{\lambda_p^*}} = \frac{1 - \frac{\lambda}{\alpha}}{1 - \frac{\lambda}{\lambda_p}},$$

$$\frac{1}{1 - \frac{\lambda^*}{\mu^*}} = \frac{1 - \frac{\lambda}{\alpha}}{1 - \frac{\lambda}{\mu}}$$

wird und bezeichnen mit s die Menge der Punkte μ, die der Menge s^* der Punkte μ^* entspricht, so ergibt sich mit Rücksicht auf (48) die für jeden Abschnitt bestehende Gleichung:

$$\underset{h=\infty}{L} \mathsf{K}_{m_h}(\lambda, x) = \sum_{(p,\infty)} \frac{E_p}{1 - \frac{\lambda}{\lambda_p}} + \int_{(s)} \frac{d\sigma(\mu)}{1 - \frac{\lambda}{\mu}};$$

dabei sind dann λ_p als die Eigenwerte, $E_p = E_p^*$ als die zugehörigen Eigenformen, s als das Streckenspektrum, $\sigma(\mu) = \sigma^*(\mu^*)$ als die Spektralform der Form $K(x)$ zu bezeichnen und es ist $\lambda = \infty$ als Eigenwert und E_∞ als zugehörige Eigenfunktion von $K(x)$ mitzurechnen, falls $\lambda^* = 1$ Eigenwert von $K^*(x)$ war. Aus der obigen Formel für (x, x) wird

$$(50) \qquad (x, x) = \sum_{(p,\infty)} E_p + \int_{(s)} d\sigma(\lambda).$$

Die beiden letzten Formeln stimmen mit (42), (43) überein, wenn $K(x)$ $\lambda = \infty$ nicht zum Verdichtungswert hat; in der Tat folgt dann aus der Definition von $K^*(x)$, daß $\lambda^* = 1$ nicht Verdichtungswert und daher auch nicht Eigenwert von K^* ist; demnach ist $\lambda = \infty$ gewiß nicht Eigenwert von $K(x)$.

Bleibt $K(x, y)$ für alle Variabeln x absolut unterhalb der endlichen Grenze M, so entnehmen wir aus (2) und Hilfssatz 2, daß auch für alle m

$$\mathsf{K}_m(\lambda; x, y) = (x, y)_m + \lambda K_m(x, y) + \lambda^2 K_m K_m(x, y) + \cdots$$
$$+ \lambda^n K_m K_m \ldots K_m(x, y) + \frac{\vartheta_n (\lambda M)^{n+1}}{1 - \lambda M},$$

wo

$$n < m, \ |\lambda| < \frac{1}{M}, \ -1 < \vartheta_n < +1$$

ist. Mit Rücksicht auf Hilfssatz 3 erhalten wir dann, wenn wir für x, y solche feste Werte nehmen, die von einem endlichen Index an sämtlich verschwinden, für $m = m_h$ in der Grenze $h = \infty$ die Formel

$$(51) \quad \underset{h=\infty}{L} \mathsf{K}_{m_h}(\lambda; x, y) = (x, y) + \lambda K(x, y) + \lambda^2 KK(x, y) + \cdots$$
$$+ \lambda^n KK \ldots K(x, y) + \frac{\vartheta_n (\lambda M)^{n+1}}{1 - \lambda M}$$

und hieraus für $n = \infty$

$$\underset{h=\infty}{L} \mathsf{K}_{m_h}(\lambda; x, y) = (x, y) + \lambda K(x, y) + \lambda^2 KK(x, y) + \cdots.$$

Die so gewonnene Formel sowie die Tatsache, daß jeder Abschnitt der Resolvente außerhalb des Spektrums regulär analytisch in λ ist, zeigt, daß die Resolvente

$$\mathsf{K}(\lambda; x, y) = \underset{h=\infty}{L} \mathsf{K}_{m_h}(\lambda; x, y)$$

der Form $K(x, y)$ eindeutig durch $K(x)$ bestimmt ist, und hieraus wiederum folgt, indem wir auf den Beweis für die Existenz des Grenzwertes

$$\underset{h=\infty}{L} \mathsf{K}_{m_h}(\lambda; x, y)$$

zurückgreifen, daß auch allgemein der Grenzwert

$$\underset{m=\infty}{L} \mathsf{K}_m(\lambda; x, y)$$

existiert und dem obigen Grenzwert gleich sein muß. Die letzten Formeln gelten stets für jeden Abschnitt der in Betracht kommenden Formen.

Aus (51) schließen wir, daß die Differenz

$$(52) \quad \mathsf{K}(\lambda; x, y) - \{(x, y) + \lambda K(x, y) + \lambda^2 KK(x, y) + \cdots + \lambda^n KK \ldots K(x, y)\}$$

eine Form ist, bei welcher der absolute Betrag jedes Abschnittes für $|\lambda| < \frac{1}{M}$ unterhalb der Größe

$$\frac{|\lambda M|^{n+1}}{1 - |\lambda M|}$$

bleibt. Durch Faltung jenes Ausdruckes (52) mit $K(x, y)$ ergibt sich dann nach Hilfssatz 2, daß der Ausdruck

$$(53) \quad K(x, .)\mathsf{K}(\lambda; ., y)$$
$$-\{K(x,y) + \lambda KK(x,y) + \lambda^2 KKK(x,y) + \cdots + \lambda^n KKK \ldots K(x,y)\}$$

absolut genommen im gleichen Sinne die Größe

$$M\frac{|\lambda M|^{n+1}}{1-|\lambda M|}$$

nicht überschreitet. Setzen wir in (52) die Zahl $n+1$ an Stelle von n und subtrahieren dann davon das λ-fache des Ausdruckes (53), so entsteht der Ausdruck

$$\mathsf{K}(\lambda;\, x, y) - \lambda K(x, .)\, \mathsf{K}(\lambda;\, ., y) - (x, y)$$

und dieser Ausdruck bleibt demnach absolut genommen unterhalb der Größe

$$\frac{2|\lambda M|^{n+2}}{1-|\lambda M|}.$$

Da nun diese Größe für $n=\infty$ gegen Null konvergiert, so ist damit die Gültigkeit der Gleichung

$$\mathsf{K}(\lambda;\, x, y) - \lambda K(x, .)\, \mathsf{K}(\lambda;\, ., y) = (x, y) \tag{54}$$

für $|\lambda| < \frac{1}{M}$ und für jeden Abschnitt und einer oben gemachten Bemerkung (S. 178) zufolge daher auch für beliebige Werte der unendlichvielen Variabeln bewiesen.

Wir sind vorhin zu der Gleichung

$$\mathsf{K}(\lambda;\, x, y) = (x, y) + \lambda K(x, y) + \lambda^2 KK(x, y) + \cdots \tag{55}$$

gelangt und haben die Gültigkeit derselben für jeden Abschnitt und für $|\lambda| < \frac{1}{M}$ erkannt. Aus diesem Umstande wiederum schließen wir, daß für beliebige Werte der Variabeln jeder Abschnitt von

$$\mathsf{K}(\lambda;\, x, y) - \{(x, y) + \lambda K(x, y) + \cdots + \lambda^n KK \ldots K(x, y)\} \tag{56}$$

absolut kleiner als

$$\frac{|\lambda M|^{n+1}}{1-|\lambda M|} \tag{57}$$

ausfällt und daher muß einer oben (S. 178) gemachten Bemerkung zufolge auch jener Ausdruck (56) selbst für beliebige Werte der unendlichvielen Variabeln absolut kleiner oder gleich der Größe (57) bleiben. Hieraus folgt, indem wir n ins Unendliche zunehmen lassen, daß die Gleichung (55) für beliebige Werte der unendlichvielen Variabeln $x_1, x_2, \ldots$ und $y_1, y_2, \ldots$ und für $|\lambda| < \frac{1}{M}$ gültig ist.

Die Gleichung

$$\mathsf{K}(\lambda, x) = \sum_{(p,\infty)} \frac{E_p}{1 - \frac{\lambda}{\lambda_p}} + \int_{(s)} \frac{d\sigma(\mu)}{1 - \frac{\lambda}{\mu}}$$

ist — ebenso wie (50) — vorhin nur in dem Sinne als gültig erkannt worden, daß man darin auf beiden Seiten die nämlichen Abschnitte genommen denkt; wir wollen nun zeigen, daß diese Gleichung für beliebige Werte der unendlichvielen Variabeln gilt — vorausgesetzt, daß λ einen außerhalb des Spektrums von K gelegenen Wert bedeutet.

Es sei $a_1, a_2, \ldots$ ein bestimmtes Wertsystem der unendlichvielen Variabeln $x_1, x_2, \ldots$; dann bezeichne

$$E_p(a),\ [E_p(a)]_n,\ [E_p(a)]_m$$

den Wert, den E_p bez. der n^{te} und m^{te} Abschnitt von E_p für jenes bestimmte Wertsystem annimmt. Wegen (50) liegt

$$\sum_{(p=1,\ldots,P)} [E_p(a)]_n$$

unterhalb einer von n und P unabhängigen endlichen Grenze; wir setzen

$$\sum_{(p=P+1,P+2,\ldots)} [E_p(a)]_n = \varepsilon(n, P)$$

wo $\varepsilon(n, P)$ eine Größe ist, die bei festem n für $P = \infty$ nach Null konvergiert. Da bei festem λ die Größen

$$\left| \frac{1}{1 - \frac{\lambda}{\lambda_p}} \right|$$

sämtlich eine endliche obere Grenze G haben, so ist, wenn

$$\sum_{(p=P+1,P+2,\ldots)} \frac{[E_p(a)]_n}{1 - \frac{\lambda}{\lambda_p}} = \eta(n, P)$$

gesetzt wird, die Größe $\eta(n, P)$ ebenfalls eine solche, die bei festem n für $P = \infty$ nach Null konvergiert.

Da andererseits

$$\sum_{(p=1,\ldots,P)} \frac{E_p}{1 - \frac{\lambda}{\lambda_p}}$$

eine beschränkte Form ist und zwar derart, daß die absoluten Beträge ihrer Werte sämtlich unterhalb der von P unabhängigen Grenze G bleiben, so folgt aus unseren früheren Betrachtungen

(S. 178), daß

$$\sum_{(p=1,\ldots,P)} \frac{[E_p(a)]_m}{1-\frac{\lambda}{\lambda_p}} - \sum_{(p=1,\ldots,P)} \frac{[E_p(a)]_n}{1-\frac{\lambda}{\lambda_p}} = (G)\sqrt{a_{n+1}^2 + a_{n+2}^2 + \cdots + a_m^2},$$

$$(m > n)$$

wird, worin (G) eine zwischen endlichen von n, m, P unabhängigen Grenzen gelegene Größe bedeutet.

Aus den beiden letzten Gleichungen ergibt sich

$$\sum_{(p=1,\ldots,P)} \frac{[E_p(a)]_m}{1-\frac{\lambda}{\lambda_p}} = \sum_{(p=1,2,\ldots)} \frac{[E_p(a)]_n}{1-\frac{\lambda}{\lambda_p}} + (G)\sqrt{a_{n+1}^2 + a_{n+2}^2 + \cdots + a_m^2}$$

$$+ \eta(n, P)$$

und wenn wir hierin zuerst $m = \infty$, alsdann $P = \infty$ und zuletzt $n = \infty$ werden lassen, so erhalten wir

$$\sum_{(p=1,2,\ldots)} \frac{E_p(a)}{1-\frac{\lambda}{\lambda_p}} = \underset{n=\infty}{L} \sum_{(p=1,2,\ldots)} \frac{[E_p(a)]_n}{1-\frac{\lambda}{\lambda_p}}.$$

Andererseits wenden wir dieselbe oben (S. 178) zum Beweise der Konvergenz von $A(a, b)$ dargelegte Schlußweise auf die Bilinearform $\sigma(\lambda; x, y)$ an. Da mit Rücksicht auf (31)

$$[\sigma(\mu; x, y)] \leqq 1$$

folgt und mithin für alle Werte von μ bei beliebigen $x_1, x_2, \ldots$ und $y_1, y_2, \ldots$

$$\sigma(\mu; x, y) \leqq 1$$

sein muß, so folgt durch jene Schlußweise zugleich in Bezug auf alle μ die Gleichmäßigkeit der Konvergenz von $[\sigma(\mu; x, y)]_n$ gegen $\sigma(\mu; x, y)$; mithin stellt die Bilinearform $\sigma(\mu; x, y)$ für jedes Wertsystem der unendlichvielen Variabeln $x_1, x_2, \ldots$ und $y_1, y_2, \ldots$ eine stetige Funktion in μ dar und hieraus wiederum folgt

$$\int_{(s)} \frac{d\sigma(\mu)}{1-\frac{\lambda}{\mu}} = \underset{n=\infty}{L} \left[\int_{(s)} \frac{d\sigma(\mu)}{1-\frac{\lambda}{\mu}}\right]_n.$$

Mit den beiden letzteren Limesgleichungen ist unsere Behauptung erwiesen, d. h. die Gültigkeit der Partialbruchdarstellung von $\mathsf{K}(\lambda; x)$ auf beliebige Werte der unendlichvielen Variabeln erweitert.

Die soeben als allgemeingültig erwiesene Partialbruchdarstellung von $\mathsf{K}(\lambda; x)$ läßt zugleich erkennen, daß der Wert der Resolvente

$\mathsf{K}(\lambda, x)$ für jedes beliebiges System der unendlichvielen Variabeln $x_1, x_2, \ldots$ eine in λ außerhalb des Spektrums regulär analytische Funktion ist.

Setzen wir in $\mathsf{K}(\lambda; x, y)$ allgemein an Stelle von x_p den Ausdruck $\frac{\partial K(x, y)}{\partial y_p}$, so entsteht die Faltung:

$$K(x, .)\,\mathsf{K}(\lambda; ., y)$$

und daher stellt auch diese für jedes Wertsystem der unendlichvielen Variabeln $x_1, x_2, \ldots$ und $y_1, y_2, \ldots$ eine in λ außerhalb des Spektrums regulär analytische Funktion dar.

Aus diesen Tatsachen folgern wir die Gültigkeit der Gleichung (54) nicht nur für beliebige Wertsysteme der unendlichvielen Variabeln $x_1, x_2, \ldots$ und $y_1, y_2, \ldots$, sondern auch für alle außerhalb des Spektrums liegenden Werte von λ.

Wir fassen die wichtigsten der gewonnenen Resultate, wie folgt, zusammen:

Satz II. Es sei $K(x)$ eine quadratische beschränkte Form der unendlichvielen Variabeln $x_1, x_2, \ldots$. Die Resolvente $\mathsf{K}(\lambda, x)$ vom $K(x)$ ist eine eindeutig bestimmte quadratische Form eben dieser Variabeln $x_1, x_2, \ldots$

$$\mathsf{K}(\lambda, x) = \sum_{(p, q)} \mathsf{K}_{pq}(\lambda)\, x_p x_q,$$

deren Koeffizienten $\mathsf{K}_{pq}(\lambda)$ für alle außerhalb des Spektrums von K gelegenen Werte λ regulär analytische Funktionen sind.

Die Resolvente $\mathsf{K}(\lambda, x)$ ist, wenn λ einen außerhalb des Spektrums von K gelegenen Wert bedeutet, eine beschränkte Form; sie stellt für jedes beliebige Wertsystem der unendlichvielen Variabeln $x_1, x_2, \ldots$ eine analytische Funktion von λ dar.

Die Resolvente $\mathsf{K}(\lambda, x)$ gestattet für beliebige Werte der unendlichvielen Variabeln $x_1, x_2, \ldots$ und für genügend kleine Werte von λ die Potenzreihenentwickelung

$$\mathsf{K}(\lambda, x) = (x, x) + \lambda K(x) + \lambda^2 KK(x) + \cdots \tag{59}$$

und ferner gilt ebenfalls für beliebige Werte der unendlichvielen Variabeln und überhaupt für alle außerhalb des Spektrums von K gelegenen Werte λ die Partialbruchdarstellung

$$\mathsf{K}(\lambda, x) = \sum_{(p, \infty)} \frac{E_p}{1 - \frac{\lambda}{\lambda_p}} + \int_{(s)} \frac{d\sigma(\mu)}{1 - \frac{\lambda}{\mu}}. \tag{60}$$

Dabei ist die Summe über das gesamte Punktspektrum von K, d. h. über alle Eigenwerte eventuell mit Einschluß des Eigenwertes ∞ zu *erstrecken; E_p bezeichnet allgemein die zu λ_p gehörige quadratische Eigenform; sie ist eine beschränkte Form, die für kein Wertsystem der Variabeln $x_1, x_2, \ldots$ negativ ausfällt. Das Integral ist über das Streckenspektrum von K zu erstrecken. Die Spektralform $\sigma(\lambda)$ ist eine beschränkte Form der unendlichvielen Variabeln $x_1, x_2, \ldots$, und zwar stellt sie für jedes Wertsystem derselben in Bezug auf λ eine Funktion dar, die stetig ist und bei wachsendem λ innerhalb des Streckenspektrums s — von besonderen Werten der $x_1, x_2, \ldots$ abgesehen — wächst, in jedem außerhalb s gelegenen Intervalle aber konstant bleibt.*

Insbesondere gelten die Gleichungen

$$(61)\qquad (x, x) = \sum_{(p,\infty)} E_p + \int_{(s)} d\sigma(\lambda),$$

$$(62)\qquad K(x) = \sum_{(p)} \frac{E_p}{\lambda_p} + \int_{(s)} \frac{d\sigma(\mu)}{\mu}.$$

Die Resolvente $\mathsf{K}(\lambda, x)$ ist mit $K(x)$ durch die Relation

$$(63)\qquad \mathsf{K}(\lambda; x, y) - \lambda K(x, .)\, \mathsf{K}(\lambda; ., y) = (x, y)$$

verknüpft, die für alle außerhalb des Spektrums von K liegenden Werte von λ gültig ist.

Setzen wir

$$\mathsf{K}(\lambda; x, y) = \alpha_1 x_1 + \alpha_2 x_2 + \cdots,$$

wo $\alpha_1, \alpha_2, \ldots$ gewisse lineare Funktionen von $y_1, y_2, \ldots$ mit konvergenter Quadratsumme sind, so folgt aus (63) durch Gleichsetzung der Koeffizienten von x_p:

$$\alpha_p - \lambda \sum_{(q)} k_{pq} \alpha_q = y_p, \qquad (p = 1, 2, \ldots)$$

d. h. $\alpha_1, \alpha_2, \ldots$ lösen diese inhomogenen aus der quadratischen Form $(x, x) - \lambda K(x)$ (wo λ außerhalb des Spektrums liegt) entspringenden unendlichvielen Gleichungen, wenn $y_1, y_2, \ldots$ irgend welche Größen mit konvergenter Quadratsumme sind; sie sind die einzige Lösung mit konvergenter Quadratsumme.

Wir wollen nunmehr das Verhalten der Resolvente $\mathsf{K}(\lambda, x)$ für einen innerhalb des Spektrums von K liegenden Wert von λ untersuchen.

Zu dem Zwecke setzen wir

$$\lambda = \nu + i\nu',$$

wo ν, ν' reelle Zahlen bedeuten, und fragen, ob das Produkt

$$(\nu - \lambda)\left\{\sum_{(p)} \frac{E_p}{\lambda_p - \lambda} + \int_{(s)} \frac{d\sigma(\mu)}{\mu - \lambda}\right\}$$

für $\nu' = 0$ einem Grenzwerte zustrebt.

Es sei zunächst ν eine Verdichtungsstelle der Eigenwerte von $K(x)$, aber nicht gleich einem Eigenwerte von $K(x)$; dann setzen wir

$$\sum_{(p)} E_p = E_1 + \cdots + E_m + R_m$$

und bezeichnen mit ν_m denjenigen unter den Eigenwerten $\lambda_1, \ldots, \lambda_m$, der dem Werte ν am nächsten liegt. Nehmen wir nunmehr m so groß, daß gerade noch

$$\nu' \leqq (\nu - \nu_m)^2,$$

ist, so wird

$$\text{für } p \leqq m \quad \left|\frac{\nu - \lambda}{\lambda_p - \lambda}\right| \leqq \left|\frac{\nu'}{\lambda_p - \nu}\right| \leqq \frac{\nu'}{|\nu_m - \nu|} \leqq \sqrt{\nu'}$$

$$\text{und für } p \geqq m \text{ gewiß } \left|\frac{\nu - \lambda}{\lambda_p - \lambda}\right| \leqq 1$$

und daher auch

$$\left|(\nu - \lambda) \sum_{(p)} \frac{E_p}{\lambda_p - \lambda}\right| \leqq \sqrt{\nu'}(E_1 + \cdots + E_m) + R_m \leqq \sqrt{\nu'} + R_m$$

Da nun für $\nu' = 0$ notwendig m über alle Grenzen wächst und daher R_m gegen Null konvergiert, so folgt

$$\underset{\nu'=0}{L}\left\{(\nu - \lambda) \sum_{(p)} \frac{E_p}{\lambda_p - \lambda}\right\} = 0. \tag{64}$$

Die letztere Grenzgleichung gilt gewiß auch, wenn ν weder Verdichtungsstelle der Eigenwerte von $K(x)$ noch selbst gleich einem Eigenwert ist.

Aus diesen Tatsachen entnehmen wir andererseits, daß wenn ν dem Eigenwerte λ_p gleich ist, stets notwendig

$$\underset{\nu'=0}{L}\left\{(\lambda_p - \lambda) \sum_{(p)} \frac{E_p}{\lambda_p - \lambda}\right\} = E_p \tag{65}$$

ausfällt.

Es sei jetzt ν ein Punkt des Streckenspektrums s und μ' eine reelle Zahl $> \nu$. Nehmen wir alsdann

$$\nu' = (\nu - \mu')^2,$$

so erhalten wir durch eine ähnliche Abschätzung des bis μ' erstreckten Integrales

$$\underset{\nu'=0}{L}\left\{(\nu - \lambda) \int_{\sigma(\nu)}^{\sigma(+\infty)} \frac{d\sigma(\mu)}{\mu - \lambda}\right\} = 0. \tag{66}$$

Ebenso folgt auch

$$\underset{\nu'=0}{L}\left\{(\nu - \lambda) \int_{\sigma(-\infty)}^{\sigma(\nu)} \frac{d\sigma(\mu)}{\mu - \lambda}\right\} = 0. \tag{67}$$

14*

Wegen

$$\mathsf{K}(\lambda, x) = (x, x) + \lambda\left\{\sum_{(p,\infty)} \frac{E_p}{\lambda_p - \lambda} + \int_{(s)} \frac{d\sigma(\mu)}{\mu - \lambda}\right\}$$

folgt aus (64), (65), (66), (67), daß

$$(68)\qquad \underset{\nu'=0}{L}(\nu - \lambda)\,\mathsf{K}(\lambda, x) = 0, \quad \text{bez.} = \lambda_p E_p$$

ist, je nachdem ν keiner der Eigenwerte von $K(x)$ ist bez. dem Eigenwert λ_p gleich wird.

Als Ergänzung hierzu tritt, wenn

$$\lambda = i\nu'$$

gesetzt wird, die Grenzgleichung

$$(69)\qquad \underset{\nu'=\infty}{L}\,\mathsf{K}(\lambda, x) = 0, \quad \text{bez.} = E_\infty,$$

je nach dem $\lambda = \infty$ kein Eigenwert ist oder als solcher gerechnet werden muß. Um dies einzusehen, dienen die analogen Ueberlegungen wie vorhin: man nehme bei der Untersuchung der Summe m so groß, daß gerade noch $\nu' > \nu_m^2$, wenn ν_m den absolut größten der Eigenwerte $\lambda_1, \ldots \lambda_m$ bedeutet, und bei der Untersuchung des Integrals $\nu' = \mu'^2$.

Bedeutet μ irgend einen außerhalb des Spektrums von K liegenden Wert, so folgt aus (63) durch Faltung mit $\mathsf{K}(\mu; x, y)$

$$\lambda K(\bullet, .)\,\mathsf{K}(\lambda; ., x)\,\mathsf{K}(\mu, \bullet, y) = \mathsf{K}(\lambda; .x)\,\mathsf{K}(\mu; .y) - \mathsf{K}(\mu; x, y).$$

Aus dieser Formel und derjenigen, welche aus ihr durch gleichzeitige Vertauschung von $\lambda; x_1, x_2, \ldots$ mit $\mu;\ y_1, y_2, \ldots$ entsteht, finden wir die Formel

$$(70)\qquad (\lambda - \mu)\,\mathsf{K}(\lambda; x, .)\,\mathsf{K}(\mu; y, .) = \lambda\,\mathsf{K}(\lambda; x, y) - \mu\,\mathsf{K}(\mu; x, y).$$

Bedenken wir nun, daß die Faltung

$$\mathsf{K}(\lambda; x, .)\,\mathsf{K}(\mu; y, .)$$

denjenigen Ausdruck bedeutet, der entsteht, wenn wir in $\mathsf{K}(\lambda; x, y)$ an Stelle der Variabeln $y_1, y_2, \ldots$ bez. die Werte

$$\frac{\partial \mathsf{K}(\mu; x, y)}{\partial y_1}, \quad \frac{\partial \mathsf{K}(\mu; x, y)}{\partial y_2}, \ldots$$

eintragen, so erkennen wir aus (68), daß bei festgehaltenem μ und für $\lambda = \lambda_p + i\nu'$ die Limesgleichung

$$\underset{\nu'=0}{L}(\lambda_p - \lambda)\,\mathsf{K}(\lambda; x, .)\,\mathsf{K}(\mu; y, .) = \lambda_p E_p(x, .)\,\mathsf{K}(\mu; y, .) \tag{71}$$

gelten muß. Da andererseits ebenfalls mit Rücksicht auf (68) in gleichem Sinne

$$\underset{\nu'=0}{L}(\lambda_p - \lambda)\,\{\lambda \mathsf{K}(\lambda; x, y) - \mu \mathsf{K}(\mu; x, y)\} = \lambda_p^2 E_p(x, y) \tag{72}$$

wird, so folgt aus (71), (72) wegen (70), wenn wir noch λ statt μ schreiben:

$$E_p(x, .)\,\mathsf{K}(\lambda; y .) = \frac{\lambda_p}{\lambda_p - \lambda} E_p(x, y). \tag{73}$$

Setzen wir in dieser Gleichung wiederum $\lambda = \lambda_p + i\nu'$, so folgt aus derselben durch Multiplikation mit $\lambda_p - \lambda$ und Anwendung von (68) die Formel

$$E_p(x, .)\,E_p(., y) = E_p(x, y). \tag{74}$$

Nehmen wir jedoch zuvor in (73) an Stelle von p den von p verschiedenen Index q und verfahren dann in gleicher Weise, so folgt

$$E_p(x, .)\,E_q(., y) = 0, \qquad (p \neq q). \tag{75}$$

Mit Benutzung von (69) erkennen wir in gleicher Weise, daß die Formeln (74), (75) auch gültig sind, wenn statt E_p die ev. zu $\lambda = \infty$ gehörige Eigenform E_∞ gesetzt wird.

Setzt man den Wert von $\mathsf{K}(\lambda; x, y)$ aus (60) in (73) ein, so folgt aus (74), (75), daß identisch in λ die Gleichung

$$E_p(x, .) \int_{(s)} \frac{d\sigma(\mu; ., y)}{1 - \dfrac{\lambda}{\mu}} = 0 \tag{76}$$

erfüllt ist; dieselbe Gleichung gilt auch eventuell für die Eigenform E_∞.

In der nachfolgenden Betrachtung verstehen wir allgemein unter einer *Einzelform* eine solche beschränkte quadratische Form E, deren Punktspektrum im Endlichen nur aus dem einen Punkte 1 besteht und die kein Streckenspektrum besitzt. Wenden wir unsere Darstellung (62) auf die Einzelform E an, so folgt, daß E selbst die zum Eigenwert 1 gehörige Eigenform ist und und mithin wegen (74) der Relation

$$E(x, .)\,E(., y) = E(x, y) \tag{77}$$

genügen muß. Umgekehrt, wenn eine beschränkte quadratische Form E der Relation (77) genügt, so erhalten wir für ihre Resolvente bei Anwendung der Formel (59) den Ausdruck

$$(x, x)+\lambda E+\lambda^2 E+\cdots = (x, x)-E+\frac{E}{1-\lambda}$$

und hieraus erkennen wir mit Rücksicht auf (68), (69), daß E nur den einen endlichen Eigenwert 1 besitzt, und sodann folgt auch das Nichtvorhandensein eines Streckenspektrums; d. h. E ist eine Einzelform.

Wenn

$$\begin{aligned} L_1(x) &= l_{11}x_1+l_{12}x_2+\cdots, \\ L_2(x) &= l_{21}x_1+l_{22}x_2+\cdots, \\ &\cdots\cdots\cdots\cdots \end{aligned}$$

irgendwelche Linearformen in endlicher oder unendlicher Zahl bedeuten, deren Koeffizienten den Relationen

$$\begin{aligned} L_p(.)\,L_p(.) &= \sum_{(r)} l_{pr}^2 = 1, \\ L_p(.)\,L_q(.) &= \sum_{(r)} l_{pr}l_{qr} = 0 \end{aligned}$$

genügen, so heiße jenes Formensystem ein *System orthogonaler Linearformen oder kurz ein orthogonales System.*

Der enge Zusammenhang des so definierten Begriffes mit dem Begriff der Einzelform wird erkennbar durch den folgenden Satz:

Jede Einzelform ist als Summe von Quadraten der Linearformen eines orthogonalen Systems darstellbar und umgekehrt stellt die Summe der Quadrate der Linearformen eines orthogonalen Systems stets eine Einzelform dar.

Zum Beweise der ersten Aussage bedenken wir, daß die Einzelform E, da sie selbst ihre Eigenform ist, notwendig definit ausfällt; wenn daher die Variabele x_1 in E überhaupt vorkommt, so ist gewiß der Koeffizient von x_1^2 in E — derselbe werde mit e_{11} bezeichnet — positiv. Setzen wir

$$L_1(x) = \frac{1}{\sqrt{e_{11}}}\,\frac{\partial E(x, y)}{\partial y_1}$$

so erhalten wir wegen (77)

$$\begin{aligned} L_1(.)\,E(x,.) &= L_1(x), \\ L_1(.)\,L_1(.) &= 1. \end{aligned}$$

Bilden wir daher

$$E_1(x) = E(x)-L_1^2(x), \tag{78}$$

so ergibt sich

$$(79)\qquad \begin{aligned} L_1(.)\,E_1(x,.) &= 0 \\ E_1(x,.)\,E_1(.,y) &= E_1(x,y), \end{aligned}$$

d. h. E_1 ist ebenfalls eine Einzelform; da E_1 als solche eine definite Form ist und wegen (78) der Koeffizient von x_1^2 in E_1 den Wert Null hat, so kommt die Variable x_1 in E_1 überhaupt nicht vor.

Wenden wir das nämliche Verfahren statt auf E nunmehr auf E_1 an, so gelangen wir zu einer Linearform L_2 und der Einzelform

$$E_2(x) = E_1(x) - L_2^2(x) = E(x) - L_1^2(x) - L_2^2(x),$$

die die Variablen x_1, x_2 nicht enthält; zugleich folgt aus (79)

$$L_1(.)\,L_2(.) = 0.$$

Schließlich ergibt sich der Ausdruck

$$E(x) - L_1^2(x) - L_2^2(x) - \cdots$$

als eine definite beschränkte Form, die keine der Variabeln x_1, $x_2, \ldots$ enthält und daher identisch Null ist d. h. es ist

$$E(x) = L_1^2(x) + L_2^2(x) + \cdots$$

Um die umgekehrte Aussage des Satzes zu beweisen, bilden wir zunächst aus den ersten m Linearformen $L_1, \ldots, L_m$ des vorgelegten orthogonalen Systems den in $x_1, x_2, \ldots$ linearen Ausdruck

$$M(x) = (x,y) - L_1(x)\,L_1(y) - \cdots - L_m(x)\,L_m(y).$$

Da die Quadratsumme der Koeffizienten von $M(x)$

$$M(.)\,M(.) = (y,y) - L_1^2(y) - \cdots - L_m^2(y)$$

wird, so folgt, daß hier auch die rechte Seite positiv ausfällt; mithin stellt auch die endliche bez. unendlich fortgesetzte Formenreihe

$$L_1^2(y) + L_2^2(y) + \cdots$$

eine beschränkte Form dar und wegen der Orthogonalitätseigenschaften der Linearformen $L_1, L_2, \ldots$ folgt sodann, daß diese Form die Relation (77) erfüllt.

Die Einzelform (x,x) und nur diese besitzt auch $\lambda = \infty$ nicht als Eigenwert.

Wir wenden nun die vorstehenden Ergebnisse auf die Eigenformen der quadratischen Form $K(x)$ an. Indem wir die sämtlichen Eigenformen E_p bez. E_p, E_∞ von $K(x)$, die wegen (74) Einzelformen sind, als Summen von Quadraten linearer orthogonaler

Formen $x'_1, x'_2, \ldots$ dargestellt denken, gelangen wir in folgender Weise zu einer orthogonalen Substitution der Variabeln $x_1, x_2, \ldots$.

Wir bilden zunächst die Form

$$(x, x) - x_1'^2 - x_2'^2 - \cdots;$$

dieselbe genügt der Relation (77) und ist daher eine Einzelform der Variabeln $x_1, x_2, \ldots$; setzen wir dieselbe in die Gestalt $\xi_1^2 + \xi_2^2 + \cdots$, wo $\xi_1, \xi_2, \ldots$ ebenfalls ein orthogonales System linearer Formen bedeuten, die auch zu $x'_1, x'_2 \ldots$ orthogonal sind, so haben wir

$$(x, x) = x_1'^2 + x_2'^2 + \cdots + \xi_1^2 + \xi_2^2 + \cdots$$

und mithin definieren die linearen Formen $x'_1, x'_2, \ldots, \xi_1, \xi_2, \ldots$ zusammengenommen eine orthogonale Substitution der Variabeln $x_1, x_2, \ldots$

Da die Gleichung (76) gewiß für alle in genügend kleiner Umgebung von $\lambda = 0$ liegenden Werte von λ gelten soll, so schließen wir, da man jede stetige Funktion $w(\mu)$ in dem 0 nicht enthaltenden Intervall s durch lineare Aggregate von Funktionen $1 - \frac{\lambda}{\mu}$ gleichmäßig approximieren kann, daß auch für jede stetige Funktion $w(\mu)$

$$E_p(x, .)\int_{(s)} w(\mu)\, d\sigma(\mu; ., y) = 0$$

und folglich auch für alle μ

$$(80) \qquad E_p(x, .)\, \sigma(\mu; ., y) = 0$$

sein muß. Denken wir nun hierin an Stelle der Variabeln $x_1, x_2, \ldots$ die Variabeln $x'_1, x'_2, \ldots, \xi_1, \xi_2, \ldots$ eingeführt, so lehrt (80), mit Rücksicht auf die Kovarianz der Faltung bei orthogonaler Transformation und den definiten Charakter von $\sigma(\mu; x)$, daß die so transformierte Spektralform von den Variabeln $x'_1, x'_2, \ldots$ frei ist; wir bezeichnen dieselbe mit $\zeta(\mu; \xi)$. Die Formel (60) nimmt alsdann die Gestalt an

$$(81) \qquad \mathsf{K}(\lambda, x) = \sum_{(h=1,2,\ldots)} \frac{x_h'^2}{1 - k_h\lambda} + \int_{(s)} \frac{d\zeta(\mu; \xi)}{1 - \frac{\lambda}{\mu}},$$

wo $k_1, k_2, \ldots$ die betreffenden reziproken Eigenwerte bedeuten, nachdem sie in eine einfach unendliche Reihe gebracht worden sind.

Um die charakteristischen Eigenschaften der Spektralform $\zeta(\mu; \xi)$ zu finden, tragen wir in (70) den eben gefundenen Ausdruck

(81) für die Resolvente ein; wir erhalten

$$(\lambda-\mu)\int_{(s)}\frac{d\xi(\varrho;\,\xi,.)}{1-\frac{\lambda}{\varrho}}\int_{s}\frac{d\xi(\varrho;\,\eta,.)}{1-\frac{\mu}{\varrho}}$$

$$=\lambda\int_{(s)}\frac{d\xi(\varrho;\,\xi,\eta)}{1-\frac{\lambda}{\varrho}}-\mu\int_{(s)}\frac{d\xi(\varrho;\,\xi,\eta)}{1-\frac{\mu}{\varrho}}$$

und mit Rücksicht auf die Identität

$$\frac{\dfrac{\lambda}{1-\frac{\lambda}{\varrho}}-\dfrac{\mu}{1-\frac{\mu}{\varrho}}}{\lambda-\mu}=\frac{1}{1-\frac{\lambda}{\varrho}}\,\frac{1}{1-\frac{\mu}{\varrho}}$$

folgt

$$\int_{(s)}\frac{d\xi(\varrho;\,\xi,.)}{1-\frac{\lambda}{\varrho}}\int_{(s)}\frac{d\xi(\varrho;\,\eta,.)}{1-\frac{\mu}{\varrho}}=\int_{(s)}\frac{1}{1-\frac{\lambda}{\varrho}}\,\frac{1}{1-\frac{\mu}{\varrho}}\,d\xi(\varrho;\,\xi,\eta).$$

Da diese Gleichung für alle Werte von λ, μ gültig sein soll, so schließen wir wie oben, daß auch für beliebige stetige Funktionen $u(\varrho)$, $v(\varrho)$

$$\int_{(s)}u(\varrho)\,d\xi(\varrho;\,\xi,.)\int_{(s)}v(\varrho)\,d\xi(\varrho;\,\eta,.)=\int_{(s)}u(\varrho)\,v(\varrho)\,d\xi(\varrho;\,\xi,\eta)$$

gilt; für $u(\varrho)=v(\varrho)$, $\xi=\eta$ nimmt die gefundene Relation die Form an

$$\int_{(s)}(u(\varrho))^2\,d\xi(\varrho;\,\xi)=\int_{(s)}u(\varrho)\,d\xi(\varrho;\,\xi,.)\int_{(s)}u(\varrho)\,d\xi(\varrho;\,\xi,.).$$

Weiterhin folgt aus (81) für $\lambda=0$

$$(\xi,\xi)=\int_{(s)}d\xi(\mu;\,\xi).$$

Da umgekehrt aus der vorletzten Relation die vorhergehenden und mithin schließlich auch (70) und daraus mit Hilfe der letzten Gleichung auch (63) gefolgert werden kann, so erkennen wir, daß die beiden zuletzt gefundenen Bedingungen zur Charakterisierung der Spektralform ξ auch hinreichend sind. Aus (68), (69), (74) folgt die eindeutige Bestimmtheit von λ_p, E_p und andererseits schließen wir, daß auch die Spektralform durch die obigen für sie charakteristischen Relationen und durch die Forderung, es solle K die Darstellung (62) gestatten, eindeutig bestimmt ist; denn die eben angedeutete von den Eigenschaften der Spektralform ausgehende Betrachtungsweise ergibt, daß die Resolvente durch (60) dargestellt ist, und daß also wegen deren eindeutiger Bestimmtheit auch $\int_{(s)} \frac{d\sigma(\mu)}{1-\frac{\lambda}{\mu}}$ für alle λ und daher auch die Spektralform selbst eindeutig bestimmt ist.

Wir fassen die gewonnenen Resultate wie folgt zusammen:

Satz III. Jede beschränkte quadratische Form K unendlichvieler Variablen läßt sich stets und nur auf eine Weise durch eine orthogonale Substitution in die Gestalt bringen

$$K = k_1 x_1^2 + k_2 x_2^2 + \cdots + \int_{(s)} \frac{d\sigma(\mu;\xi)}{\mu},$$

wo $k_1, k_2, \ldots$ gewisse absolut unterhalb einer endlichen Grenze liegende Größen (die reziproken Eigenwerte) bedeuten und die Spektralform $\sigma(\mu;\xi)$ die zu ihrer Charakterisierung auch hinreichenden Relationen

$$(82)\quad \begin{gathered} \int_{(s)} (u(\mu))^2 d\sigma(\mu;\xi) = \int_{(s)} u(\mu)\, d\sigma(\mu;\xi,.) \int_{(s)} u(\mu)\, d\sigma(\mu;\xi,.) \\ (\xi,\xi) = \int_{(s)} d\sigma(\mu;\xi) \end{gathered}$$

identisch für alle stetigen Funktionen $u(\mu)$ erfüllt.

Setzen wir in (63) $\lambda = \lambda_p + i\nu'$, so folgt nach Multiplikation mit $\lambda_p - \lambda$ für $\nu' = 0$ wegen (68):

$$E_p(x,y) - \lambda_p K(x,.)\, E_p(.,y) = 0.$$

Wenn wir E_p als Quadratsumme eines orthogonalen Systemes darstellen:

$$E_p = \sum_{(h)} (L_{ph}(x))^2,$$

so ergibt sich durch Faltung mit $L_{ph}(y)$:

$$L_{ph}(x) - \lambda_p K(x,.)\, L_{ph}(.) = 0$$

d. h. die Gleichung

$$\lambda L(.)\, K(x,.) = L(x)$$

kann durch eine beschränkte Linearform L gewiß dann identisch in $x_1, x_2, \ldots$ befriedigt werden, wenn λ einer der Eigenwerte von K ist. Ebenso folgt aus (69), daß

$$L(.)\, K(x,.) = 0$$

gewiß dann befriedigt werden kann, wenn $\lambda = \infty$ ein Eigenwert ist.

Wir können uns jetzt auch umgekehrt davon überzeugen, daß obige Gleichung nur in diesem Falle durch eine beschränkte Linearform lösbar ist. Mit Rücksicht auf Satz III bedarf es dazu nur des Nachweises, daß, wenn L eine beschränkte Linearform der Variabeln $\xi_1, \xi_2, \ldots$ ist, die Relation

$$\lambda L(.) \int_{(s)} \frac{d\sigma(\mu; \xi, .)}{\mu} = L(\xi)$$

für keinen Wert von λ statthaben kann. Bezeichnen wir die Koeffizienten von L mit l, so nimmt die letztere Relation die Gestalt an

$$\lambda \int_{(s)} \frac{d\sigma(\mu; \xi, l)}{\mu} = (\xi, l).$$

Hiervon subtrahieren wir die Relation

$$\int_{(s)} d\sigma(\mu; \xi, l) = (\xi, l)$$

und erhalten so die Relation

$$\int_{(s)} \left(1 - \frac{\lambda}{\mu}\right) d\sigma(\mu; \xi, l) = 0,$$

die ebenfalls identisch in $\xi_1, \xi_2, \ldots$ erfüllt wäre. Nehmen wir nun in (82) $u(\mu) = 1 - \frac{\lambda}{\mu}$, so folgt hieraus

$$\int_{(s)} \left(1 - \frac{\lambda}{\mu}\right)^2 d\sigma(\mu; l) = 0$$

und dies ist wegen

$$\int_{(s)} d\sigma(\mu; l) = (l, l)$$

und da σ nie abnimmt, nur möglich für $(l, l) = 0$; wir gewinnen so folgende Tatsache:

Satz IV. Wenn K irgend eine beschränkte quadratische Form ist, so ist die Relation

$$\lambda L(.) K(x, .) = L(x)$$

durch eine beschränkte Linearform L dann und nur dann lösbar, wenn λ ein Eigenwert von K ist.

Insbesondere ist die Gleichung

$$L(.) K(x, .) = 0$$

dann und nur dann lösbar, wenn $\lambda = \infty$ ein Eigenwert von K ist. Ist $\lambda = \infty$ kein Eigenwert, diese Gleichung also nicht lösbar, so heiße die quadratische Form *abgeschlossen.*

Wir wollen uns fortan in diesem Abschnitte XI mit gewissen zwei Spezialfällen des Satzes III ausführlicher beschäftigen.

Wir nennen eine Funktion $F(x_1, x_2, \ldots)$ der unendlichvielen Variabeln $x_1, x_2, \ldots$ für ein bestimmtes Wertsystem derselben *vollstetig*, wenn die Werte von $F(x_1+\varepsilon_1, x_2+\varepsilon_2, \ldots)$ gegen den Wert $F(x_1, x_2, \ldots)$ konvergieren, wie man auch immer $\varepsilon_1, \varepsilon_2, \ldots$ für sich zu Null werden läßt, d. h. wenn

$$\underset{\varepsilon_1=0,\,\varepsilon_2=0,\ldots}{L} F(x_1+\varepsilon_1, x_2+\varepsilon_2, \ldots) = F(x_1, x_2, \ldots)$$

wird, sobald man $\varepsilon_1, \varepsilon_2, \ldots$ irgend solche Wertsysteme $\varepsilon_1^{(h)}, \varepsilon_2^{(h)}, \ldots$ durchlaufen läßt, daß einzeln

$$\underset{h=\infty}{L} \varepsilon_1^{(h)} = 0, \quad \underset{h=\infty}{L} \varepsilon_2^{(h)} = 0, \quad \ldots$$

ist. Wenn eine Funktion für jedes Wertsystem der Variabeln vollstetig ist, so heiße sie schlechthin *vollstetig*. An den Begriff der Vollstetigkeit knüpfen sich unmittelbar folgende Schlüsse.

Hat eine vollstetige Funktion F die Eigenschaft, absolut genommen für alle Werte der Variabeln unterhalb einer endlichen Größe zu bleiben, so besitzt — wie leicht durch das bekannte für endliche Variabelnzahl angewandte Verfahren bewiesen werden kann — die Funktion F ein Maximum. Bedeuten ferner $L_1(x), \ldots, L_m(x)$ noch m weitere vollstetige Funktionen der Variabeln $x_1, x_2, \ldots$ und werden nur diejenigen Wertsysteme dieser Variabeln zugelassen, die den Bedingungen

$$L_1(x) = 0, \ \ldots, \ L_m(x) = 0$$

genügen, so besitzt F ein relatives Maximum; dabei sind die Variabeln stets an die Ungleichung

$$(x, x) \leqq 1$$

gebunden.

Eine beschränkte Linearform der Variabeln $x_1, x_2, \ldots$ ist, wie man sofort sieht, auch vollstetig in diesen Variabeln. Wir schließen daraus leicht, daß eine vollstetige Funktion der Variabeln $x_1, x_2, \ldots$ durch orthogonale Transformation derselben wiederum eine vollstetige Funktion der neuen Variabeln wird.

Ist eine beschränkte quadratische Form K vollstetig, so ist offenbar, daß ihre Eigenwerte sich im Endlichen nicht häufen; zugleich läßt sich zeigen, daß ein Streckenspektrum überhaupt nicht vorhanden sein kann. Aus Satz III gewinnen wir mithin folgendes Resultat:

Satz V. Wenn eine beschränkte Form K vollstetig ist, so läßt sie sich stets durch eine orthogonale Substitution in die Gestalt bringen

(83) $$K(x) = k_1 x_1^2 + k_2 x_2^2 + \cdots;$$

dabei sind die Größen $k_1, k_2, \ldots$ die reziproken Eigenwerte von K und besitzen, falls sie in unendlicher Anzahl vorkommen, Null als einzige Verdichtungsstelle.

Wegen der mannigfaltigen und wichtigen Anwendungen dieses Satzes gebe ich hier einen sehr einfachen und von der obigen Theorie unabhängigen Beweis desselben.

Wir nehmen zunächst an, daß K eine positiv definite Form sei; alsdann seien

$$x_1 = l_{11}, \quad x_2 = l_{12}, \quad \ldots$$

solche Werte der Variabeln, für welche $K(x)$ das Maximum k_1 erlangt. Offenbar fällt die Quadratsumme dieser Werte gleich 1 aus, da wir ja sonst den Wert der Form ohne Verletzung der Bedingung $(x, x) \leqq 1$ vergrößern könnten.

Wir setzen

$$L_1(x) = l_{11} x_1 + l_{12} x_2 + \cdots$$

und bestimmen, indem wir nunmehr den Variabeln die Bedingung

$$L_1(x) = 0$$

auferlegen, das relative Maximum k_2 von $K(x)$; dasselbe werde für die Werte

$$x_1 = l_{21}, \quad x_2 = l_{22}, \quad \ldots$$

erlangt, deren Quadratsumme wiederum gleich 1 ausfallen muß. Ferner setzen wir

$$L_2(x) = l_{21} x_1 + l_{22} x_2 + \cdots$$

und bestimmen, indem wir den Variabeln die Bedingungen

$$L_1(x) = 0, \quad L_2(x) = 0$$

auferlegen, das relative Maximum k_3 von $K(x)$; dasselbe werde für

$$x_1 = l_{31}, \quad x_2 = l_{32}, \quad \ldots$$

erlangt. Wir setzen dann

$$L_3(x) = l_{31} x_1 + l_{32} x_2 + \cdots$$

und erhalten durch Fortsetzung dieses Verfahrens ein System von linearen Formen $L_1, L_2, L_3, \ldots$ mit den Orthogonalitätseigenschaften

$$L_p(.)\, L_p(.) = 1,$$
$$L_p(.)\, L_q(.) = 0. \qquad (p \neq q)$$

Auf Grund der früheren Betrachtungen (S. 196) bestimmen wir zu diesen Linearformen ein solches System von Linearformen

$$M_1(x),\ M_2(x),\ \ldots,$$

daß

$$\begin{aligned} x_1' &= L_1(x),\\ x_2' &= L_2(x),\\ &\cdot\ \cdot\ \cdot\ \cdot\ \cdot\\ y_1 &= M_1(x),\\ y_2 &= M_2(x),\\ &\cdot\ \cdot\ \cdot\ \cdot\ \cdot \end{aligned}$$

eine orthogonale Substitution der Variabeln $x_1, x_2, \ldots$ bilden. Die vermöge dieser orthogonalen Substitution transformirte Form $K(x)$ bezeichnen wir mit $K(x'y)$. Der Koeffizient von $x_1'^2$ in $K(x'y)$ muß offenbar gleich k_1 ausfallen. Andererseits dürfen weitere x_1' enthaltende Glieder in $K(x'y)$ nicht vorkommen, da ja die Differenz

$$K(x'y) - k_1(x_1'^2 + x_2'^2 + \cdots + y_1^2 + y_2^2 + \cdots) = K(x) - k_1(x, x)$$

für alle Werte der Variabeln $x_1', x_2', \ldots, y_1, y_2, \ldots$ negativ oder Null ausfallen soll. Da die nämlichen Ueberlegungen für $x_2', x_3', \ldots$ gelten, so haben wir

$$K(x'y) = k_1 x_1'^2 + k_2 x_2'^2 + \cdots + R(y),$$

wo $R(y)$ eine quadratische Form bedeutet, die allein die Variabeln $y_1, y_2, \ldots$ enthält.

Da K vollstetig ist, so gilt dies auch von der Form

$$K(x'0) = k_1 x_1'^2 + k_2 x_2'^2 + \cdots$$

und mithin müssen die Größen $k_1, k_2, \ldots$, falls sie in unendlicher Anzahl vorkommen, gegen Null konvergieren; denn sonst würde es eine Reihe von Werten von $K(x'0)$ geben, die gegen einen von Null verschiedenen Wert konvergiert, während jedes der Argumente $x_1', x_2', \ldots$ für sich gegen Null konvergiert.

Gäbe es nun ein Wertsystem $y_1 = m_1, y_2 = m_2, \ldots$, für welches $R(m) > 0$ ausfiele, so könnte man q so bestimmen, daß auch $R(m) > k_q$ wird. Alsdann würde für

$$x_1' = 0,\ x_2' = 0,\ \ldots,\quad y_1 = m_1,\ y_2 = m_2,\ \ldots$$

auch $K > k_q$ ausfallen; die Gleichungen

$$L_1(x) = 0,\ L_2(x) = 0,\ \ldots,\quad M_1(x) = m_1,\ M_2(x) = m_2,\ \ldots$$

würden mithin ein Wertsystem der Variabeln $x_1, x_2, \ldots$ bestimmen, für welches insbesondere die Bedingungen

$$L_1(x) = 0, \;\ldots,\; L_{q-1}(x) = 0$$

erfüllt sind und zugleich $K > k_q$ ausfällt; dies widerspricht der Bestimmungsweise von k_q und mithin ist $R(y)$ nicht positiver Werte fähig.

Wegen

$$K(0y) = R(y)$$

ist $R(y)$ gewiß auch negativer Werte nicht fähig und folglich ist $R(y)$ identisch gleich Null; d. h. es ist

$$K(x) = k_1 L_1^2(x) + k_2 L_2^2(x) + \cdots.$$

Wird $K(x)$ nicht als eine definite Form angenommen, so führt die nämliche Ueberlegung auf die Darstellung

$$K(x) = k_1 L_1^2(x) + k_2 L_2^2(x) + \cdots + R(y),$$

wo $R(y)$ positiver Werte nicht fähig ist. Da sodann $-R(y)$ als positiv definite Form eine Darstellung derselben Art zuläßt, so erhalten wir schließlich auch für K eine Darstellung durch die Quadrate orthogonaler Linearformen und damit ist der Beweis für den Satz V vollständig erbracht.

Ein hinreichendes Kriterium für die Vollstetigkeit einer Form gewinnen wir durch folgenden Satz.

Satz VI. Wenn für eine quadratische Form K eine der Summen

$$s_2 = \sum_{(p,q)} k_{pq} k_{qp} = \sum_{(p,q)} k_{pq}^2,$$

$$s_4 = \sum_{(p,q,r,s)} k_{pq} k_{qr} k_{rs} k_{sp},$$

$$\cdots\cdots\cdots$$

endlich bleibt oder wenn für eine definite quadratische Form K eine der Summen

$$s_1 = \sum_{(p)} k_{pp},$$

$$s_3 = \sum_{(p,q,r)} k_{pq} k_{qr} k_{rp},$$

$$\cdots\cdots\cdots$$

endlich bleibt, so ist K eine beschränkte vollstetige Form.

In der Tat, ist K eine quadratische Form, deren Koeffizienten eine endliche Quadratsumme besitzen, so folgt wegen

$$\left| x_1 \frac{\partial K(x,y)}{\partial y_1} + x_2 \frac{\partial K(x,y)}{\partial y_2} + \cdots \right|^2 \leqq \left(\frac{\partial K(x,y)}{\partial y_1}\right)^2 + \left(\frac{\partial K(x,y)}{\partial y_2}\right)^2 + \cdots$$

$$\left(\frac{\partial K(x,y)}{\partial y_p}\right)^2 \leqq k_{p1}^2 + k_{p2}^2 + \cdots$$

notwendig

$$|K(x)| \leqq \sqrt{\sum_{(p,q)} k_{pq}^2}.$$

Durch Anwendung dieser Tatsache auf die quadratische Form

$$K(x) - K_n(x) = \sum_{(p,q)}^{(n)} k_{pq} x_p x_q,$$

wo rechts p, q alle ganzzahligen Wertepaare, abgesehen von solchen, für die zugleich $p \leqq n$ und $q \leqq n$, durchläuft, finden wir

$$|K(x) - K_n(x)| \leqq \sqrt{\sum_{(p,q)}^{(n)} k_{pq}^2}$$

und hieraus entnehmen wir, da doch

$$\underset{n=\infty}{L} \sqrt{\sum_{(p,q)}^{(n)} k_{pq}^2} = 0$$

wird, die verlangte Vollstetigkeit von $K(x)$.

Ist K eine definite Form, so muß

$$k_{pq}^2 \leqq k_{pp} k_{qq}$$

sein und es ist mithin

$$\sum_{(p,q)} k_{pq}^2 \leqq \left(\sum_{(p)} k_{pp}\right)^2;$$

wenn also bei einer definiten Form $\sum_{(p)} k_{pp}$ endlich bleibt, so haben ihre Koeffizienten gewiß auch eine endliche Quadratsumme und die Form ist nach der vorigen Betrachtung wiederum eine vollstetige Funktion der Variabeln.

Nunmehr erkennen wir leicht der Reihe nach folgende Tatsachen:

1. Wenn eine beschränkte quadratische Form K nicht vollstetig ist, so ist sie auch für das besondere Wertsystem $0, 0, \ldots$ nicht vollstetig. Diese Behauptung folgt durch Anwendung der Formel

$$K(x + a) = K(x) + 2K(x, a) + K(a),$$

wenn darin für $a_1, a_2, \ldots$ ein Wertsystem genommen wird, für welches K nicht vollstetig ist — mit Berücksichtigung des Umstandes, daß $K(x, a)$ als eine beschränkte Linearform gewiß vollstetig ist.

2. Wenn K eine vollstetige quadratische Form ist, so ist es auch die Form KK; dies ergiebt unmittelbar der Satz V.

3. Wenn K eine vollstetige, K^* irgend eine quadratische Form ist und für alle Wertsysteme $x_1, x_2, \ldots$ die Ungleichung

$$|K^*(x)| \leqq |K(x)|$$

gilt, so ist auch K^* vollstetig; denn aus dieser Ungleichung folgt die Vollstetigkeit für das Wertsystem $0, 0, \ldots$.

4. Wenn K eine vollstetige, K^* eine beschränkte Form ist, so ist die Faltung beider Formen vollstetig; wegen

$$K(x,.)\,K^*(x,.) \leqq \sqrt{(KK(x))(K^*K^*(x))}$$

ist nämlich diese Faltung für das Wertsystem $0, 0, \ldots$ gewiß vollstetig, da nach 2 die Form KK vollstetig ist.

5. Wenn die Faltung KK einer quadratischen Form K vollstetig ist, so ist es auch die Form K selbst; dies ergiebt sich ebenso vermöge 1 aus der Ungleichung

$$K(x) \leqq \sqrt{KK(x)}.$$

6. Ist eine der Formen, die durch wiederholte Faltung aus der beschränkten Form K entstanden sind:

$$K^{(3)} = KKK, \quad K^{(4)} = KKKK, \quad K^{(5)} = KKKKK, \quad \ldots$$

vollstetig, so ist auch K vollstetig. Denn ist etwa $K^{(f)}$ vollstetig, so sind wegen 4 auch die Formen

$$K^{(f+1)}, \; K^{(f+2)}, \ldots$$

vollstetig; wählen wir unter diesen eine Form aus, für die die Faltungszahl eine Potenz von 2 ist, etwa $K^{(2^g)}$, so schliessen wir durch g-malige Anwendung von 5 auf die Vollstetigkeit von K.

7. Wenn K eine beschränkte definite Form ist, so sind auch die Faltungen $K^{(3)}, K^{(5)}, \ldots$ definit; denn es entsteht beispielsweise $K^{(3)}$ aus K, indem wir in $K(x)$ an Stelle der Variabeln x_p die Ausdrücke $\dfrac{\partial K(x,y)}{\partial y_p}$ einsetzen.

Da nun allgemein s_f nichts anders als die Invariante $K^{(f)}(.,.)$ d. h. die Summe der Koeffizienten von x_p^2 in $K^{(f)}$ ist, so folgt aus 6. und 7. und da der Fall $f = 1$ bereits zuvor erledigt worden ist, die Richtigkeit des Satzes VI allgemein.

Aus Satz V und VI entnehmen wir die folgende Tatsache:

Satz VII. Eine quadratische Form K, die eine der Voraussetzungen des Satzes VI erfüllt, gestattet gewiß die orthogonale Transformation (83) *auf eine Quadratsumme.*

Ein Gegenstück zu dem in den Sätzen V—VII behandelten Fall bildet die Annahme, daß die Form K kein Punktspektrum, sondern nur ein Streckenspektrum besitzt. Um hier nur den einfachsten Fall — der überdies typisch ist — ins Auge zu fassen, fügen wir dieser Annahme noch die weiteren hinzu, daß das Streckenspektrum s aus einer endlichen Anzahl von Intervallen bestehen möge, daß ferner die Koeffizienten der Spektralform $\sigma(\mu, x)$ stetig differenzierbare Funktionen von μ seien und endlich, daß, wenn

$$\frac{d\sigma(\mu, x)}{d\mu} = \psi(\mu, x) = \sum_{(p,\, q = 1, 2, \ldots)} \psi_{pq}(\mu)\, x_p\, x_q$$

gesetzt wird, $\psi_{11}(\mu)$ innerhalb s nirgends verschwindet und, wenn der Kürze halber

$$\psi_1(\mu) = \frac{\psi_{11}(\mu)}{\sqrt{\psi_{11}(\mu)}}, \quad \psi_2 = \frac{\psi_{12}(\mu)}{\sqrt{\psi_{11}(\mu)}}, \quad \ldots$$

ist, diese unendlichvielen Funktionen $\psi_1(\mu), \psi_2(\mu), \ldots$ linear von einander unabhängig ausfallen, in dem Sinne, daß bei willkürlicher Wahl von $u(\mu)$ zwischen den Integralen

$$\int_{(s)} u(\mu)\, \psi_1(\mu)\, d\mu, \quad \int_{(s)} u(\mu)\, \psi_2(\mu)\, d\mu, \quad \ldots \tag{84}$$

keine lineare Relation bestehen soll, deren Koeffizienten Konstante mit endlicher Quadratsumme sind.

Führen wir in die Relation (82) diese Annahmen ein und setzen

$$\xi_1 = 1, \quad \xi_2 = 0, \quad \xi_3 = 0, \quad \ldots$$

und an Stelle von $u(\mu)$ die Funktion

$$\frac{u(\mu)}{\sqrt{\psi_{11}(\mu)}},$$

so ergibt sich

$$\int_{(s)} (u(\mu))^2\, d\mu = \sum_{(p = 1, 2, \ldots)} \left\{ \int_{(s)} u(\mu)\, \psi_p(\mu)\, d\mu \right\}^2, \tag{85}$$

und hieraus entnehmen wir die allgemeinere Formel

$$\int_{(s)} u(\mu)\, v(\mu)\, d\mu = \sum_{(p = 1, 2, \ldots)} \int_{(s)} u(\mu)\, \psi_p(\mu)\, d\mu \int_{(s)} v(\mu)\, \psi_p(\mu)\, d\mu. \tag{86}$$

Für

$$v(\mu) = \psi_q(\mu)$$

folgt mithin

$$\int_{(s)} u(\mu)\, \psi_q(\mu)\, d\mu = \sum_{(p = 1, 2, \ldots)} \int_{(s)} \psi_p(\mu)\, \psi_q(\mu)\, d\mu \int_{(s)} \psi_p(\mu)\, u(\mu)\, d\mu. \tag{87}$$

Aus unserer Annahme über die lineare Unabhängigkeit der Integrale (84) erkennen wir, daß die Relation (87) identisch für alle Funktionen $u(\mu)$ nicht anders erfüllt sein kann, als wenn

(88)
$$\int_{(s)} (\psi_p(\mu))^2 d\mu = 1,$$
$$\int_{(s)} \psi_p(\mu)\,\psi_q(\mu)\,d\mu = 0 \qquad (p \neq q)$$

ist.

Wegen des positiv definiten Charakters der Form $\psi(\mu, \xi)$ ist

$$(\psi_{11}\xi_1 + \psi_{12}\xi_2 + \cdots)^2 \leqq \psi(\mu, \xi)\,\psi_{11}$$

oder

(89)
$$(\psi_1\xi_1 + \psi_2\xi_2 + \cdots)^2 \leqq \psi(\mu, \xi).$$

Andererseits haben wir wegen (88)

$$\int_{(s)} (\psi_1\xi_1 + \psi_2\xi_2 + \cdots)^2 d\mu = (\xi, \xi)$$

und, da auch

$$\int_{(s)} \psi(\mu, \xi)\,d\mu = (\xi, \xi)$$

ist, so wird

$$\int_{(s)} \{\psi(\mu, \xi) - (\psi_1\xi_1 + \psi_2\xi_2 + \cdots)^2\}\,d\mu = 0.$$

Da aber der hier unter dem Integralzeichen stehende Ausdruck nach (89) für keinen Wert von μ negativ ausfällt, so ist derselbe stets gleich Null, d. h. es ist

$$\psi(\mu, \xi) = (\psi_1\xi_1 + \psi_2\xi_2 + \cdots)^2.$$

Wir ersehen hieraus, daß unter den gemachten Annahmen die charakteristische Eigenschaft der Spektralform $\sigma(\mu, \xi)$ darin besteht, daß ihre Ableitung nach μ das Quadrat einer Linearform wird, deren Koeffizienten die Orthogonalitätseigenschaften (85) und (88) besitzen. Da umgekehrt eine solche Form alle charakteristischen Eigenschaften einer Spektralform erfüllt, so ist es hiernach leicht, eine quadratische Form K zu konstruieren, deren Spektrum aus einer Zahl gegebener Intervalle besteht: man bestimme für die Intervalle s ein vollständiges System von orthogonalen Funktionen $\psi_1, \psi_2, \ldots$ d. h. ein System solcher Funktionen, die den Relationen (85) und (88) genügen — was leicht geschehen kann — und setze dann

$$K(\xi) = \int_{(s)} \frac{(\psi_1\xi_1 + \psi_2\xi_2 + \cdots)^2}{\mu}\,d\mu.$$

Als einfachstes Beispiel diene die quadratische Form

(90)
$$K(x) = x_1x_2 + x_2x_3 + x_3x_4 + \cdots;$$

dieselbe besitzt kein Punktspektrum und ihr Streckenspektrum

15*

besteht aus den Intervallen

$$\lambda = -\infty \text{ bis } -1 \quad \text{und} \quad +1 \text{ bis } +\infty.$$

Wir finden

$$\psi_p(\mu) = \sqrt{\frac{2}{\pi}}\frac{\cos t}{\sqrt{\sin t}}\sin pt,$$

wo t den zwischen 0 und π gelegenen Wert von $\arccos\frac{1}{\mu}$ bedeutet. In der Tat bestätigt sich dann durch Rechnung

$$\int\limits_{\binom{-\infty\cdots-1}{+1\cdots+\infty}} (\psi_1(\mu)x_1+\psi_2(\mu)x_2+\cdots)^2\,d\mu = (x,x),$$

$$K(x) = \int\limits_{\binom{-\infty\cdots-1}{+1\cdots+\infty}} \frac{(\psi_1(\mu)x_1+\psi_2(\mu)x_2+\cdots)^2}{\mu}\,d\mu.$$

In Bestätigung von Satz IV haben ferner, wie man erkennt, die unendlichvielen Gleichungen

$$\begin{aligned} x_1-\frac{\lambda}{2}x_2 \qquad &= 0,\\ x_2-\frac{\lambda}{2}(x_1+x_3) &= 0,\\ x_3-\frac{\lambda}{2}(x_2+x_4) &= 0,\\ \cdots\cdots\cdots& \end{aligned}$$

für keinen Wert von λ Lösungen $x_1, x_2, \ldots$, deren Quadratsumme endlich bleibt.

Ein anderes Beispiel liefert die quadratische Form

$$\frac{2}{\sqrt{2^2-1}}x_1x_2+\frac{4}{\sqrt{4^2-1}}x_2x_3+\frac{6}{\sqrt{6^2-1}}x_3x_4+\cdots; \tag{91}$$

das Spektrum ist das nämliche, wie im ersten Beispiel. Wir finden

$$\psi_p(\mu) = \sqrt{\frac{2p-1}{2}}\,\frac{1}{\mu}\,P^{(p-1)}\left(\frac{1}{\mu}\right),$$

wo die P die Legendreschen Polynome sind. Setzen wir noch

$$\chi_p(\mu) = \sqrt{\frac{2p-1}{2}}\,\frac{1}{\mu}\,Q^{(p-1)}\left(\frac{1}{\mu}\right),$$

wo die Q die zugehörigen Kugelfunktionen zweiter Art bedeuten, so erhält die Resolvente von K folgende Gestalt:

$$\mathsf{K}(\lambda, x) = \sum_{(p,\, q \geqq p)} 4\lambda\, \psi_p(\lambda)\, \chi_q(\lambda)\, x_p\, x_q.$$

Die beiden quadratischen Formen (90) und (91) lassen sich durch eine orthogonale Substitution der Variabeln in einander überführen, wie aus ihrer Darstellung durch die Spektralform hervorgeht.

Läßt man die oben gemachte Annahme der linearen Unabhängigkeit der Funktionen $\psi_1(\mu)$, $\psi_2(\mu)$, ... fallen, so wird die Ableitung der Spektralform nicht ein Quadrat, sondern eine Summe von Quadraten linearer Formen von entsprechender Art.

XII.

Simultanes System quadratischer Formen, die Hermitesche Form, die schiefsymmetrische Form und die Bilinearform mit unendlichvielen Variabeln.

Die in Abschnitt XI entwickelten Methoden und Resultate lassen sich ohne prinzipielle Schwierigkeit auf allgemeinere Formen mit unendlichvielen Variabeln ausdehnen. Wir betrachten zunächst den Fall eines simultanen Systems zweier quadratischer Formen, von denen die eine definiten Charakter hat, die andere als Aggregat von positiven und negativen Quadraten der Variabeln vorgelegt ist. Mit Hülfe meiner Methode des Grenzüberganges, ausgehend von Formen mit endlicher Variabelnzahl können wir leicht die entsprechende Theorie entwickeln; wir heben nur folgendes Resultat hervor:

Satz VIII. Es sei eine positiv definite vollstetige abgeschlossene quadratische Form $K(x)$ und außerdem eine quadratische Form von der Gestalt

$$V(x) = v_1 x_1^2 + v_2 x_2^2 + \cdots$$

vorgelegt, wo $v_1, v_2, \ldots$ bestimmte Werte $+1$ oder -1 sind: alsdann giebt es stets eine unendliche Reihe von Null verschiedener Größen $\varkappa_1, \varkappa_2, \ldots$, deren Vorzeichen bez. $v_1, v_2, \ldots$ sind und die gegen Null konvergieren — ihre reziproken Werte mögen Eigenwerte von K in Bezug auf V heißen — und von zugehörigen beschränkten Linearformen $L_1(x)$, $L_2(x)$, ... — sie mögen die zugehörigen Eigenformen heißen — von solcher Art, daß die „Polaritätsrelationen“

$$L_p(.)\,V(.,\bullet)\,L_p(\bullet) = v_p,$$

$$L_p(.)\,V(.,\bullet)\,L_q(\bullet) = 0, \qquad (p \neq q)$$

erfüllt sind und daß ferner die vorgelegte quadratische Form die Darstellung

$$K(x) = |\varkappa_1|(L_1(x))^2 + |\varkappa_2|(L_2(x))^2 + \cdots$$

gestattet.

Man kann diesen Satz VIII auch ohne den Grenzübergang von endlicher zu unendlicher Variabelnzahl lediglich auf Grund des Satzes V mit Ausschluß neuer Konvergenzbetrachtungen beweisen.

Zu dem Zwecke setzen wir zunächst die vorgelegte Form $K(x)$ als abgeschlossen voraus: wir bringen dann diese Form $K(x)$ nach Satz V durch eine orthogonale Transformation der Variabeln $x_1, x_2, \ldots$ in die Gestalt einer Quadratsumme; wir bezeichnen die neuen Variabeln mit $x_1', x_2', \ldots$ und finden

$$K(x) = k_1 x_1'^2 + k_2 x_2'^2 + \cdots,$$

wo dann $k_1, k_2, \ldots$ lauter positive Größen sind, die gegen Null konvergieren. Ferner bezeichnen wir mit $V'(x')$ die durch jene orthogonale Transformation aus $V(x)$ hervorgehende quadratische Form der Variabeln $x_1', x_2', \ldots$ und endlich mit $V'(\sqrt{k}\,\xi)$ diejenige quadratische Form der Variabeln $\xi_1, \xi_2, \ldots$, die aus $V'(x')$ hervorgeht, wenn wir in derselben an Stelle von $x_1', x_2', \ldots$ die Ausdrücke $\sqrt{k_1}\,\xi_1, \sqrt{k_2}\,\xi_2, \ldots$ einsetzen.

Wir können nun leicht zeigen, daß $V'(\sqrt{k}\,\xi)$ eine vollstetige Form der Variabeln $\xi_1, \xi_2, \ldots$ ist. In der Tat ist, wie man sieht, $V'(x')$ als Differenz zweier Einzelformen $E_1(x')$ und $E_2(x')$ darstellbar; dieselben genügen als solche den Ungleichungen

$$E_1(x') \leqq (x', x'), \quad E_2(x') \leqq (x', x').$$

Setzen wir an Stelle von $x_1', x_2', \ldots$ wieder $\sqrt{k_1}\,\xi_1, \sqrt{k_2}\,\xi_2, \ldots$ ein, so gehen diese Ungleichungen über in

$$E_1(\sqrt{k}\,\xi) \leqq k_1 \xi_1^2 + k_2 \xi_2^2 + \cdots,$$
$$E_2(\sqrt{k}\,\xi) \leqq k_1 \xi_1^2 + k_2 \xi_2^2 + \cdots.$$

Wären nun diese Einzelformen nicht vollstetig in den Variabeln $\xi_1, \xi_2, \ldots$, so müßten sich auch Wertsysteme $\alpha_1^{(n)}, \alpha_2^{(n)}, \ldots$ finden lassen, für die

$$\underset{n=\infty}{L} \alpha_1^{(n)} = 0, \quad \underset{n=\infty}{L} \alpha_2^{(n)} = 0, \quad \ldots$$

wird, während die Einzelformen, die ja positiv definit sind, für

$$\xi_1 = \alpha_1^{(n)}, \quad \xi_2 = \alpha_2^{(n)}, \quad \ldots$$

Werte erhalten müßten, die oberhalb einer positiven von n unabhängigen Größe bleiben; dies aber widerspräche den obigen Ungleichungen, da $K(x)$ vollstetig ist. Da demnach $E_1(\sqrt{k}\,\mathfrak{x})$, $E_2(\sqrt{k}\,\mathfrak{x})$ vollstetig in $\mathfrak{x}_1, \mathfrak{x}_2, \ldots$ sind, so ist dies auch $V'(\sqrt{k}\,\mathfrak{x})$. Die Tatsache der Vollstetigkeit von $E_1(\sqrt{k}\,\mathfrak{x})$, $E_2(\sqrt{k}\,\mathfrak{x})$ in den Variabeln $\mathfrak{x}_1, \mathfrak{x}_2, \ldots$ folgt auch unmittelbar aus 4. auf S. 205.

Nunmehr transformieren wir nach Satz V die Variabeln $\mathfrak{x}_1, \mathfrak{x}_2, \ldots$ orthogonal in die neuen Variabeln $\mathfrak{x}_1', \mathfrak{x}_2', \ldots$ derart, daß die Form $V'(\sqrt{k}\,\mathfrak{x})$ die Gestalt

$$V'(\sqrt{k}\,\mathfrak{x}) = \varkappa_1 \mathfrak{x}_1'^2 + \varkappa_2 \mathfrak{x}_2'^2 + \cdots$$

erhält, worin $\varkappa_1, \varkappa_2, \ldots$ gewisse reelle Größen sind, die gegen Null konvergieren. Bezeichnen wir nun diejenigen Linearformen von $x_1', x_2', \ldots$, die aus den Formen $\mathfrak{x}_p'(\mathfrak{x})$ hervorgehen, wenn wir darin für $\mathfrak{x}_1, \mathfrak{x}_2, \ldots$ bez. die Ausdrücke $\sqrt{k_1}\,x_1'$, $\sqrt{k_2}\,x_2', \ldots$ einsetzen, mit $\mathfrak{x}_p'(\sqrt{k}\,x')$, so ist, da jene Formen eine orthogonale Transformation bilden:

$$\begin{aligned} K(x) &= (\sqrt{k_1}\,x_1')^2 + (\sqrt{k_2}\,x_2')^2 + \cdots \\ &= (\mathfrak{x}_1'(\sqrt{k}\,x'))^2 + (\mathfrak{x}_2'(\sqrt{k}\,x'))^2 + \cdots; \end{aligned}$$

ferner wird:

$$\begin{aligned} \mathfrak{x}_p'(.)V'(\sqrt{k}\,\mathfrak{x}, \sqrt{k}\,.) &= \frac{\partial \mathfrak{x}_p'(\mathfrak{x})}{\partial \mathfrak{x}_1}\frac{\partial V'(\sqrt{k}\,\mathfrak{x}, \sqrt{k}\,\eta)}{\partial \eta_1} + \frac{\partial \mathfrak{x}_p'(\mathfrak{x})}{\partial \mathfrak{x}_2}\frac{\partial V'(\sqrt{k}\,\mathfrak{x}, \sqrt{k}\,\eta)}{\partial \eta_2} + \cdots \\ &= \mathfrak{x}_p'(\sqrt{k}\,.)V'(\sqrt{k}\,\mathfrak{x}, .) \end{aligned}$$

und folglich wird:

$$\mathfrak{x}_p'(\sqrt{k}\,.)V'(\sqrt{k}\,\mathfrak{x}, .) = \varkappa_p \mathfrak{x}_p'(\mathfrak{x}).$$

Aus dieser Formel schließen wir in gleicher Weise

$$\mathfrak{x}_p'(\sqrt{k}\,.)V'(\bullet, .)\,\mathfrak{x}_q'(\sqrt{k}\,\bullet) = \varkappa_p\,\mathfrak{x}_p'(.)\,\mathfrak{x}_q'(.).$$

Wenn wir nun wieder zu den Variabeln $x_1, x_2, \ldots$ zurückkehren und allgemein mit $A_p(x)$ diejenige Linearform von $x_1, x_2, \ldots$ bezeichnen, die dabei aus $\mathfrak{x}_p'(\sqrt{k}\,x')$ wird, so erhalten wir

$$A_p(.)V(\bullet, .)\,A_q(\bullet) = \varkappa_p\,\mathfrak{x}_p'(.)\,\mathfrak{x}_q'(.)$$

und das ist wegen der Orthogonalität der Formen $\mathfrak{x}_p'(\mathfrak{x})$ gleich $\varkappa_p (p = q)$ oder gleich Null $(p \neq q)$; andererseits wird

$$K(x) = A_1^2(x) + A_2^2(x) + \cdots.$$

Wäre $\varkappa_p = 0$, so müßte für alle $x_1, x_2, \ldots$

$$A_p(.)V(\bullet, .)\,K(\bullet, x) = 0$$

sein, was der Abgeschlossenheit von K und von V widerspräche; folglich sind $\varkappa_1$, $\varkappa_2$, ... lauter von Null verschiedene Größen.

Wir können nunmehr die Summanden $\varkappa_1 \xi_1'^2$, $\varkappa_2 \xi_2'^2, \ldots$ in der obigen Darstellung von $V'(\sqrt{k}\xi)$ derart angeordnet denken, daß allgemein $\varkappa_p$ das Vorzeichen von v_p besitzt. In der Tat: eine solche Anordnung jener Summanden wäre nur dann nicht ausführbar, wenn entweder die Anzahl der negativen (bez. positiven) Einheiten in der Reihe $v_1, v_2, \ldots$ endlich und zugleich die Anzahl der negativen (bez. positiven) Grössen, die in der Reihe $\varkappa_1, \varkappa_2, \ldots$ vorkommen, größer als die erstere Anzahl ausfiele oder wenn die Anzahl der negativen (bez. positiven) Größen in der Reihe $\varkappa_1, \varkappa_2, \ldots$ endlich und zugleich die Anzahl der negativen (bez. positiven) Einheiten in der Reihe $v_1, v_2, \ldots$ größer als die erstere Anzahl ausfiele.

Wenn wir nun mit $x_1(\sqrt{k}\xi)$, $x_2(\sqrt{k}\xi), \ldots$ diejenigen Linearformen in $\xi_1, \xi_2, \ldots$ bezeichnen, die aus $x_1(x')$, $x_2(x'), \ldots$ entstehen, wenn wir für x_1', $x_2', \ldots$ die Ausdrücke $\sqrt{k_1}\xi_1$, $\sqrt{k_2}\xi_2, \ldots$ einsetzen, so ist identisch in $\xi_1, \xi_2, \ldots$

$$v_1(x_1(\sqrt{k}\xi))^2 + v_2(x_2(\sqrt{k}\xi))^2 + \cdots = \varkappa_1(\xi_1'(\xi))^2 + \varkappa_2(\xi_2'(\xi))^2 + \cdots,$$

da beide Seiten dieser Gleichung $V'(\sqrt{k}\xi)$ darstellen.

Wir nehmen — entsprechend dem ersten Falle — an, es seien $v_1, \ldots, v_e$ negativ (bez. positiv), $v_{e+1}, v_{e+2}, \ldots$ sämtlich positiv (bez. negativ), ferner $\varkappa_1, \ldots, \varkappa_{e+1}$ negativ (bez. positiv). Da die Formen $\xi_1'(\xi)$, $\xi_2'(\xi), \ldots$ eine orthogonale Substitution bestimmen, d. h. eine *vollständiges orthogonales System von Linearformen* — wie wir sagen wollen — bilden, so ist jede beschränkte Linearform von $\xi_1, \xi_2, \ldots$ als lineare Kombination der Formen $\xi_1'(\xi)$, $\xi_2'(\xi), \ldots$ darstellbar; wir setzen insbesondere

$$x_1(\sqrt{k}\xi) = a_{11}\xi_1'(\xi) + a_{12}\xi_2'(\xi) + \cdots,$$
$$\cdots\cdots\cdots\cdots$$
$$x_e(\sqrt{k}\xi) = a_{e1}\xi_1'(\xi) + a_{e2}\xi_2'(\xi) + \cdots,$$

wo $a_{11}, a_{12}, \ldots, a_{e1}, a_{e2}, \ldots$ gewisse Koeffizienten bedeuten. Sodann bestimmen wir solche nicht sämtlich verschwindende Größen $\alpha_1, \ldots, \alpha_{e+1}$, die den e Gleichungen

$$a_{11}\alpha_1 + \cdots + a_{1e+1}\alpha_{e+1} = 0,$$
$$\cdots\cdots\cdots\cdots$$
$$a_{e1}\alpha_1 + \cdots + a_{ee+1}\alpha_{e+1} = 0$$

genügen und bilden die Gleichungen

$$\begin{aligned}
\xi_1'(\xi) &= \alpha_1, \\
&\cdot\ \cdot\ \cdot\ \cdot\ \cdot \\
\xi_{e+1}'(\xi) &= \alpha_{e+1}, \\
\xi_{e+2}'(\xi) &= 0, \\
\xi_{e+3}'(\xi) &= 0, \\
&\cdot\ \cdot\ \cdot\ \cdot\ \cdot
\end{aligned}$$

Die durch Auflösung dieser Gleichungen entstehenden Werte von $\xi_1, \xi_2, \ldots$ würden einen Widerspruch ergeben, da sie in die vorhin aufgestellte Identität

$$v_1\left(x_1(\sqrt{k}\,\xi)\right)^2 + v_2\left(x_2(\sqrt{k}\,\xi)\right)^2 + \cdots = \varkappa_1(\xi_1'(\xi))^2 + \varkappa_2(\xi_2'(\xi))^2 + \cdots$$

eingesetzt, der linken Seite einen nicht negativen (bez. nicht positiven) Wert, der rechten Seite dagegen gewiß einen negativen (bez. positiven) Wert erteilen würden.

Um den zweiten der oben genannten Fälle zu behandeln, gehen wir von der in $x_1', x_2', \ldots$ identischen Gleichung

$$v_1(x_1(x'))^2 + v_2(x_2(x'))^2 + \cdots = \varkappa_1\left(\xi_1'\left(\frac{x'}{\sqrt{k}}\right)\right)^2 + \varkappa_2\left(\xi_2'\left(\frac{x'}{\sqrt{k}}\right)\right)^2 + \cdots$$

aus, wo $\xi_1'\left(\frac{x'}{\sqrt{k}}\right)$, $\xi_2'\left(\frac{x'}{\sqrt{k}}\right)$, ... diejenigen Linearformen von x_1', x_2', ... bedeuten, die aus $\xi_1'(\xi)$, $\xi_2'(\xi)$, ... entstehen, wenn wir an Stelle von $\xi_1, \xi_2, \ldots$ die Ausdrücke $\frac{x_1'}{\sqrt{k_1}}, \frac{x_2'}{\sqrt{k_2}}, \cdots$ setzen. Da jedoch die Linearformen $\xi_1'\left(\frac{x'}{\sqrt{k}}\right)$, $\xi_2'\left(\frac{x'}{\sqrt{k}}\right)$, ... nicht notwendig beschränkte Linearformen in $x_1', x_2', \ldots$ werden, so hat obige Identität nur als Abschnittsgleichung einen Sinn und das im ersten Falle eingeschlagene Verfahren bedarf der folgenden Modifikation.

Wir nehmen an, es seien $\varkappa_1, \ldots, \varkappa_e$ negativ (bez. positiv), $\varkappa_{e+1}, \varkappa_{e+2}, \ldots$ sämtlich positiv (bez. negativ), ferner $v_1, \ldots, v_{e+1}$ negativ (bez. positiv). Alsdann setzen wir

$$\begin{aligned}
\xi_1'\left(\frac{x'}{\sqrt{k}}\right) &= \alpha_{11}x_1' + \alpha_{12}x_2' + \cdots, \\
&\cdot\ \cdot\ \cdot\ \cdot\ \cdot\ \cdot\ \cdot\ \cdot\ \cdot\ \cdot\ \cdot \\
\xi_e'\left(\frac{x'}{\sqrt{k}}\right) &= \alpha_{e1}x_1' + \alpha_{e2}x_2' + \cdots.
\end{aligned}$$

Ferner denken wir uns die Gleichungen

$$x_1(x') = a_1, \quad \ldots, \quad x_{e+1}(x') = a_{e+1}, \quad x_{e+2}(x') = 0, \quad x_{e+3}(x') = 0, \quad \ldots$$

nach $x'_1, x'_2, \ldots$ aufgelöst und stellen die Lösungen als Funktionen von $a_1, \ldots, a_{e+1}$, wie folgt, dar:

$$x'_1 = o_{11} a_1 + \cdots + o_{1e+1} a_{e+1},$$
$$x'_2 = o_{12} a_1 + \cdots + o_{2e+1} a_{e+1},$$
$$\cdots\cdots\cdots\cdots$$

Endlich bestimmen wir für jedes n solche $e+1$ Größen $a_1^{(n)}, \ldots, a_{e+1}^{(n)}$, daß nach Eintragung dieser Werte von $x'_1, x'_2, \ldots$ die $e+1$ Gleichungen

$$\alpha_{11} x'_1 + \cdots + \alpha_{1n} x'_n = 0,$$
$$\cdots\cdots\cdots\cdots$$
$$\alpha_{e1} x'_1 + \cdots + \alpha_{en} x'_n = 0,$$
$$a_1^2 + \cdots + a_{e+1}^2 = 1$$

für

$$a_1 = a_1^{(n)}, \quad \ldots, \quad a_{e+1} = a_{e+1}^{(n)}$$

erfüllt sind.

Wählen wir nun solche $n = n_h$ aus, daß die Grenzwerte von $a_1^{(n_h)}, \ldots, a_{e+1}^{(n_h)}$ für $h = \infty$ existieren und setzen die durch diese Werte $a_1^{(n_h)}, \ldots, a_{e+1}^{(n_h)}$ vermittelten Größen $x'_1, \ldots, x'_{n_h}$ in den n_h^{ten} Abschnitt der obigen Identität

$$v_1 (x_1(x'))^2 + v_2 (x_2(x'))^2 + \cdots = \varkappa_1 \left(\xi'_1\left(\frac{x'}{\sqrt{k}}\right)\right)^2 + \varkappa_2 \left(\xi'_2\left(\frac{x'}{\sqrt{k}}\right)\right)^2 + \cdots$$

ein, so erkennen wir, daß die linke Seite dieser Identität, da sie eine beschränkte Form der Variabeln $x'_1, x'_2, \ldots$ darstellt und als solche nach S. 178 stetig in diesen Variabeln ist, in der Grenze für $h = \infty$ den Wert -1 erhält, während die rechte Seite beständig $\geqq 0$ ausfällt.

Hiernach sind beide Fälle als unmöglich erkannt und wir dürfen also von vorneherein allgemein $\varkappa_p$ vom selben Vorzeichen wie v_p annehmen.

Setzen wir daher jetzt

$$L_p(x) = \frac{\Lambda_p(x)}{\sqrt{|\varkappa_p|}},$$

so sind die Linearformen $L_1(x), L_2(x), \ldots$ von der im Satze VIII verlangten Beschaffenheit.

Das nämliche Schlußverfahren ermöglicht die Behandlung einer nicht abgeschlossenen Form K.

Um dies einzusehen, bringen wir wiederum die Form K nach Satz V durch eine orthogonale Transformation der Variabeln x_1,

$x_2, \ldots$ in die Gestalt einer Quadratsumme. Wir setzen

$$K(x) = k_1 x_1'^2 + k_2 x_2'^2 + \cdots,$$

wo $k_1, k_2, \ldots$ teils positive teils verschwindende Größen sind.

Wir bezeichnen wiederum mit $V'(x')$ die durch jene orthogonale Transformation aus $V(x)$ hervorgehende quadratische Form der Variabeln $x_1', x_2', \ldots$ und endlich mit $V'(\sqrt{k}\,\xi)$ diejenige quadratische Form der Variabeln $\xi_1, \xi_2, \ldots$, die aus $V'(x')$ hervorgeht, wenn wir in derselben an Stelle von $x_1', x_2', \ldots$ die Ausdrücke $\sqrt{k_1}\,\xi_1, \sqrt{k_2}\,\xi_2, \ldots$ einsetzen. Da $V'(\sqrt{k}\,\xi)$ eine vollstetige Form in $\xi_1, \xi_2, \ldots$ ist, so können wir nach Satz V die Variabeln $\xi_1, \xi_2, \ldots$ orthogonal in die neuen Variabeln $\xi_1', \xi_2', \ldots$ transformieren derart, daß

$$V'(\sqrt{k}\,\xi) = \varkappa_1 \xi_1'^2 + \varkappa_2 \xi_2'^2 + \cdots$$

sind, worin $\varkappa_1, \varkappa_2, \ldots$ gewisse teils positive oder negative teils verschwindende Größen sind, die, wenn in unendlicher Anzahl vorhanden gegen Null konvergieren. Bilden wir endlich entsprechend wie vorhin die Ausdrücke $\xi_p'(\sqrt{k}\,x')$ und bezeichnen allgemein mit $A_p(x)$ diejenige Linearform, die aus $\xi_p'(\sqrt{k}\,x')$ wird, wenn wir darin statt der Variabeln $x_1', x_2', \ldots$ wieder die ursprünglichen Variabeln $x_1, x_2, \ldots$ einführen, so wird wie vorhin

$$K(x) = A_1^2(x) + A_2^2(x) + \cdots,$$

$$A_p(.)V(.,\bullet)A_q(\bullet) = 0, \quad (p \neq q) \quad \text{bez.} \quad = \varkappa_p \quad (p = q).$$

Wir sprechen dieses den Satz VIII ergänzende Resultat wie folgt aus:

Satz VIII. Es sei eine positiv definite vollstetige quadratische Form $K(x)$ und außerdem eine quadratische Form von der Gestalt*

$$V(x) = v_1 x_1^2 + v_2 x_2^2 + \cdots$$

vorgelegt, wo $v_1, v_2, \ldots$ bestimmte Werte $+1$ oder -1 sind: alsdann giebt es stets eine Reihe von teils positiven oder negativen teils verschwindenden Größen $\varkappa_1, \varkappa_2, \ldots$, die, wenn in unendlicher Anzahl vorhanden, gegen Null konvergieren und von zugehörigen beschränkten Linearformen $A_1(x), A_2(x), \ldots$ derart, daß die Polaritätsrelationen

$$A_p(.)V(.,\bullet)A_p(\bullet) = \varkappa_p,$$
$$A_p(.)V(.,\bullet)A_q(\bullet) = 0, \qquad (p \neq q)$$

erfüllt sind und daß ferner die vorgelegte quadratische Form die Darstellung

$$K(x) = A_1^2(x) + A_2^2(x) + \cdots$$

gestattet.

Unter einer *Hermiteschen Form* der unendlichvielen Variabeln $x_1, x_2, \ldots, y_1, y_2, \ldots$ verstehen wir eine Bilinearform dieser Variabeln von der Gestalt

$$H(x, y) = \sum_{(p,q)} h_{pq} x_p y_q,$$

deren Koeffizienten h_{pq} komplexe der Bedingung

$$h_{pq} = k_{pq} + i s_{pq} = \overline{h}_{qp} = k_{qp} - i s_{qp}$$

genügende Größen sind. Stellt sowohl Real- wie Imaginärteil von $H(x, y)$ eine vollstetige Funktion der reellen Variabeln $x_1, x_2, \ldots, y_1, y_2, \ldots$ dar, so lassen sich reelle im Endlichen nirgends sich verdichtende Werte $\lambda_1, \lambda_2, \ldots$ — die Eigenwerte von H — und zugehörige Linearformen mit komplexen Koeffizienten $L_1(x), L_2(x), \ldots$ — die Eigenformen von H — finden, so daß

$$(x, y) = L_1(x)\overline{L}_1(y) + L_2(x)\overline{L}_2(y) + \cdots,$$

$$H(x, y) = \frac{L_1(x)\overline{L}_1(y)}{\lambda_1} + \frac{L_2(x)\overline{L}_2(y)}{\lambda_2} + \cdots$$

wird und daß die Orthogonalitätseigenschaften

$$L_p(.)\overline{L}_p(.) = 1, \quad L_p(.)\overline{L}_q(.) = 0 \qquad (p \neq q)$$

erfüllt sind; die horizontalen Striche deuten die Vertauschung von i mit $-i$ an. Der Beweis dieser Tatsache kann analog wie unten der Beweis des spezielleren Satzes IX geführt werden.

Nehmen wir die Koeffizienten der Hermiteschen Form rein imaginär an und unterdrücken alsdann den Faktor i, so entspringt die schiefsymmetrische Form; unter einer *schiefsymmetrischen Form* verstehen wir mithin eine Bilinearform der Variabeln $x_1, x_2, \ldots, y_1, y_2, \ldots$ von der Gestalt

$$S(x, y) = \sum_{(p,q)} s_{pq} x_p y_q,$$

deren Koeffizienten reelle der Bedingung

$$s_{pq} = -s_{qp}, \quad s_{pp} = 0$$

genügende Größen sind. Die vorhin für eine Hermitesche Form ausgesprochene Tatsache drückt sich für den besonderen Fall der schiefsymmetrischen Form, wie folgt, aus:

Satz IX. Wenn die schiefsymmetrische Form $S(x, y)$ vollstetig ist, so gibt es eine orthogonale Transformation der Variabeln

$$x_1, x_2, x_3, x_4, \ldots$$

in die neuen Variabeln

$$\xi_1, \xi_1', \xi_2, \xi_2', \ldots$$

so daß, wenn die Variabeln $y_1, y_2, y_3, y_4, \ldots$ *mittelst derselben orthogonalen Transformation simultan in die Variabeln* $\eta_1, \eta_1', \eta_2, \eta_2', \ldots$ *übergehen, die Form* S *die Gestalt*

$$S(x, y) = k_1(\xi_1\eta_1' - \xi_1'\eta_1) + k_2(\xi_2\eta_2' - \xi_2'\eta_2) + \cdots$$

erhält; dabei sind $k_1, k_2, \ldots$ *Größen, die, falls sie in unendlicher Zahl vorkommen, Null als einzige Verdichtungsstelle besitzen.*

Zum Beweise betrachten wir $2S(x, y)$ als quadratische Form der unendlichvielen Variabeln $x_1, y_1, x_2, y_2, \ldots$ und erkennen sodann aus Satz V das Vorhandensein von Größen $k_1, k_2, \ldots$ und zugehörigen Linearformen $L_1(x, y), L_2(x, y), \ldots$ jener Variabeln, so daß

$$2S(x, y) = k_1(L_1(x, y))^2 + k_2(L_2(x, y))^2 + \cdots$$

und

$$(x, x) + (y, y) = (L_1(x, y))^2 + (L_2(x, y))^2 + \cdots$$

wird. Mit Rücksicht auf die Eigenschaften der schiefsymmetrischen Form

$$S(x, y) = -S(y, x),$$
$$S(x, y) = -S(-x, y)$$

folgt leicht, daß in der obigen Darstellung für $2S(x, y)$ zu jedem k_p, L_p stets noch die Eigenwerte und zugehörigen Linearformen

$$\begin{aligned} k_{p'} &= -k_p, & L_{p'}(x, y) &= L_p(y, x), \\ k_{p''} &= -k_p, & L_{p''}(x, y) &= L_p(-x, y), \\ k_{p'''} &= -k_{p'} = k_p, & L_{p'''}(x, y) &= L_{p'}(-x, y) = L_p(y, -x) \end{aligned}$$

vorhanden sein müssen, deren Vereinigung in der Darstellung von $2S(x, y)$ die Glieder

$$k_p\{(L_p(x, y))^2 - (L_p(y, x))^2 - (L_p(-x, y))^2 + (L_p(y, -x))^2\}$$

und in der Darstellung von $(x, x) + (y, y)$ die Glieder

$$(L_p(x, y))^2 + (L_p(y, x))^2 + (L_p(-x, y))^2 + (L_p(y, -x))^2$$

liefert.

Setzen wir nun

$$L_p(x, y) = \frac{1}{\sqrt{2}}(O_p(x) + O_p'(y)),$$

wo $O_p(x)$ eine lineare Form von $x_1, x_2, \ldots$ und $O_p'(y)$ eine lineare Form von $y_1, y_2, \ldots$ ist, so gehen die obigen Darstellungen über in

$$S(x, y) = \sum k_p(O_p(x)\,O_p'(y) - O_p'(x)\,O_p(y)),$$
$$(x, x) + (y, y) = \sum (O_p(x))^2 + (O_p'(x))^2 + (O_p(y))^2 + (O_p'(y))^2,$$

und da $L_1(x,y), L_2(x,y), \ldots$ zu einander orthogonal sind, folgt leicht auch die Orthogonalität der Formen $O_1, O_2, \ldots$; mithin bestimmen

$$\xi_p = O_p(x), \quad \xi_p' = O_p'(x)$$

eine orthogonale Transformation von der verlangten Beschaffenheit.

Aus dieser Darstellung folgt durch eine einfache Ueberlegung, wie sie später ähnlich angestellt werden wird (S. 224), daß die aus $(x,y) - \lambda S(x,y)$ entspringenden inhomogenen Gleichungen eindeutig lösbar sind, außer wenn $\lambda = \frac{i}{k_1}, \frac{i}{k_2}, \cdots$ ist; für diese rein imaginären Eigenwerte der Form $S(x,y)$ haben die homogenen Gleichungen eine nicht identisch verschwindende Lösung und zwar ist die Anzahl der von einander unabhängigen Lösungen stets endlich.

Was schließlich die Theorie der Bilinearform betrifft, so sehen wir zunächst ohne Schwierigkeit folgende Tatsachen ein:

Wenn die Bilinearform $A(x,y)$ eine vollstetige Funktion der unendlichvielen Variabeln $x_1, x_2, \ldots, y_1, y_2, \ldots$ darstellt, so ist, wenn A_n den n^{ten} Abschnitt der Bilinearform A bezeichnet, für jedes Wertsystem der unendlichvielen Variablen

$$\underset{n=\infty}{L} A_n(.,x)\,A_n(.,x) = A(.,x)\,A(.,x)$$

und zwar im Sinne gleichmäßiger Konvergenz, d. h. es ist

$$(92) \qquad |A(.,x)\,A(.,x) - A_n(.,x)\,A_n(.,x)| \leqq \varepsilon_n,$$

wo ε_n gewisse von den Variabeln $x_1, x_2, \ldots$ unabhängige mit unendlichwachsendem n gegen Null abnehmende Größen sind. Daraus folgt, daß die quadratische Form $A(.,x)\,A(.,x)$ stets vollstetig ist, wenn die Bilinearform $A(x,y)$ vollstetig ist.

Eine Bilinearform $A(x,y)$ ist stets vollstetig, wenn die quadratische Form $A(.,x)\,A(.,x)$ vollstetig ist, also beispielsweise gewiß, wenn die Summe der Quadrate der Koeffizienten von A endlich bleibt. In der Tat, fassen wir $A(x,y)$ als quadratische Form der Variabeln $x_1, x_2, \ldots, y_1, y_2, \ldots$ auf, so folgt aus der Ungleichung

$$|A(x,y)| \leqq \sqrt{A(.,x)\,A(.,x)},$$

durch die in 4. und 5. (S. 205) angewandte Schlußweise, daß $A(x,y)$ vollstetig ist.

Diese Mitteilung möchte ich mit der Entwickelung eines Satzes beschließen, der — wie ich in der folgenden Mitteilung zeigen werde — auf die einfachste Weise zur Auflösung der Integralgleichungen zweiter Art mit unsymmetrischem Kern verwandt werden kann; derselbe lautet:

Satz X. Wenn

$$A(x, y) = \sum_{(p,q)} a_{pq} x_p y_q$$

eine vollstetige Bilinearform der unendlichvielen Variabeln $x_1, x_2, \ldots$; $y_1, y_2, \ldots$ *ist, so haben gewiß entweder die unendlichvielen Gleichungen*

$$\begin{aligned} (1+a_{11})x_1 + \quad a_{12}\, x_2 + \cdots &= a_1, \\ a_{21}\, x_1 + (1+a_{22})x_2 + \cdots &= a_2, \\ \cdots\cdots\cdots\cdots\cdots \end{aligned} \tag{93}$$

für alle möglichen Größen $a_1, a_2, \ldots$ *mit konvergenter Quadratsumme eine eindeutig bestimmte Lösung* $x_1, x_2, \ldots$ *mit konvergenter Quadratsumme — oder die entsprechenden homogenen Gleichungen*

$$\begin{aligned} (1+a_{11})x_1 + \quad a_{12}\, x_2 + \cdots &= 0, \\ a_{21}\, x_1 + (1+a_{22})x_2 + \cdots &= 0, \\ \cdots\cdots\cdots\cdots\cdots \end{aligned} \tag{94}$$

lassen eine Lösung $x_1, x_2, \ldots$ *mit der Quadratsumme 1 zu.*

Zum Beweise betrachten wir zunächst irgend ein System von n linearen Gleichungen und n Unbekannten mit nicht verschwindender Determinante von der Gestalt

$$\begin{aligned} b_{11} x_1 + \cdots + b_{1n} x_n &= b_1, \\ \cdots\cdots\cdots \\ b_{n1} x_1 + \cdots + b_{nn} x_n &= b_n. \end{aligned}$$

Bezeichnen $\beta_1, \ldots, \beta_n$ die Lösungen dieser Gleichungen, so ist gewiß

$$\begin{aligned} &(b_{11}\beta_1 + \cdots + b_{1n}\beta_n)^2 + \cdots + (b_{n1}\beta_1 + \cdots + b_{nn}\beta_n)^2 \\ &= b_1(b_{11}\beta_1 + \cdots + b_{1n}\beta_n) + \cdots + b_n(b_{n1}\beta_1 + \cdots + b_{nn}\beta_n) \end{aligned}$$

und folglich wird

$$\begin{aligned} &(b_{11}\beta_1 + \cdots + b_{1n}\beta_n)^2 + \cdots + (b_{n1}\beta_1 + \cdots + b_{nn}\beta_n)^2 \\ &\leqq \sqrt{(\beta_1^2 + \cdots + \beta_n^2)\left\{(b_{11}b_1 + \cdots + b_{n1}b_n)^2 + \cdots + (b_{1n}b_1 + \cdots + b_{nn}b_n)^2\right\}}. \end{aligned}$$

Nunmehr sei m das Minimum der quadratischen Form

$$(b_{11}x_1 + \cdots + b_{1n}x_n)^2 + \cdots + (b_{n1}x_1 + \cdots + b_{nn}x_n)^2$$

bei der Nebenbedingung

$$x_1^2 + \cdots + x_n^2 = 1 \tag{95}$$

und M das Maximum der quadratischen Form

$$(b_{11}x_1+\cdots+b_{n1}x_n)^2+\cdots+(b_{1n}x_1+\cdots+b_{nn}x_n)^2$$

bei derselben Nebenbedingung: dann folgt aus der vorigen Ungleichung die Ungleichung

$$\beta_1^2+\cdots+\beta_n^2 \leqq (b_1^2+\cdots+b_n^2)\frac{M}{m^2}. \tag{96}$$

Wir wenden dieses Resultat auf die Gleichungen

$$\begin{aligned} (1+a_{11})x_1+\cdots+ \quad a_{1n}\,x_n &= a_1, \\ \cdots\cdots\cdots\cdots & \\ a_{n1}\,x_1+\cdots+(1+a_{nn})x_n &= a_n \end{aligned} \tag{97}$$

an und bezeichnen zu dem Zwecke mit m_n das Minimum der quadratischen Form

$$((1+a_{11})x_1+\cdots+a_{1n}x_n)^2+\cdots+(a_{n1}x_1+\cdots+(1+a_{nn})x_n)^2$$

bei der Nebenbedingung (95) und mit M_n das Maximum der quadratischen Form

$$((1+a_{11})x_1+\cdots+a_{n1}x_n)^2+\cdots+(a_{1n}x_1+\cdots+(1+a_{nn})x_n)^2$$

bei derselben Nebenbedingung.

Wegen der vorausgesetzten Vollstetigkeit der Bilinearform $A(x,y)$ ist die Form der unendlichvielen Variabeln $x_1, x_2, \ldots$

$$((1+a_{11})x_1+a_{21}x_2+\cdots)^2+(a_{12}x_1+(1+a_{22})x_2+\cdots)^2+\cdots$$

gewiß eine beschränkte Form und daraus ersehen wir, daß auch die Maxima M_n unterhalb einer endlichen von n unabhängigen Größe M bleiben.

Was die Minima m_n betrifft, so sind zwei Fälle zu unterscheiden:

Erstens gebe es unendlichviele n, wofür die Minima m_n sämtlich größer als eine feste positive Größe m sind: dann sind für solche n die Gleichungen (97) lösbar und es folgt aus (96), daß die Quadratsumme ihrer Lösungen unterhalb der endlichen von n unabhängigen Größe

$$(a,a)\frac{M}{m^2} \tag{98}$$

liegt.

Bezeichnen wir nun für solche n mit

$$\alpha_1^{(n)}, \ldots, \alpha_n^{(n)}$$

die Lösungen von (97), so können wir aus jenen n nach einem oft angewandten Verfahren solche ganzen Zahlen $n_1, n_2, \ldots$ herausgreifen, daß die Grenzwerte

$$\alpha_1 = \underset{h=\infty}{L}\, \alpha_1^{(n_h)}, \quad \alpha_2 = \underset{h=\infty}{L}\, \alpha_2^{(n_h)}, \quad \ldots$$

existiren; die Grössen $\alpha_1, \alpha_2, \ldots$ haben eine ebenfalls unterhalb der Grenze (98) liegende Quadratsumme und müssen wegen der Vollstetigkeit der Linearformen

$$a_{p1}x_1 + a_{p2}x_2 + \cdots$$

gewiß jede der Gleichungen des vorgelegten Systems (93) befriedigen.

Zweitens mögen die Minima $m_1, m_2, \ldots$ gegen Null konvergieren; die Werte der Variabeln mit der Quadratsumme 1, für welche diese Minima eintreten, seien

$$\mu_1^{(n)}, \ldots, \mu_n^{(n)}.$$

Nun ist

$$((1+a_{11})x_1 + \cdots + a_{1n}x_n)^2 + \cdots + (a_{n1}x_1 + \cdots + (1+a_{nn})x_n)^2$$
$$= A_n(.\,, x)\, A_n(.\,, x) + 2A_n(x, x) + (x, x)_n$$

und folglich

$$(99) \qquad A_n(.\,, \mu^{(n)})\, A_n(.\,, \mu^{(n)}) + 2A_n(\mu^{(n)}, \mu^{(n)}) + 1 = m_n.$$

Nun denken wir uns wieder eine solche Reihe ganzer Zahlen $n_1, n_2, \ldots$ herausgegriffen, daß die Grenzwerte

$$\mu_1 = \underset{h=\infty}{L}\, \mu_1^{(n_h)}, \quad \mu_2 = \underset{h=\infty}{L}\, \mu_2^{(n_h)}, \quad \ldots$$

existieren; die Größen $\mu_1, \mu_2, \ldots$ genügen dann der Bedingung

$$(100) \qquad (\mu, \mu) \leqq 1.$$

Mit Rücksicht auf (92) und wegen der Vollstetigkeit der quadratischen Form $A(x, x)$ folgt aus (99), wenn wir darin n_h an Stelle von n einsetzen und zur Grenze $h = \infty$ übergehen

$$(101) \qquad A(.\,, \mu)\, A(.\,, \mu) + 2A(\mu, \mu) + 1 = 0.$$

Wir betrachten nun die quadratische Form

$$(102) \qquad ((1+a_{11})x_1 + a_{12}x_2 + \cdots)^2 + (a_{21}x_1 + (1+a_{22})x_2 + \cdots)^2$$
$$= A(.\,, x)\, A(.\,, x) + 2A(x, x) + (x, x);$$

da dieselbe positiv definit ist, so folgt insbesondere

$$(103) \qquad A(.\,, \mu)\, A(.\,, \mu) + 2A(\mu, \mu) + (\mu, \mu) \geqq 0;$$

hieraus entnehmen wir wegen (101)

$$(\mu, \mu) \geqq 1;$$

mithin ist wegen (100):

$$(\mu, \mu) = 1.$$

Nunmehr erkennen wir wegen (101), daß auch

$$A(., \mu) A(., \mu) + 2A(\mu, \mu) + (\mu, \mu) = 0$$

ist, d. h. im Hinblick auf (102), die Größen $\mu_1, \mu_2, \ldots$ befriedigen die homogenen Gleichungen (94). Damit ist gezeigt, daß stets mindestens einer der in Satz X unterschiedenen Fälle stattfindet.

Wenn die homogenen Gleichungen (94) eine Lösung mit der Quadratsumme 1 besitzen, so können die durch Transposition entstehenden inhomogenen Gleichungen

$$(104) \qquad \begin{aligned} (1+a_{11})x_1 + \quad a_{21}\, x_2 + \cdots &= a_1, \\ a_{12}\, x_1 + (1+a_{22})x_2 + \cdots &= a_2, \\ \cdots\cdots\cdots\cdots\cdots & \end{aligned}$$

gewiß nicht für alle $a_1, a_2, \ldots$ mit endlicher Quadratsumme eine Lösung von endlicher Quadratsumme besitzen, da ja zwischen ihren linken Seiten eine lineare Identität besteht; es müssen daher dem eben Bewiesenen zufolge alsdann die transponierten homogenen Gleichungen

$$(105) \qquad \begin{aligned} (1+a_{11})x_1 + \quad a_{21}\, x_2 + \cdots &= 0, \\ a_{12}\, x_1 + (1+a_{22})x_2 + \cdots &= 0 \\ \cdots\cdots\cdots\cdots\cdots & \end{aligned}$$

eine Lösung mit der Quadratsumme 1 zulassen. Also können die inhomogenen Gleichungen (93) gewiß nicht für alle $a_1, a_2, \ldots$ eine Lösung mit endlicher Quadratsumme besitzen; daher schließen sich die beiden Fälle des Satzes X wirklich aus, und die Lösung im ersten Falle ist eindeutig. Damit ist der Beweis für unsern Satz völlig erbracht.

Um die Mannigfaltigkeit der Lösungen der homogenen Gleichungen (94) festzustellen, haben wir nur nötig die in Abschnitt XI entwickelte Theorie der orthogonalen Transformation der quadratischen Formen auf die Form (102) anzuwenden. Da $A(., x) A(., x)$ und $A(x, x)$ vollstetige quadratische Formen sind, so ist dies auch die Form

$$A(., x) A(., x) + 2A(x, x);$$

dieselbe besitzt daher den Wert -1 höchstens als Eigenwert von endlicher Vielfachheit; mithin besitzt die quadratische Form (102) den Wert ∞ nur als Eigenwert von endlicher Vielfachheit, d. h. es giebt eine orthogonale Transformation der Veränderlichen

$x_1, x_2, \ldots$ in $x_1', x_2', \ldots$, so daß jene quadratische Form (102) die Gestalt

$$k_e x_e'^2 + k_{e+1} x_{e+1}'^2 + \cdots$$

erhält, wo $k_e, k_{e+1}, \ldots$ lauter positive von Null verschiedene gegen 1 konvergierende Größen und e eine endliche ganze Zahl bedeuten. Die Lösungen der homogenen Gleichungen (94) erhält man aus

$$x_1' = u_1, \quad \ldots, \quad x_{e-1}' = u_{e-1}, \quad x_e' = 0, \quad x_{e+1}' = 0, \quad \ldots,$$

wo $u_1, \ldots, u_{e-1}$ willkürliche Konstante sind und wir ersehen daraus, daß es nur eine endliche Anzahl und zwar genau $e-1$ von linear unabhängigen Lösungen von (94) giebt.

Bei der Voraussetzung, daß $A(x, y)$ eine vollstetige Bilinearform ist, kommen also dem Gleichungssysteme (93) alle wesentlichen Eigenschaften eines Systemes von endlichvielen Gleichungen mit ebensovielen Unbekannten zu.

Zum Schlusse möge noch gezeigt werden, mit welch' überraschender Eleganz und Einfachheit der Satz X ohne irgend eine neue Konvergenzbetrachtung bewiesen werden kann, indem man sich der Sätze V und IX bedient.

In der Tat aus Satz IX leiten wir sofort folgende Tatsache ab:

Hilfssatz 6. Wenn $\varkappa_1, \varkappa_2, \ldots$ eine unendliche Reihe positiver Größen ist, die gegen 1 konvergieren und

$$S(x, y) = \sum_{(p, q)} s_{pq} x_p y_q$$

eine vollstetige schiefsymmetrische Form der unendlichvielen Variabeln $x_1, x_2, \ldots, y_1, y_2, \ldots$ bedeutet, so gibt es stets eine vollstetige Bilinearform $T(x, y)$ der nämlichen Variabeln, sodaß

$$\{\varkappa(x, .) + S(x, .)\}\{(., y) + T(., y)\} = (x, y) \tag{106}$$

wird, wo $\varkappa(x)$ die quadratische Form

$$\varkappa(x) = \varkappa_1 x_1^2 + \varkappa_2 x_2^2 + \cdots$$

bedeutet. Die Relation (106) ist damit gleichbedeutend, daß das Gleichungssystem

$$\begin{aligned} \varkappa_1 x_1 + s_{12} x_2 + s_{13} x_3 + \cdots &= y_1, \\ s_{21} x_1 + \varkappa_2 x_2 + s_{23} x_3 + \cdots &= y_2, \\ s_{31} x_1 + s_{32} x_2 + \varkappa_3 x_3 + \cdots &= y_3, \\ \cdots\cdots\cdots\cdots \end{aligned} \tag{107}$$

die Auflösungen

$$x_1 = y_1 + \frac{\partial T(x, y)}{\partial x_1},$$
$$x_2 = y_2 + \frac{\partial T(x, y)}{\partial x_2},$$
$$\cdots\cdots\cdots$$

besitzt.

Zum Beweise setzen wir in $S(x, y)$

$$x_1 = \frac{1}{\sqrt{\varkappa_1}} x_1', \quad x_2 = \frac{1}{\sqrt{\varkappa_2}} x_2', \quad \ldots,$$
$$y_1 = \frac{1}{\sqrt{\varkappa_1}} y_1', \quad y_2 = \frac{1}{\sqrt{\varkappa_2}} y_2', \quad \ldots$$

ein und erhalten dann eine schiefsymmetrische vollstetige Form $S'(x', y')$, während $\varkappa(x)$ in (x', x') übergeht. Aus (107) wird ein Gleichungssystem von folgender Gestalt

$$\begin{array}{rl} x_1' + s_{12}' x_2' + s_{13}' x_3' + \cdots &= y_1^*, \\ s_{21}' x_1' + \quad x_2' + s_{23}' x_3' + \cdots &= y_2^*, \\ s_{31}' x_1' + s_{32}' x_2' + \quad x_3' + \cdots &= y_3^*, \\ \cdots\cdots\cdots\cdots & \end{array} \tag{108}$$

Führen wir nunmehr auf S' nach Satz IX die orthogonale Transformation aus, so geht das zu S' gehörige Gleichungssystem (108) in ein Gleichungssystem von folgender Gestalt über:

$$\begin{array}{rl} \xi_1 + k_1 \xi_1' &= \eta_1, \\ -k_1 \xi_1 + \quad \xi_1' &= \eta_1', \\ \xi_2 + k_2 \xi_2' &= \eta_2, \\ -k_2 \xi_2 + \quad \xi_2' &= \eta_2', \\ \cdots\cdots\cdots & \end{array}$$

Dieses Gleichungssystem besitzt, wie man sieht, die Auflösungen

$$\xi_1 = \eta_1 + \frac{\partial T(\xi\xi', \eta\eta')}{\partial \xi_1},$$
$$\xi_1' = \eta_1' + \frac{\partial T(\xi\xi', \eta\eta')}{\partial \xi_1'},$$
$$\xi_2 = \eta_2 + \frac{\partial T(\xi\xi', \eta\eta')}{\partial \xi_2},$$
$$\xi_2' = \eta_2' + \frac{\partial T(\xi\xi', \eta\eta')}{\partial \xi_2'},$$
$$\cdots\cdots\cdots$$

wenn

$$\mathsf{T}(\xi\xi', \eta\eta') = -\frac{k_1^2}{1+k_1^2}(\xi_1\eta_1+\xi_1'\eta_1') - \frac{k_2^2}{1+k_2^2}(\xi_2\eta_2+\xi_2'\eta_2') - \cdots$$
$$-\frac{k_1}{1+k_1^2}(\xi_1\eta_1'-\xi_1'\eta_1) - \frac{k_2}{1+k_2^2}(\xi_2\eta_2'-\xi_2'\eta_2) - \cdots$$

gesetzt wird. Da die Größen $k_1, k_2, \ldots$ gegen Null konvergieren, so ist T eine vollstetige Form.

Die Rückkehr zu den Variabeln $x_1', x_2', \ldots, y_1', y_2', \ldots$ und von diesen zu den ursprünglichen Variabeln $x_1, x_2, \ldots, y_1, y_2, \ldots$, wobei aus T die Form T ensteht, lehrt die Richtigkeit des Hilfssatzes.

Um nunmehr Satz X zu beweisen, bedenken wir daß das Gleichungssystem (93) in Satz X seine Gestalt behält, wenn wir auf die Variabeln $x_1, x_2, \ldots$ irgend eine orthogonale Transformation ausführen und zugleich entsprechend die linken Seiten jener Gleichungen orthogonal kombinieren, da dies ja auf eine simultane orthogonale Transformation beider Variabelnreihen in $A(x, y)$ hinausläuft. Der Einfachheit halber nehmen wir an, es sei bereits eine solche orthogonale Transformation der Bilinearform $A(x, y)$ ausgeführt, daß die aus $A(x, y)$ entspringende quadratische vollstetige Form $A(x, x)$ nur die Quadrate der Variabeln enthält und demnach in der Gestalt

$$A(x, x) = \alpha_1 x_1^2 + \alpha_2 x_2^2 + \cdots$$

oder

$$A(x, y) + A(y, x) = 2(\alpha_1 x_1 y_1 + \alpha_2 x_2 y_2 + \cdots) \tag{109}$$

erscheint. Da hierin $\alpha_1, \alpha_2, \ldots$ gegen Null konvergierende Größen sind, so gibt es gewiß nur eine endliche Anzahl derselben, die $\leqq -1$ ausfallen; es sei etwa e eine ganze Zahl, so daß

$$\alpha_{e+p} > -1, \qquad (p = 1, 2, \ldots) \tag{110}$$

ausfällt.

Alsdann sondern wir von den Gleichungen (93) in Satz X zunächst die ersten e Gleichungen ab und schreiben die übrigen in der Gestalt:

$$\begin{array}{l} (a_{e+1,e+1}+1)\,x_{e+1} + a_{e+1,e+2}\,x_{e+2} + \cdots = y_{e+1}, \\ a_{e+2,e+1}\,x_{e+1} + (a_{e+2,e+2}+1)\,x_{e+2} + \cdots = y_{e+2}, \\ \cdot\quad\cdot\quad\cdot\quad\cdot\quad\cdot\quad\cdot\quad\cdot\quad\cdot\quad\cdot\quad\cdot \end{array} \tag{111}$$

wobei zur Abkürzung

$$\begin{array}{l} y_{e+1} = a_{e+1} - a_{e+1,1}\,x_1 - \cdots - a_{e+1,e}\,x_e, \\ y_{e+2} = a_{e+2} - a_{e+2,1}\,x_1 - \cdots - a_{e+2,e}\,x_e, \\ \cdot\quad\cdot\quad\cdot\quad\cdot\quad\cdot\quad\cdot\quad\cdot\quad\cdot\quad\cdot\quad\cdot \end{array} \tag{112}$$

gesetzt ist; diese Gleichungen (111) sind dann, da wegen (109)

$$a_{pq} + a_{qp} = 0, \qquad (p \neq q)$$
$$a_{pp} = \alpha_p$$

wird, mit Rücksicht auf (110) von der Gestalt (107) und gestatten demnach die Anwendung des vorhin bewiesenen Hilfssatzes.

Diesem zufolge giebt es eine vollstetige Bilinearform $T(x, y)$ der Variabeln $x_{e+1}, x_{e+2}, \ldots, y_{e+1}, y_{e+2}, \ldots$ derart, daß die Gleichungen (111) die Auflösungen

$$(113) \qquad \begin{aligned} x_{e+1} &= y_{e+1} + \frac{\partial T}{\partial x_{e+1}}, \\ x_{e+2} &= y_{e+2} + \frac{\partial T}{\partial x_{e+2}}, \\ &\cdots\cdots \end{aligned}$$

besitzen. Tragen wir diese Auflösungen unter Berücksichtigung der Werte (112) von $y_{e+1}, y_{e+2}, \ldots$ in die e ersten vorhin abgesonderten Gleichungen des vorgelegten Systems (93) ein, so entsteht ein System von e Gleichungen mit den e Unbekannten $x_1, \ldots, x_e$, wie folgt

$$(114) \qquad \begin{aligned} E_{11} x_1 + \cdots + E_{1e} x_e &= E_1, \\ &\cdots\cdots \\ E_{e1} x_1 + \cdots + E_{ee} x_e &= E_e, \end{aligned}$$

wo $E_1, \ldots, E_e$ homogene Linearformen von $a_1, a_2, \ldots$ sind, während $E_{11}, \ldots, E_{ee}$ in bekannter Weise durch die Koeffizienten von $A(x, y)$ sich ausdrücken. Haben nun diese Gleichungen Lösungen $x_1, \ldots, x_e$, so berechnen sich daraus vermöge (112) und (113) die Werte $x_{e+1}, x_{e+2}, \ldots$ und wir gelangen so zu den Lösungen des ursprünglich vorgelegten Gleichungssystems (93); im anderen Falle lassen sich gewiß die homogenen Gleichungen

$$\begin{aligned} E_{11} x_1 + \cdots + E_{1e} x_e &= 0, \\ &\cdots\cdots \\ E_{e1} x_1 + \cdots + E_{ee} x_e &= 0 \end{aligned}$$

durch solche Werte $x_1, \ldots, x_e$ befriedigen, die nicht alle Null sind; nehmen wir alsdann an Stelle von $a_1, a_2, \ldots$ überall die Werte Null, wodurch in der Tat

$$E_1 = 0, \quad \ldots, \quad E_e = 0$$

wird, so gelangen wir vermöge (112) und (113) zu solchen Werten $x_{e+1}, x_{e+2}, \ldots,$ die zusammen mit den gefundenen $x_1, \ldots, x_e$ ein

Lösungssystem der homogenen Gleichungen (94) in Satz X ausmachen.

Damit ist Satz X vollständig bewiesen.

Da oben auch der Satz IX über die schiefsymmetrischen Formen lediglich mit Hilfe des Satzes V über die orthogonale Transformation vollstetiger quadratischer Formen ohne irgend eine neue Konvergenzbetrachtung bewiesen worden ist, so ergiebt sich, daß auch die Theorie der Gleichungen von der Gestalt (93) und damit überhaupt die Theorie der vollstetigen Bilinearform lediglich auf die Theorie der orthogonalen Transformation vollstetiger quadratischer Formen ohne neue Konvergenzbetrachtungen begründet werden kann — eine bemerkenswerte Tatsache, die der Theorie der vollstetigen Formen von unendlichvielen Variabeln eine wunderbare Durchsichtigkeit und Einheitlichkeit verleiht.

Grundzüge einer allgemeinen Theorie der linearen Integralgleichungen.

(Fünfte Mitteilung.)

Von

David Hilbert.

Vorgelegt in der Sitzung vom 28. Juli 1906.

In dieser Mitteilung will ich die in meiner vierten Mitteilung entwickelte Theorie der linearen, der quadratischen und bilinearen Formen mit unendlichvielen Variabeln auf die Theorie der linearen Integralgleichungen anwenden. Es werden durch dieses neue einfachere und durchsichtigere Verfahren nicht nur alle bekannten Resultate über Integralgleichungen wiedergewonnen werden, sondern es gelingt auch, die Theorie der Integralgleichungen wesentlich auszudehnen und zu vervollkommnen. — Weiterhin entsteht dann die Aufgabe, die Methode der unendlichvielen Variabeln direkt ohne Vermittelung der Integralgleichungen in die Theorie der Differentialgleichungen einzuführen.

XIII.

Die Integralgleichung mit unsymmetrischem Kern.

In meiner vierten Mitteilung (S. 200) habe ich den Begriff „vollstetig" für eine Funktion der unendlichvielen Variabeln $x_1, x_2, \ldots$ definirt; ich will nunmehr an Stelle von „vollstetig" kurz das Wort „*stetig*" gebrauchen[1]): wir nennen somit fortan eine Funktion $F(x_1, x_2, \ldots)$ der unendlichvielen Variabeln $x_1, x_2, \ldots$ für ein bestimmtes Wertsystem derselben *stetig*, wenn die Werte von $F(x_1+\varepsilon_1, x_2+\varepsilon_2, \ldots)$ gegen den Wert $F(x_1, x_2, \ldots)$ konvergieren, wie man auch immer $\varepsilon_1, \varepsilon_2, \ldots$ für sich zu Null werden läßt, d. h.

1) An Stelle der auf S. 177 meiner vierten Mitteilung erklärten Bezeichnung „stetig" sind alsdann die Worte „beschränkt stetig" zu gebrauchen.

30*

wenn

$$\underset{\varepsilon_1=0,\, \varepsilon_2=0,\, \ldots}{L} F(x_1+\varepsilon_1, x_2+\varepsilon_2, \ldots) = F(x_1, x_2, \ldots)$$

wird, sobald man $\varepsilon_1, \varepsilon_2, \ldots$ irgend solche Wertsysteme $\varepsilon_1^{(h)}, \varepsilon_2^{(h)}, \ldots$ durchlaufen läßt, daß einzeln

$$\underset{h=\infty}{L} \varepsilon_1^{(h)} = 0, \quad \underset{h=\infty}{L} \varepsilon_2^{(h)} = 0, \quad \ldots$$

ist; dabei sind die Variabeln stets an die Ungleichung

$$x_1^2 + x_2^2 + \cdots \leqq 1$$

gebunden.

Wenn eine Funktion für jedes dieser Ungleichung genügende Wertsystem der Variabeln stetig ist, so heiße sie schlechthin *stetig*. Eine solche Funktion bleibt, wie man unmittelbar durch das bei endlicher Variabelnzahl angewandte Verfahren erkennt, für alle Werte der Variabeln absolut genommen unterhalb einer endlichen Grenze und besitzt stets ein Maximum.

Wenn wir in der Funktion F den Variabeln $x_{n+1}, x_{n+2}, \ldots$ sämtlich den Wert 0 erteilen, so heiße die so entstehende Funktion der n Variabeln $x_1, \ldots, x_n$ *der n^{te} Abschnitt* von F; derselbe werde mit $[F]_n$ oder mit F_n bezeichnet.

Ist F eine stetige Funktion von $x_1, x_2, \ldots$, so konvergiert das Maximum von

$$|F - F_n|$$

mit unendlichwachsendem n gewiß gegen Null. Im entgegengesetzten Falle nämlich müßte es unendlichviele Wertsysteme

$$a_1^{(n)}, \; a_2^{(n)}, \; \ldots$$

geben, so daß die Differenz

$$|F(a^{(n)}) - F_n(a^{(n)})| \tag{1}$$

für alle n oberhalb einer von Null verschiedenen positiven Größe ausfällt. Wählen wir aus jenen Wertsystemen nach einem in meiner vierten Mitteilung oft angewandten Verfahren solche unendlichvielen Wertsysteme

$$b_1^{(h)} = a_1^{(n_h)}, \quad b_2^{(h)} = a_2^{(n_h)}, \quad \ldots$$

aus, daß

$$\underset{h=\infty}{L} b_1^{(h)} = b_1, \quad \underset{h=\infty}{L} b_2^{(h)} = b_2, \quad \ldots$$

existiert, wo $b_1, b_2, \ldots$ gewisse Werte bedeuten, so ist wegen der Stetigkeit der Funktion F

$$\underset{h=\infty}{L} F(b^{(h)}) = F(b). \tag{2}$$

Setzen wir nun allgemein

$$c_p^{(h)} = b_p^{(h)}, \qquad p \leqq n_h$$
$$c_p^{(h)} = 0 \qquad p > n_h$$

so ist

$$\underset{h=\infty}{L} c_1^{(h)} = b_1, \quad \underset{h=\infty}{L} c_2^{(h)} = b_2, \quad \ldots$$

und folglich auch

$$\text{(3)} \qquad \underset{h=\infty}{L} F(c^{(h)}) = \underset{h=\infty}{L} F_{n_h}(b^{(h)}) = F(b);$$

die Grenzgleichungen (2), (3) widersprechen aber der obigen Annahme, wonach (1) stets oberhalb einer von Null verschiedenen positiven Größe ausfallen sollte.

Aus der eben bewiesenen Tatsache, daß das Maximum von $|F - F_n|$ mit unendlichwachsendem n gegen Null konvergiert, folgern wir leicht folgende Sätze:

1. Die Abschnitte $F_n(x)$ einer stetigen Funktion $F(x)$ konvergieren *gleichmäßig* für alle $x_1, x_2, \ldots$ gegen $F(x)$.

2. Ist $F(x_1, x_2, \ldots)$ eine stetige Funktion von $x_1, x_2, \ldots$ und werden $x_1(\xi), x_2(\xi), \ldots$ solche stetige Funktionen der endlichvielen oder unendlichvielen Variabeln $\xi_1, \xi_2, \ldots$, daß stets

$$(x_1(\xi))^2 + (x_2(\xi))^2 + \cdots \leqq 1$$

ausfällt, so geht F in eine stetige Funktion der neuen Variabeln über. Wird allgemein

$$F(x_1(\xi), x_2(\xi), \ldots) = F(x(\xi)),$$
$$F_n(x_1(\xi), \ldots, x_n(\xi)) = F_n(x(\xi))$$

gesetzt, so konvergiert die Funktionenreihe

$$F_1(x(\xi)), \; F_2(x(\xi)), \; \ldots$$

gleichmäßig für alle ξ gegen $F(x(\xi))$.

3. Ist insbesondere eine stetige Linearform

$$L(x) = l_1 x_1 + l_2 x_2 + \cdots$$

vorgelegt, so ist der n^{te} Abschnitt nichts anderes als die Summe der n ersten Glieder der unendlichen Reihe rechter Hand. Nach Satz 1 konvergiert diese Summe mit wachsendem n gleichmäßig für alle $x_1, x_2, \ldots$ gegen $L(x)$. Die Konvergenz jener unendlichen Reihe ist zugleich eine absolute; denn wenn wir die Variabeln $x_1, x_2, \ldots$ in irgend einer anderen Anordnung mit $x_1', x_2', \ldots$ benennen, so müssen nach Satz 1, da $L(x)$ in eine stetige Funktion von $x_1', x_2', \ldots$ übergeht, die dieser neuen Benennung entsprechend gebildeten Abschnitte der Funktion $L(x)$ d. h. die Summen der

n ersten Glieder der entsprechend umgeordneten unendlichen Reihe ebenfalls gegen den Wert $L(x)$ konvergieren. Ebenso lehrt Satz 2, daß, wenn wir an Stelle von $x_1, x_2, \ldots$ stetige Funktionen von endlichvielen oder unendlichvielen Variabeln $\xi_1, \xi_2, \ldots$ setzen, die der Bedingung

$$(x_1(\xi))^2 + (x_2(\xi))^2 + \cdots \leqq 1$$

genügen, die Reihe

$$L(x(\xi)) = l_1 x_1(\xi) + l_2 x_2(\xi) + \cdots$$

gleichmäßig und absolut konvergiert. Wegen des linearen und homogenen Charakters von $L(x)$ kann jene Bedingung auch durch die Bedingung

$$(x_1(\xi))^2 + (x_2(\xi))^2 + \cdots \leqq M$$

ersetzt werden, wenn M irgend eine von den Variabeln $\xi_1, \xi_2, \ldots$ unabhängige Größe bedeutet.

Die in Satz 3 aufgestellten Behauptungen sind auch leicht direkt beweisbar.

Als Bindeglied und zur Vermittelung zwischen der Theorie der Funktionen und Gleichungen mit unendlichvielen Variabeln, wie ich sie in meiner vierten Mitteilung entwickelt habe, und andererseits der Theorie der Integralgleichungen, die doch Relationen für Funktionen einer Variabeln s ausdrücken, bedarf es irgend eines Systems von unendlichvielen stetigen Funktionen

$$\Phi_1(s),\ \Phi_2(s),\ \ldots$$

der Variabeln s, die im Intervalle $s = a$ bis $s = b$ die folgenden Eigenschaften erfüllen:

I. die sogenannte *Orthogonalitäts-Eigenschaft:*

$$(4)\qquad \begin{aligned} \int_a^b \Phi_p(s)\,\Phi_q(s)\,ds &= 0, \qquad (p \neq q) \\ \int_a^b (\Phi_p(s))^2\,ds &= 1; \end{aligned}$$

II. die *Vollständigkeits-Relation*, die darin besteht, daß identisch für jedes Paar stetiger Funktionen $u(s), v(s)$ der Variabeln s

$$\int_a^b u(s)\,v(s)\,ds = \int_a^b u(s)\,\Phi_1(s)\,ds \int_a^b v(s)\,\Phi_1(s)\,ds + \int_a^b u(s)\,\Phi_2(s)\,ds \int_a^b v(s)\,\Phi_2(s)\,ds + \cdots$$

wird.

Wir bezeichnen ein solches System von Funktionen $\Phi_1(s)$, $\Phi_2(s), \ldots$ als ein *orthogonales vollständiges Funktionensystem* für das Intervall $s = a$ bis $s = b$.

Ist $u(s)$ irgend eine im Intervall $s = a$ bis $s = b$ stetige Funktion von s, so mögen die Integrale

$$\int_a^b u(s)\,\Phi_1(s)\,ds, \quad \int_a^b u(s)\,\Phi_2(s)\,ds, \quad \ldots$$

die Fourier-Koeffizienten der Funktion $u(s)$ in Bezug auf das orthogonale vollständige Funktionensystem $\Phi_1(s)$, $\Phi_2(s), \ldots$ heißen und kurz bez. mit

$$\{u(*)\}_1, \quad \{u(*)\}_2, \quad \ldots$$

bezeichnet werden, so daß allgemein

$$\{u(*)\}_p = \int_a^b u(s)\,\Phi_p(s)\,ds, \qquad (p = 1, 2, \ldots)$$

ist. Bei Benutzung dieser Bezeichnungsweise nimmt die obige Vollständigkeits-Relation die Gestalt an:

$$(5) \qquad \int_a^b u(s)\,v(s)\,ds = \{u(*)\}_1\{v(*)\}_1 + \{u(*)\}_2\{v(*)\}_2 + \cdots.$$

Um für ein gegebenes Intervall $s = a$ bis $s = b$ ein orthogonales vollständiges Funktionensystem zu konstruieren, bestimme man zunächst irgend ein System von stetigen Funktionen

$$P_1(s), \quad P_2(s), \quad \ldots$$

die die Eigenschaft besitzen, daß für eine endliche Anzahl von ihnen niemals eine lineare Relation mit konstanten Koeffizienten besteht, und die überdies von der Art sind, daß, wenn $u(s)$ irgend eine stetige Funktion von s, und ε eine beliebig kleine positive Größe bedeutet, allemal eine endliche Anzahl von Konstanten $c_1, c_2, \ldots, c_m$ gefunden werden kann, für die

$$(6) \qquad \int_a^b (u(s) - c_1 P_1(s) - c_2 P_2(s) - \cdots - c_m P_m(s))^2\,ds < \varepsilon$$

ausfällt. Wie man sieht, bildet beispielsweise das System aller ganzen Potenzen von s

$$P_1(s) = 1, \quad P_2(s) = s, \quad P_3(s) = s^2, \quad \ldots$$

ein Funktionensystem von der verlangten Art.

Wir setzen

$$\begin{aligned} \Phi_1 &= \gamma_1 P_1, \\ \Phi_2 &= \gamma_2 P_2 + \gamma_2' \Phi_1, \\ \Phi_3 &= \gamma_3 P_3 + \gamma_3' \Phi_1 + \gamma_3'' \Phi_2, \\ & \cdots\cdots\cdots \end{aligned}$$

und können dann, wie leicht ersichtlich, der Reihe nach die Konstanten $\gamma_1; \gamma_2, \gamma_2'; \gamma_3, \gamma_3', \gamma_3''; \ldots$ so bestimmen, daß die Funktionen $\Phi_1, \Phi_2, \Phi_3, \ldots$ den Orthogonalitäts-Relationen (4) sämtlich Genüge leisten[1]). Die so konstruierten Funktionen $\Phi_1, \Phi_2, \ldots$ erfüllen alsdann auch die Vollständigkeits-Relation (5).

Um dies einzusehen, bedenken wir zunächst, daß wenn $u(s)$ eine stetige Funktion von s ist, die Summe der Quadrate aller Fourier-Koeffizienten von $u(s)$ konvergiert und den Wert des Integrals

$$\int_a^b (u(s))^2 ds$$

niemals übersteigen kann. In der Tat ist für eine beliebige ganze Zahl n gewiß

$$\int_a^b (u(s) - \{u(*)\}_1 \Phi_1(s) - \cdots - \{u(*)\}_n \Phi_n(s))^2 ds \geqq 0$$

und mithin, wie die Rechnung lehrt,

$$\{u(*)\}_1^2 + \cdots + \{u(*)\}_n^2 \leqq \int_a^b (u(s))^2 ds;$$

also auch

$$\{u(*)\}_1^2 + \{u(*)\}_2^2 + \cdots \leqq \int_a^b (u(s))^2 ds.$$

Wir zeigen sodann, daß genau

$$\{u(*)\}_1^2 + \{u(*)\}_2^2 + \cdots = \int_a^b (u(s))^2 ds \tag{7}$$

ausfällt. Wäre nämlich im Gegenteil

$$\{u(*)\}_1^2 + \{u(*)\}_2^2 + \cdots < \int_a^b (u(s))^2 ds$$

d. h.

$$\varepsilon = \int_a^b (u(s))^2 ds - \{u(*)\}_1^2 - \{u(*)\}_2^2 - \cdots > 0, \tag{8}$$

so denken wir uns zu $u(s)$ und ε in (6) die Koeffizienten $c_1, \ldots, c_m$ bestimmt; setzen wir

$$u'(s) = c_1 P_1(s) + \cdots + c_m P_m(s) = c_1' \Phi_1(s) + \cdots + c_m' \Phi_m(s), \tag{9}$$

1) Vgl. hiermit E. Schmidt, Entwicklung willkürlicher Funktionen etc., Inaugural-Dissertation (Göttingen 1905), § 3.

wo $c_1', \ldots, c_m'$ ebenfalls gewisse Konstanten bedeuten, so fällt

$$\int_a^b (u(s) - u'(s))^2 ds < \varepsilon \tag{10}$$

aus. Andererseits ergibt sich mit Rücksicht auf (9) und (8)

$$\int_a^b (u(s) - u'(s))^2 ds = \int_a^b (u(s) - c_1'\Phi_1(s) - \cdots - c_m'\Phi_m(s))^2 ds$$

$$= \int_a^b u(s)^2 ds - 2c_1'\{u(*)\}_1 - \cdots - 2c_m'\{u(*)\}_m + c_1'^2 + \cdots + c_m'^2$$

$$= \varepsilon + \{u(*)\}_1^2 + \{u(*)\}_2^2 + \cdots - 2c_1'\{u(*)\}_1 - \cdots - 2c_m'\{u(*)\}_m + c_1'^2 + \cdots + c_m'^2$$

$$= \varepsilon + (\{u(*)\}_1 - c_1')^2 + \cdots + (\{u(*)\}_m - c_m'^2)^2 + \{u(*)\}_{m+1}^2 + \{u(*)\}_{m+2}^2 + \cdots$$

und folglich

$$\int_a^b (u(s) - u'(s))^2 ds \geqq \varepsilon,$$

was der Ungleichung (10) widerspricht.

Damit ist die Gleichung (7) bewiesen und aus dieser folgt, wenn wir einmal für $u(s)$ die Summe und dann die Differenz irgend zweier stetiger Funktionen nehmen und die erhaltenen Gleichungen subtrahieren, auch die allgemeine Vollständigkeits-Relation (5).

Es sei noch erwähnt, daß man in analoger Weise auch für beliebige Intervallsysteme, ferner für mehrere unabhängige Variable und auf einer beliebiger Fläche ein vollständiges orthogonales Funktionensystem konstruieren kann.

Wir zeigen zunächst, wie die Fredholmschen Sätze[1]) über die Lösung der Integralgleichungen mit unsymmetrischem Kern aus der in der vierten Mitteilung von mir entwickelten Theorie der linearen Gleichungen mit unendlichvielen Unbekannten folgen.

Es sei die Integralgleichung zweiter Art

$$f(s) = \varphi(s) + \int_a^b K(s, t)\varphi(t)\,dt \tag{11}$$

vorgelegt; in derselben bedeute der Kern $K(s, t)$ eine stetige nicht notwendig symmetrische Funktion von s, t und $f(s)$ sei ebenfalls als eine stetige Funktion gegeben; $f(s)$ möge überdies nicht identisch für alle Werte der Variabeln Null sein; $\varphi(s)$ ist die zu bestimmende Funktion. Wir bilden die Fourier-Koeffizienten von $K(s, t)$ als einer Funktion von t und alsdann die Fourier-Koeffi-

1) Sur une classe d'équations fonctionnelles. Acta mathematica Bd. 27. (1903.)

zienten der so entstandenen Funktion von s, wie folgt:

$$k_q(s) = \{K(s,*)\}_q = \int_a^b K(s,t)\,\Phi_q(t)\,dt,$$

$$a_{pq} = \{k_q(*)\}_p \quad = \int_a^b\int_a^b K(s,t)\,\Phi_p(s)\,\Phi_q(t)\,ds\,dt.$$

Setzen wir in der Vollständigkeits-Relation (5), indem wir t als Integrationsvariable nehmen

$$u(t) = v(t) = K(s,t)$$

ein, so finden wir

$$\int_a^b (K(s,t))^2\,dt = (k_1(s))^2 + (k_2(s))^2 + \cdots. \tag{12}$$

Setzen wir andererseits in (5)

$$u(s) = v(s) = k_q(s),$$

so ergibt sich

$$\int_a^b (k_q(s))^2\,ds = a_{1q}^2 + a_{2q}^2 + \cdots.$$

Aus (12) entnehmen wir die Ungleichung

$$(k_1(s))^2 + \cdots + (k_m(s))^2 \leqq \int_a^b (K(s,t))^2\,dt;$$

mithin folgt aus der zuletzt gefundenen Gleichung für jedes m

$$\sum_{\substack{p=1,2,\ldots\\ q=1,\ldots,m}} a_{pq}^2 \leqq \int_a^b\int_a^b (K(s,t))^2\,ds\,dt$$

und daher ist auch

$$\sum_{(p,q=1,2,\ldots)} a_{pq}^2 \leqq \int_a^b\int_a^b (K(s,t))^2\,ds\,dt.$$

Diese Ungleichung lehrt mit Rücksicht auf eine Bemerkung meiner vierten Mitteilung (S. 218), daß die mit den Größen a_{pq} als Koeffizienten gebildete Bilinearform

$$A(x,y) = \sum_{(p,q)} a_{pq}\,x_p\,y_q$$

gewiß stetig in den unendlichvielen Variabeln $x_1, x_2, \ldots, y_1, y_2, \ldots$ ist. Setzen wir endlich noch

$$a_p = \{f(*)\}_p = \int_a^b f(s)\,\Phi_p(s)\,ds,$$

so wird

$$\int_a^b (f(s))^2\,ds = a_1^2 + a_2^2 + \cdots.$$

Wegen der Stetigkeit der Bilinearform $A(x, y)$ und der eben bewiesenen Endlichkeit der Quadratsumme der $a_1, a_2, \ldots$, ist die Anwendung des Satzes X (S. 219) meiner vierten Mitteilung auf jene Bilinearform $A(x, y)$ und dieses Größensystem $a_1, a_2, \ldots$ gestattet: es sei — dem ersten Falle des Satzes X entsprechend —

$$x_1 = \alpha_1, \quad x_2 = \alpha_2, \quad \ldots$$

ein Lösungssystem der Gleichungen (93) (S. 219) daselbst, d. h. es sei

$$\alpha_p + a_{p1}\alpha_1 + a_{p2}\alpha_2 + \cdots = a_p, \quad (p = 1, 2, \ldots). \tag{13}$$

Wegen der Endlichkeit der Quadratsumme der $\alpha_1, \alpha_2, \ldots$ stellt die Linearform

$$\alpha_1 x_1 + \alpha_2 x_2 + \cdots \tag{14}$$

eine stetige Funktion der unendlichvielen Variabeln $x_1, x_2, \ldots$ dar. Bezeichnen wir mit M eine endliche obere Grenze für die Werte des Integrales

$$\int_a^b (K(s, t))^2 \, dt$$

als Funktion von s, so sind wegen (12)

$$k_1(s), \; k_2(s), \; \ldots$$

eine unendliche Reihe stetiger Funktionen von s, deren Quadratsumme den Wert M nicht übersteigt. Setzen wir daher diese Funktionen in die Linearform (14) an Stelle der Variabeln $x_1, x_2, \ldots$ ein, so wird dieselbe nach dem zu Anfang dieses Abschnittes XIII bewiesenen Satze 3 (S. 441) eine stetige Funktion von s: wir setzen

$$\alpha(s) = \alpha_1 k_1(s) + \alpha_2 k_2(s) + \cdots. \tag{15}$$

Hier konvergiert nach Satz 3 (S. 441) die Reihe rechter Hand gleichmäßig für alle s; multiplizieren wir demnach (15) mit $\Phi_p(s)$ und integrieren nach s zwischen den Grenzen $s = a$ und $s = b$, so erhalten wir

$$\int_a^b \Phi_p(s)\,\alpha(s)\,ds = \alpha_1 a_{p1} + \alpha_2 a_{p2} + \cdots$$

und wegen (13)

$$\alpha_p + \int_a^b \Phi_p(s)\,\alpha(s)\,ds = a_p$$

oder, wenn

$$\varphi(s) = f(s) - \alpha(s) \tag{16}$$

gesetzt wird,

$$\alpha_p = \{f(*)\}_p - \{\alpha(*)\}_p = \{\varphi(*)\}_p$$

d. h. die Lösungen $\alpha_1, \alpha_2, \ldots$ unserer linearen Gleichungen ergeben sich als die Fourier-Koeffizienten einer in s stetigen Funktion $\varphi(s)$.

Nunmehr folgt unmittelbar, *daß* $\varphi(s)$ *eine Lösung der ursprünglich vorgelegten Integralgleichung* (11) *ist.* In der Tat, setzen wir in der Vollständigkeitsrelation (5), indem wir t als Integrationsvariable nehmen,

$$u(t) = \varphi(t), \quad v(t) = K(s, t),$$

so ergibt sich aus derselben

$$\int_a^b \varphi(t) K(s, t)\, dt = \alpha_1 k_1(s) + \alpha_2 k_2(s) + \cdots \tag{17}$$

d. h. wegen (15) und (16)

$$\int_a^b \varphi(t) K(s, t)\, dt = f(s) - \varphi(s). \tag{18}$$

Umgekehrt, wenn $\varphi(s)$ irgend eine in s stetige Lösung der Integralgleichung (11) oder (18) bezeichnet und dann $\alpha_1, \alpha_2, \ldots$ die Fourier-Koeffizienten dieser Lösung $\varphi(s)$ bedeuten, so folgt nach der Vollständigkeits-Relation (5) zunächst (17) und wegen (18)

$$\alpha_1 k_1(s) + \alpha_2 k_2(s) + \cdots = f(s) - \varphi(s).$$

Da wegen

$$\alpha_1^2 + \alpha_2^2 + \cdots = \int_a^b (\varphi(s))^2\, ds$$

die Quadratsumme der $\alpha_1, \alpha_2, \ldots$ endlich ist, so stellt

$$\alpha_1 x_1 + \alpha_2 x_2 + \cdots$$

eine stetige Funktion der unendlichvielen Variabeln $x_1, x_2, \ldots$ dar und somit entnehmen wir, wie vorhin, aus der letzten Gleichung durch Multiplikation mit $\Phi_p(s)$ und Integration nach s das Gleichungssystem

$$\alpha_1 a_{p1} + \alpha_2 a_{p2} + \cdots = a_p - \alpha_p, \quad (p = 1, 2, \ldots).$$

Wir erkennen somit, *daß die Fourier-Koeffizienten einer Lösung der Integralgleichung stets auch ein System von Lösungen unserer linearen Gleichungen* (13) *und zwar ein solches mit endlicher Quadratsumme liefert.*

Zugleich ist klar, daß, wenn irgend e linear unabhängige Lösungen der Integralgleichung vorliegen, die aus diesen durch Bildung der Fourier-Koeffizienten entstehenden e Lösungssysteme der linearen Gleichungen ebenfalls von einander linear unabhängig sind.

Trifft für die aus $A(x, y)$ entspringenden linearen Gleichungen der zweite Fall des Satzes X meiner vierten Mitteilung (S. 219) zu, so gibt es diesem Satze zufolge ein Lösungssystem der homogenen linearen Gleichungen (94) (S. 219); es sei alsdann

$$x_1 = \alpha_1, \quad x_2 = \alpha_2, \quad \ldots$$

ein solches Lösungssystem mit der Quadratsumme 1. Nehmen wir nunmehr in der vorigen Betrachtung

$$f(s) = 0, \quad a_1 = 0, \quad a_2 = 0, \quad \ldots,$$

so erweisen sich genau wie vorhin, *die Lösungen* $\alpha_1, \alpha_2, \ldots$ *als die Fourier-Koeffizienten einer in s stetigen Lösung der homogenen Integralgleichung*

$$\varphi(s) + \int_a^b K(s,t)\varphi(t)\,dt = 0. \tag{19}$$

und wegen

$$\int_a^b (\varphi(s))^2\,ds = \alpha_1^2 + \alpha_2^2 + \cdots = 1$$

erkennen wir, daß $\varphi(s)$ nicht identisch verschwindet.

Umgekehrt, wenn $\varphi(s)$ *eine nicht identisch verschwindende Lösung der homogenen Integralgleichung* (19) *ist, so liefern deren Fourier-Koeffizienten ein Lösungssystem unserer homogenen linearen Gleichungen.*

Aus den Entwickelungen meiner vierten Mitteilung folgt, daß, wenn e die genaue Anzahl der linear unabhängigen Lösungssysteme der homogenen Gleichungen

$$L_p(x) = x_p + a_{p1}x_1 + a_{p2}x_2 + \cdots = 0, \qquad (p = 1, 2, \ldots) \tag{20}$$

sind, zwischen den Linearformen $L_1(x), L_2(x), \ldots$ genau e von einander unabhängige lineare Identitäten von der Gestalt

$$\beta_1^{(h)} L_1(x) + \beta_2^{(h)} L_2(x) + \cdots = 0, \qquad (h = 1, \ldots, e) \tag{21}$$

bestehen müssen, wobei die Koeffizienten $\beta_1^{(h)}, \beta_2^{(h)}, \ldots$ in diesen Identitäten eine endliche Quadratsumme besitzen und ferner, daß die inhomogenen Gleichungen (13)

$$x_p + x_1 a_{p1} + x_2 a_{p2} + \cdots = a_p, \qquad (p = 1, 2, \ldots)$$

nur dann und stets dann lösbar sind, wenn die Größen $a_1, a_2, \ldots$ die e Bedingungen

$$\beta_1^{(h)} a_1 + \beta_2^{(h)} a_2 + \cdots = 0, \qquad (h = 1, \ldots, e) \tag{22}$$

erfüllen [1]).

1) In der Tat, es sei wie oben e die genaue Zahl der linear unabhängigen Lösungen der homogenen Gleichungen (20) und f die Zahl der von einander unabhängigen

Das Bestehen der e linearen Relationen (21) sagt aus, daß die aus (20) durch Transposition entstehenden linearen homogenen

---

Identitäten von der Gestalt (21): dann lassen sich aus den Variabeln $x_1, x_2, \ldots$ gewiß e solche auswählen, daß die Gleichungen (20) keine Lösung mehr besitzen, bei der die e ausgewählten Variabeln sämtlich Null sind; wir bezeichnen die übrigbleibenden Variabeln mit $x'_1, x'_2, \ldots$. Wäre nun $f > e$, so müßten sich aus den Linearformen $L_1(x), L_2(x), \ldots$ e solche aussuchen lassen, die lineare Kombinationen der übrigen sind, während die übrig bleibenden unendlichvielen Linearformen, die mit $L'_1(x), L'_2(x), \ldots$ bezeichnet werden mögen, gewiß noch einer linearen Identität von der Gestalt

(21*) $$\beta_1 L'_1(x) + \beta_2 L'_2(x) + \cdots = 0$$

genügen, wo die Koeffizienten $\beta_1, \beta_2, \ldots$ eine endliche Quadratsumme haben und nicht sämtlich Null sind. Wir setzen nun in den Linearformen $L'_1(x), L'_2(x), \ldots$ die vorhin ausgewählten e Variabeln Null und bezeichnen die so entstehenden Linearformen der Variabeln $x'_1, x'_2, \ldots$ mit $L'_1(x'), L'_2(x'), \ldots$. Endlich bestimmen wir irgend welche Größen $a_1, a_2, \ldots$ mit endlicher Quadratsumme die für welche

(21**) $$\beta_1 a_1 + \beta_2 a_2 + \cdots \neq 0$$

ausfällt. Wir betrachten nun das Gleichungssystem

(21***) $$\begin{aligned} L'_1(x') &= a_1, \\ L'_2(x') &= a_2, \\ &\cdots\cdots \end{aligned}$$

mit den Unbekannten $x'_1, x'_2, \ldots$; dasselbe nimmt bei geeigneter Anordnung der Gleichungen wieder die Gestalt des Gleichungssystems (93) meiner vierten Mitteilung (S. 219) an. Wir sehen dies am leichtesten ein, indem wir zum Gleichungssystem (20) den zugehörigen Bilinearausdruck

(21†) $$y_1 L_1(x) + y_2 L_2(x) + \cdots = (x, y) + A(x, y)$$

bilden; darin ist $A(x, y)$ eine stetige Bilinearform der Variabeln $x_1, x_2, \ldots, y_1, y_2, \ldots$. Der entsprechende Bilinearausdruck für das Gleichungssystem (21***)

$$y'_1 L'_1(x') + y'_2 L'_2(x) + \cdots$$

entsteht dem Obigen zufolge, indem wir in (21†) gewisse e von den Variabeln $x_1, x_2, \ldots$ und gewisse e von den Variabeln $y_1, y_2, \ldots$ Null setzen und die übrigbleibenden Variabeln mit $x'_1, x'_2, \ldots$ bez. $y'_1, y'_2, \ldots$ bezeichnen. Hierbei verwandelt sich nun (x, y), wenn wir noch nötigenfalls gewisse Produkte $x'_h y'_h$ in endlicher Anzahl addieren, in

$$(x', y') = x'_1 y'_1 + x'_2 y'_2 + \cdots$$

und da sich zugleich $A(x, y)$ in eine stetige Bilinearform der Variabeln $x'_1, x'_2, \ldots, y'_1, y'_2, \ldots$ verwandelt, so haben wir

$$y'_1 L'_1(x') + y'_2 L'_2(x') + \cdots = (x', y') + A'(x', y'),$$

wo $A'(x', y')$ gewiss ebenfalls eine stetige Bilinearform von $x'_1, x'_2, \ldots, y'_1, y'_2, \ldots$ wird; daraus folgt die behauptete Gestalt des Gleichungssystems (21***). Aus (21*), (21**) erkennen wir, daß das Gleichungssystem (21***) keine Lösung be-

Gleichungen

$$x_q + a_{1q}x_1 + a_{2q}x_2 + \cdots = 0, \qquad (q = 1, 2, \ldots)$$

die e Lösungssysteme

(23) $$x_1 = \beta_1^{(h)}, \quad x_2 = \beta_2^{(h)}, \quad \ldots, \qquad (h = 1, \ldots, e)$$

zulassen. Dieselben Schlüsse, die wir oben auf die ursprünglichen linearen Gleichungen und deren Lösungssystem $\alpha_1, \alpha_2, \ldots$ angewandt haben, lassen uns erkennen, daß die Grössen (23) die Fourier-Koeffizienten gewisser e linear von einander unabhängiger in s stetiger Funktionen $\psi^{(1)}(s), \ldots, \psi^{(e)}(s)$ sind. In Folge dieses Umstandes erhalten die e Bedingungen (22) die Gestalt

(24) $$\int_a^b \psi^{(1)}(s) f(s)\, ds = 0, \quad \ldots, \quad \int_a^b \psi^{(e)}(s) f(s)\, ds = 0,$$

Nach den obigen Ausführungen zieht unsere Annahme, daß die homogenen Gleichungen (20) genau e linear unabhängige Lösungen besitzen, die Folge nach sich, daß auch die homogene Integralgleichung (19) genau e linear unabhängige stetige Lösungen besitzt. Da ferner jedes System von Lösungen der inhomogenen linearen Gleichungen (13) eine Lösung der inhomogenen Integralgleichung (11) liefert und umgekehrt, *so erweisen sich alsdann die e Bedingungen* (24) *für die Funktion* $f(s)$ *als notwendig und hinreichend für die Lösbarkeit der ursprünglich vorgelegten inhomogenen Integralgleichung* (11); *dabei sind die* $\psi^{(1)}(s), \ldots, \psi^{(e)}(s)$ *die Lösungen der homogenen Integralgleichung mit dem transponierten Kern* $K(t, s)$.

Die erhaltenen Lösungen der Integralgleichungen (11), (19) sind von der Wahl des gerade benutzten besonderen orthogonalen vollständigen Funktionensystems $\Phi_1(s), \Phi_2(s), \ldots$ wesentlich unabhängig: in der Tat jede aus $K(s, t)$ unter Vermittelung eines anderen orthogonalen vollständigen Funktionensystems entspringende Bilinearform geht aus der Bilinearform $A(x, y)$ durch eine simultane orthogonale Transformation der Variabeln $x_1, x_2, \ldots$; $y_1, y_2, \ldots$ hervor, so daß auch das neue Gleichungssystem und dessen Lösungen sich von dem ursprünglichen Gleichungssysteme und dessen Lösungen nicht wesentlich unterscheidet.

---

sitzt; da aber das aus ihm durch Nullsetzen der linken Seiten entstehende homogene Gleichungssystem ebenfalls keine Lösung zuläßt, so zeigt dieser Widerspruch mit dem Satze X meiner vierten Mitteilung (S. 219), daß die Annahme $f > e$ unzutreffend war. Da die Anwendung des eben Bewiesenen auf das transponierte Gleichungssystem zeigt, daß auch $e > f$ unzutreffend sein muß, so ist notwendig $e = f$. Zugleich erkennen wir auch die Richtigkeit der letzten oben gemachten Aussage.

XIV.

Die Theorie der orthogonalen Integralgleichung.

Derselbe Grundgedanke, der uns in Abschnitt XIII zur Herleitung der Fredholmschen Sätze über die Lösung von Integralgleichungen zweiter Art gedient hat, ermöglicht auch die Neubegründung der von mir in der ersten Mitteilung entwickelten Theorie der Integralgleichung zweiter Art mit symmetrischen Kern. Um dies einzusehen, sei eine Integralgleichung von der Gestalt

$$f(s) = \varphi(s) - \lambda \int_a^b K(s,t)\,\varphi(t)\,dt \tag{25}$$

vorgelegt, worin $K(s,t)$ eine stetige symmetrische Funktion von s, t, $f(s)$ eine ebenfalls gegebene stetige Funktion von s, $\varphi(s)$ die zu bestimmende Funktion von s und λ einen Parameter bedeute. Der Kürze halber werde eine Integralgleichung von der Gestalt (25) mit symmetrischem Kern als *orthogonale Integralgleichung* bezeichnet.

Wir bilden zunächst durch Vermittelung des orthogonalen vollständigen Funktionensystems $\Phi_1(s), \Phi_2(s), \ldots$ aus dem Kern $K(s,t)$ eine Bilinearform, indem wir wie in Abschnitt XIII

$$\tag{26} \begin{aligned} k_q(s) &= \{K(s,*)\}_q = \int_a^b K(s,t)\,\Phi_q(t)\,dt, \\ k_{pq} &= \{k_q(*)\}_p = \int_a^b\int_a^b K(s,t)\,\Phi_p(s)\,\Phi_q(t)\,ds\,dt \end{aligned}$$

setzen. Wegen der Symmetrie des Kerns $K(s,t)$ in s, t haben wir

$$k_{pq} = k_{qp}$$

und demnach ist die mit den Koeffizienten k_{pq} gebildete Bilinearform

$$K(x,y) = \sum_{(p,q)} k_{pq}\,x_p\,y_q$$

eine solche symmetrische Form, wie sie aus der quadratischen Form

$$K(x) = \sum_{(p,q)} k_{pq}\,x_p\,x_q \tag{27}$$

abgeleitet wird.

Analog wie vorhin in Abschnitt XIII (S. 446) schließen wir aus der wie dort folgenden Ungleichung

$$\sum_{(p,q)} k_{pq}^2 \leqq \int_a^b\int_a^b (K(s,t))^2\,ds\,dt$$

mit Hülfe des Satzes VI meiner vierten Mitteilung (S. 203), daß die aus $K(s, t)$ entsprungene quadratische Form $K(x)$ eine stetige Funktion der unendlichvielen Variabeln $x_1, x_2, \ldots$ ist. Infolgedessen ist die Anwendung des Satzes V meiner vierten Mitteilung (S. 201) gestattet und dieser Satz ergibt, daß jene quadratische Form durch eine orthogonale Substitution der Variabeln $x_1, x_2, \ldots$ in die Variabeln $x'_1, x'_2, \ldots$ die Gestalt

$$K(x) = k_1 x_1'^2 + k_2 x_2'^2 + \cdots \tag{28}$$

erhält. Die Variabeln $x'_1, x'_2, \ldots$ sind lineare Formen der ursprünglichen Variabeln $x_1, x_2, \ldots$. Falls nun unter den Größen $k_1, k_2, \ldots$ solche vorhanden sind, die den Wert Null haben, sondern wir die diesen Größen k zugehörigen Linearformen ab: es seien dies die Linearformen

$$x'_{h_1} = M_1(x) = m_{11} x_1 + m_{12} x_2 + \cdots,$$
$$x'_{h_2} = M_2(x) = m_{21} x_1 + m_{22} x_2 + \cdots,$$
$$\cdots\cdots\cdots\cdots$$

Die übrig bleibenden Größen k bezeichnen wir mit $\varkappa_1, \varkappa_2, \ldots$; die zu diesen Größen $\varkappa$ zugehörigen Linearformen seien

$$x'_{g_1} = L_1(x) = l_{11} x_1 + l_{12} x_2 + \cdots,$$
$$x'_{g_2} = L_2(x) = l_{21} x_1 + l_{22} x_2 + \cdots,$$
$$\cdots\cdots\cdots\cdots$$

Die Formel (28) nimmt dann die Gestalt an

$$K(x) = \varkappa_1 (L_1(x))^2 + \varkappa_2 (L_2(x))^2 + \cdots,$$

und da die Linearformen $L_1(x), L_2(x), \ldots, M_1(x), M_2(x), \ldots$ ein vollständiges orthogonales System bilden, so haben wir

$$L_p(.)\, L_q(.) = 0, \qquad (p \neq q) \tag{29}$$

$$L_p(.)\, L_p(.) = 1, \tag{30}$$
$$L_p(.)\, M_q(.) = 0,$$
$$x_1^2 + x_2^2 + \cdots = (L_1(x))^2 + (L_2(x))^2 + \cdots + (M_1(x))^2 + (M_2(x))^2 + \cdots;$$

$$\begin{aligned} x_1 y_1 + x_2 y_2 + \cdots = {} & L_1(x)\, L_1(y) + L_2(x)\, L_2(y) + \cdots \\ & + M_1(x)\, M_2(y) + M_1(x)\, M_2(y) + \cdots, \end{aligned} \tag{31}$$

überdies ist

$$K(x, .)\, L_p(.) = \varkappa_p\, L_p(x), \tag{32}$$

$$K(x, .)\, M_p(.) = 0. \tag{33}$$

Da die Quadratsumme der Koeffizienten der Linearform $L_p(x)$ nach (30) den Wert 1 hat, also endlich bleibt, so ist diese Linearform eine stetige Funktion der unendlichvielen Variabeln $x_1, x_2, \ldots$

und wir können sie daher in derselben Weise wie oben S. 447 die Linearform (14) behandeln: wir finden dann, daß die Reihe

$$(34)\qquad L_p(k(s)) \equiv l_{p1}k_1(s) + l_{p2}k_2(s) + \cdots$$

gleichmäßig für alle s konvergiert und also eine stetige Funktion von s bestimmt. Durch Multiplikation mit $\Phi_q(s)$ und Integration nach s erhalten wir wegen (26)

$$\int_a^b L_p(k(s))\,\Phi_q(s)\,ds = l_{p1}k_{q1} + l_{p2}k_{q2} + \cdots.$$

Andererseits liefert die Vergleichung der Koeffizienten von x_q auf beiden Seiten von (32)

$$l_{p1}k_{q1} + l_{p2}k_{q2} + \cdots = \varkappa_p l_{pq}$$

und folglich ist

$$\int_a^b L_p(k(s))\,\Phi_q(s)\,ds = \varkappa_p l_{pq}.$$

Setzen wir

$$(35)\qquad L_p(k(s)) = \varkappa_p \varphi_p(s),$$

so ist, da ja $\varkappa_p \neq 0$ ausfällt, $\varphi_p(s)$ eine ebenfalls in s stetige Funktion, die die Gleichung

$$(36)\qquad \int_a^b \varphi_p(s)\,\Phi_q(s)\,ds = l_{pq}$$

erfüllt, d. h. die Koeffizienten $l_{p1}, l_{p2}, \ldots$ der Linearform $L_p(x)$ sind die Fourier-Koeffizienten einer gewissen stetigen Funktion $\varphi_p(s)$ in Bezug auf das vollständige orthogonale Funktionensystem $\Phi_1, \Phi_2, \ldots$.

Nehmen wir nun in der Vollständigkeits-Relation (5)

$$u(s) = \varphi_p(s), \quad v(s) = \varphi_q(s),$$

so lehrt dieselbe

$$\int_a^b \varphi_p(s)\,\varphi_q(s)\,ds = l_{p1}l_{q1} + l_{p2}l_{q2} + \cdots = L_p(.)\,L_q(.)$$

und folglich wegen (29) und (30)

$$\int_a^b \varphi_p(s)\,\varphi_q(s)\,ds = 0, \qquad (p \neq q)$$

$$(37)\qquad \int_a^b (\varphi_p(s))^2\,ds = 1,$$

d. h. *die Funktionen* $\varphi_1(s), \varphi_2(s), \ldots$ *bilden ein orthogonales Funktionensystem.*

Nehmen wir ferner in der Vollständigkeits-Relation (5) t als Integrationsvariable und setzen

$$u(t) = K(s,t), \quad v(t) = \varphi_p(t),$$

so folgt mit Rücksicht auf (34) und (35)

$$(38) \qquad \int_a^b K(s,t)\,\varphi_p(t)\,dt = k_1(s)\,l_{p1} + k_2(s)\,l_{p2} + \cdots = \varkappa_p\,\varphi_p(s),$$

oder, wenn wir

$$\lambda_p = \frac{1}{\varkappa_p}$$

einführen

$$(39) \qquad \varphi_p(s) = \lambda_p \int_a^b K(s,t)\,\varphi_p(t)\,dt,$$

d. h. *die zu unserer ursprünglich vorgelegten Integralgleichung* (25) *gehörige homogene Integralgleichung*

$$(40) \qquad \varphi(s) - \lambda \int_a^b K(s,t)\,\varphi(t)\,dt = 0$$

besitzt für $\lambda = \lambda_p$ *die wegen* (37) *gewiß nicht identisch verschwindende Lösung* $\varphi(s) = \varphi_p(s)$.

Wir wenden uns nun zu der wichtigsten Frage, nämlich zur Frage nach der Entwickelbarkeit einer willkürlichen Funktion in eine Reihe, die nach den Funktionen des orthogonalen Systems $\varphi_1(s), \varphi_2(s), \ldots$ fortschreitet.

Da die Linearform $M_p(x)$ eine stetige Funktion der unendlichvielen Variabeln $x_1, x_2, \ldots$ darstellt, so erkennen wir genau wie oben S. 447, daß

$$M_p(k(s)) = m_{p1}\,k_1(s) + m_{p2}\,k_2(s) + \cdots$$

gleichmäßig für alle s konvergiert und eine stetige Funktion von s bestimmt und hieraus wiederum schließen wir wie oben

$$\int_a^b M_p(k(s))\,\Phi_q(s)\,ds = m_{p1}\,k_{q1} + m_{p2}\,k_{q1} + \cdots.$$

Durch Vergleichung der Koeffizienten von x_q auf beiden Seiten von (33) erhalten wir

$$m_{p1}\,k_{q1} + m_{p2}\,k_{q2} + \cdots = 0$$

und folglich ist auch

$$\int_a^b M_p(k(s))\,\Phi_q(s)\,ds = 0, \qquad (q = 1, 2, \ldots);$$

hieraus aber schließen wir sofort, indem wir in der Vollständig-

31*

keits-Relation (5)

$$u(s) = v(s) = M_p(k(s))$$

einsetzen

$$\int_a^b (M_p(k(s)))^2 ds = 0,$$

d. h. es ist identisch für alle Werte s

$$M_p(k(s)) = 0.$$

Nunmehr wenden wir die Identität (31) an; wir betrachten zunächst den darin rechter Hand vorkommenden Ausdruck

$$L_1(x)L_1(y) + L_2(x)L_2(y) + \cdots. \tag{41}$$

Wenn wir hierin den Variabeln $x_1, x_2, \ldots$ irgendwelche konstante Werte mit endlicher Quadratsumme erteilen, so stellt wegen

$$(L_1(x))^2 + (L_2(x))^2 + \cdots \leqq (x, x)$$

der Ausdruck (41) eine stetige lineare Funktion von $L_1(y), L_2(y), \ldots$ dar; dem Satz 3 (S. 442) zufolge muß (41) demnach gleichmäßig und absolut konvergieren für alle Werte von $y_1, y_2, \ldots,$ für die

$$(L_1(y))^2 + (L_2(y))^2 + \cdots$$

unterhalb einer von $y_1, y_2, \ldots$ unabhängigen Grenze bleibt und dies ist wegen

$$(L_1(y))^2 + (L_2(y))^2 + \cdots \leqq (y, y)$$

gewiß immer der Fall, wenu (y, y) unterhalb einer endlichen Grenze bleibt.

Wir verstehen nunmehr unter $g(s)$ eine willkürliche in s stetige Funktion und setzen in der Identität (31) an Stelle der Variabeln $x_1, x_2, \ldots$ die Konstanten

$$x_p = \{g(*)\}_p, \tag{42}$$

deren Quadratsumme

$$\{g(*)\}_1^2 + \{g(*)\}_2^2 + \cdots = \int_a^b (g(s))^2 ds$$

endlich ist und an Stelle der Variabeln $y_1, y_2, \ldots$ die in s stetigen Funktionen

$$y_p = k_p(s) = \{K(s, *)\}_p, \tag{43}$$

deren Quadratsumme

$$(k_1(s))^2 + (k_2(s))^2 + \cdots = \int_a^b (K(s, t))^2 dt$$

gewiß unterhalb einer von s unabhängigen Grenze, nämlich dem maximalen Werte M des rechts stehenden Integrales liegt. Mit Rücksicht auf die Vollständigkeits-Relation erhält dann die linke Seite jener Identität (31) den Wert

$$\int_a^b K(s,t)\,g(t)\,dt.$$

Andererseits wird bei Heranziehung der Gleichung (36) und der Vollständigkeits-Relation

$$L_p(\{g(*)\}) = l_{p1}\{g(*)\}_1 + l_{p2}\{g(*)\}_2 + \cdots = \int_a^b g(s)\,\varphi_p(s)\,ds,$$

und da $M_p(k(s))$ identisch verschwindet, so geht die rechte Seite jener Identität (31) mit Rücksicht auf (35) nach der Substitution (42), (43) in

$$\left(\int_a^b g(s)\,\varphi_1(s)\,ds\right)(\varkappa_1\varphi_1(s)) + \left(\int_a^b g(s)\,\varphi_2(s)\,ds\right)(\varkappa_2\varphi_2(s)) + \cdots$$

über. Setzen wir daher

$$f(s) = \int_a^b K(s,t)\,g(t)\,dt \tag{44}$$

und, indem wir (38) berücksichtigen

$$c_p = \int_a^b f(s)\,\varphi_p(s)\,ds = \varkappa_p \int_a^b g(t)\,\varphi_p(t)\,dt,$$

so führt die Vergleichung beider Seiten jener Identität zu der Formel

$$f(s) = c_1\varphi_1(s) + c_2\varphi_2(s) + \cdots,$$

wo die Reihe rechter Hand nach den obigen Ausführungen gleichmäßig und absolut konvergiert; d. h. *jede durch Vermittelung einer stetigen Funktion $g(s)$ in der Gestalt* (44) *darstellbare Funktion $f(s)$ läßt sich auf Fouriersche Weise in eine nach den orthogonalen Funktionen $\varphi_1(s)$, $\varphi_2(s)$, ... fortschreitende gleichmäßig und absolut konvergente Reihe entwickeln*[1]).

Wir haben oben erkannt, daß die homogene Integralgleichung (40) für $\lambda = \lambda_p$ eine nicht verschwindende Lösung besitzt; *dieselbe besitzt auch nur für diese Werte $\lambda = \lambda_p$ eine nicht verschwindende Lösung.* In der Tat, ist λ ein von $\lambda_1, \lambda_2, \ldots$ verschiedener

1) Diesen Entwickelungssatz hatte ich in meiner ersten Mitteilung lediglich unter der Annahme eines „allgemeinen“ Kerns bewiesenen bez. bei beliebigem Kern noch die Darstellbarkeit von $f(s)$ durch den zweifach zusammengesetzten Kern $KK(s,t)$ als Bedingung hingestellt; E. Schmidt ist es zuerst in seiner Inaugural-Dissertation (Göttingen, 1905) gelungen, diese Einschränkung zu beseitigen.

Wert und $\varphi(s)$ eine stetige jener Integralgleichung (40) genügende Funktion, so lehrt diese Integralgleichung, daß $\varphi(s)$ eine in der Gestalt (44) darstellbare Funktion ist; nach dem eben bewiesenen Entwickelungssatze haben wir mithin

$$(45)\qquad \varphi(s) = \varphi_1(s)\int_a^b \varphi(s)\varphi_1(s)\,ds + \varphi_2(s)\int_a^b \varphi(s)\varphi_2(s)\,ds + \cdots.$$

Nun finden wir andererseits, indem wir (39) mit $\lambda\varphi(s)$ multiplizieren und nach s integrieren, ferner (40) mit $\lambda_p\varphi_p(s)$ multiplizieren und nach s integrieren und endlich die so entstehenden Gleichungen von einander subtrahieren

$$(\lambda-\lambda_p)\int_a^b \varphi(s)\varphi_p(s)\,ds = 0$$

d. h. wegen $\lambda \neq \lambda_p$

$$\int_a^b \varphi(s)\varphi_p(s)\,ds = 0;$$

und folglich wegen (45)

$$\varphi(s) = 0.$$

Da die oben S. 453 eingeführten Größen $k_1, k_2, \ldots$ dem dort angewandten Satze X meiner vierten Mitteilung zufolge notwendig gegen Null konvergieren, so können die Werte $\lambda_1, \lambda_2, \ldots$ im Endlichen keine Verdichtungsstelle haben und es kann daher insbesondere jedesmal nur eine endliche Anzahl von gleichem Werte unter ihnen geben. Sei etwa

$$\lambda_p = \lambda_{p+1} = \lambda_{p+2} = \cdots = \lambda_{p+n-1}$$

und jeder andere Eigenwert von λ_p verschieden, so sind die n linear von einander unabhängigen Funktionen

$$(46)\qquad \varphi_p,\ \varphi_{p+1},\ \ldots,\ \varphi_{p+n-1}$$

gewiß Lösungen der homogenen Integralgleichung für $\lambda = \lambda_p$. *Es gibt nun für $\lambda = \lambda_p$ auch keine andere Lösung jener Integralgleichung, die nicht eine lineare Kombination der n Lösungen* (46) *wäre.* In der Tat, ist $\varphi(s)$ irgend eine Lösung der Integralgleichung (40) für $\lambda = \lambda_p$, so könnten wir wie vorhin den Ansatz (45) machen; das entsprechende Verfahren führt dann zu der Gleichung

$$(\lambda_p-\lambda_q)\int_a^b \varphi(s)\varphi_q(s)\,ds = 0$$

d. h. es wird

$$\int_a^b \varphi(s)\varphi_q(s)\,ds = 0$$

für alle Werte von q mit Ausnahme der n Werte

$$q = p,\ p+1,\ \ldots,\ p+n-1;$$

damit ist die Behauptung bewiesen.

Was die inhomogene Integralgleichung (25) betrifft, so hat dieselbe nach den allgemeinen Ausführungen im vorigen Abschnitte XIII (S. 451) für jedes von λ_p verschiedene λ eine und nur eine Lösung $\varphi(s)$; für $\lambda = \lambda_p$ jedoch ist sie nur lösbar, wenn $f(s)$ genau n lineare von einander unabhängige Integralbedinungen erfüllt. Nun ergibt sich aber, wenn wir die Gleichung

$$(47) \qquad f(s) = \varphi(s) - \lambda_p \int_a^b K(s,t)\,\varphi(t)\,dt$$

mit $\varphi_q(s)$ multiplizieren und nach s integriren

$$\int_a^b \varphi_q(s) f(s)\,ds = \int_a^b \varphi_q(s)\,\varphi(s)\,ds - \lambda_p \int_a^b \int_a^b K(s,t)\,\varphi_q(s)\,\varphi(t)\,ds\,dt$$

und mit Rücksicht auf die Symmetrie von $K(s, t)$ wegen (39), wenn $\varphi_q(s)$ eine der n Funktionen (46) bedeutet:

$$\int_a^b \varphi_q(s) f(s)\,ds = 0, \qquad (q = p, p+1, \ldots, p+n-1).$$

Diese n Bedingungen sind daher notwendig und hinreichend zur Lösbarkeit der inhomogenen Integralgleichung (47).

Die Werte $\lambda_1, \lambda_2, \ldots$ und die zugehörigen Funktionen $\varphi_1(s)$, $\varphi_2(s), \ldots$ sind wesentlich durch den Kern $K(s, t)$ bestimmt; ich habe sie *Eigenwerte* bez. *Eigenfunktionen* des Kerns $K(s, t)$ genannt.

Aus dem Entwickelungssatze folgt wegen

$$\int_a^b f(s)\,\varphi_p(s)\,ds = \frac{1}{\lambda_p} \int_a^b g(t)\,\varphi_p(t)\,dt, \qquad (p = 1, \ldots, n)$$

sofort

$$(48) \quad f(s) = \int_a^b K(s,t)\,g(t)\,dt = \frac{1}{\lambda_1} \int_a^b g(t)\,\varphi_1(t)\,dt \,.\, \varphi_1(s) + \frac{1}{\lambda_2} \int_a^b g(t)\,\varphi_2(t)\,dt \,.\, \varphi_2(s) + \cdots.$$

Besitzt ein Kern $K(s, t)$ nur eine endliche Anzahl von Eigenwerten $\lambda_1, \ldots, \lambda_n$, so bricht die Reihe rechts beim n^{ten} Gliede ab und da diese Gleichung für jede stetige Funktion $g(t)$ statthaben muß, so ergibt sich

$$K(s,t) = \frac{\varphi_1(s)\,\varphi_1(t)}{\lambda_1} + \cdots + \frac{\varphi_n(s)\,\varphi_n(t)}{\lambda_n},$$

d. h. *$K(s, t)$ vermag*, wenn man eine der beiden Variabeln etwa t als Parameter auffasst und diesem irgend welche konstanten Werte erteilt, *nur n linear unabhängige Funktionen der anderen Variabeln s darzustellen; insbesondere ist gewiß ein Eigenwert immer vorhanden, wenn nicht $K(s, t)$ identisch in s, t verschwindet.*

Schreibt man in (48) an Stelle von $g(t)$ die willkürliche Funktion $u(t)$, multipliziert diese Formel mit $u(s)$ und integriert nach s, so entsteht

$$\int_a^b \int_a^b K(s, t)\, u(s)\, u(t)\, ds\, dt = \frac{1}{\lambda_1}\left\{\int_a^b u(t)\, \varphi_1(t)\, dt\right\}^2 + \frac{1}{\lambda_2}\left\{\int_a^b u(t)\, \varphi_2(t)\, dt\right\}^2 + \cdots.$$

Setzen wir zur Abkürzung

$$J(u) = \int_a^b \int_a^b K(s, t)\, u(s)\, u(t)\, ds\, dt,$$

$$u_p = \int_a^b u(t)\, \varphi_p(t)\, dt,$$

so nimmt jene Formel die Gestalt an

$$J(u) = \frac{u_1^2}{\lambda_1} + \frac{u_2^2}{\lambda_2} + \cdots.$$

Andererseits haben wir

$$\int_a^b (u(s))^2\, ds = u_1^2 + u_2^2 + \cdots$$

und folglich

$$J(u) - \frac{1}{\lambda_1} \int_a^b (u(s))^2\, ds = \left(\frac{1}{\lambda_2} - \frac{1}{\lambda_1}\right) u_2^2 + \left(\frac{1}{\lambda_3} - \frac{1}{\lambda_1}\right) u_3^2 + \cdots.$$

Nehmen wir nun an, daß die Eigenwerte nicht sämtlich negativ seien und bedeutet dann λ_1 den kleinsten positiven Eigenwert, so fällt die rechte Seite dieser Formel gewiß nicht positiv aus; hieraus folgt, daß *der größte Wert, den das Doppelintegral $J(u)$ annimmt, wenn $u(s)$ eine stetige der Bedingung*

$$\int_a^b (u(s))^2\, ds = 1$$

genügende Funktion sein soll, gleich dem reziproken Werte des kleinsten positiven Eigenwertes von $K(s, t)$ ist; dieses Maximum tritt ein, wenn $u(s)$ gleich der zugehörigen Eigenfunktion genommen wird.

Zum Schlusse dieses Abschnittes berühren wir noch die wichtige Frage, unter welchen Umständen die Eigenfunktionen $\varphi_1(s), \varphi_2(s), \ldots$

des Kerns $K(s,t)$ ein *vollständiges* orthogonales Funktionensystem bilden. Wie ich schon in meiner ersten Mitteilung[1]) angegeben habe, *bilden die Eigenfunktionen gewiß dann ein vollständiges orthogonales Funktionensystem, wenn der Kern $K(s,t)$ der orthogonalen Integralgleichung allgemein*[2]) *ist*. In der Tat, ist $g(s)$ irgend eine stetige Funktion von s, so gibt es dann eine stetige Funktion $h(s)$, so daß die Ungleichung

$$\int_a^b \left\{ g(s) - \int_a^b K(s,t)\, h(t)\, dt \right\}^2 ds < \varepsilon$$

gilt; daher wird, indem wir

$$\int_a^b K(s,t)\, h(t)\, dt = c_1 \varphi_1(s) + c_2 \varphi_2(s) + \cdots$$

einsetzen, auch

$$\int_a^b \{ g(s) - c_1 \varphi_1(s) - c_2 \varphi_2(s) - \cdots \}^2 ds < \varepsilon.$$

Da die linke Seite durch Subtraktion der positiven Größe

$$\left(c_1 - \int_a^b g(s)\, \varphi_1(s)\, ds \right)^2 + \left(c_2 - \int_a^b g(s)\, \varphi_2(s)\, ds \right)^2 + \cdots$$

sicher nicht vergrößert wird, so folgt leicht

$$\int_a^b (g(s))^2 ds - \left(\int_a^b g(s)\, \varphi_1(s)\, ds \right)^2 - \left(\int_a^b g(s)\, \varphi_2(s)\, ds \right)^2 - \cdots < \varepsilon.$$

Bedenken wir, daß diese Ungleichung für beliebig kleine positive ε gelten muß, so ergibt sich sofort die zu beweisende Vollständigkeits-Relation.

Eine andere Bedingung dafür, daß die Eigenfunktionen von $K(s,t)$ ein vollständiges orthogonales Funktionensystem bilden, ist die Abgeschlossenheit der aus $K(s,t)$ entspringenden quadratischen Form $K(x)$. Man erkennt auch leicht, daß die aus einem allgemeinen Kerne $K(s,t)$ entspringende quadratische Form stets abgeschlossen sein muß, womit die soeben bewiesene Behauptung übereinstimmt.

Wie wir gesehen haben, sind die Eigenwerte $\lambda_1, \lambda_2, \ldots$ und Eigenfunktionen $\varphi_1(s), \varphi_2(s), \ldots$ und deren Eigenschaften von der Wahl des gerade benutzten besonderen orthogonalen vollständigen Funktionensystems $\Phi_1(s), \Phi_2(s), \ldots$ wesentlich unabhängig: in der Tat, jede aus $K(s,t)$ unter Vermittelung eines anderen orthogonalen

1) Vgl. meine erste Mitteilung, diese Nachrichten, 1904, S. 78.

2) l. c. S. 75.

vollständigen Funktionensystems entspringende quadratische Form geht aus der quadratischen Form $K(x)$ durch eine orthogonale Transformation der Variabeln $x_1, x_2, \ldots$ hervor, so daß die neuen Linearformen von den ursprünglichen sich nicht wesentlich unterscheiden.

Ist $\mathfrak{K}(s, t)$ eine nicht symmetrische Funktion der im Intervall a bis b sich bewegenden Variabeln s, t und setzt man

$$\begin{aligned} K(s,t) &= 0 && \text{für } a \leqq s < b, && a \leqq t < b, \\ &= \mathfrak{K}(s, t-b+a) && \text{„ } a \leqq s < b, && b \leqq t \leqq 2b-a, \\ &= \mathfrak{K}(t, s-b+a) && \text{„ } b \leqq s \leqq 2b-a, && a \leqq t < b, \\ &= 0 && \text{„ } b \leqq s \leqq 2b-a, && b \leqq t \leqq 2b-a, \end{aligned}$$

so stellt $K(s, t)$ eine symmetrische Funktion der im Intervall a bis $2b-a$ sich bewegenden Variabeln s, t dar. Die Anwendung meiner Theorie auf diesen Kern $K(s, t)$ führt unmittelbar zu den Entwickelungssätzen von E. Schmidt[1]), betreffend den unsymmetrischen Kern $\mathfrak{K}(s, t)$.

Grundzüge einer allgemeinen Theorie der linearen Integralgleichungen.

Von

David Hilbert.

Vorgelegt in der Sitzung vom 2. Mai 1910.

Sachlich geordnete Inhaltsübersicht der sechs Mitteilungen:

1.	Mitteilung	diese	Nachr.	1904	S. 49—91.
2.	„	„	„	1904	S. 213—259.
3.	„	„	„	1905	S. 307—338.
4.	„	„	„	1906	S. 157—227.
5.	„	„	„	1906	S. 439—480.
6.	„	„	„	1910	S. 355—417.

Der gesamte in diesen sechs Mitteilungen behandelte Stoff gliedert sich in die folgenden Hauptabschnitte:

A. Theorie der Funktionen unendlichvieler Veränderlicher 1.)—7.).
B. Theorie der linearen Integralgleichungen 8.)—11.).
C. Anwendung auf gewöhnliche Differentialgleichungen 12.)—19.).
D. Anwendung auf partielle Differentialgleichungen 20.)—25.).
E. Anwendung auf die Theorie der Funktionen einer komplexen Variabeln 26.)—28.).
F. Anwendung auf Variationsrechnung, Geometrie und Hydrodynamik 29.)—31.).

A. Theorie der Funktionen unendlichvieler Veränderlicher.

1) *Definition der Beschränktheit.* Eine Funktion von unendlichvielen Veränderlichen $F(x_1, x_2, x_3, \ldots)$ heißt beschränkt, wenn ihr n-ter Abschnitt $F(x_1, x_2, \ldots x_n, 0, 0, \ldots)$ dem absoluten Betrage nach für alle Wertsysteme $x_1, x_2, \ldots,$ für die

$$\sum_{(p=1,2,\ldots)} x_p^2 \leqq 1$$

ist, unterhalb einer festen, von n unabhängigen Schranke M liegt.

Speziell ist eine Linearform

$$a_1 x_1 + a_2 x_2 + \cdots$$

dann und nur dann beschränkt, wenn

$$a_1^2 + a_2^2 + \cdots$$

konvergiert; eine Bilinearform

$$\sum_{(p,q=1,2,\ldots)} a_{pq} x_p y_q ,$$

wenn

$$\left| \sum_{p,q=1,2,\ldots n} a_{pq} x_p y_q \right|$$

unterhalb einer von n unabhängigen Grenze M liegt[1]); eine lineare Transformation endlich

$$y_p = \sum_{(q=1,2\ldots)} a_{pq} y_q \qquad (p = 1, 2, \ldots)$$

heißt beschränkt, wenn die zugehörige Bilinearform

$$\sum_{(p,q=1,2,\ldots)} a_{pq} x_p y_q$$

beschränkt ist. Eine solche Transformation führt jedes Wertsystem mit konvergenter Quadratsumme in ein ebensolches über. (4. S. 176).

2) *Die Faltungssätze* besagen, daß die successive Ausführung, d. h. „Faltung", zweier oder mehrerer beschränkter Transformationen selbst wieder eine beschränkte lineare Transformation ergibt, (4. S. 179) und ferner, daß dieser Zusammensetzungsprozeß associativ ist (4. S. 180). Wendet man auf die Variabeln einer beschränkten linearen, quadratischen oder bilinearen Form eine beschränkte lineare Transformation an, so ist das Resultat eine beschränkte Form derselben Art.

3) Eine *orthogonale Transformation* ist eine solche lineare Transformation

---

1) Ein wichtiges Beispiel einer beschränkten quadratischen Form ist

$$\sum \frac{x_p x_q}{p+q};$$

meinen Beweis dafür siehe in der Inauguraldissertation von H. Weyl, Göttingen, 1908, S. 83.

$$y_p = \sum_{(q)} o_{pq} x_q, \qquad (p = 1, 2, \ldots),$$

die den beiden Bedingungen

$$\sum_{(r)} o_{pr} o_{qr} = \begin{cases} 0, & p \neq q \\ 1, & p = q \end{cases}$$

$$\sum_{(r)} o_{rp} o_{rq} = \begin{cases} 0, & p \neq q \\ 1, & p = q \end{cases}$$

genügt (**4.** S. 180). Zwei Linearformen

$$\sum_{(p)} a_p x_p, \quad \sum_{(p)} b_p x_p$$

heißen zueinander orthogonal, wenn

$$\sum_{(p)} a_p b_p = 0$$

ist. Unendlichviele Linearformen bilden ein vollständiges Orthogonalsystem, wenn ihr Koeffizientenschema dasjenige einer orthogonalen Transformation ist. Ein System von endlich oder unendlichvielen orthogonalen Linearformen kann durch Hinzufügung von endlich oder abzählbar vielen Linearformen zu einem vollständigen Orthogonalsystem ergänzt werden. (**4.** S. 193—195).

Die Faltung zweier Bilinearformen ist orthogonalen Transformationen gegenüber kovariant. (**4.** S. 181).

4) *Vollstetigkeit*[1]). Es seien

$$\begin{array}{l} x_1^{(1)}, x_2^{(1)}, x_3^{(1)}, \ldots \\ x_1^{(2)}, x_2^{(2)}, x_3^{(2)}, \ldots \\ \cdot \quad \cdot \quad \cdot \quad \cdot \quad \cdot \quad \cdot \end{array}$$

unendlichviele Wertsysteme, deren Quadratsumme kleiner als 1 ist und die die „Häufungsstelle" $x_1, x_2, x_3, \ldots$ besitzen in dem Sinne, daß

$$\underset{n=\infty}{L}\, x_p^{(n)} = x_p$$

ist; dann heißt eine Funktion $F(x_1, x_2, \ldots)$ vollstetig, wenn für jede Folge solcher Wertsysteme

$$\underset{n=\infty}{L}\, F(x_1^{(n)}, x_2^{(n)}, \ldots) = F(x_1, x_2, \ldots)$$

st. (**4.** S. 200, **5.** S. 439—442). Jede beschränkte Linearform ist

1) Diese hier beibehaltene Terminologie der Mitteilung **4** wird in der Mitteilung **5** aufgegeben, daselbst indem das Wort „Stetigkeit" anstelle von „Vollstetigkeit" tritt.

vollstetig, indessen nicht jede beschränkte quadratische oder bilineare Form; z. B. ist

$$\nu_1 x_1^2 + \nu_2 x_2^2 + \dots$$

dann und nur dann vollstetig, wenn

$$\underset{n=\infty}{L} \nu_n = 0,$$

während diese Form für

$$\nu_1 = 1, \nu_2 = 1, \dots$$

noch beschränkt bleibt. (**4.** S. 200). Die Bilinearform

$$\sum_{(p,q)} a_{pq} x_p y_q$$

ist jedenfalls dann vollstetig, wenn

$$\sum_{(p,q)} a_{pq}^2$$

konvergiert (**4.** S. 203, 218).

Weitere hinreichende Kriterien für Vollstetigkeit beschränkter quadratischer Formen (**4.** S. 203. Satz VI).

Für vollstetige Funktionen gilt, wie bei endlicher Variabelnzahl, der Satz von der Existenz des Maximums (**4.** S. 200).

5) *Theorie der vollstetigen Formen.* Jede vollstetige quadratische Form läßt sich durch orthogonale Transformation ihrer Veränderlichen auf die Form bringen

$$k_1 x_1^2 + k_2 x_2^2 + \cdots,$$

wobei

$$\underset{n=\infty}{L} k_n = 0$$

ist; die k_n sind die reziproken Eigenwerte. (**4.** S. 201, Satz V). Direkter independenter Beweis dieses Satzes (**4.** S. 201—203).

Analoge Sätze gelten für die simultane Transformation zweier quadratischer Formen, deren eine vollstetig und definit ist, während die andere die Form $v_1 x_1^2 + v_2 x_2^2 + \dots$ hat — unter v_n die Werte ± 1 verstanden (**4.** S. 209—215 Satz VIII, VIII*), sowie über die Transformation der Hermiteschen und der schiefsymmetrischen Form auf eine Normalform. (**4.** S. 216—218. Satz IX).

6) *Vollstetige lineare Gleichungssysteme.* Ist

$$\sum_{(p,q)} a_{pq} x_p y_q$$

eine vollstetige Bilinearform, so hat das Gleichungssystem

$$\begin{aligned}(1+a_{11})x_1+a_{12}x_2+a_{13}x_3+\cdots &= a_1,\\ a_{21}x_1+(1+a_{22})x_2+a_{23}x_3+\cdots &= a_2,\\ a_{31}x_1+a_{32}x_2+(1+a_{33})x_3+\cdots &= a_3,\\ \cdots\cdots\cdots\cdots\cdots\cdots\cdots\cdots\\ \cdots\cdots\cdots\cdots\cdots\cdots\cdots\cdots\end{aligned}$$

alle wesentlichen Eigenschaften der linearen Gleichungen mit endlichvielen Unbekannten; d. h. dieses Gleichungssystem hat entweder für jedes Wertsystem $a_1, a_2, \ldots$ mit konvergenter Quadratsumme eine und nur eine Lösung $x_1, x_2, \ldots$ von konvergenter Quadratsumme, oder das homogene Gleichungssystem, das aus ihm entsteht, wenn man

$$a_1 = 0, \; a_2 = 0, \ldots$$

setzt, besitzt eine endliche Anzahl linear unabhängiger solcher Lösungen; im letzteren Falle besitzt das „*transponierte*“ Gleichungssystem

$$\sum_{(q)} a_{pq} x_q + x_p = 0, \qquad (q = 1, 2, \ldots)$$

genau ebensoviele linear unabhängige Lösungen, und das ursprüngliche inhomogene Gleichungssystem ist dann und nur dann auflösbar, wenn die rechten Seiten $a_1, a_2, \ldots$ ebensovielen linearen Bedingungen genügen. (**4.** S. 219—227, Satz X; **5.** S. 449—451, Anmerkung).

7) *Theorie der beschränkten quadratischen Formen.* Im Gegensatz zu den vollstetigen Formen bieten die nicht vollstetigen beschränkten Formen Verhältnisse dar, die denen bei endlicher Variabelnzahl nicht analog sind; doch gilt das folgende Theorem, das durch Grenzübergang vom algebraischen Problem (**4.** S. 158—161) aus gewonnen wird (**4.** S. 162ff.): In einer nicht vollstetigen beschränkten quadratischen Form

$$K(x) = K(x_1, x_2, \ldots)$$

lassen sich die Variabeln $x_1, x_2, \ldots$ stets so orthogonal in $x'_1, x'_2, \ldots$ $\xi_1, \xi_2, \ldots$ transformieren, daß

$$K(x) = \sum_{(p)} k_p x'^2_p + \int_{(s)} \frac{d\sigma(\mu; \xi)}{\mu}$$

wird. Dabei ist das Integral (im Stieltjesschen Sinne) über eine perfekte Punktmenge s der μ-Achse, das „*Streckenspektrum*“ zu erstrecken und die Spektralform $\sigma(\mu; \xi) \equiv \sum_{(p,q)} \sigma_{pq}(\mu)\xi_p \xi_q$ bedeutet eine vom Parameter μ abhängige positiv definite quadratische Form,

41*

deren Wert für jedes feste Wertsystem der ξ als Funktion von μ von 0 bis $\sum\limits_{(p)} \xi_p^2$ monoton wächst und die die zu ihrer Charakterisierung hinreichenden Relationen

$$\sum_{(r)} \int_{(s)} u(\mu)\, d\sigma_{pr}(\mu) \int_{(s)} u(\mu)\, d\sigma_{rq}(\mu) = \int_{(s)} u(\mu)^2\, d\sigma_{pq}(\mu)$$

$$\int_{(s)} d\sigma(\mu;\xi) = \sum_{(p)} \xi_p^2$$

identisch für alle stetigen Funktionen $u(\mu)$ erfüllt. (**4.** S. 198, Satz III). Die aus dem Streckenspektrum, den Eigenwerten $\frac{1}{k_1}, \frac{1}{k_2}, \ldots$ d. h. dem „*Punktspektrum*" (**4.** S. 169) und ihren Häufungsstellen bestehende Punktmenge heißt das *Spektrum* von $K(x)$ (**4.** S. 172); für jedes dem Spektrum nicht angehörige λ haben die aus der Form

$$\sum_{(p)} x_p^2 - \lambda K(x)$$

entspringenden inhomogenen Gleichungen

$$x_p - \lambda \sum_{(q)} k_{pq} x_q = y_p \qquad (p = 1, 2 \ldots)$$

für jedes Wertsystem y_p von konvergenter Quadratsumme eine eindeutig bestimmte Lösung $x_1, x_2, x_3, \ldots$ von konvergenter Quadratsumme; diese wird mit Hilfe einer beschränkten quadratischen Form

$$\mathsf{K}(\lambda; x) = \sum_{(p,q)} \varkappa_{pq}(\lambda)\, x_p x_q = \sum_{p=1,2,\ldots} \frac{x_p'^2}{1-\lambda k_p} + \int_{(s)} \frac{d\sigma(\mu;\xi)}{1-\frac{\lambda}{\mu}},$$

der „*Resolvente*" von $K(x)$, dargestellt durch die Formeln

$$x_p = \sum_{(q)} \varkappa_{pq}(\lambda)\, y_q.$$

Für jedes Wertsystem der x ist $\mathsf{K}(\lambda; x)$ eine analytische Funktion von λ. (**4.** S. 189, Satz II). Die homogenen Gleichungen

$$x_p - \lambda \sum_{(q)} k_{pq} x_q = 0 \qquad (p = 1, 2, \ldots)$$

haben dann und nur dann eine Lösung von konvergenter Quadratsumme, wenn λ ein Eigenwert ist, und so viele unabhängige Lösungen, als dessen Vielfachheit angibt. (**4.** S. 199, Satz IV).

Ein Beispiel einer beschränkten Form mit Streckenspektrum (**4.** S. 204—209).

Die Resolvente gewisser nicht beschränkter Formen (**4.** S. 175, Satz I).

B. Theorie der linearen Integralgleichungen.

8) *Der Zusammenhang zwischen unendlichvielen Variabeln und Integralgleichungen* wird vermittelt durch ein **vollständiges orthogonales Funktionensystem** $\Phi_1(s)$, $\Phi_2(s)$, ... für das Intervall $a \leqq s \leqq b$, d. h. ein System von abzählbar vielen Funktionen, die den Bedingungen genügen

$$\int_a^b \Phi_p(s)\,\Phi_q(s)\,ds = \begin{cases} 0 & (p \neq q) \\ 1 & (p = q) \end{cases}, \quad \text{(*Orthogonalitätsrelationen*)}$$

$$\sum_{(p)} \left(\int_a^b u(s)\,\Phi_p(s)\,ds \right)^2 = \int_a^b u(s)^2\,ds, \quad \text{(*Vollständigkeitsrelation*)};$$

dabei muß die letztere Relation für jede stetige Funktion $u(s)$ gelten. (5. S. 443—445). Jeder endlichen und stetigen Funktion $f(s)$ sind inbezug auf dieses System unendlichviele Größen, ihre „*Fourierkoeffizienten*" a_p zugeordnet vermöge der Gleichungen

$$a_p = \int_a^b f(s)\,\Phi_p(s)\,ds \qquad (p = 1, 2, \ldots);$$

jeder endlichen und stetigen Funktion $K(s, t)$ von zwei Variabeln s, t zweifach unendlich viele Größen

$$a_{pq} = \int_a^b \int_a^b K(s, t)\,\Phi_p(s)\,\Phi_q(t)\,ds\,dt.$$

Die a_p sind Koeffizienten einer beschränkten Linearform, die a_{pq} Koeffizienten einer beschränkten und sogar vollstetigen Bilinearform (5. S. 446). Ist $K(s, t)$ symmetrisch, so sind $a_{pq} = a_{qp} = k_{pq}$ Koeffizienten einer vollstetigen quadratischen Form (5. S. 452).

9) *Lineare Integralgleichungen zweiter Art.* Setzt man

$$x_p = \int_a^b \Phi_p(s)\,\varphi(s)\,ds, \qquad (p = 1, 2, \ldots)$$

so liefert jede stetige Lösung der unhomogenen bezw. homogenen Integralgleichung mit dem „*Kern*" $K(s, t)$

$$f(s) = \varphi(s) + \int_a^b K(s, t)\,\varphi(t)\,dt$$

bezw.

$$0 = \varphi(s) + \int_a^b K(s, t)\,\varphi(t)\,dt$$

eine und nur eine Lösung des inhomogenen bezw. homogenen Gleichungssystemes

$$\left.\begin{aligned} a_p &= x_p + \sum_{(q)} a_{pq} x_q \\ \text{bezw.}\qquad 0 &= x_p + \sum_{(q)} a_{pq} x_q. \end{aligned}\right\} \quad (p = 1, 2, \ldots)$$

Umgekehrt gehört zu jeder Lösung von konvergenter Quadratsumme der lezteren Gleichungen mit unendlichvielen Variabeln eine und nur eine stetige Lösung der obigen Integralgleichungen, nämlich:

$$\varphi(s) = f(s) - \sum_{(p)} x_p \int_a^b K(s,t)\,\Phi_p(t)\,dt;$$

demnach liefern die Sätze von 6) die Fredholmschen Sätze über die Auflösung der unhomogenen und homogenen Integralgleichung. (**5.** S. 445—451).

Ableitung der Lösungsformeln (Fredholmsche Formeln) unabhängig von der Theorie unendlichvieler Variabler durch Grenzübergang vom algebraischen Problem aus. (**1.** S. 57—62; **2.** S. 245).

Sätze über die aus K zusammengesetzten Kerne (**2.** S. 244—247).

Ausdehnung auf unstetige Kerne (**5.**. S. 472; **2.** S. 245).

Zusammenfassung zweier simultaner Integralgleichungen in eine Integralgleichung (**5.** S. 477).

10) *Orthogonale lineare Integralgleichung.* In gleicher Weise liefern die Sätze von 5) die Theorie der Integralgleichung mit stetigem *symmetrischen Kern* $K(s,t) = K(t,s)$ und einem Parameter λ (**5.** S. 452—462).

$$f(s) = \varphi(s) - \lambda \int_a^b K(s,t)\,\varphi(t)\,dt.$$

Jeder nicht identisch verschwindende Kern $K(s,t)$ hat mindestens einen *„Eigenwert"* λ, für den die zugehörige homogene Integralgleichung ($f = 0$) eine nicht identisch verschwindende Lösung die zugehörige *„Eigenfunktion"* besitzt. (**5.** S. 460; zum ersten Male bewiesen **1.** S. 72[1])). Jeder Eigenwert hat endliche Vielfachheit, d. h. es gibt nur endlichviele zugehörige linear unabhängige

1) Dieser Satz von der Existenz eines Eigenwertes für jeden Kern bildet einen integrierenden Bestandteil meiner Theorie und ist, als ich meine Untersuchungen über Integralgleichungen begann, eines meiner frühesten Ergebnisse gewesen; in neueren Arbeiten findet sich — offenbar versehentlich — eine gegenteilige Behauptung ausgesprochen.

Eigenfunktionen. Falls der stetige Kern $K(s,t)$ nicht eine Summe von endlichvielen Produkten $\varphi_p(s)\varphi_p(t)$ ist, so gibt es unendlichviele Eigenwerte, die sich nur gegen ∞ häufen (**5.** S. 459; **1.** S. 72). Ist λ kein Eigenwert, so hat die homogene Integralgleichung keine, die unhomogene eine und nur eine Lösung, die sich durch eine, vom Parameter λ analytisch abhängende *„Resolvente"* $\mathsf{K}(s, t; \lambda)$ in der Form

$$\varphi(s) = f(s) + \lambda \int_a^b \mathsf{K}(s,t; \lambda) f(t)\, dt$$

ausdrückt (**1.** S. 62).

Das zugehörige *„Gaußsche" Variationsproblem*: das Maximum der Werte, die das Doppelintegral

$$J(u) = \int_a^b \int_a^b K(s,t) u(s) u(t)\, ds\, dt,$$

die *„quadratische Integralform"*, für alle der Bedingung

$$\int_a^b (u(s))^2 ds = 1$$

genügenden stetigen Funktionen u annimmt, ist gleich dem kleinsten positiven Eigenwert, die zugehörige Funktion u ist irgend eine der zum betreffenden Eigenwert gehörigen Eigenfunktionen; die weiteren Eigenwerte und Eigenfunktionen erhält man, indem man zu diesem Variationsproblem noch successive lineare Nebenbedingungen hinzufügt. (**5.** S. 460; **1.** S. 78—81). Ist stets $J(u) > 0$, so heißt der Kern *definit*. Alle Eigenwerte sind dann positiv. (**1.** S. 79, 81).

Die sämtlichen Eigenfunktionen $\varphi_1(s)$, $\varphi_2(s)$, ... bilden ein orthogonales Funktionensystem (**5.** S. 454); unter Umständen ist es zugleich ein vollständiges (**5.** S. 461).

Jede durch Vermittelung einer stetigen Funktion g in der Gestalt

$$f(s) = \int_a^b K(s,t) g(t)\, dt$$

darstellbare Funktion $f(s)$ läßt sich auf Fouriersche Weise in eine nach den Eigenfunktionen $\varphi_1, \varphi_2, \ldots$ fortschreitende, gleichmäßig und absolut konvergente Reihe

$$f(s) = \sum_{(p)} c_p \varphi_p(s) = \sum_{(p)} \varphi_p(s) \int_a^b f(s)\varphi_p(s)\,ds$$

$$= \sum_{(p)} \frac{\varphi_p(s)}{\lambda_p} \int_a^b g(s)\varphi_p(s)\,ds$$

entwickeln. (**5.** S. 457). Speziellere Entwicklungssätze über „*abgeschlossene*“ und „*allgemeine*“ Kerne. (**1.** S. 73—78).

Die quadratische Integralform $J(u)$ gestattet für alle stetigen Funktionen $u(s)$ die Entwickelung

$$J(u) = \sum_{(p)} \frac{1}{\lambda_p} \left(\int_a^b u(s)\varphi_p(s)\,ds \right)^2;$$

dieselbe konvergiert für alle $u(s)$, für die $\int_a^b u^2 ds$ unterhalb einer Schranke bleibt, absolut und gleichmäßig. (**1.** S. 63—70).

Ableitung dieser Theorie unabhängig von der Theorie der Funktionen unendlichvieler Variabeln durch Grenzübergang vom entsprechenden algebraischen Problem aus (**1.** S. 62—78; das algebraische Problem: **1.** S. 52—57). Darstellung der Resolvente $K(s,t;\lambda)$ als Quotient zweier ganzer transcendenter Funktionen von λ, d. h. die *Fredholmschen Formeln* (**1.** S. 57—62). Ergänzung betreffend mehrfache Eigenwerte (**1.** S. 87—91).

Ausdehnung auf unstetige Kerne (**1.** S. 81—87; (**5.** S. 472).

Anwendung der Theorie auf die adjungierten Eigenfunktionen eines unsymmetrischen Kernes (**5.** S. 462).

11) *Polare lineare Integralgleichungen.*

Entwickelung der analogen Eigenwert- und Eigenfunktionentheorie für die Integralgleichung

$$f(s) = V(s)\varphi(s) - \lambda \int_a^b K(s,t)\varphi(t)\,dt,$$

wo $V(s)$ stückweise $+1$ oder -1 ist und $K(s,t)$ einen symmetrischen positiv-definiten Kern bedeutet (**5.** S. 462—472).

C. Anwendung auf gewöhnliche Differentialgleichungen.

12) *Die Greensche Formel.*

Für die allgemeinste sich selbst adjungierte Differentialgleichung zweiter Ordnung

$$L(u) \equiv \frac{d}{dx}\left(p \frac{du}{dx}\right) + qu = 0, \qquad (p > 0)$$

lautet die Greensche Formel, wie folgt (2, S. 214):

$$\int_a^b \{vL(u) - uL(v)\}dx = \left[p\left\{v\frac{du}{dx} - u\frac{dv}{dx}\right\}\right]_a^b$$

Die *Grundlösung* $\gamma(x, \xi)$ ist inbezug auf x zweimal stetig differenzierbar und genügt für alle von ξ verschiedenen Werte x innerhalb des Intervalles a bis b der Gleichung $L(u) = 0$; für $x = \xi$ ist $\gamma(x, \xi)$ stetig, während ihre erste Ableitung den Abfall -1 aufweist. Sind $u_1(x)$, $u_2(x)$ zwei unabhängige Lösungen von $L(u) = 0$, so stellt sich eine Grundlösung in der Gestalt dar:

$$\gamma(x, \xi) = -\tfrac{1}{2}\frac{|x-\xi|}{x-\xi}\frac{u_2(\xi)u_1(x) - u_1(\xi)u_2(x)}{u_2(\xi)\frac{du_1(\xi)}{d\xi} - u_1(\xi)\frac{du_2(\xi)}{d\xi}}$$

(2. S. 214—215).

13) *Randbedingungen.*

Es kommen fünf Arten von homogenen Randbedingungen in Betracht (2. S. 216–217):

I. $f(a) = 0,\ f(b) = 0;$

II. $\left(\frac{df(x)}{dx}\right)_{x=a} = 0,\ \left(\frac{df(x)}{dx}\right)_{x=b} = 0;$

III. $\left[\frac{df(x)}{dx} + hf\right]_{x=a} = 0,\ \left[\frac{df(x)}{dx} + kf\right]_{x=b} = 0;$

IV. $f(a) = hf(b)\ p(a)\left[\frac{df(x)}{dx}\right]_{x=a} = \frac{p(b)}{h}\left[\frac{df(x)}{ax}\right]_{x=b};$

IV*. $f(a) = hp(b)\left[\frac{df(x)}{dx}\right]_{x=b},\ p(a)\left[\frac{df(x)}{dx}\right]_{x=a} = -\frac{1}{h}f(b);$

V. $f(x)$ soll in der Nähe des Randpunktes $x = a$ sich in der Form $(x-a)^r\, e(x)$ darstellen lassen, wo $e(x)$ eine für $x = a$ endlich bleibende Funktion bedeutet;

V*. $f(x)$ soll bei der Annäherung an den Randpunkt $x = a$ endlich bleiben.

14) *Die Greensche Funktion* $G(x, \xi)$.

Eine Grundlösung $g(x, \xi)$ für das Intervall (a, b), die inbezug auf x und identisch in ξ an den Randpunkten zwei homogene Randbedingungen befriedigt, heißt die zu diesen Randbedingungen gehörige Greensche Funktion der Differentialgleichung $L(u) = 0$; ferner heißt der Quotient $G(x, \xi) = \frac{g(x, \xi)}{p(\xi)}$ die Greensche Funktion des Differentialausdruckes $L(u)$ (2. S. 217—218).

Wenn eine Greensche Funktion nicht existiert, so besitzt die Differentialgleichung $L(u) = 0$ eine nicht identisch verschwindende stetig differenzierbare Lösung $\psi^0(x)$, die die betreffenden Randbedingungen erfüllt. Wir konstruieren dann ein Integral $g(x, \xi)$ der inhomogenen Differentialgleichung

$$L(u) = p(\xi)\psi^0(x)\psi^0(\xi), \quad \int_a^b (\psi^0(x))^2 dx = 1,$$

dessen Ableitung an der Stelle $x = \xi$ den Abfall -1 erfährt, das an den Randpunkten die Randbedingungen erfüllt und die Gleichung

$$\int_a^b g(x, \xi)\psi^0(x)\,dx = 0$$

befriedigt. Die Funktionen $g(x, \xi)$ und $\frac{g(x, \xi)}{p(\xi)}$ werden als *Greensche Funktionen im erweiterten Sinne* bezeichnet. (2. S. 219—220).

Das Symmetriegesetz der Greenschen Funktion $G(x, \xi) = G(\xi, x)$ (2. S. 220).

15) *Die Lösung der Randwertaufgabe.*

Die Integralgleichung erster Art

$$f(x) = \int_a^b G(x, \xi)\varphi(\xi)\,d\xi$$

wird durch die Formel

$$\varphi(x) = -L(f(x))$$

gelöst; und umgekehrt gibt die Integralgleichung dasjenige Integral $f(x)$ der Differentialgleichung, das dieselben Randbedingungen wie $G(x, \xi)$ erfüllt (2. S. 220—222).

Die lösende Funktion der Integralgleichung

$$f(x) = \varphi(x) - \lambda\int_a^b G(x, \xi)\varphi(\xi)\,d\xi$$

ist gleich der zu denselben Randbedingungen wie G gehörigen Greenschen Funktion des Differentialausdruckes

$$\varDelta(u) = L(u) + \lambda u.$$

(2. S. 222—224)[1].

---

1) Betreffs der Methode der Parametrix vergl. meine Bemerkungen zum Schlusse meiner fünften Mitteilung (5. S. 480) und den Bericht über einen von

16) *Eigenwert- und Eigenfunktionentheorie der Differentialgleichung.*

Die Differentialgleichung $\Lambda(u) = 0$ besitzt unendlichviele *Eigenwerte*, d. h. es gibt unendlichviele Werte des Parameters λ, für die die Differentialgleichung $L(u) + \lambda u = 0$ eine nicht identisch verschwindende Lösung, die *Eigenfunktion* besitzt, die an den Randpunkten die betr. homogenen Randbedingungen erfüllt (**2**, S. 224—225).

Sind $\psi^{(1)}(x), \psi^{(2)}(x), \ldots$ die zu irgendwelchen Randbedingungen gehörigen Eigenfunktionen von $\Lambda(u) = 0$, so folgt für jede stetige Funktion $h(x)$ aus

$$\int_a^b h(x)\,\psi^{(m)}(x)\,dx = 0, \qquad (m = 1, 2, \ldots)$$

stets, daß $h(x)$ identisch Null ist. (**2**. S. 225).

Jede zweimal stetig differenzierbare und den Randbedingungen genügende Funktion $f(x)$ ist auf die Fouriersche Weise in eine nach den Eigenfunktionen fortschreitende gleichmäßig konvergente Reihe entwickelbar (**2**. S. 226).

Uebertragung der Resultate auf die Differentialgleichung

$$\frac{d}{dx}\left(p\,\frac{du}{dx}\right) + (q(x) + \lambda k(x))\,u = 0,$$

wobei $k(x) > 0$ ist. Beispiele. (**2**. S. 226—229).

Fall der Greenschen Funktion im erweiterten Sinne und der zugehörige Entwicklungssatz. Beispiele. (**2**. S. 230—232).

17) *Allgemeine Differentialgleichungen.*

Mittelst der Theorie der polaren Integralgleichungen werden die sämtlichen Resultate auf die Differentialgleichung

$$\frac{d}{dx}\left(p\,\frac{du}{dx}\right) + (q(x) + \lambda\,k(x))\,u = 0, \ (p > 0)$$

ausgedehnt, wobei $k(x)$ eine endliche Anzahl von Malen sein Vorzeichen ändert. Existenz von unendlichvielen Eigenwerten (**5**. S. 473—474).

18) *Systeme von simultanen Differentialgleichungen.*

Aus dem Variationsproblem

---

mir in der mathematischen Gesellschaft zu Göttingen gehaltenen Vortrag, Jahresbericht der deutschen Mathematiker-Vereinigung, Bd. 16 (1907), S. 77—78, sowie die Ausführungen unten in D (**6**. S. 362—363), wo dann die Methode an dem Beispiel der partiellen Differentialgleichung auf der Kugel dargelegt wird.

$$\int_a^b Q(u_1', u_2', u_1, u_2)\,dx = \text{Min.},$$

wo

$$Q = p_{11}(x)u_1'^2 + 2p_{12}u_1'u_2' + p_{22}u_2'^2 + 2q_{11}u_1'u_1 + 2q_{12}u_1'u_2 + 2q_{21}u_2'u_1 + 2q_{22}u_2'u_2 + r_{11}u_1^2 + 2r_{12}u_1u_2 + r_{22}u_2^2$$

entspringen die linearen Differentialgleichungen 2. Ordnung (5, S. 474—475):

$$L_1(u_1, u_2) \equiv \tfrac{1}{2}\left(\frac{d}{dx}\left(\frac{\partial Q}{\partial u_1'}\right) - \frac{\partial Q}{\partial u_1}\right) = 0, \quad L_2(u_1, u_2) \equiv \tfrac{1}{2}\left(\frac{d}{dx}\left(\frac{\partial Q}{\partial u_2'}\right) - \frac{\partial Q}{\partial u_2}\right) = 0.$$

Die *Greensche Formel* für diese Differentialgleichungen (5. S. 475):

$$\int_a^b (v_1 L_1(u) - u_1 L_1(v) + v_2 L_2(u) - u_2 L_2(v))\,dx = \tfrac{1}{2}\left[v_1\frac{\partial Q}{\partial u_1'} - u_1\frac{\partial Q}{\partial v_1'} + v_2\frac{\partial Q}{\partial u_2'} - u_2\frac{\partial Q}{\partial v_2'}\right]_a^b.$$

Das *Greensche Funktionensystem* für diese Differentialgleichungen ist ein System von Funktionen:

$$G_{11}(x,\xi),\ G_{12}(x,\xi),$$
$$G_{21}(x,\xi),\ G_{22}(x,\xi),$$

die paarweise die Differentialgleichungen $L_1 = 0$, $L_2 = 0$ sowie die Randbedingungen inbezug auf x befriedigen, und deren Ableitungen für $x = \xi$ einen gegebenen Abfall erfahren. (5. S. 476).

Das *Symmetriegesetz* dieses Funktionenssystems lautet: (5. S. 476)

$$G_{11}(x,\xi) = G_{11}(\xi, x),$$
$$G_{12}(x,\xi) = G_{21}(\xi, x),$$
$$G_{22}(x,\xi) = G_{22}(\xi, x).$$

Die Lösung der *Randwertaufgabe*: diejenigen Lösungen der Differentialgleichungen

$$L_1(f_1, f_2) = -\varphi_1,\ L_2(f_1, f_2) = -\varphi_2,$$

die bestimmte homogene Randbedingungen erfüllen, werden durch

$$f_1(x) = \int_a^b \{G_{11}(x,\xi)\varphi_1(\xi) + G_{12}(x,\xi)\varphi_2(\xi)\}\,d\xi,$$

$$f_2(x) = \int_a^b \{G_{21}(x,\xi)\varphi_1(\xi) + G_{22}(x,\xi)\varphi_2(\xi)\}\,d\xi$$

dargestellt, und umgekehrt, diese Integralgleichungen erster Art werden durch jene Funktionen $\varphi_1(x)$, $\varphi_2(x)$ gelöst. (5. S. 477).

Eigenwert- und Eigenfunktionentheorie: diejenigen Funktionenpaare $u_1(x)$, $u_2(x)$, die an den Randpunkten homogene Randbedingungen erfüllen und das Gleichungssystem:

$$\begin{aligned} \Delta_1 &\equiv L_1(u_1, u_2) + \lambda\, (k_{11}(x)\, u_1 + k_{12}(x)\, u_2) = 0, \\ \Delta_2 &\equiv L_2(u_1, u_2) + \lambda\, (k_{21}(x)\, u_1 + k_{22}(x)\, u_2) = 0 \end{aligned}$$

befriedigen, sind Eigenfunktionen der Integralgleichungen:

$$u_1(x) = \lambda \int_a^b \{ G_{11}(x, \xi)(k_{11} u_1 + k_{12} u_2) + G_{12}(x, \xi)(k_{21} u_1 + k_{22} u_2) \}\, d\xi,$$

$$u_2(x) = \lambda \int_a^b \{ G_{21}(x, \xi)(k_{11} u_1 + k_{12} u_2') + G_{22}(x, \xi)(k_{21} u_1 + k_{22} u_2') \}\, d\xi.$$

(**5.** S. 477—478). Die Existenz unendlichvieler Eigenwerte und Eigenfunktionen; Entwicklungssätze. (**5.** S. 279).

Greensche Funktionen im erweiterten Sinne (**5.** S. 480).

19) *Eine zweiparametrige Randwertaufgabe* (*Kleins Oszillationstheorem*).

Treten in den Differentialgleichungen

$$\frac{d}{dx}\left(p \frac{dy}{dx}\right) + (\lambda a + \mu b)\, y = 0,$$

$$\frac{d}{d\xi}\left(\pi \frac{d\eta}{d\xi}\right) - (\lambda \alpha + \mu \beta)\, \eta = 0.$$

$$(p(x) > 0,\ a(x) > 0,\ \text{für } x_1 \leqq x \leqq x_2)$$
$$(\pi(\xi) > 0,\ \alpha(\xi) > 0,\ \text{für } \xi_1 \leqq \xi \leqq \xi_2)$$

die Parameter λ, μ nicht blos in der Verbindung $\lambda + C\mu$ auf ($C =$ const.), so existieren unendlichviele Paare von Werten λ, μ, für welche das Differentialgleichungssystem ein Lösungssystem $y_h(x)$, $\eta_h(\xi)$ besitzt, derart daß $y_h(x)$ an den Enden und nicht überall im Inneren des Intervalles x_1, x_2, $\eta_h(\xi)$ an den Enden und nicht überall im Inneren des Intervalles ξ_1, ξ_2 verschwindet; zugehöriger Entwicklungssatz. (**6.** S. 412—417).

D. Anwendung auf partielle Differentialgleichungen.

20) *Die Greensche Formel.*

Für die allgemeinste sich selbst adjungierte Differentialgleichung zweiter Ordnung von elliptischem Typus

$$L(u) \equiv \frac{\partial}{\partial x}\left(p \frac{\partial u}{\partial x}\right) + \frac{\partial}{\partial y}\left(p \frac{\partial u}{\partial y}\right) + qu = 0, \ (p > 0)$$

lautet die Greensche Formel, wie folgt (**2.** S. 234—235):

$$\int_{(J)} \{vL(u) - uL(v)\} dJ = \int_{(C)} p\left(u\frac{\partial v}{\partial n} - v\frac{\partial u}{\partial n}\right) ds,$$

wo J ein Gebiet der xy-Ebene mit der Randkurve C ist.

Die *Grundlösung* ist eine Lösung der Differentialgleichung $L(u) = 0$ von der Gestalt

$$\gamma(x, y;\ \xi, \eta) = \gamma_1(x, y;\ \xi, \eta)\, l\sqrt{(x-\xi)^2 + (y-\eta)^2} + \gamma_2(x, y;\ \xi, \eta),$$

wobei γ_1, γ_2 zweimal stetig differenzierbare Funktionen sind, und außerdem identisch in ξ, η

$$\gamma_1(\xi, \eta;\ \xi, \eta) = 1$$

ist (2. S. 236).

21) *Randbedingungen.*

Es kommen fünf Arten von Randbedingungen in Betracht (2, S. 237):

I. $f(x, y) = 0$ für alle Punkte x, y der Randkurve C;

II. $\frac{\partial f}{\partial n} = 0$ „ „ „ „ „ „ ;

III. $\frac{\partial f}{\partial n} + hf = 0$ „ „ „ „ „ „ ;

IV. $(f(x, y))_s = (f(x, y))_{s+\frac{l}{2}},\ \left(\frac{\partial f}{\partial n}\right)_s = -\left(\frac{\partial f}{\partial n}\right)_{s+\frac{l}{2}}$ für alle s,

wobei s die Bogenlänge von einem beliebigen Punkte von C, l die Gesamtlänge bedeutet;

V. $f(x, y)$ soll bei der Annäherung an die Randkurve endlich bleiben.

22) *Greensche Funktion.*

Eine Grundlösung $g(x, y;\ \xi, \eta)$, die als Funktion von x, y identisch in η, ξ an der Randkurve C eine homogene Randbedingung befriedigt, heißt Greensche Funktion der Differentialgleichung $L(u) = 0$; ferner heißt der Quotient $\frac{g(x, y;\ \xi, \eta)}{p(\xi, \eta)}$ die Greensche Funktion des Differentialausdruckes $L(u)$. (2, S. 237). Symmetriegesetz der Greenschen Funktion (2. S. 238).

Greensche Funktion im erweiterten Sinne. (2. S. 237—238).

23) *Die Lösung der Randwertaufgabe.*

Die Integralgleichung erster Art

$$f(x, y) = \int_{(J)} G(xy, \xi\eta)\, \varphi(\xi, \eta)\, d\xi\, d\eta$$

wird durch die Funktion

$$\varphi(x, y) = -\frac{1}{2\pi} L(f(x,y))$$

gelöst; umgekehrt stellt $f(x,y)$ diejenige Lösung der Differentialgleichung dar, die denselben Randbedingungen genügt wie $G(xy;\xi\eta)$ (2. S. 238—239).

Die lösende Funktion der Integralgleichung

$$f(x, y) = \varphi(x, y) - \lambda \int_{(J)} G(xy;\xi\eta)\,\varphi(\xi\eta)\,d\xi\,d\eta$$

ist die zu den nämlichen Randbedingungen gehörige Greensche Funktion der Differentialgleichung

$$\Delta(u) = L(u) + \lambda u = 0.$$

Beweis der Existenz der Greenschen Funktion und der Lösbarkeit der Randwertaufgabe bei den Randbedingungen I und II (2. S. 248—255). Existenz der Greenschen Funktion für die Randbedingung III (2. S. 256).

Andere Beispiele. Die sich gegenseitig auflösenden Integralgleichungen erster Art:

$$u(\xi) = \tfrac{1}{2}\int_{-1}^{+1} v(x) \cot g\left(\pi \frac{x-\xi}{2}\right) dx$$

$$v(\xi) = \tfrac{1}{2}\int_{-1}^{+1} u(x) \cot g\left(\pi \frac{x+\xi}{2}\right) dx.$$

(2. S. 253).

24) *Eigenwert- und Eigenfunktionentheorie der partiellen Differentialgleichung.*

Es gibt abzählbar unendlichviele reelle Werte — die Eigenwerte — des Parameters λ, für die die Differentialgleichung

$$L(u) + \lambda u = 0$$

eine nicht identisch verschwindende Lösung — die Eigenfunktion — besitzt und die auf einer geschlossenen Randkurve homogene Randwerte annimmt (2. S. 239); jede willkürliche Funktion ist auf die Fouriersche Weise in eine nach diesen Eigenfunktionen fortschreitende gleichmäßig konvergente Reihe entwickelbar. (2. S. 240).

Auftreten eines Parameters in der Randbedingung. Es gibt unendlichviele Werte λ, bei denen die vorgelegte Differentialgleichung $L(u) = 0$ eine nicht identisch verschwindende Lösung besitzt, die der Randbedingung

$$\frac{\partial u}{\partial n}+\lambda u = 0$$

genügt; der zugehörige Entwicklungssatz (2. S. 255—256).

25) *Allgemeinere partielle Differentialgleichungen.*

Verallgemeinerung auf partielle Differentialgleichungen, die zu Gebieten auf einer beliebigen krummen Fläche (statt zu ebenen Gebieten) gehören (2. S. 241—242).

Die Randwertaufgabe für das folgende System partieller Differentialgleichungen erster Ordnung von elliptischem Typus:

$$\frac{\partial u}{\partial x}-\frac{\partial v}{\partial y} = pu+qv,$$

$$\frac{\partial u}{\partial y}+\frac{\partial v}{\partial x} = ku+lv.$$

Wenn diese Differentialgleichungen außer $u = 0$, $v = 0$, kein Lösungssystem u, v besitzen derart, daß u auf der gegebenen geschlossenen Randkurve C verschwindet, so besitzen sie ein Lösungssystem u, v derart, daß u auf C die vorgeschriebenen Werte $f(s)$ annimmt; im entgegengesetzten Falle existiert ein solches Lösungssystem dann und nur dann, wenn $f(s)$ gewissen, endlichvielen Integralbedingungen genügt. (6. S. 356—362).

Definition des *auf der Vollkugel regulären Differentialausdruckes*; seine Transformation und der adjungierte Differentialausdruck. (6. S. 362—366). Die Methode der *Parametrix.* Die Parametrix ist eine symmetrische Funktion des Argumentpunktes s, t und des Parameterpunktes σ, τ auf der Kugel, die in allen 4 Veränderlichen beliebig oft differenzierbar ist, außer wenn Parameterpunkt und Argumentpunkt zusammenfallen, in welchem Falle sie in bestimmter Weise logarithmisch unendlich wird (6. S. 367). Konstruktion der Parametrix einer auf der Vollkugel regulären Differentialgleichung und Nachweis ihrer Eigenschaften (6. S. 368—370). Wenn die auf der Vollkugel reguläre Differentialgleichung vom elliptischen Typus $L(z) = 0$ keine von Null verschiedene, auf der ganzen Kugel stetige Lösung besitzt, so hat die Differentialgleichung $L(z) = f$, wo f irgend eine gegebene Funktion auf der Kugel bedeutet, stets eine solche Lösung. Verallgemeinerung dieses Satzes für den Fall, daß $L(z) = 0$ solche Lösungen besitzt (6. S. 370—376). Konstruktion der Greenschen Funktion, d. h. einer Parametrix, die die vorgelegte Differentialgleichung befriedigt. (6. S. 377). Beweis der Existenz der Greenschen Funktion im „erweiterten

Sinne". (**6.** S. 378). Es gibt unendlichviele Werte von λ, derart daß $L(z)+\lambda z = 0$ eine auf der Vollkugel stetige Lösung, die zu diesem „Eigenwerte" gehörige „Eigenfunktion", besitzt; jede willkürliche Funktion ist nach diesen Eigenfunktionen auf die Fouriersche Weise entwickelbar. (**6.** S. 379—380). Die sich selbst adjungierte elliptische Differentialgleichung $L(z)+\lambda z = 0$ hat nur eine endliche Anzahl negativer Eigenwerte (**6.** S. 381—382).

Hängen die Koeffizienten in $L(z) = 0$ von einem Parameter μ analytisch ab, so ist der h-te Eigenwert eine stetige Funktion von μ. (**6.** S. 384—388).

Mittelst der Theorie der polaren Integralgleichungen werden die sämtlichen in 23), 24) erwähnten **Resultate** auf die partielle Differentialgleichung

$$\frac{\partial}{\partial x}\left(p\frac{\partial u}{\partial x}\right)+\frac{\partial}{\partial y}\left(p\frac{\partial u}{\partial y}\right)+(q+\lambda k)\,u = 0$$

ausgedehnt, wobei $k(x, y)$ in einer endlichen Anzahl von Teilgebieten verschiedene Vorzeichen besitzt (**5**, S. 474).

E. Anwendung auf die Theorie der Funktionen einer komplexen Variabeln.

26) *Allgemeines Riemannsches Problem.*

Formulierung desselben: man soll Funktionen einer komplexen Variablen bestimmen, wenn zwischen den Real- und Imaginärteilen der Funktionen auf einer gegebenen geschlossenen Randkurve C gegebene Relationen gelten sollen. Man bezeichne die Greenschen Funktionen zweiter Art der Potentialgleichung $\Delta(u) = 0$ für das Innere und Äußere der Kurve C bezw. mit $G_i(x, y;\ \xi, \eta)$ und $G_a(x, y;\ \xi, \eta)$ und definiere dann zwei *Integralausdrücke*, wie folgt

$$M_i w = \frac{i}{2\pi}\int_{(C)} \frac{\partial G_i(\sigma, s)}{\partial \sigma}\, w(\sigma)\, d\sigma,$$

$$M_a w = \frac{i}{2\pi}\int_{(C)} \frac{\partial G_a(\sigma, s)}{\partial \sigma}\, w(\sigma)\, d\sigma,$$

wobei $w(\sigma)$ irgend einen komplexen Ausdruck auf der Kurve C bedeutet. Die Bedingung dafür, daß ein auf C definierter komplexer Ausdruck $f_i(s)$ die Randwerten einer innerhalb C regulären Funktion darstellt, ist

$$f_i(s) = M_i f_i + \frac{1}{l}\int_{(C)} f_i(\sigma)\, d\sigma,$$

wobei l die Gesamtlänge der Kurve C bezeichnet; ein analoger Satz gilt für die Operation $M_a w$ und das Äußere von C. Die Ausdrücke

$$w + M_j w \text{ bezw. } w - M_a^* w$$

stellen stets Randwerte einer innerhalb bezw. außerhalb C regulären Funktion dar. (3. S. 309—315).

Durch die erlangten Hülfsmittel wird der Satz bewiesen, daß, wenn $c(s)$ ein gegebener stetiger komplexer Ausdruck auf der Kurve C ist und $\bar{c}(s)$ den konjugierten Ausdruck bedeutet, entweder ein Paar von Funktionen $f_j(z)$, $f_a(z)$ existiert, von denen die erstere innerhalb, die zweite außerhalb C regulär analytisch ist und welche auf C die Relation

$$f_a(s) = c(s) f_j(s)$$

erfüllen, oder ein Funktionenpaar $g_j(z)$ und $g_a(z)$ von demselben Charakter, deren Randwerte die Relation

$$g_a(s) = \bar{c}(s) g_j(s)$$

erfüllen (3. S. 315—317). Von diesen beiden Fällen tritt der erste bezw. der zweite ein, jenachdem $\log c(s)$ beim Umlauf in positivem Sinne entlang C eine negative bezw. positive Aenderung erfährt (3. S. 318—317).

Es gibt stets ein Paar von Funktionen $f_a(z)$, $f_j(z)$, von denen die erste außerhalb C, die zweite innerhalb C den Charakter einer rationalen Funktion besitzt, während auf C die Relation

$$f_a(s) = c(s) f_j(s)$$

erfüllt ist (3. S. 318).

Untersuchung des Falles, wo $c(s)$ an einer endlichen Anzahl von Stellen eine Unterbrechung der Stetigkeit aufweist (3. S. 319—321).

Aufstellung der Aufgabe: zwei außerhalb C und zwei innerhalb C reguläre analytische Funktionen f_a, f'_a bezw. f_j, f'_j sollen so bestimmt werden, daß sie auf C die Relationen

$$f_a(s) = c_1(s) f_j(s) + c_2(s) f'_j(s)$$
$$f'_a(s) = c'_1(s) f_j(s) + c'_2(s) f'_j(s)$$

erfüllen, wobei c_1, c_2, c'_1, c'_2 gegebene komplexe zweimal stetig differenzierbare Ausdrücke in s sind, deren Determinante

$$c_1 c'_2 - c_2 c'_1$$

für alle s von Null verschieden ausfällt (3. S. 322—324).

Es wird bewiesen, daß entweder die genannte Aufgabe eine Lösung besitzt, oder zwei Funktionenpaare g_a, g'_a, g_j, g'_j existieren die auf C die Relationen

$$g_a = \bar{c}_1 g_j + \bar{c}_2 g'_j$$
$$g'_a = \bar{c}'_1 g_j + \bar{c}'_2 g'_j$$

erfüllen, wobei $\bar{c}_1, \bar{c}_2, \bar{c}'_1, \bar{c}'_2$ die zu den gegebenen Ausdrücken c_1, c_2, c'_1, c'_2 konjugiert komplexen Ausdrücke bedeuten. (3. S. 325—326).

Die Randwerte der soeben konstruierten Funktionen f_a, f'_a, f_j, f'_j bezw. g_a, g'_a, g_j, g'_j sind auf C stetig differenzierbare Funktionen von s, und die gestellte Aufgabe besitzt nur eine endliche Anzahl linear voneinander unabhängiger Systeme von Lösungen. (3. S. 326—328).

Beweis des Satzes, daß es stets Funktionen f_a, f'_a, f_j, f'_j gibt, die innerhalb bezw. außerhalb C regulär analytisch sind mit etwaiger Ausnahme einer Stelle innerhalb C, die für eine der Funktionen f_j, f'_j oder für beide ein Pol ist, und die auf C die Relationen

$$f_a = c_1 f_j + c_2 f'_j$$
$$f'_a = c'_1 f_j + c'_2 f'_j$$

erfüllen (3. S. 328—330).

27) *Das Riemannsche Gruppenproblem.*

Das speziellere Riemannsche Problem, die Existenz linearer Differentialgleichungen mit vorgeschriebener Monodromiegruppe zu beweisen, ist äquivalent mit der folgenden Aufgabe: man verbinde die gegebenen singulären Punkte $z^{(1)}, z^{(2)}, \ldots z^{(m)}$ der Differentialgleichung zweiter Ordnung durch eine reguläre analytische Kurve C; dann sollen zwei Funktionenpaare f_a, f'_a bezw. f_j, f'_j bestimmt werden, die außerhalb bezw. innerhalb C vom Charakter rationaler Funktionen sind derart, daß ihre Randwerte auf C überall stetig sind und auf dem Kurvenstücke zwischen $z^{(h)}$ und $z^{(h+1)}$ ($h = 1, 2 \ldots m$) die Relationen

$$f_a = \gamma_1^{(h)} f_j + \gamma_2^{(h)} f'_j$$
$$f'_a = \gamma_1'^{(h)} f_j + \gamma_2'^{(h)} f'_j$$

erfüllen, wobei $\gamma_1^{(h)}, \gamma_2^{(h)}, \gamma_1'^{(h)}, \gamma_2'^{(h)}$ gegebene Konstante mit nicht verschwindender Determinante sind. (3. S. 330—331).

Diese Aufgabe wird durch Einführung neuer Funktionen auf die in 25) am Schluß gelöste (wo die Substitutionskoeffizienten stetige Funktionen des Ortes sind) zurückgeführt. (3, S. 332—335).

Durchführung des Existenzbeweises (Riemannsches Gruppenproblem) (3. S. 335—337).

28) *Problem aus der Theorie der automorphen Funktionen.*

42*

Automorphe Funktionen mit reeller Substitution, die vier gegebene Werte ∞, a, b, c auslassen. Beweis des Satzes: es gibt unendlichviele Werte λ, so daß der Quotient zweier Lösungen der Differentialgleichung

$$\frac{d}{dx}\left((x-a)(x-b)(x-c)\frac{dy}{dx}\right)+(x+\lambda)y=0$$

beim Umlauf der Variabeln x um die singulären Stellen a, b, c Substitutionen mit reellen Koeffizienten erfährt. (**6.** S. 407—411).

F. Anwendung auf Variationsrechnung, Geometrie und Hydrodynamik.

29) *Variationsprobleme.*

Zusammenhang zwischen dem *Dirichletschen* Variationsproblem

$$\int_a^b\left[p\left(\frac{du}{ax}\right)^2-qu^2\right]dx=\text{Min.}$$

bei der Nebenbedingung

$$\int_a^b u^2\,dx=1$$

und dem *Gaußschen* Variationsproblem (s. oben, 10))

$$\int_a^b\int_a^b G(x,\xi)\,\omega(x)\,\omega(\xi)\,dx\,d\xi=\text{Max.}$$

bei der Nebenbedingung

$$\int_a^b \omega^2\,dx=1.$$

(**2.** S. 232—234). Das gleiche Problem für zwei unabhängige Variable. (**2.** S. 256—258).

Das *Dirichletsche Variationsproblem auf der Kugel*: das absolute Minimum des über die Vollkugel erstreckten Integrals

$$D(z)=\int\frac{az_s^2+2bz_sz_t+cz_t^2-nz^2}{\sqrt{eg-f^2}}\,dk$$

bei der Nebenbedingung

$$\int z^2\,dk=1$$

ist gleich dem kleinsten Eigenwert der Differentialgleichung

$$L(z) \equiv \frac{az_{ss} + 2b z_{st} + cz_{tt} + (a_s + b_t) z_s + (b_s + c_t) z_t + nz}{\sqrt{eg - f^2}} + \lambda z = 0.$$

Verallgemeinerung dieses Satzes: (6. S. 383).

30) *Minkowskis Theorie von Volumen und Oberfläche.*

Das Volumen V eines konvexen Körpers K ist

$$V = \tfrac{1}{6} \int H(H, H)\, dk,$$

wobei $H(\alpha, \beta, \gamma)$ diejenige auf der Kugel definierte homogene Funktion bedeutet, die die Entfernung der Tangentialebene des Körpers vom Nullpunkt mit den Richtungskosinus α, β, γ angibt, und wobei allgemein für zwei beliebige homogene Funktionen $V(x, y, z)$, $W(x, y, z)$

$$\begin{aligned}(W, V) &= \frac{W_{yy} V_{zz} - 2 W_{yz} V_{yz} + W_{zz} V_{yy}}{x^2} \\ &= \frac{W_{zz} V_{xx} - 2 W_{zx} V_{zx} + W_{xx} V_{zz}}{y^2} \\ &= \frac{W_{xx} V_{yy} - 2 W_{xy} V_{xy} + W_{yy} V_{xx}}{z^2}\end{aligned}$$

gesetzt ist. (6. S. 388—391). Das gemischte Volumen dreier konvexer Körper

$$V_{123} = \tfrac{1}{6} \int H_1 (H_2, H_3)\, dk$$

und ihre Symmetrieeigenschaften. (6. S. 399).

Ist H eine gegebene homogene Funktion, so stellt

$$L(\Omega) = (W, H), \quad W(x, y, z) = \sqrt{x^2 + y^2 + z^2}\, \Omega(x, y, z)$$

einen für Ω linearen Differentialausdruck auf der Kugel dar, der sich selbst adjungiert und vom elliptischen Typus ist. (6, S. 392—394).

Beweis der Sätze: Jede auf der Vollkugel stetige Lösung von $L(\Omega) = 0$ ist eine lineare Kombination der drei Lösungen

$$\Omega = x, \quad \Omega = y, \quad \Omega = z.$$

(6. S. 395—398). Die partielle Differentialgleichung

$$L(\Omega) + \lambda \frac{(H, H)}{\mathsf{H}} \Omega = 0, \quad (H = \sqrt{x^2 + y^2 + z^2}\, \mathsf{H})$$

besitzt $\lambda = -1$ als einfachen, $\lambda = 0$ als dreifachen Eigenwert, und die zugehörigen Eigenfunktionen sind H, bezw. x, y, z; die übrigen Eigenwerte sind positiv. (6. 399—402).

Beweis der Minkowskischen Ungleichung

$$V(H, H, G)^2 \geqq V(H, H, H)\, V(H, G, G),$$

wobei das Gleichheitszeichen nur dann statt hat, wenn der eine Körper aus dem anderen durch Parallelverschiebung und Aehnlichkeitstransformation hervorgeht. (6. S. 403—411).
Die Ungleichungen:

$$O^2 \geqq 3VM, \quad M^2 \geqq 4\pi O, \quad O^3 \geqq 36\pi V^2,$$

wobei O die Oberfläche, V das Volumen und

$$M = \frac{1}{2}\int\left(\frac{1}{\varrho_1} + \frac{1}{\varrho_2}\right) d\omega$$

die mittlere Krümmung eines konvexen Körpers bedeutet, und das Gleichheitszeichen nur statthat, wenn der konvexe Körper die Kugel ist. (6, S. 406).

31) *Ein Problem der Hydrodynamik.*

Anwendung des Entwicklungssatzes in 23) (Parameter λ in der Randbedingung) auf das Problem der kleinen Schwingungen einer der Schwere unterworfenen Flüssigkeit. (2. S. 258—259).

3820
Ehrenmitglied 16

DIE KAISERLICH DEUTSCHE AKADEMIE DER NATURFORSCHER ZU HALLE

bittet Sie, alter Tradition gemäß, um eine kurze Selbstbiographie, in der Sie über folgende Fragen berichten:

I. Familie	IV. Äusserer Lebensgang	VII. Arbeitsziele
II. Jugend	V. Leistungen und Veröffentlichungen	VIII. Ehrungen
III. Ausbildung	VI. Wissenschaftliche Reisen	IX. Genaue Adresse

Auch bitten wir um ein Bild (auch ältere Aufnahme) mit Unterschrift für unser Album und um Zusendung Ihrer bisher veröffentlichten und künftigen Schriften für unsere Bibliothek

Ich, David Hilbert, bin am 23ten Januar 1862 in Königsberg in Pr. geboren, wo mein Vater Amtsgerichtsrat war. Ich besuchte das Gymnasium daselbst und machte im Herbst 1880 das Abiturientenexamen, studierte in Königsberg, Heidelberg, Paris. Ich habilitierte mich in Königsberg 1886, wurde dort 1892 außerordentlicher, 1893 ordentlicher Professor daselbst, und folgte 1895 einem Ruf an die Universität Göttingen, der ich treu geblieben bin. Ich habe besonders über Invariantentheorie, Zahlentheorie und Geometrie gearbeitet. Im März 1930 wurde ich emeritiert.

David Hilbert.

Kurze Selbstbiographie David Hilberts, 1932

RENDICONTI

DEL

CIRCOLO MATEMATICO

DI PALERMO

DIRETTORE: G. B. GUCCIA.

TOMO XXVII

(1° SEMESTRE 1909).

PALERMO,

SEDE DELLA SOCIETÀ

30, VIA RUGGIERO SETTIMO, 30.

—

1909

WESEN UND ZIELE EINER ANALYSIS DER UNENDLICHVIELEN UNABHÄNGIGEN VARIABELN [1].

Von **David Hilbert** (Göttingen).

In der Algebra wird meist eine endliche Anzahl von Grössen — sie seien $\varphi_1, \varphi_2, \ldots, \varphi_n$ genannt—als Unbekannte angesehen und alsdann das Problem behandelt, diese endliche Anzahl von Grössen $\varphi_1, \varphi_2, \ldots, \varphi_n$ so zu bestimmen, dass sie einer endlichen Anzahl von gegebenen Relationen genügen.

Die Probleme der Analysis dagegen laufen meist darauf hinaus, Funktionen als Unbekannte anzusehen und solche so zu bestimmen, dass sie gegebenen Relationen genügen, mögen diese Relationen in der Form von Differential-, Integral- oder Funktionalgleichungen vorliegen oder auch Kombinationen solcher Gleichungen sein. Um die Idee dieser Probleme zu fixiren, sehen wir als Unbekannte eine einzige stetige Funktion $\varphi(s)$ der einen Variabeln s an und für diese sei die eine einzige Relation

$$R(\varphi(s)) = 0$$

gegeben.

Das eben bezeichnete Problem der Analysis und das zuerst genannte Problem der Algebra verschmelzen sich und sind enthalten in dem allgemeineren und abgeschlosseneren Problem unendlichviele unbekannte Grössen als Unbekannte anzusehen und solche so zu bestimmen, dass sie unendlichvielen gegebenen Relationen genügen. In der Tat: die stetige Funktion $\varphi(s)$ muss als bestimmt gelten, sobald gewisse von $\varphi(s)$ abhängige Werte eines Systems unendlichvieler Variabeln wie beispielsweise die Fourier-Koeffizienten

$$x_1 = \int_{-\pi}^{+\pi} \varphi(s)\,ds,$$
$$x_2 = \int_{-\pi}^{+\pi} \varphi(s) \cos s\,ds,$$
$$x_3 = \int_{-\pi}^{+\pi} \varphi(s) \sin s\,ds,$$
$$x_4 = \int_{-\pi}^{+\pi} \varphi(s) \cos 2s\,ds,$$
$$x_5 = \int_{-\pi}^{+\pi} \varphi(s) \sin 2s\,ds,$$
$$\cdots\cdots\cdots\cdots\cdots$$

[1]) Die nachfolgenden Ausführungen beabsichtigte ich auf dem IV. Internationalen Mathematiker-Kongress in Rom 1908 vorzutragen.

bekannte Grössen sind, und andererseits lassen sich die gegebenen Relationen (Differential-, Integral- oder Funktional- Gleichungen) in unendlichviele Gleichungen zwischen diesen Werten $x_1, x_2, \ldots$ umsetzen; diese Gleichungen sind dann die unendlichvielen gegebenen Relationen zur Bestimmung der unendlichvielen unbekannten Grössen $x_1, x_2, \ldots$.

Das genannte Problem der Bestimmung unendlichvieler Unbekannter aus unendlichvielen Gleichungen erscheint auf den ersten Blick wegen seiner Allgemeinheit undankbar und unzugänglich; bei einer Beschäftigung damit droht die Gefahr, dass wir uns in zu schwierige oder wage und weitschichtige Betrachtungsweisen verlieren ohne entsprechenden Gewinn für tiefere Probleme. Aber wenn wir uns durch solche Erwägungen nicht beirren lassen, geht es uns wie Siegfried, vor dem die Feuerzauber von selber zurückweichen und als Lohn winkt uns entgegen der schöne Preis einer methodisch-einheitlichen Gestaltung von Algebra und Analysis.

Um den Zugang zu dem Problem der Bestimmung unendlichvieler Unbekannter aus unendlichvielen Gleichungen zu gewinnen, erinnern wir uns an die Verfahrungsweise bei endlicher Variabelnzahl: wir bedenken, dass die linken Seiten der gegebenen Relationen Funktionen einer Anzahl von Argumenten sind, und dass die Schwierigkeit der Auffindung der Wurzeln der gegebenen Gleichungen von der Natur dieser Funktionen abhängt. Sind diese — um mit den einfachsten Funktionen zu beginnen — linear, quadratisch oder irgend welche ganze rationale Funktionen, so entstehen durch Nullsetzen derselben solche Gleichungen, deren Auflösung die Theorie der numerischen Gleichungen lehrt. In der Funktionentheorie treffen wir zunächst den allgemeinen Begriff der Funktion einer beliebigen endlichen Zahl von Variabeln an; wir spezialisiren diesen allgemeinen Funktionsbegriff schrittweise, mittels der Forderungen der Stetigkeit, ferner der Differenzierbarkeit und gelangen schliesslich durch weitere Spezialisirung des Funktionsbegriffes zu dem Begriff der analytischen Funktion.

Die erste Aufgabe der Analysis der unendlichvielen Variabeln muss darin bestehen, alle diese Begriffe und die aus denselben fliessenden Wahrheiten in sachgemässer Weise auf unendlichviele Variable zu übertragen [2]). Da erheischt nun sofort beim ersten Versuche, den Begriff der linearen Funktion unendlichvieler Variabeln zu definieren, die Tatsache Berücksichtigung, dass ein in den unendlichvielen Variabeln $x_1, x_2, \ldots$ linearer Ausdruck

$$a_1 x_1 + a_2 x_2 + \cdots$$

gewiss nur dann eine Funktion jener unendlichvielen Variabeln darstellt, sobald jene unendliche Reihe konvergirt und dies ist gewiss nur dann der Fall, wenn die unendlichvielen Variabeln $x_1, x_2, \ldots$, die wir vorläufig als reell voraussetzen wollen, durch Ungleichungen eingeschränkt werden. Diese einschränkenden Ungleichungen

[2]) Vgl. meine *vierte* und *fünfte* Mitteilung über die *Grundzüge einer allgemeinen Theorie der linearen Integralgleichungen* [Nachrichten von der Kgl. Gesellschaften der Wissenschaften zu Göttingen, Mathematisch-physikalische Klasse, Jahrgang 1906, S. 157-227 und 439-480].

könnten in mannichfaltiger Weise gewählt werden: die Willkür schwindet, aber, wenn man—dem Dualitätsprinzip folgend—fordert, dass allemal die Koeffizienten $a_1, a_2, \ldots$ der linearen Funktion ebenfalls ein den einschränkenden Ungleichungen genügendes Wertsystem der unendlichvielen Variabeln sein sollen. Die Einschränkung für die unendlichvielen Variabeln $x_1, x_2, \ldots$ besteht dann sehr einfach darin, dass die Summe ihrer Quadrate endlich bleiben soll—eine Einschränkung, die, wir zunächst stets festhalten, wo auch immer von Funktionen oder Gleichungen für die unendlichvielen reellen Variabeln $x_1, x_2, \ldots$ die Rede ist. Insbesondere zeigt sich, dass jener lineare Ausdruck

$$a_1 x_1 + a_2 x_2 + \cdots$$

dann und nur dann eine lineare Funktion der unendlichvielen Variabeln $x_1, x_2, \ldots$ darstellt, wenn die Summe der Quadrate der Koeffizienten $a_1, a_2, \ldots$ endlich ist.

Wir wenden uns nun zur Behandlung des S t e t i g k e i t s b e g r i f f s. Von den unendlichvielen Wertsystemen

$$\begin{aligned} (x') &= x'_1, x'_2, \ldots \\ (x'') &= x''_1, x''_2, \ldots \\ (x''') &= x'''_1, x'''_2, \ldots \\ &\ldots\ldots\ldots\ldots \end{aligned}$$

sagen wir, dass sie *stetig* in das Wertsystem

$$(x) = x_1, x_2, \ldots$$

übergehn, wenn die Limesgleichungen

$$\begin{aligned} \underset{n=\infty}{L} x_1^{(n)} &= x_1, \\ \underset{n=\infty}{L} x_2^{(n)} &= x_2, \\ &\ldots\ldots \end{aligned}$$

sämtlich bestehn. Eine Funktion $F(x)$ der unendlichvielen Variabeln $x_1, x_2, \ldots$ heisse *stetig,* wenn die Funktionswerte $F(x')$, $F(x'')$, $F(x''')$, ... allemal dem Funktionswerte $F(x)$ sich annähern, sobald die unendlichvielen Wertsysteme (x'), (x''), (x'''), ... in das Wertsystem (x) übergehn.

Auf Grund dieser Definition der Stetigkeit erkennen wir leicht, dass entsprechend dem Falle einer endlichen Variabelnzahl eine stetige Funktion von stetigen Funktionen stets wieder eine stetige Funktion wird. Vor Allem aber gilt die Tatsache, dass eine stetige Funktion unendlichvieler Variabler stets ein Minimum besitzen muss [3])—ein Satz, der uns wegen seiner Präzision, seiner Allgemeinkeit und seiner Anwendbarkeit als ein Ersatz für das bekannte DIRICHLET'*sche Prinzip* erscheint.

Was nun spezielle Funktionen der unendlichvielen Variabeln betrifft, so erkennen wir sofort, dass eine *lineare Funktion stets stetig* ist. Zwecks Definition der quadratischen Funktion seien

$$a_{pq} \qquad (p, q = 1, 2, \ldots)$$

---

3) Vgl. meine *vierte* Mitteilung S. 200 und meine *fünfte* Mitteilung S. 440 [Anm. [2])].

irgend welche Grössen von der Art, dass der Limes

$$\underset{n=\infty}{L} \sum_{(p,q=1,2,\ldots n)} a_{pq} x_p x_q$$

für alle Werte der Variabeln $x_1, x_2, \ldots$ existirt: alsdann bezeichnen wir diesen Limeswert mit

$$Q(x) = \sum_{(p,q=1,2,\ldots)} a_{pq} x_p x_q$$

und nennen ihn eine ***quadratische Funktion*** der unendlichvielen Variabeln $x_1, x_2, \ldots$. Eine quadratische Funktion ist im Allgemeinen nicht stetig, sondern kann nur in einem hier nicht näher zu erörternden Sinne als eine « besckränktstetige » Funktion der unendlichvielen Variabeln $x_1, x_2, \ldots$ angesehen werden; eine quadratische Funktion erweist sich jedoch sicher dann als stetig, wenn sie für irgend ein besonderes Wertsystem, beispielsweise für das Wertsystem

$$x_1 = 0, \quad x_2 = 0, \ldots$$

stetig ist.

Die eben definierten linearen und quadratischen Funktionen haben homogenen Charakter in den unendlichvielen Variabeln $x_1, x_2, \ldots$ und werden daher auch Formen genannt, während wir als lineare bez. quadratische Funktionen auch Summen von Konstanten, linearen bez. linearen und quadratischen Formen bezeichnen. Entsprechend lassen sich unmittelbar die Begriffe Bilinearform, lineare, orthogonale Transformation, Invariante u. s. f. einführen und durch Entwickelung dieser Begriffe und der aus denselben fliessenden Wahrheiten entsteht eine Theorie der Formen unendlichvieler Variabler—ein neues gewissermassen zwischen Algebra und Analysis vermittelndes Wissengebiet, das hinsichtlich seiner Methoden sich an die Algebra anlehnt, wegen der transzendenten Natur seiner Resultate dagegen der Analysis angehört.

Am wichtigsten sind die Sätze über quadratische und Bilinearformen [4]). Voran steht der Satz, *dass eine quadratische Form $Q(x)$, wenn sie stetig ist, stets durch eine orthogonale Transformation in die Summe der Quadrate der neuen Variabeln $x'_1, x'_2, \ldots$ transformiert werden kann* derart, dass

$$Q(x) = k_1 x_1'^2 + k_2 x_2'^2 + \cdots$$

wird, wo k_1, k_2, gewisse gegen Null konvergirende Konstante bedeuten. Aus diesem Sätze fliessen weitere Sätze und schliesslich folgt ein wichtiger Satz über die stetige Bilinearform, dessen wesentlicher Inhalt darauf hinausläuft, *dass ein gewisses aus der stetigen Bilinearform entspringendes System von unendlichvielen linearen Gleichungen mit unendlichvielen Unbekannten hinsichtich der Existenz und Anzahl seiner Lösungen alle Eigenschaften eines Systems von endlichvielen Gleichungen mit ebensovielen Unbekannten aufweist.*

Was die zur Begründung dieser Sätze erforderliche Beweisführung betrifft, so beruht dieselbe im Grunde auf dem vorhin genannten Satze von der Existenz des Minimums einer stetigen Funktion unendlichvieler Variabler und erscheint alsdann im weiteren

[4]) Vgl. meine *vierte* Mitteilung S. 201 [Anm. [2])].

Verlauf so einfach und natürlich, dass es nur nötig wird, die einzelnen zu passirenden Zwischenstationen in der richtigen Reihenfolge zu nennen, worauf jederman sogleich die verbindenden Schritte errät: man hat eben nur die bekannten Betrachtungsweisen aus der Theorie der quadratischen und bilinearen Formen mit endlicher Variablenzahl heranzuziehen und es ist, als ob diese Betrachtungsweisen erst hier in der Theorie der Formen mit unendlichvielen Variabeln ihre schönsten Triumphe feiern.

Nicht minder wichtig ist die Theorie der nur beschränktstetigen quadratischen Formen. Es zeigt sich, dass auch diese Formen eine analoge Darstellung gestatten: nur muss zu der unendlichen Summe von Quadraten linearer Formen wie eine solche schon bei der Darstellung stetiger quadratischer Formen auftrat noch ein gewisses Integral von Quatratsummencharakter hinzugefügt werden [5]).

Wenn nun auch die Theorie der Funktionen unendlichvieler reellen Variabler wie wir sie bisher kennen lernten von selbstständigem Interesse erscheint und ihr Studium an und für sich von Wert ist, so kommt es doch vor Allem auf die Erreichung ihres Hauptzieles an, das darin besteht, für die bekannten Probleme der Analysis, soweit sie sich auf die Lösung von Gleichungen zwischen Funktionen beziehen, einen zusammenfassenden Gesichtspunkt und eine einheitliche Beweismethode zu gewinnen.

Unter den bekannten Problemen der Analysis kommen vor Allem diejenigen Aufgaben in Frage, in denen es sich um die Bestimmung einer Funktion aus einer linearen transzendenten Relation handelt; das allgemeinste bisher behandelte Problem dieser Art ist das der linearen Integralgleichung; wir fassen etwa die Integralgleichung

$$f(s) = \varphi(s) + \int_{-\pi}^{+\pi} K(s, t)\varphi(t)\,dt$$

ins Auge, wo $f(s)$, $K(s, t)$ gegebene Funktionen und $\varphi(s)$ die gesuchte Funktion bedeutet. Um die vorhin genannten Sätze über die Auflösung unendlichvieler linearer Gleichungen auf jene Integralgleichung anzuwenden [6]), bedarf es zur Vermittelung irgendeines Systems von unendlichvielen stetigen Funktionen der Variabeln s

$$\varphi_1(s), \quad \varphi_2(s), \ldots,$$

[5]) Das hier bezeichnete wichtige Problem, dessen Behandlung ich in meiner in Anm. [2]) zitirten *vierten* Mitteilung aufgenommen habe, ist seitdem wesentlich in folgenden Arbeiten gefördert werden:

E. Hellinger und O. Toeplitz, *Grundlagen für eine Theorie der unendlichen Matrizen* [Nachrichten von der Kgl. Gesellschaft der Wissenschaften zu Göttingen, Mathematisch-physikalische Klasse, Jahrgang 1906, S. 351-355].

O. Toeplitz, *Die Jacobi'sche Transformation der quadratischen Formen von unendlichvielen Veränderlichen* [Ibid., Jahrgang 1907, S. 101-109].

O. Toeplitz, *Zur Transformation der Scharen bilinearer Formen von unendlichvielen Veränderlichen* [Ibid., Jahrgang 1907, S. 110-115].

E. Hellinger, *Die Orthogonalinvarianten quadratischer Formen von unendlichvielen Variablen.* Inaugural-Dissertation (Göttingen 1907).

E. Schmidt, *Über die Auflösung linearer Gleichungen mit unendlich vielen Unbekannten* [Rendiconti del Circolo Matematico di Palermo, Bd. XXV (1. Semester 1908), S. 53-77].

[6]) Vgl. meine *fünfte* Mitteilung S. 442 [Anm. [2])].

die die « Orthogonalitätseigenschaft »

$$\int_{-\pi}^{+\pi} \varphi_p(s)\varphi_q(s)ds = 0 \qquad (p \neq q),$$

$$\int_{-\pi}^{+\pi} (\varphi_p(s))^2 ds = 1$$

besitzen und die überdies die « Vollständigkeits-Relation »

$$\int_{-\pi}^{+\pi} (u(s))^2 ds = \left\{\int_{-\pi}^{+\pi} u(s)\varphi_1(s)ds\right\}^2 + \left\{\int_{-\pi}^{+\pi} u(s)\varphi_2(s)ds\right\}^2 + \cdots$$

identisch für jede stetige Funktion $u(s)$ erfüllen. Solch ein Funktionensystem lässt sich für ein gegebenes Intervall oder Intervallsystem sowie überhaupt für jeden Integrationsbereich stets leicht konstruiren; dasselbe möge ein *orthogonales vollständiges Funktionensystem des Bereiches* heissen. Im vorliegenden Falle bilden die Cosinus und Sinus der ganzen Vielfachen von s ein orthogonales vollständiges Funktionensystem.

Bringen wir nun in jener Integralgleichung für die unbekannte Funktion den formalen Ansatz

$$\varphi(s) = x_1\varphi_1(s) + x_2\varphi_2(s) + \cdots$$

und für die gegebenen Funktionen $f(s)$, $K(s, t)$ entsprechende Ansätze zur Verwendung, so erhalten wir auf einfache Weise und in vollkommnerer Form sämtliche bisher gefundenen Resultate über jene Integralgleichung, *nämlich die Lösungsmethode von* NEUMANN, *die Sätze von* FREDHOLM *und die von mir entwickelte Theorie der Integralgleichung mit symmetrischem Kern, insbesondere die Existenz der Eigenwerte und die Entwickelbarkeit einer willkürlichen Funktion nach Eigenfunktionen* [7]).

Auf Grund dieser Sätze gelingt es sehr allgemeine Randwertaufgaben in der Theorie der linearen Differentialgleichungen mit einer oder mehreren unabhängigen Variabeln zu lösen [8]) und zwar sowohl solche Randwertaufgaben, bei denen überhaupt nach Lösungen gegebener Differentialgleichungen mit gegebenen Randwertbedingungen gefragt wird — Probleme, die ich als streng lineare bezeichnen möchte —, als auch solche Randwertaufgaben, bei denen es sich darum handelt, einen in der Differentialgleichung oder in den Randwertbedingungen linear vorkommenden Parameter derart zu bestimmen, dass eine nichtverschwindende Lösung vorhanden ist — Probleme, die ich als einparametrig bilineare bezeichnen möchte. Die Theorie der Eigenwerte und die Sätze über Entwickelbarkeit nach Eigenfunktionen kommen unmittelbar zur Geltung bei den Randwertproblemen der letzteren Art, während die Probleme ersterer Art zur Lösung wichtiger auf RIEMANN zurückgehender Aufgaben aus der Theorie der kom-

7) Vgl. meine *fünfte* Mitteilung S. 452-462 [Anm. [2])].

8) Vgl. meine *zweite* Mitteilung über die *Grundzüge einer allgemeinen Theorie der linearen Integralgleichungen* [Nachrichten von der Kgl. Gesellschaft der Wissenschaften zu Göttingen, Mathematisch-physikalische Klasse, Jahrgang 1904, S. 213-259].

plexen Variabeler führen, beispielsweise *zum Nachweis der Existenz linearer Differentialgleichungen mit vorgeschriebener Monodromiegruppe* [9]).

Dennoch möchte ich innerhalb des Reiches der Analysis der unendlichvielen Variabeln die Theorie der Integralgleichungen nur als eine wichtige Station bezeichnen, von der aus mannigfache Zugänge in die Theorie der Randwertprobleme führen, die aber nicht notwendig passirt werden muss. Bedienen wir uns nämlich wie oben zur Vermittelung der orthogonalen vollständigen Funktionensystems

$$\begin{aligned} \varphi_1 &= 1, \\ \varphi_2 &= \cos s, \\ \varphi_3 &= \sin s, \\ \varphi_4 &= \cos 2s, \\ \varphi_5 &= \sin 2s, \\ &\ldots\ldots \end{aligned}$$

und bedenken dann, dass durch Differentiation des Ansatzes

$$\varphi(s) = x_1 + x_2 \cos s + x_3 \sin s + x_4 \cos 2s + x_5 \sin 2s + \cdots$$

formal

$$\begin{aligned} \frac{d\varphi(s)}{ds} &= -x_2 \sin s + x_3 \cos s - 2x_4 \sin 2s + 2x_5 \cos 2s + \cdots \\ &= x'_1 + x'_2 \cos s + x'_3 \sin s + x'_4 \cos 2s + x'_5 \sin 2s + \cdots \end{aligned}$$

entsteht, so sehen wir, dass der Prozess der Differentiation einer willkürlichen Funktion nach der Variabeln s der linearen Transformation

$$\begin{aligned} x'_1 &= 0, \\ x'_2 &= x_3, \\ x'_3 &= -x_2, \\ x'_4 &= 2x_5, \\ x'_5 &= -2x_4, \\ &\ldots\ldots \end{aligned}$$

der unendlichvielen Variabeln $x_1, x_2, \ldots$ in die unendlichvielen Variabeln $x'_1, x'_2, \ldots$ gleichkommt. So bietet sich, wie man aus dieser Andeutung entnehmen kann, der Vorteil, die Probleme der Theorie der linearen Differentialgleichungen ohne Hülfe einer Integralgleichung direkt durch die Methode der unendlichvielen Variabeln in Angriff zu nehmen.

Die Methode der unendlichvielen Variabeln erscheint vollends wie geschaffen zur Anwendung auf die Variationsrechnung. In der Tat, in der Variationsrechnung

9) Vgl. meine *dritte* Mitteilung über die *Grundzüge einer allgemeinen Theorie der linearen Integralgleichungen* [Nachrichten von der Kgl. Gesellschaft der Wissenschaften zu Göttingen, Mathematisch-physikalische Klasse, Jahrgang 1905, S. 307-338], und meine demnächst erscheinende 6te Note über denselben Gegenstand.

wird nach einer Funktion $\varphi(s)$ gefragt, die eine in gegebener Weise von dieser Funktion $\varphi(s)$ abhängige Grösse zum Minimum macht. Durch Vermittelung eines orthogonalen vollständigen Funktionensystems $\varphi_1(s)$, $\varphi_2(s)$, ..., indem man sich des Ansatzes

$$\varphi(s) = x_1\varphi_1(s) + x_2\varphi_2(s) + \cdots$$

bedient, geht jenes Problem, wie man sieht, in das Problem über, die Werte der unendlichvielen Variabeln x_1, x_2, ... so zu bestimmen, dass eine gegebene Funktion derselben zum Minimum wird; das Variationsproblem verwandelt sich also in eine Minimumsaufgabe die dem Bereich der Differentialrechnung der Funktionen unendlichvieler Variabler angehört [10]).

Die hier zu Tage tretende Auffassung der Variationsrechnung als einer Differentialrechnung der Funktionen unendlichvieler Variabler erscheint mir in mehrfacher Hinsicht von Wichtigkeit: es zeigt sich nämlich, dass auf Grund dieser Auffassung nicht nur die bekannten Tatsachen der Variationsrechnung wiedergewonnen und erweitert werden können, sondern es bahnt sich hier auch ein Weg an, auf welchem man zugleich zu einer wesentlichen Verallgemeinerung der Fragestellungen in der Variationsrechnung gelangen kann.

In der Differentialrechnung wird nämlich gelehrt, dass man durch Nullsetzen der ersten Ableitung einer Funktion zweier Variabler nicht blos die Minima und Maxima der Funktion, sondern auch die Sattelpunkte der durch die Funktion dargestellten Fläche findet, und es werden zugleich die Bedingungen für das Auftreten eines solchen Sattelpunktes erörtert. Dementsprechend entsteht in der Variationsrechnung, wenn eine Grösse gegeben ist, die von einer Funktion und einem Parameter (oder von zwei Funktionen) abhängt, die Aufgabe, die Funktion und den Parameter (bez. die zwei Funktionen) derart zu bestimmen, dass der Minimalwert, den die gegebene Grösse bei festgehaltenem Parameter (bez. einer festgehaltenen Funktion) annimmt zum Maximum wird. Diese Aufgabe gestattet eine völlig entsprechende Behandlung, wie die übliche Frage nach dem Minimum der gegebenen Grösse und sie ist von besonderer Wichtigkeit, da durch sie die Lösung des Oszillationsproblems in der Theorie. der linearen Differentialgleichungen mit mehreren linear vorkommenden Parametern möglich ist — eines Problems, welches ich im Anschluss an meine frühere Bezeichnungsweise ein mehrparametrigbilineares Problem nennen möchte. Diese Andeutungen mögen genügen, um darzutun, dass auch das in der Theorie der linearen Differentialgleichungen so wichtige Oszillationstheorem in den Bereich der Methode der unendlichvielen Variabeln fällt.

Wir haben bisher nur lineare und gewisse bilineare transzendente Probleme behandelt. Um allgemeinere transzendente Probleme mittelst der Methode der unendlichvielen Variabeln in Angriff zu nehmen, ist es zuvor notwendig, die Theorie der Funktionen

---

[10]) Eine Anwendung der Theorie der Funktionen unendlichvieler Variabler auf die Variationsrechnung findet man in der Inaugural-Dissertation von William DeWese Cairns: *Die Anwendung der Integralgleichungen auf die zweite Variation bei isoperimetrischen Problemen* (Göttingen 1907).

unendlichvieler Variabeln weiter zu entwickeln und dies geschieht vor Allem durch Einführung des Begriffes der *analytischen* Funktion [11]) von unendlichvielen Variabeln.

Bei unserer bisherigen Behandlung der linearen, quadratischen und bilinearen Funktionen unendlichvieler Variabler bedeuteten die Koeffizienten sowie die Variabeln stets reelle Grössen und den Variabeln war überdies die Bedingung auferlegt, dass sie eine endliche Quadratsumme besitzen sollen; diese Einschränkungen lassen wir nunmehr fortfallen: wir verstehen unter einer Potenzreihe der unendlichvielen Variabeln einen Ausdruck von der Gestalt

$$(1)\qquad \mathfrak{P}(x_1, x_2, \ldots) = c + \sum_{(p)} c_p x_p + \sum_{(p,q)} c_{pq} x_p x_q + \sum_{(p,q,r)} c_{pqr} x_p x_q x_r + \cdots$$
$$(p, q, r = 1, 2, 3, \ldots),$$

wo $c, c_p, c_{pq}, c_{pqr}, \ldots$ irgendwelche gegebene reelle oder komplexe Grössen und x_1, $x_2, x_3, \ldots$ die Variabeln bedeuten, die ebenfalls reelle oder komplexe Werte annehmen dürfen. Wenn nun jener Ausdruck für ein gewisses System von reellen oder komplexen Grössen, von denen keine verschwindet,

$$x_1 = \varepsilon_1, \quad x_2 = \varepsilon_2, \quad x_3 = \varepsilon_3, \ldots$$

absolut konvergirt, so findet absolute Konvergenz jener Potenzreihe $\mathfrak{P}(x_1, x_2, \ldots)$ gewiss für alle diejenigen reellen oder komplexen Werte der Variabeln $x_1, x_2, x_3, \ldots$ statt, die den Ungleichungen

$$(2)\qquad |x_1| \leqq |\varepsilon_1|, \quad |x_2| \leqq |\varepsilon_2|, \quad |x_3| \leqq |\varepsilon_3|, \ldots$$

genügen: wir sagen, dass die Potenzreihe $\mathfrak{P}(x_1, x_2, \ldots)$ eine analytische Funktion F der unendlichvielen Variabeln $x_1, x_2, x_3, \ldots$ in der durch (2) definirten *Umgebung* der Stelle $x_1 = 0, x_2 = 0, x_3 = 0, \ldots$ darstellt.

Um zu einem Kriterium zu gelangen, welches zu entscheiden gestattet, ob ein beliebig vorgelegter Ausdruck

$$(3)\qquad c + \sum_{(p)} c_p x_p + \sum_{(p,q)} c_{pq} x_p x_q + \sum_{(p,q,r)} c_{pqr} x_p x_q x_r + \cdots$$
$$(p, q, r = 1, 2, 3, \ldots)$$

eine analytische Funktion F der unendlichvielen Variabeln $x_1, x_2, \ldots$ darstellt, denken wir uns für jeden Wert von n in jenem Ausdrucke die Variabeln $x_{n+1}, x_{n+2}, x_{n+3}, \ldots$ sämtlich Null gesetzt: der so entstehende Ausdruck in den n Variabeln $x_1, x_2, \ldots, x_n$ heisse *der n^{te} Abschnitt* von (3); giebt es nun eine Umgebung, in der für jeden Wert von n der n^{te} Abschnitt eine absolut konvergente Potenzreihe der n Variabeln $x_1, \ldots, x_n$ ist, und die Werte dieser sämtlichen Potenzreihen überdies absolut unterhalb einer von n unabhängigen Grenze bleiben, so heisse jener Ausdruck *in dieser Umgebung beschränkt.* Es gilt der Satz, das jeder in einer Umgebung beschränkte Ausdruck (3) daselbst eine analytische Funktion der unendlichvielen Variabeln $x_1, x_2, x_3, \ldots$ darstellt. Bleiben

---

[11]) Der Begriff der analytischen Funktion unendlichvieler Variabler kommt schon bei HELGE VON KOCH, *Sur les systèmes d'ordre fini d'équations différentielles* [Öfversigt af Kongl. Svenska Vetenskaps-Akademiens Forhandlingar, Bd. LVI (1899), S. 395-411] vor.

insbesondere die Dimensionen der Glieder in einem Ausdrucke (3) unterhalb einer endlichen Grenze d. h. kommen jene Summen $\sum$ nur in endlicher Anzahl vor, so heisst der Ausdruck ganz und rational. Aus dem eben genannten Satz lässt sich folgern, dass ein ganzer rationaler Ausdruck in einer gewissen Umgebung stets eine analytische Funktion darstellt; dieselbe heisse eine *ganze rationale* Funktion der unendlichvielen Variabeln.

Ich führe einige Beispiele analytischer Funktionen unendlichvieler Variabler an.

Die HILL'sche Determinante, wie sie bei der Auflösung gewisser linearer Gleichungssysteme mit unendlichvielen Unbekannten eine Rolle spielt:

$$\begin{vmatrix} 1+x_{11} & x_{12} & x_{13} & \cdots \\ x_{21} & 1+x_{22} & x_{23} & \cdots \\ x_{31} & x_{32} & 1+x_{33} & \cdots \\ \cdots & \cdots & \cdots & \cdots \end{vmatrix}$$

ist eine analytische Funktion der unendlichvielen Variabeln $x_{11}, x_{12}, x_{13}, x_{21}, x_{22}, x_{23}, \ldots$.

Ein anderes Beispiel erhalten wir, wenn wir aus der Gleichung

$$y = x_1 + x_2 y^2 + x_3 y^3 + x_4 y^4 + \cdots$$

y als Potenzreihe in $x_1, x_2, x_3, \ldots$ berechnen wie folgt:

$$y = x_1 + x_1^2 x_2 + x_1^3 x_3 + 2 x_1^3 x_2^2 + x_1^4 x_4 + \cdots;$$

es lässt sich dann leicht mit Hülfe der Majorantenmethode der Nachweis führen, dass diese Potenzreihe in einer gewissen Umgebung der Stelle

$$x_1 = 0, \quad x_2 = 0, \quad x_3 = 0, \ldots$$

konvergirt, d. h. y ist eine analytische Funktion von $x_1, x_2, x_3, \ldots$.

Bedeutet, um ein drittes Beispiel zu gewinnen,

$$\mathfrak{P}(x, y) = u_{00} + u_{10} x + u_{01} y + u_{20} x^2 + u_{11} xy + u_{02} y^2 + \cdots$$

eine Potenzreihe der beiden Variabeln x, y und $u_{00}, u_{10}, u_{01}, u_{20}, \ldots$ deren Koeffizienten, so erweist sich diejenige Lösung y der Differentialgleichung

$$\frac{dy}{dx} = \mathfrak{P}(x, y)$$

die für $x = 0$ verschwindet, als eine analytische Funktion der unendlichvielen Variabeln $x, u_{00}, u_{10}, u_{01}, u_{20}, \ldots$, so dass also die Integrale einen analytischen Differentialgleichung bei analytischer Nebenbedingung sich auch als analytische Funktionen der sämtlichen in Betracht kommenden Koeffizienten ergeben.

Es handelt sich weiterhin vor Allem darum, die wichtigsten Begriffe und Sätze der Theorie der analytischen Funktionen mit endlicher Variabelnzahl auf die Theorie der analytischen Funktionen mit unendlichvielen Variabeln zu übertragen.

Zunächst ist klar, dass der in der Theorie der Funktionen endlichvieler Variabler wohl bekannte Satz, dass alle Koeffizienten einer Potenzreihe gleich Null sind, wenn die Funktion an jeder Stelle einer Umgebung verschwindet, in dieser Theorie richtig bleibt; denn die Abschnitte dieser Funktion, die Potenzreihen endlichvieler Variabler sind, müssen ebenfalls identisch verschwinden; folglich sind alle ihre Koeffizienten Null.

Alsdann versuchen wir die Methode der Fortsetzung einer Potenzreihe auf unendlichviele Variable zu übertragen.

Bedeutet $a_1, a_2, \ldots$ eine Stelle, die in die Umgebung (2) der Potenzreihe $\mathfrak{P}(x_1, x_2, \ldots)$ fällt und ordnen wir dann

$$\mathfrak{P}(y_1 - a_1, y_2 - a_2, \ldots)$$

nach Potenzen von $y_1, y_2, \ldots$, wie (3) nach Potenzen von $x_1, x_2, \ldots$ geordnet ist, so konvergirt die entstehende Potenzreihe $\mathfrak{Q}(y_1, y_2, \ldots)$ stets in einer gewissen Umgebung

$$|y_1| \leqq |\eta_1|, \quad |y_2| \leqq |\eta_2|, \quad |y_3| \leqq |\eta_3|, \ldots$$

der Stelle $y_1 = 0$, $y_2 = 0$, $y_3 = 0, \ldots$. Die durch $\mathfrak{P}$ und $\mathfrak{Q}$ dargestellten Funktionen stimmen an den gemeinschaftlichen Konvergenzstellen mit einander überein. Für diejenigen Stellen, an denen $\mathfrak{P}(x_1, x_2, \ldots)$ nicht, wohl aber $\mathfrak{Q}(y_1, y_2, \ldots)$ konvergirt, liefert diese Potenzreihe die analytische *Fortsetzung* der durch $\mathfrak{P}(x_1, x_2, \ldots)$ definirten analytischen Funktion F.

Hierzu füge ich noch eine Bemerkung hinzu. In der Theorie der Funktionen einer Veränderlichen wird folgender Satz bewiesen: Ist $\mathfrak{P}(x)$ eine in einem bestimmten Kreise um den Nullpunkt konvergente Potenzreihe und $f(y)$ eine in der Umgebung der Stelle $y = 0$ umkehrbar eindeutige reguläre analytische Funktion, und entwickeln wir $\mathfrak{P}(f(y))$ nach Potenzen von y, so kann diese Potenzreihe auch an einer solchen Stelle $y = y_0$ konvergieren, dass $x_0 = f(y_0)$ nicht in den Konvergenzkreis der Potenzreihe $\mathfrak{P}(x)$ fällt. Dann stellt die Potenzreihe $\mathfrak{P}(f(y))$ in der Umgebung der Stelle $y = y_0$, als Funktion von x betrachtet, die analytische Fortsetzung von $\mathfrak{P}(x)$ in der Umgebung der Stelle $x = x_0$ dar. Dieser Satz, der für Funktionen endlichvieler Variabler ebenfalls gilt, ist in der Theorie der Funktionen unendlichvieler Veränderlichen nicht mehr richtig; man erkennt dies an dem folgendem Beispiele: Die lineare Funktion:

$$L(x) = x_1 + x_2 + x_3 + \cdots$$

ist nach der obigen Definition der analytischen Fortsetzung eindeutig und nicht über den ursprünglichen Konvergenzbereich fortsetzbar. Setzen wir aber $y_1 = x_1 + x_2$, $y_2 = x_2$, $y_3 = x_3 + x_4$, $y_4 = x_4$, $y_5 = x_5 + x_6, \ldots$, so wird $L(x) = y_1 + y_2 + \cdots$, und diese Reihe konvergiert z. B. auch noch für $x_1 = 1$, $x_2 = -1$, $x_3 = 1$, $x_4 = -1, \ldots$ und liefert den Wert 0, obwohl bis an diese Stelle die ursprüngliche Funktion nicht fortsetzbar ist. Wollte man diesem Umstande Rechnung tragen, indem man den Begriff der Fortsetzung entsprechend allgemeiner definirt, so müsste man die Eindeutigkeit der Funktion $L(x)$ preisgeben. In der Tat durch die Substitution $z_1 = x_1$, $z_2 = x_2 + x_3$, $z_3 = x_3$, $z_4 = x_4 + x_5$, $z_5 = x_5, \ldots$ geht $L(x)$ in $z_1 + z_2 + z_4 + \cdots$ über und liefert für die Stelle $x_1 = 1$, $x_2 = -1$, $x_3 = 1$, $x_4 = -1, \ldots$ den Wert 1, während wir früher den Wert 0 erhalten haben.

Um eine Anwendung von dem Begriffe der Fortsetzung einer analytischen Funktion unendlichvieler Variabler zu machen, will ich ein Beispiel einer solchen Funktion angeben, die nebst ihren analytischen Fortsetzungen alle Werte eines reellen Intervalles anzunehmen fähig ist. Es ist nämlich offenbar die Funktion

$$F(x_1, x_2, \ldots) = \frac{1}{2}\sqrt{1-x_1} + \frac{1}{2^2}\sqrt{1-x_2} + \frac{1}{2^3}\sqrt{1-x_3} + \frac{1}{2^4}\sqrt{1-x_4} + \cdots$$

in eine Potenzreihe nach $x_1, x_2, x_3, \ldots$ entwickelbar, welche gewiss in der Umgebung

$$|x_1| \leqq \tfrac{1}{2}, \quad |x_2| \leqq \tfrac{1}{2}, \quad |x_3| \leqq \tfrac{1}{2}, \ldots$$

absolut konvergirt; es ist

$$F(0, 0, \ldots) = \frac{1}{2} + \frac{1}{2^2} + \frac{1}{2^3} + \cdots = 1.$$

Lassen wir nun irgend eine der komplexen Variabeln x_p einen den Punkt 1 einschliessenden Weg ausführen, so tritt in der obigen unendlichen Reihe für $F(x_1, x_2, \ldots)$ an Stelle des Gliedes $+\frac{1}{2^p}\sqrt{1-x_p}$ entgegengesetzte Wert $-\frac{1}{2^p}\sqrt{1-x_p}$ ein, und die entsprechende Fortsetzung der analytischen Funktion $F(x_1, x_2, \ldots)$ nimmt mithin an der Stelle $x_1 = 0$, $x_2 = 0$, $x_3 = 0, \ldots$ den Wert

$$\frac{1}{2} + \frac{1}{2^2} + \frac{1}{2^3} + \cdots - \frac{1}{2^p} + \cdots$$

an. Lassen wir irgend welche Systeme der komplexen Variabeln $x_1, x_2, \ldots$ den Punkt 1 umkreisen, so erkennen wir, dass die Fortsetzungen der analytischen Funktion $F(x_1, x_2, \ldots)$ jeden Wert von der Form

$$\pm \frac{1}{2} \pm \frac{1}{2^2} \pm \frac{1}{2^3} \pm \cdots$$

annehmen können d.h. die analytische Funktion $F(x_1, x_2, \ldots)$ nimmt an der Stelle $x_1 = 0$, $x_2 = 0$, $x_3 = 0, \ldots$ jeden reellen zwischen -1 und $+1$ gelegenen Wert wirklich an. Diese Tatsache ist desshalb bemerkenswert, weil damit gezeigt ist, *dass eine analytische Funktion von unendlichvielen Variabeln kontinuirlich-vieldeutig sein kann,* während eine analytische Funktion von einer endlichen Anzahl von Variabeln nach einem bekannten von VOLTERRA und POINCARÉ bewiesenen Satze stets nur abzählbar-vieldeutig ist.

Es gilt der Satz, dass eine *analytische Funktion von unendlichvielen Variabeln an jeder Stelle relatif zu jeder Umgebung dieser Stelle stets eine stetige Funktion ist;* d. h. wenn die sämtlich in der Umgebung der Stelle $a_1, a_2, \ldots$ liegenden Wertsysteme

$$a_1^{(p)}, \quad a_2^{(p)}, \ldots \qquad (p = 1, 2, 3, \ldots)$$

gegen das Wertsystem $a_1, a_2, \ldots$ konvergiren, so konvergiren die entsprechenden Werte der analytischen Funktion stets gegen den Wert, den sie an der Stelle $a_1, a_2, \ldots$ besitzt. Dagegen erweist sich eine analytische Funktion von unendlichvielen Variabeln keineswegs relativ zu irgend einem Bereiche als stetig.

Aus diesem Satze folgt unmittelbar die folgende Tatsache: Konvergirt die Potenzreihe $\mathfrak{P}(x_1, x_2, \ldots)$ in der Umgebung $|x_1| \leqq \varepsilon_1$, $|x_2| \leqq \varepsilon_2, \ldots$, so ist die dargestellte

Funktion in dieser Umgebung beschränkt. In der Tat liefert das Maximum des Betrages der Funktion eine obere Grenze für die Beträge ihrer Abschnitte. Dieser Satz ist eine Umkehrung des Satzes S. 67.

Ebensowie das Statthaben der Stetigkeit einer Funktion von unendlichvielen Variabeln wesentlich durch die Festsetzung der Nachbarschaft, die in Betracht gezogen werden soll, bedingt ist, so hängt auch der Begriff des Maximums oder Minimums einer analytischen Funktion von unendlichvielen Variabeln an einer Stelle wesentlich von der Abgrenzung der Nachbarschaft ab, die als Vergleichsstellen herangezogen werden sollen, und daher kommt es, dass bei einer Potenzreihe von unendlichvielen Variabeln das Verhalten der Glieder zweiter Dimension für das Eintreten eines Maximums oder Minimums nicht in derselben Weise, wie bei einer analytischen Funktion mit endlicher Variabelnzahl den Ausschlag giebt.

Als Beispiel diene die Potenzreihe

$$\frac{x_1^2}{1^2}+\frac{x_2^2}{2^2}+\frac{x_3^2}{3^2}+\cdots-\frac{x_1^3}{1}-\frac{x_2^3}{2}-\frac{x_3^3}{3}-\cdots,$$

die für alle reellen der Bedingung

$$(4)\qquad x_1^2+x_2^2+x_3^2+\cdots\leqq 1$$

genügenden Wertsysteme absolut konvergirt und überdies eine relativ zu diesem Gebiete (4) stetige Funktion darstellt. Obwohl die Glieder zweiter Dimension positiv definit sind und nur verschwinden für

$$x_2=0,\quad x_2=0,\quad x_3=0,\ \ldots,$$

so tritt doch an dieser Stelle kein Minimum ein, selbst nicht relativ zu einer Umgebung der Stelle; denn für

$$x_1=0,\quad x_2=0,\ \ldots\quad x_{n-1}=0,\quad x_n=\frac{2}{n},\quad x_{n+1}=0,\ \ldots$$

erhält die Funktion den negativen Wert

$$\frac{2^2}{n^4}-\frac{2^3}{n^4}=-\frac{2^2}{n^4}.$$

Ein anderes Beispiel ist die durch die Potenzreihe

$$x_1^2+x_2^2+x_3^2+\cdots-2x_1^3-2x_2^3-2x_3^3-\cdots$$

in demselben Gebiete (4) dargestellte Funktion; dieselbe besitzt an der Stelle

$$x_1=0,\quad x_2=0,\quad x_3=0,\ \ldots$$

kein Minimum relativ zu jenem Gebiete (4), da ja die Einsetzung von

$$x_1=0,\quad x_2=0,\ \ldots,\ x_{n-1}=0,\quad x_n=1,\quad x_{n+1}=0,\ \ldots$$

negative Werte liefert. Dagegen findet an jener Stelle das Minimum statt relativ zu der Umgebung

$$|x_1|\leqq\tfrac{1}{2},\quad |x_2|\leqq\tfrac{1}{2},\quad |x_3|\leqq\tfrac{1}{2},\ \ldots;$$

denn für alle diesen Ungleichungen genügenden reellen Werte der Variabeln, fällt wegen

$$x_n^2-2x_n^3>0$$

die Funktion gewiss positiv aus.

Die eben erläuterten Vorkommnisse erinnern uns an die bekannten analogen Tatsachen in der Theorie der zweiten Variation—wie ja auch in der Variationsrechnung gelehrt wird, dass ein bestimmtes Integral für eine gewisse Kurve nicht zum Minimum wird, wenn wir alle in genügender Nähe der Kurve verlaufenden Kurven zum Vergleich heranziehen, dagegen das Minimum des Integrals für jene Kurve sehr wohl stattfindet, wenn wir nur solche Kurven zum Vergleich zulassen, deren Tangenten sich von den Tangenten jener Kurve genügend wenig unterscheiden.

Mit Benutzung des vorhin genannten Satzes, demzufolge eine analytische Funktion relatif zu jeder Umgebung stetig ist, gelingt es dann die grundlegende Tatsache zu erkennen, *dass eine analytische Funktion von unendlichvielen analytischen Funktionen unendlichvieler Variabeler wiederum eine analytische Funktion dieser Variabeln wird.*

Um diesen Satz zu beweisen, betrachten wir die Potenzreihe

$$\mathfrak{P}(x_1, x_2, \ldots) = \sum C_{n_1 \ldots n_k} x_1^{n_1} \ldots x_k^{n_k},$$

die in einer Umgebung der Stelle $x_1 = 0$, $x_2 = 0$, ... etwa für die Wertsysteme:

$$|x_1| \leqq 1, \quad |x_2| \leqq 1, \ldots$$

absolut konvergiert; ferner seien:

$$x_1 = x_1(\xi_1, \xi_2, \ldots), \quad x_2 = x_2(\xi_1, \xi_2, \ldots), \ldots$$

solche unendlichviele Potenzreihen der Variablen $\xi_1, \xi_2, \ldots$, die alle in der Umgebung:

$$|\xi_1| \leqq \alpha_1, \quad |\xi_2| \leqq \alpha_2, \ldots$$

—unter $\alpha_1, \alpha_2, \ldots$ gewisse positive Konstante verstanden — absolut konvergiren und in dieser Umgebung dem Betrage nach kleiner als 1 bleiben. Durch Anwendung dieser Substitution geht die Funktion $\mathfrak{P}(x_1, x_2, \ldots)$ in eine Funktion der $\xi_1, \xi_2, \ldots$ über:

$$\mathfrak{P}\big(x_1(\xi), x_2(\xi), \ldots\big) = F(\xi_1, \xi_2, \ldots),$$

und wir wollen zeigen, dass dies eine analytische Funktion von $\xi_1, \xi_2, \ldots$ ist. Jedes Glied der Potenzreihe $\mathfrak{P}$ ist ein Produkt endlichvieler Faktoren, die absolut konvergente Potenzreihen von $\xi_1, \xi_2, \ldots$ sind. Nach dem Satze über die Multiplikation absolut konvergenter Reihen folgt daraus, dass jedes Glied von $\mathfrak{P}$ in eine analytische Funktion von $\xi_1, \xi_2, \ldots$ übergeht und kleiner als 1 bleibt. Mit anderen Worten: $F(\xi_1, \xi_2, \ldots)$ ist eine Summe absolut konvergenter Potenzreihen:

$$F(\xi_1, \xi_2, \ldots) = C_1 X_1(\xi_1, \xi_2, \ldots) + C_2 X_2(\xi_1, \xi_2, \ldots) + \cdots,$$

wobei die $C_1, C_2, \ldots$ die Koeffizienten der Potenzreihe $\mathfrak{P}(x_1, x_2, \ldots)$ sind. Zufolge unserer Annahme muss die Summe der Beträge dieser Koeffizienten endlich bleiben. Daraus folgt aber, dass die Funktion $F(\xi_1, \xi_2, \ldots)$ in der betrachteten Umgebung $|\xi_p| \leqq \alpha_p$ beschränkt ist. Wir wollen nun den n-ten Abschnitt dieser Funktion:

$$[F]_n = C_1[X_1]_n + C_2[X_2]_n + \cdots$$

betrachten. Da die $X_1, X_2, \ldots$ absolut genommen kleiner als 1 bleiben, so ist $[F]_n$ als Summe einer gleichmässig konvergenten Reihe, deren Glieder analytische Funktionen von $\xi_1, \xi_2, \ldots, \xi_n$ sind, eine analytische Funktion dieser Veränderlichen. Wir können daher formal eine Potenzreihe der unendlichvielen Variablen $\xi_1, \xi_2, \ldots$ bilden, die so beschaffen ist, dass ihre Abschnitte mit den Abschnitten der Funktion $F(\xi_1, \xi_2, \ldots)$ übereinstimmen und ausserdem in der Umgebung $|\xi_1| \leqq \alpha_1$, $|\xi_2| \leqq \alpha_2, \ldots$ beschränkt ist. Daraus folgt aber, dass die so konstruierte Potenzreihe in einer bestimmten Umgebung absolut konvergirt und eine analytische Funktion darstellt. Um die Identität dieser analytischen Funktion mit der Funktion $F(\xi_1, \xi_2, \ldots)$ zu konstatieren, bemerken wir, dass beide Funktionen stetig sind und daher an jeder Stelle mit dem Grenzwerte ihrer Abschnitte, die bei den beiden Funktionen dieselben sind, übereinstimmen.

Eine der wichtigsten Aufgaben unserer Theorie besteht in der Lösung gegebener analytischer Gleichungen zwischen unendlichvielen Variabeln. Sind diese Gleichungen linear, so finden die zu Anfang dieses Vortrages genannten Sätze in geeigneter Modifikation Anwendung. Aber auch im Falle nichtlinearer Gleichungen lassen sich allgemeine Sätze gewinnen. Als Beispiel diene der folgende die Umkehrung eines Gleichungssystems betreffende Satz [12]):

Es sei das Gleichungssystem

$$\begin{aligned} y_1 &= x_1 + \mathfrak{P}_1(x_1, x_2, \ldots), \\ y_2 &= x_2 + \mathfrak{P}_2(x_1, x_2, \ldots), \\ y_3 &= x_3 + \mathfrak{P}_3(x_1, x_2, \ldots), \\ &\ldots\ldots\ldots\ldots\ldots \end{aligned}$$

vorgelegt, wo allgemein $\mathfrak{P}_n(x_1, x_2, \ldots)$ eine Potenzreihe der unendlichvielen Variabeln $x_1, x_2, \ldots$ sein möge, die keine linearen Glieder enthält und deren Koeffizienten sämtlich absolut unterhalb der endlichen Grenze M_n bleiben; ferner sei die Summe

$$M_1 + M_2 + M_3 + \cdots$$

endlich: dann giebt es für die Grössen $x_1, x_2, \ldots$ ein eindeutig bestimmter System von absolut konvergenten Potenzreihen der Variabeln $y_1, y_2, \ldots$, die die analytischen Auflösungen jenes Gleichungssystems darstellen.

Wir haben damit die mannigfachen Anwendungen aufgezählt, die die Analysis der unendlichvielen Variabeln auf die Theorie der Integralgleichungen, der Differentialgleichungen, auf die Funktiontheorie und die Variationsrechnung gestattet und wir haben gesehen, dass uns die Methode der unendlichvielen Variabeln einen Standpunkt einzunehmen gestattet, von dem aus die schwierigeren Fragen jener Theorien näher aneinandergerückt und dadurch in ihren Verkettungen übersichtlicher gruppirt erscheinen.

Der Analysis der unendlichvielen Variabeln fällt aber noch eine Aufgabe zu, die von prinzipiellem Standpunkte aus als eine noch höhere bezeichnet werden kann, wie es die Förderung einzelner Disziplinen ist.

[12]) Vgl. Helge von Koch, *Sur les fonctions implicites définies par une infinité d'équations simultanées* [Bulletin de la Société Mathématique de France, Bd. XXVII (1899), S. 215-227]. Dieser Satz stimmt auch wesentlich mit einem von E. Schmidt für Integralgleichungen bewiesenen Satze überein {E. Schmidt, *Zur Theorie der linearen und nichtlinearen Integralgleichungen.* III. Teil [Mathematische Annalen, Bd. LXV (1908), S. 370-399]}.

Bei gewissen modernen mathematischen Untersuchungen—ich erinnere an die Untersuchungen über die Grundlagen der Geometrie, der Arithmetik und der Mengenlehre—handelt es sich nicht sowohl darum, eine bestimmte Tatsache zu beweisen oder die Richtigkeit eines bestimmten Satzes festzustellen, sondern vielmehr darum, den Beweis eines Satzes mit Beschränkung auf gewisse Hülfsmittel zu führen oder den Nachweis für die Unmöglichkeit einer solchen Beweisführung zu erbringen. Die Analysis der unendlichvielen Variabeln setzt uns in den Stand, solche beweiskritischen Untersuchungen auch im Gebiete der Funktionentheorie und der Theorie der Differentialgleichungen anzustellen.

Von hervorragendem Interesse erscheint mir eine nach diesem Gesichtspunkte durchzuführende Untersuchung über die Konvergenzbetrachtungen, die zum Aufbau einer bestimmten analytischen Disziplin dienen, in der Weise, dass man ein System gewisser möglichst einfacher Grundtatsachen aufstellt, die ihrerseits zum Beweise eine gewisse Konvergenzbetrachtung erfordern und mit deren ausschliesslicher Hülfe ohne Hinzunahme irgend einer neuen Konvergenzbetrachtung die sämtlichen Sätze jener analytischen Disziplin bewiesen werden können.

So bedarf es beispielsweise nur des Satzes von der orthogonalen Transformation einer quadratischen Form unendlichvieler Variabler in die Summe von Quadraten, um alle von mir aufgestellten Sätze über die Lösung unendlichvieler linearer Gleichungen mit unendlichvielen Unbekannten ohne irgend eine neue Konvergenzbetrachtung zu beweisen. Bedenken wir, dass der Satz gilt: man erhält das Integral einer stetigen Funktion unendlichvieler Variabler, die stetige Funktionen einer Veränderlichen sind, indem man den n^{ten} Abschnitt jener Funktion nach dieser Veränderlichen integrirt und dann den Grenzübergang $n = \infty$ vollzieht, und fügen wir dann noch den Satz von der Existenz eines orthogonalen vollständigen Funktionensystems hinzu, so lässt sich auf diese drei Sätze die Theorie der linearen Integralgleichungen wesentlich ohne Zuhülfenahme einer weiteren Konvergenzbetrachtung begründen und dieselben Hülfsmittel genügen dann auch zur Lösung der oben genannten Probleme aus der Theorie der linearen Differentialgleichungen und der Funktionentheorie.

Göttingen, April 1908.

DAVID HILBERT.

MATHEMATISCHE ANNALEN.

BEGRÜNDET 1868 DURCH

ALFRED CLEBSCH UND CARL NEUMANN.

Unter Mitwirkung der Herren

PAUL GORDAN, ADOLPH MAYER, CARL NEUMANN, MAX NOETHER,
KARL VONDERMÜHLL, HEINRICH WEBER

gegenwärtig herausgegeben

von

Felix Klein
in Göttingen.

Walther v. Dyck
in München.

David Hilbert
in Göttingen.

Otto Blumenthal
in Aachen.

63. Band.

Mit 8 Figuren im Text.

LEIPZIG,
DRUCK UND VERLAG VON B. G. TEUBNER.
1907.

Zur Theorie der linearen und nichtlinearen Integralgleichungen.

I. Teil: Entwicklung willkürlicher Funktionen nach Systemen vorgeschriebener.*)

Von

Erhard Schmidt in Bonn.

Einleitung.

Fredholm**) hat eine Auflösungsformel der inhomogenen linearen Integralgleichung

$$f(s) = \varphi(s) - \lambda \int_a^b K(s, t)\, \varphi(t)\, dt$$

entdeckt, welche das Resultat enthielt, daß diese Gleichung nach $\varphi(s)$ stets aufgelöst werden kann, wenn λ nicht eine der Nullstellen einer gewissen ganzen Transzendenten $\delta(\lambda)$ ist. Für diese Werte von λ, in Hilbertscher Bezeichnung die sogenannten *„Eigenwerte des Kernes $K(s,t)$"*, und *nur* für diese läßt, wie Fredholm ferner zeigte, die homogene Gleichung

$$0 = \varphi(s) - \lambda \int_a^b K(s, t)\, \varphi(t)\, dt$$

Lösungen zu, die nach Hilbert *„zum betreffenden Eigenwert des Kernes $K(s, t)$ gehörige Eigenfunktionen"* genannt werden. Hilbert***) hat die in der Theorie der partiellen und gewöhnlichen Differentialgleichungen so wichtigen Fragen nach der Existenz sogenannter Normalfunktionen und der Entwickelbarkeit willkürlicher Funktionen nach ihnen durch Einführung der Greenschen Funktion auf das viel allgemeinere Problem zurückgeführt, die Existenz von Eigenfunktionen eines in s und t *sym-*

---

*) Dieser Teil ist bis auf das neu hinzugekommene IV^te Kapitel, den § 13 und unwesentliche Änderungen in den übrigen Kapiteln ein Abdruck meiner im Juli 1905 erschienenen Göttinger Inauguraldissertation.

**) Acta Mathematica Bd. 27.

***) Nachrichten der K. Gesellschaft der Wissenschaften zu Göttingen. Mathem.-Phys. Cl. 1904 Heft 3.

metrischen Kernes $K(s,t)$ zu beweisen und die Gesetze der Entwickelbarkeit willkürlicher Funktionen nach ihnen aufzustellen. Die Greensche Funktion selbst wird durch eine Integralgleichung mit unsymmetrischem Kerne bestimmt, wobei die Fredholmschen Formeln zur Anwendung kommen. Indem nun Hilbert*) das für die willkürlichen stetigen Funktionen $x(s)$ und $y(t)$ gebildete Doppelintegral

$$\int_a^b\int_a^b K(s,t)\,x(s)\,y(t)\,ds\,dt$$

als quadratische Form von unendlich viel Variabelen betrachtet, erhält er durch Grenzübergang den der kanonischen Orthogonalzerlegung quadratischer Formen entsprechenden Zerlegungssatz

$$\int_a^b\int_a^b K(s,t)\,x(s)\,y(t)\,ds\,dt = \sum_\nu \frac{1}{\lambda_\nu}\int_a^b x(s)\,\varphi_\nu(s)\,ds \cdot \int_a^b y(t)\,\varphi_\nu(t)\,dt.$$

Hierbei durchläuft $\varphi_\nu(s)$ alle Eigenfunktionen des Kernes — jede mit einem solchen Faktor versehen, daß das Integral über ihr Quadrat 1 gibt — und λ_ν die zugehörigen Eigenwerte. Aus diesem Satze folgt zunächst unmittelbar, daß jeder symmetrische Kern Eigenfunktionen hat. Unter der Voraussetzung, daß der Kern ein *„allgemeiner"* ist, d. h. daß es zu jeder stetigen Funktion $\alpha(s)$ und jeder beliebig kleinen positiven Größe ε eine stetige Funktion $\beta(s)$ gibt, so daß

$$\int_a^b \{\alpha(s) - \int_a^b K(s,t)\,\beta(t)\,dt\}^2 ds < \varepsilon$$

ist, leitet dann Hilbert den grundlegenden Entwicklungssatz ab, daß jede unter Vermittelung einer stetigen Funktion $h(s)$ durch das Integral

$$g(s) = \int_a^b K(s,t)\,h(t)\,dt$$

darstellbare Funktion $g(s)$ in eine absolut und gleichmäßig konvergente, nach Eigenfunktionen des Kernes $K(s,t)$ fortschreitende Reihe entwickelbar ist. Diese Sätze enthalten implicite auch die analogen für die Integralgleichung

$$0 = \psi(s) - \lambda\int_a^b G(s,t)\,p(t)\,\psi(t)\,dt$$

— wo $G(s,t)$ symmetrisch und $p(t) > 0$ ist —, welche durch die Substitution

$$\sqrt{p(s)}\cdot\psi(s) = \varphi(s), \quad \sqrt{p(s)}\cdot G(s,t)\cdot\sqrt{p(t)} = K(s,t)$$

*) Nachrichten der K. Gesellschaft der Wissenschaften zu Göttingen. Mathem.-Phys. Cl. 1904 Heft 1.

auf die obige Gleichung

$$0 = \varphi(s) - \lambda \int_a^b K(s, t)\, \varphi(t)\, dt$$

zurückgeführt wird. Eine Reihe verwandter und z. T. äquivalenter Theoreme hat Stekloff*) mit Hilfe der von ihm weit ausgebildeten Schwarz-Poincaréschen Methoden erhalten.

Nach Erledigung einiger Hilfssätze im ersten Kapitel der vorliegenden Arbeit finden im zweiten die Hilbertschen Sätze, unter Vermeidung des Grenzübergangs aus dem Algebraischen, sehr einfache Beweise. Zunächst wird die Existenz von Eigenwerten durch ein Verfahren bewiesen, das, einem berühmten Beweise von H. A. Schwarz nachgebildet**), in der Sprache der Fredholmschen Formeln darauf hinauskommen würde, daß die Gleichung

$$\delta(\lambda) = 0$$

nach der Bernoullischen Methode aufgelöst wird. Aus dem Existenzsatz ergeben sich die Entwicklungssätze in analoger Weise, wie aus dem Fundamentalsatz der Algebra die Entwicklung einer ganzen Funktion in ein Produkt von Linearfaktoren. Hierbei stellt sich die Gültigkeit des Hilbertschen Entwicklungssatzes als unbeschränkt heraus, postuliert also insbesondere nicht die von Hilbert gemachte Voraussetzung der „Allgemeinheit“ des Kernes. Das erwähnte, der kanonischen Orthogonalzerlegung quadratischer Formen entsprechende Hilbertsche Zerlegungstheorem kann dann aus dem Entwicklungssatz durch Integration unmittelbar gewonnen werden. Die durch mehrfache Nullstellen der Funktion $\delta(\lambda)$ verursachten Komplikationen treten bei der hier gegebenen Beweisanordnung nicht auf. Die Fredholmschen Formeln werden nicht benutzt, vielmehr liefert die unbeschränkte Gültigkeit der Entwicklungssätze für den Fall des symmetrischen Kernes eine neue Gestaltung der Auflösung der inhomogenen linearen Integralgleichung.***) Jede *unsymmetrische* lineare Integralgleichung läßt sich aber, wie in § 13 gezeigt wird, durch eine einfache Substitution auf eine *symmetrische* zurückführen.

Indem im dritten Kapitel die Voraussetzung der Symmetrie des Kernes fallen gelassen wird, werden die Funktionen $\varphi_\nu(s)$ und $\psi_\nu(s)$ dann als

*) Mémoires de l'Académie des Sciences de Saint-Pétersbourg 1904 p. 7 etc. Annales de la Fac. de Toulouse 2e S., VI 1905.

**) H. A. Schwarz, Gesammelte Abhandlungen Bd. 1, S. 241—262.

***) Vergl. noch die während des Druckes vorliegender Arbeit von Hilbert veröffentlichte umfassende Neubegründung der Theorie der Integralgleichungen auf Grund der von ihm geschaffenen Theorie der quadratischen Formen von unendlich viel Variabelen. Göttinger Nachrichten 1906, Vierte und Fünfte Mitteilung.

ein zum Eigenwerte λ_ν gehöriges Paar von adjungierten Eigenfunktionen des Kernes $K(s,t)$ definiert, wenn die Gleichungen

$$\varphi_\nu(s) = \lambda_\nu \int_a^b K(s,t)\,\psi_\nu(t)\,dt$$

$$\psi_\nu(s) = \lambda_\nu \int_a^b K(t,s)\,\varphi_\nu(t)\,dt$$

bestehen; $\varphi_\nu(s)$ möge eine Eigenfunktion der ersten, $\psi_\nu(s)$ eine der zweiten Art heißen. Es ergeben sich dann die Entwicklungssätze in folgender Gestalt: Ist die stetige Funktion $g(s)$ unter Vermittelung der stetigen Funktion $h(s)$ durch das Integral

$$g(s) = \int_a^b K(s,t)\,h(t)\,dt$$

darstellbar, so ist $g(s)$ in eine absolut und gleichmäßig konvergente nach Eigenfunktionen erster Art fortschreitende Reihe entwickelbar; ist

$$g(s) = \int_a^b K(t,s)\,h(t)\,dt,$$

so läßt sich $g(s)$ in gleicher Weise nach Eigenfunktionen zweiter Art entwickeln. Aus diesen Sätzen wird durch Integration der der kanonischen Orthogonalzerlegung bilinearer Formen entsprechende Zerlegungssatz gewonnen

$$\int_a^b\!\!\int_a^b K(s,t)\,x(s)\,y(t)\,ds\,dt = \sum_\nu \frac{1}{\lambda_\nu} \int_a^b x(s)\,\varphi_\nu(s)\,ds \int_a^b y(t)\,\psi_\nu(t)\,dt.$$

Die Sätze des dritten Kapitels sind meines Wissens bisher nicht bekannt.

Die Entwicklungen von Funktionen zweier Variabelen nach Potenzen, nach trigonometrischen, nach Kugel- und vielen anderen Funktionen lassen sich in Gestalt einer Reihe schreiben, welche nach Produkten einer Funktion der einen Variabelen mit einer Funktion der anderen fortschreitet.

Im Anschluß an diese Bemerkung entspringt für die Variationsrechnung folgende Frage, welche den Gegenstand des vierten Kapitels bildet: Gegeben sei eine stetige Funktion $K(s,t)$ von zwei Variabelen s und t. Gesucht wird ein System von höchstens m Paaren einer stetigen Funktion von s und einer stetigen Funktion von t, so daß die Summe ihrer Produkte die gegebene Funktion $K(s,t)$ möglichst gut approximiert. Das Maß der Approximation, dessen Minimum die Problemstellung fordert, soll wie gewöhnlich durch das Doppelintegral über das Fehlerquadrat definiert werden. Es wird bewiesen, daß die Lösung des Problems durch die m ersten Paare adjungierter Eigenfunktionen des unsymmetrischen

Kernes $K(s, t)$ gebildet wird. Für das Maß der besten Approximation M_m ergibt sich die Formel

$$M_m = \int_a^b\int_a^b (K(s,t))^2 ds\,dt - \sum_{\nu=1}^{\nu=m} \frac{1}{\lambda_\nu^2},$$

wo λ_ν die m ersten Eigenwerte des Kernes $K(s, t)$ durchläuft, und es zeigt sich, daß das Maß der besten Approximation mit wachsendem m verschwindet.

Alle Sätze und Beweise der vier ersten Kapitel behalten ihre Gültigkeit, wenn s und t Punkte eines n-dimensionalen ganz im Endlichen liegenden, aus einer endlichen Anzahl analytischer Stücke bestehenden Gebildes in einem $(n+m)$-dimensionalen Raum bedeuten, und ds und dt die entsprechenden Elemente.

Das fünfte Kapitel setzt das zweite, dritte und vierte nicht voraus, sondern nur die im ersten bewiesenen Hilfssätze. Die Theorie der Entwicklung von Funktionen nach Potenzen und Polynomen, nach Fourierschen Reihen und unendlichen Reihen endlicher trigonometrischer Reihen, nach Kugelfunktionen und nach Normalfunktionen partieller und gewöhnlicher Differentialgleichungen legt die Frage nahe: Gegeben sei eine unendliche Reihe im Intervall $a \leqq x \leqq b$ definierter reeller stetiger Funktionen $\varphi_1(x), \varphi_2(x), \cdots, \varphi_\nu(x), \cdots$. Was sind die Bedingungen dafür, daß jede im Intervall $a \leqq x \leqq b$ definierte stetige Funktion sich in eine gleichmäßig konvergente, nach den Funktionen $\varphi_\nu(x)$ oder endlichen linearen Aggregaten derselben fortschreitende Reihe entwickeln läßt? Oder mit andern Worten: Was sind die Bedingungen dafür, daß jede im Intervall $a \leqq x \leqq b$ definierte stetige Funktion durch Funktionen des Funktionenkörpers, welcher aus der Reihe der $\varphi_\nu(x)$ durch die Operationen der Multiplikation mit Konstanten und der Addition entsteht, gleichmäßig approximiert werden kann? Und wenn das der Fall ist, wie bestimmen sich die Koeffizienten einer solchen Entwicklung?

Nennt man nun das gegebene Funktionensystem der $\varphi_\nu(x)$ dann ein *abgeschlossenes*, wenn es keine von Null verschiedene stetige Funktion $f(x)$ gibt, so daß für jedes ν

$$\int_a^b f(x)\,\varphi_\nu(x)\,dx = 0$$

ist, so erhellt vorweg, daß die *Abgeschlossenheit* des Systems der $\varphi_\nu(x)$ eine notwendige Bedingung für unsere Forderung darstellt.*) Anderenfalls müssten nämlich alle entwickelbaren Funktionen der Bedingung genügen,

*) Diese Bemerkung ist schon von J. P. Gram, Crelles Journal Bd. 94, S. 58 gemacht worden.

daß ihr Produkt, mit $f(x)$ von a bis b integriert, Null ergibt, und diese Bedingung würde z. B. von der Funktion $f(x)$ selber und allen genügend wenig von ihr abweichenden nicht erfüllt werden.

Es wird nun gezeigt, *daß ebenso wie die Abgeschlossenheit des vorgeschriebenen Funktionensystems eine notwendige Bedingung für unsere Forderung darstellt, die Abgeschlossenheit des Systems seiner zweiten Ableitungen eine hinreichende ist,* wenn noch nötigenfalls die Funktionen 1 und x adjungiert werden. *Ist die darzustellende Funktion einmal stetig differenzierbar, so ergeben sich für die Koeffizienten der Darstellung ganz allgemein gültige einfache Formeln.*

In einer an die hier vorliegende sich unmittelbar anschließenden Abhandlung wird zunächst eine neue und sehr einfache Methode zur Auflösung der linearen unsymmetrischen Integralgleichung auseinandergesetzt werden. Die dieser Methode zugrunde liegenden Prinzipien ermöglichen auch eine Behandlung der nicht linearen Integralgleichungen, welche den Gegenstand des zweiten Teiles dieser Abhandlung bilden wird. Unter einer nicht linearen Integralgleichung verstehe ich eine Funktionalgleichung, welche eine solche Bestimmung der gesuchten Funktionen fordert, daß eine gegebene Funktion einer konvergenten unendlichen Reihe gleich wird, deren Glieder aus den gesuchten Funktionen und weiteren gegebenen Funktionen durch die Operationen der Integration und Multiplikation und also auch Potenzierung zu positiven ganzzahligen Exponenten entstehen. So ist z. B.

$$f(s) - \int\int K(s, t, r)\,(\varphi(t))^m\,(\varphi(r))^n\,dt\,dr = 0,$$

wo $\varphi(s)$ gesucht und $f(s)$ und $K(s, t, r)$ gegeben sind, eine solche nicht lineare Integralgleichung. Ebenso nun wie die gewöhnliche nicht lineare Gleichung

$$y = f(x)$$

in der Umgebung einer Lösung eine und nur eine Lösung zuläßt, wenn $f'(x)$ nicht verschwindet, im anderen Falle aber Verzweigungen eintreten, so hängt auch der Lösbarkeitscharakter einer nicht linearen Integralgleichung in der Umgebung einer Lösung von einer abgeleiteten linearen Integralgleichung ab. Verschwindet für diese der Fredholmsche Nenner $\delta(\lambda)$ nicht, so hat die nicht lineare Integralgleichung in der Umgebung eine und nur eine Lösung, verschwindet aber $\delta(\lambda)$, so treten *funktionale* Verzweigungen ein, für welche es gelingt die den Puiseuxschen entsprechenden Sätze aufzustellen.

Diese Theoreme ermöglichen es z. B. bei den nicht linearen elliptischen partiellen Differentialgleichungen zweiter Ordnung die Abhängigkeit der Lösungsflächen von den Randwerten zu verfolgen und zwar mit vollständiger

Beherrschung der Verzweigungen d. h. derjenigen Lösungen, in deren Umgebung es für willkürlich aber wenig veränderte Randwerte nicht mehr eine sondern mehrere Lösungsflächen gibt. Der Verzweigungscharakter hängt davon ab, ob die Jacobische derivierte lineare Differentialgleichung bei den Randwerten Null von Null verschiedene Lösungen hat oder nicht, was durch die Betrachtung einer linearen Integralgleichung zu entscheiden ist.

Auch die von Poincaré entdeckte Bifurkation in der Theorie der rotierenden Gleichgewichtsfiguren ist eine solche Verzweigung einer nicht linearen Integralgleichung. In einer dritten Abhandlung werde ich diese und noch mehrere andere Anwendungen ausführlich auseinandersetzen.

Erstes Kapitel.

Vorbereitende Sätze über orthogonale Funktionen.

§ 1.

Die Besselsche und die Schwarzsche Ungleichung.

Es seien $\psi_1(x), \psi_2(x), \cdots, \psi_n(x)$ n stetige im Intervall $a \leqq x \leqq b$ definierte reelle Funktionen, welche sämtlich zueinander *orthogonal* sein, d. h. für jedes Paar voneinander verschiedener Indizes μ und ν der Gleichung

$$\int_a^b \psi_\mu(x)\,\psi_\nu(x)\,dx = 0$$

genügen mögen, und welche außerdem noch sämtlich *normiert* sein, d. h. für jedes ν der Gleichung

$$\int_a^b (\psi_\nu(x))^2 dx = 1$$

genügen mögen. Dann gilt für die beliebige reelle stetige Funktion $f(x)$ die *Besselsche Identität*

$$\int_a^b \Big(f(x) - \sum_{\nu=1}^{\nu=n} \psi_\nu(x) \int_a^b f(y)\,\psi_\nu(y)\,dy\Big)^2 dx = \int_a^b (f(x))^2\,dx - \sum_{\nu=1}^{\nu=n} \Big(\int_a^b f(y)\,\psi_\nu(y)\,dy\Big)^2$$

$$\sum_{\nu=1}^{\nu=n} \Big(\int_a^b f(y)\,\psi_\nu(y)\,dy\Big)^2 \leqq \int_a^b (f(x))^2 dx.$$

Ist die gegebene Reihe der zueinander orthogonalen und normierten Funktionen unendlich, so ergibt diese letzte Ungleichung wegen des positiven Vorzeichens aller Summanden die Konvergenz der Reihe

$$\sum_{\nu=1}^{\nu=\infty} \Big(\int_a^b f(y)\,\psi_\nu(y)\,dy\Big)^2.$$

Es seien nun $f(x)$ und $\varphi(x)$ zwei reelle stetige Funktionen. Setzt man $\psi_1(x) = \frac{\varphi(x)}{\sqrt{\int_a^b (\varphi(y))^2 dy}}$, so ist $\psi_1(x)$ normiert, und die obige Besselsche Ungleichung für den Fall $n = 1$ ergibt

$$\left(\int_a^b f(x)\,\psi_1(x)\,dx\right)^2 \leqq \int_a^b (f(x))^2\,dx$$

$$\left(\int_a^b f(x)\,\varphi(x)\,dx\right)^2 \leqq \int_a^b (f(x))^2\,dx \cdot \int_a^b (\varphi(x))^2\,dx.$$

Das ist die bekannte *Ungleichung von Schwarz.* Die Besselsche Identität und alle in diesem Paragraphen aus ihr gezogenen Folgerungen bleiben gültig, wenn $f(x)$ eine reelle integrabele Funktion ist, deren Quadrat von a bis b integriert auch einen endlichen Wert gibt, woraus wegen

$$f(x) \cdot \psi_\nu(x) \leqq (f(x))^2 + (\psi_\nu(x))^2$$

auch die Endlichkeit und Bestimmtheit von

$$\int_a^b f(x)\,\psi_\nu(x)\,dx$$

folgt.

§ 2.

Ein Konvergenzsatz.

Es sei $Q(z, x)$ innerhalb des Gebietes $a \leqq x \leqq b$, $a \leqq z \leqq b$ als reelle nach x integrabele Funktion von z und x definiert, und es gelte für $a \leqq z \leqq b$ die Ungleichung

$$\int_a^b (Q(z, x))^2\,dx \leqq A,$$

wo A eine Konstante bedeutet; es sei ferner $\psi_1(x), \psi_2(x), \cdots, \psi_\nu(x), \cdots$ eine unendliche Reihe reeller stetiger Funktionen, welche in der Bezeichnungsweise der vorigen Paragraphen normiert und zueinander orthogonal sein mögen. Dann konvergiert, wenn $f(x)$ eine beliebige reelle integrabele Funktion bedeutet, deren Quadrat von a bis b integriert auch einen endlichen Wert ergibt, die Reihe

$$\sum_{\nu=1}^{\nu=\infty} \int_a^b f(y)\,\psi_\nu(y)\,dy \cdot \int_a^b Q(z, x)\,\psi_\nu(x)\,dx = \sum_{\nu=1}^{\nu=\infty} U_\nu(z)$$

für $a \leqq z \leqq b$ absolut und gleichmäßig; und zwar ist

$$\sum_{\nu=n}^{\nu=\infty} |U_\nu(z)| \leqq 2\sqrt{A}\sqrt{\sum_{\nu=n}^{\nu=\infty}\Big(\int_a^b f(y)\,\psi_\nu(y)\,dy\Big)^2},$$

wo der Ausdruck auf der rechten Seite, wegen der im vorigen Paragraphen bewiesenen Konvergenz der Reihe $\sum_{\nu=1}^{\nu=\infty}\Big(\int_a^b f(y)\,\psi_\nu(y)\,dy\Big)^2$ mit wachsendem n verschwindet.

Beweis. Es ist

$$\sum_{\nu=n}^{\nu=n+m} |U_\nu(z)| = \sum_k U_k(z) - \sum_\varrho U_\varrho(z),$$

wo k diejenigen der Indizes $n, n+1, \cdots, n+m$ durchläuft, welche für den betrachteten Wert von z positiven Gliedern der Summe, und ϱ diejenigen, welche negativen entsprechen.

Vertauscht man auf der linken Seite das Summen- mit dem Integralzeichen, so ergibt sich gemäß der im vorigen Paragraphen gegebenen Ungleichung von Schwarz

$$\sum_k U_k(z) \leqq \sqrt{\int_a^b (Q(z,x))^2\,dx}\cdot\sqrt{\int_a^b\Big(\sum_k \psi_k(x)\int_a^b f(y)\,\psi_k(y)\,dy\Big)^2 dx}.$$

Da nun die Funktionen $\psi_k(x)$ zueinander orthogonal und normiert sind, so ist

$$\int_a^b\Big(\sum_k \psi_k(x)\int_a^b f(y)\,\psi_k(y)\,dy\Big)^2 dx = \sum_k\Big(\int_a^b f(y)\,\psi_k(y)\,dy\Big)^2$$

$$\leqq \sum_{\nu=n}^{\nu=\infty}\Big(\int_a^b f(y)\,\psi_\nu(y)\,dy\Big)^2$$

und mithin ist

$$\sum_k U_k(z) \leqq \sqrt{A}\sqrt{\sum_{\nu=n}^{\nu=\infty}\Big(\int_a^b f(y)\,\psi_\nu(y)\,dy\Big)^2}$$

Dieselbe Ungleichung erhält man für

$$-\sum_\varrho U_\varrho(z),$$

und durch Addition dieser beiden Ungleichungen ergibt sich die zu beweisende.

Zusatz. Wählt man für $Q(z, x)$ diejenige unstetige Funktion, welche für $x \leqq z$ gleich $+1$ und für $x > z$ gleich 0 ist, so folgt, daß die Reihe

$$\sum_{\nu=1}^{\nu=\infty} \int_a^b f(y)\,\psi_\nu(y)\,dy \cdot \int_a^z \psi_\nu(x)\,dx$$

für $a \leqq z \leqq b$ absolut und gleichmäßig konvergiert.

§ 3.

Ersetzung linear unabhängiger Funktionensysteme durch orthogonale.

Es seien $\varphi_1(x), \varphi_2(x), \cdots, \varphi_n(x)$ n für $a \leqq x \leqq b$ definierte reelle stetige Funktionen, die als linear unabhängig vorausgesetzt werden. Dann konstruieren wir die Funktionen*)

$$\psi_1(x) = \frac{\varphi_1(x)}{\sqrt{\int_a^b (\varphi_1(y))^2\,dy}}$$

$$\psi_2(x) = \frac{\varphi_2(x) - \psi_1(x)\int_a^b \varphi_2(z)\,\psi_1(z)\,dz}{\sqrt{\int_a^b \left(\varphi_2(y) - \psi_1(y)\int_a^b \varphi_2(z)\,\psi_1(z)\,dz\right)^2 dy}}$$

$$\psi_n(x) = \frac{\varphi_n(x) - \sum_{\varrho=1}^{\varrho=n-1} \psi_\varrho(x)\int_a^b \varphi_n(z)\,\psi_\varrho(z)\,dz}{\sqrt{\int_a^b \left(\varphi_n(y) - \sum_{\varrho=1}^{\varrho=n-1} \psi_\varrho(y)\int_a^b \varphi_n(z)\,\psi_\varrho(z)\,dz\right)^2 dy}}.$$

Durch diese Formeln ist für jedes ν $\psi_\nu(x)$ rekursiv durch $\varphi_1(x)$, $\varphi_2(x), \cdots, \varphi_\nu(x)$ linear homogen mit konstanten Koeffizienten darstellbar und umgekehrt auch $\varphi_\nu(x)$ durch $\psi_1(x), \psi_2(x), \cdots, \psi_\nu(x)$. In keiner der Formeln kann nämlich der Nenner verschwinden; denn wäre ν der erste Index, für welchen das geschähe, so müßte

$$\varphi_\nu(x) - \sum_{\varrho=1}^{\varrho=\nu-1} \psi_\varrho(x)\int_a^b \varphi_\nu(z)\,\psi_\varrho(z)\,dz = 0$$

sein, und da die $\psi_\varrho(x)$ aus den $\varphi_1(x), \varphi_2(x), \cdots, \varphi_{\nu-1}(x)$ linear homogen

*) Im wesentlichen dieselben Formeln sind von J. P. Gram in der Abhandlung „Ueber die Entwickelung reeller Functionen in Reihen mittelst der Methode der kleinsten Quadrate“, Crelles Journal Bd. 94, aufgestellt worden.

mit konstanten Koeffizienten zusammengesetzt werden können, so würde sich ein Widerspruch zur vorausgesetzten linearen Unabhängigkeit der Funktionen $\varphi_1(x), \varphi_2(x), \cdots, \varphi_n(x)$ ergeben. *Die Funktionen $\psi_1(x), \psi_2(x), \cdots, \psi_n(x)$ bilden ferner ein normiertes und orthogonales Funktionensystem* d. h. genügen den Gleichungen

$$\int_a^b \psi_\mu(x)\,\psi_\nu(x)\,dx = 0 \quad \text{oder} \quad 1,$$

je nachdem ν und μ verschieden oder gleich sind. Das ist zunächst klar für die Funktionen $\psi_1(x)$ und $\psi_2(x)$; nehmen wir nun das Normiertsein und die Orthogonalität des Funktionensystems $\psi_1(x), \psi_2(x), \cdots, \psi_{\nu-1}(x)$ an, so folgt dasselbe auch für das Funktionensystem $\psi_1(x), \psi_2(x), \cdots, \psi_{\nu-1}(x), \psi_\nu(x)$, denn es ist

$$\int_a^b (\psi_\nu(x))^2 dx = 1 \quad \text{und} \quad \int_a^b \psi_\nu(x)\,\psi_\varrho(x) = 0 \quad \text{für} \quad \varrho \leqq \nu - 1.$$

Wenn die Funktionen $\varphi_1(x), \varphi_2(x), \cdots, \varphi_{n-1}(x)$ zwar ein linear unabhängiges System bilden, aber nicht die Funktionen $\varphi_1(x), \varphi_2(x), \cdots, \varphi_n(x)$, dann ist die lineare Abhängigkeit der letzteren gegeben durch die Gleichung

$$\varphi_n(x) - \sum_{\varrho=1}^{\varrho=n-1} \psi_\varrho(x) \int_a^b \varphi_n(z)\,\psi_\varrho(z)\,dz = 0.$$

Denn verschwände dieser Ausdruck nicht identisch, so wären die Funktionen $\psi_1(x), \psi_2(x), \cdots, \psi_n(x)$ linear homogen mit konstanten Koeffizienten darstellbar durch die Funktionen $\varphi_1(x), \varphi_2(x), \cdots, \varphi_n(x)$ und mithin auch wegen der vorausgesetzten linearen Abhängigkeit der letzteren durch die Funktionen $\varphi_1(x), \varphi_2(x), \cdots, \varphi_{n-1}(x)$. Es müssen also die Funktionen $\psi_1(x), \psi_2(x), \cdots, \psi_n(x)$ linear voneinander abhängig sein. Das ist aber unmöglich; denn in einem orthogonalen System kann keine Gleichung von der Form

$$\sum_\nu c_\nu \psi_\nu(x) = 0$$

bestehen, wo nicht sämtliche $c_\nu = 0$ sind, wie sich durch Multiplikation dieser Gleichung mit $\psi_\nu(x)\,dx$ und Integration von a bis b ergibt.

Wir haben also in den Zählern der diskutierten Ausdrücke eine Reihe von linearen homogenen Formen der Funktionen $\varphi_1(x), \varphi_2(x), \cdots, \varphi_n(x)$, deren Eigenschaft es ist, im Falle einer linearen Abhängigkeit zwischen den letzteren dieselbe durch das identische Verschwinden einer der Formen nicht bloß als notwendiges und hinreichendes Kriterium anzuzeigen, sondern auch darzustellen.

Schlußbemerkung. Alle Formeln und Sätze dieses Kapitels mit Ausnahme des Zusatzes zu § 2 behalten ihre Gültigkeit, wenn x, y, z Punkte eines n-dimensionalen, ganz im Endlichen liegenden, aus einer endlichen Anzahl analytischer Stücke bestehenden Gebildes in einem $n+m$-dimensionalen Raum bedeuten, und dx, dy, dz die entsprechenden Elemente.

Zweites Kapitel.

Über die lineare symmetrische Integralgleichung.

§ 4.

Begriff der Eigenfunktion.

Es sei $K(s, t)$ eine für $a \leqq s \leqq b$, $a \leqq t \leqq b$ definierte, reelle, stetige Funktion, die in s und t symmetrisch ist. Dann heißt jede stetige, nicht identisch verschwindende, reelle oder komplexe Funktion $\varphi(s)$, welche identisch in s der Gleichung

$$\varphi(s) = \lambda \int_a^b K(s, t)\, \varphi(t)\, dt$$

genügt, wo λ eine Konstante bedeutet, eine zu dem betreffenden *Eigenwerte* von λ gehörige *Eigenfunktion des Kernes* $K(s, t)$.

Zwei zu verschiedenen Werten von λ *gehörige Eigenfunktionen* $\varphi_\mu(s)$ *und* $\varphi_\nu(s)$ *sind zueinander orthogonal*, d. h. genügen der Gleichung

$$\int_a^b \varphi_\mu(s)\, \varphi_\nu(s)\, ds = 0.$$

Denn es sei

$$\varphi_\mu(s) = \lambda_\mu \int_a^b K(s, t)\, \varphi_\mu(t)\, dt,$$

$$\varphi_\nu(s) = \lambda_\nu \int_a^b K(s, t)\, \varphi_\nu(t)\, dt;$$

multipliziert man die erste dieser Gleichungen mit $\lambda_\nu \varphi_\nu(s)\, ds$, die zweite mit $\lambda_\mu \varphi_\mu(s)\, ds$, integriert von a bis b und subtrahiert, so ergibt sich bei Berücksichtigung der Symmetrie von $K(s, t)$

$$(\lambda_\nu - \lambda_\mu) \int_a^b \varphi_\mu(s)\, \varphi_\nu(s)\, ds = 0,$$

woraus die zu beweisende Gleichung folgt.

Wäre $\varphi_\nu(s)$ eine zu einem komplexen Eigenwerte von $K(s,t)$ gehörige Eigenfunktion, so würde die zu $\varphi_\nu(s)$ konjugierte Funktion zum konjugierten Eigenwerte gehören, wegen der Verschiedenheit dieser beiden Eigenwerte müßten dann $\varphi_\nu(s)$ und die zu $\varphi_\nu(s)$ konjugierte Funktion zueinander orthogonal sein, was unmöglich ist, da das Integral über das Produkt zweier konjugierter Funktionen stets größer als 0 ist. *Also sind alle Eigenwerte des Kernes $K(s,t)$ reell.*

Ist $\psi(s)$ eine komplexe Eigenfunktion, so folgt, weil, wie eben gezeigt, der zugehörige Eigenwert reell sein muß, daß $\psi(s) = \varphi(s) + i\bar{\varphi}(s)$, wo $\varphi(s)$ und $\bar{\varphi}(s)$ *reelle* Eigenfunktionen desselben Eigenwertes sind. Aus diesem Grunde sollen in allen folgenden Sätzen dieses Kapitels nur die *reellen Eigenfunktionen* betrachtet und unter der Bezeichnung *„Eigenfunktion“* verstanden sein.

§ 5.

Das vollständige normierte Orthogonalsystem.

Die Anzahl linear unabhängiger zu einem bestimmten Eigenwerte λ gehöriger Eigenfunktionen ist endlich.

Beweis: Da jedes aus zum selben Eigenwerte gehörigen Eigenfunktionen mit konstanten Koeffizienten gebildete lineare homogene Aggregat wieder eine zum betreffenden Eigenwerte gehörige Eigenfunktion liefert, so ergibt die Konstruktion des § 3 zu jedem System von n linear unabhängigen zum Eigenwerte λ gehörigen Eigenfunktionen ein System von ebensovielen Eigenfunktionen desselben Eigenwertes, welche *normiert und zueinander orthogonal* sind; dieselben mögen jetzt durch $\varphi_1(s)$, $\varphi_2(s), \cdots, \varphi_n(s)$ bezeichnet werden. Die im § 1 gegebene Besselsche Ungleichung liefert dann für jedes s

$$\int_a^b (K(s,t))^2\,dt \geqq \sum_{\nu=1}^{\nu=n} \left(\int_a^b K(s,t)\,\varphi_\nu(t)\,dt\right)^2 = \frac{1}{\lambda^2}\sum_{\nu=1}^{\nu=n} (\varphi_\nu(s))^2;$$

multipliziert man diese Ungleichung mit ds und integriert von a bis b, so ergibt sich bei Berücksichtigung der Gleichungen

$$\int_a^b (\varphi_\nu(s))^2\,ds = 1$$

die Beziehung

$$n \leqq \lambda^2 \int_a^b\int_a^b (K(s,t))^2\,ds\,dt,$$

womit die Behauptung bewiesen ist.

Ist die Anzahl der linear unabhängigen zu einem Eigenwert gehörigen Eigenfunktionen gleich m, so heißt der betreffende Eigenwert ein m-facher.

Ein *vollständiges normiertes Orthogonalsystem des Kernes* $K(s,t)$ soll ein solches System von normierten und zueinander orthogonalen Eigenfunktionen dieses Kernes heißen, daß jede Eigenfunktion dieses Kernes sich linear homogen mit konstanten Koeffizienten durch eine endliche Anzahl von Funktionen des Systems darstellen läßt.

Die in der Darstellung einer Eigenfunktion durch Funktionen des Systems vorkommenden Funktionen desselben müssen alle zum selben Eigenwerte gehören wie die darzustellende Funktion; denn es sei die Gleichung

$$\psi(s) = \sum_\nu c_\nu \varphi_\nu(s)$$

eine solche Darstellung für die Eigenfunktion $\psi(s)$ durch Funktionen des Systems; dann ist wegen der Orthogonalität der letzteren

$$c_\nu = \int_a^b \psi(s)\, \varphi_\nu(s)\, ds,$$

und dieser Ausdruck verschwindet, wenn $\psi(s)$ und $\varphi_\nu(s)$ zu verschiedenen Eigenwerten gehören, wie im vorigen Paragraphen gezeigt wurde.

Man erhält ein solches vollständiges normiertes Orthogonalsystem des Kernes $K(s,t)$, *indem man zu jedem Eigenwerte* λ *durch die Konstruktion des § 3 ein System von ebenso vielen normierten und zueinander orthogonalen Eigenfunktionen bildet, als die Vielfachheit des betreffenden Eigenwertes beträgt.*

Durchläuft $\varphi_\varrho(t)$ eine beliebige endliche Anzahl von Funktionen eines vollständigen normierten Orthogonalsystems des Kernes $K(s,t)$ und λ_ϱ die entsprechenden Eigenwerte, so folgt aus der Besselschen Ungleichung

$$\int_a^b (K(s,t))^2\, dt \geqq \sum_\varrho \left(\int_a^b K(s,t)\, \varphi_\varrho(t)\, dt\right)^2 = \sum_\varrho \frac{1}{\lambda_\varrho^2}(\varphi_\varrho(s))^2,$$

$$\int_a^b\!\!\int_a^b (K(s,t))^2\, ds\, dt \geqq \sum_\varrho \frac{1}{\lambda_\varrho^2}.$$

Hieraus ergibt sich, daß die Eigenwerte des Kernes $K(s,t)$, *jeder nach seiner Vielfachheit gezählt, keine Häufungspunkte im Endlichen haben können. Also lassen sie sich ihrem absoluten Betrage nach in eine Reihe anordnen, und wenn es ihrer unendlich viele gibt, so wachsen die absoluten Beträge über alle Grenzen.*

§ 6.

Die iterierten Kerne.*)

Wir definieren

$$K^1(s,t) = K(s,t),$$

$$K^2(s,t) = \int_a^b K(s,r)\, K^1(r,t)\, dr,$$

$$K^\nu(s,t) = \int_a^b K(s,r)\, K^{\nu-1}(r,t)\, dr.$$

Denkt man sich dann $K^{n+1}(s,t)$ als n-faches Integral über das Produkt von $n+1$ Kernen explizite ausgedrückt, so erhellt sofort

$$(1) \qquad K^{\mu+\nu}(s,t) = \int_a^b K^\mu(s,r)\, K^\nu(r,t)\, dr,$$

$$K^\nu(s,t) = K^\nu(t,s).$$

Ferner kann keine der Funktionen $K^n(s,t)$ identisch in s und t verschwinden. Denn wäre

$$K^n(s,t) = 0,$$

so wäre auch

$$K^{n+1}(s,t) = 0,$$

und gemäß (1) wäre auch

$$\int_a^b K^{n_1}(s,r)\, K^{n_1}(r,t)\, dr = 0,$$

wo n_1 die ganze unter den beiden Zahlen $\frac{n}{2}$ und $\frac{n+1}{2}$ bedeutet; mithin wäre auch

$$0 = \int_a^b K^{n_1}(s,r)\, K^{n_1}(r,s)\, dr = \int_a^b (K^{n_1}(s,r))^2\, dr,$$

woraus das in s und t identische Verschwinden von $K^{n_1}(s,t)$ folgen würde. Durch genügend häufige Wiederholung dieses Schlußverfahrens würde sich das identische Verschwinden von $K(s,t)$ im Widerspruch zur Voraussetzung ergeben.

Es sei

$$\varphi(s) = \lambda \int_a^b K(s,t)\, \varphi(t)\, dt.$$

Dann ist

$$\varphi(s) = \lambda^n \int_a^b K^n(s,t)\, \varphi(t)\, dt.$$

*) Vergl. H. A. Schwarz l. c. Fredholm l. c. S. 384. Hilbert l. c. S. 244—247.

Es ist also jede Eigenfunktion des Kernes $K(s, t)$ *auch eine Eigenfunktion des Kernes* $K^n(s, t)$. Ist andererseits

$$\psi(s) = c\int_a^b K^n(s, t)\,\psi(t)\,dt,$$

so definiere man die Funktionen $\chi_\nu(s)$ durch die Gleichungen

$$n\chi_\nu(s) = \psi(s) + h_\nu\int_a^b K(s, t)\,\psi(t)\,dt + h_\nu^2\int_a^b K^2(s, t)\,\psi(t)\,dt + \cdots$$
$$+ h_\nu^{n-1}\int_a^b K^{n-1}(s, t)\,\psi(t)\,dt \qquad (\nu = 1, 2, 3, \cdots, n),$$

wobei h_ν die n Wurzeln der Gleichung $h^n = c$ durchläuft. Dann ist, weil $\sum\limits_{\nu=1}^{\nu=n} h_\nu^k$ nur dann von Null verschieden ist, wenn k durch n teilbar ist,

$$\psi(s) = \sum_{\nu=1}^{\nu=n} \chi_\nu(s). \tag{2}$$

Ferner erhält man

$$\chi_\nu(s) = h_\nu\int_a^b K(s, t)\,\chi_\nu(t)\,dt.$$

Also sind die $\chi_\nu(s)$, sofern sie nicht identisch verschwinden, was wegen (2) nicht für alle ν der Fall sein kann, Eigenfunktionen des Kernes $K(s, t)$. Da derselbe nach § 4 nur reelle Eigenwerte hat, muß $\chi_\nu(s)$ für alle nicht reellen h_ν identisch verschwinden. Ist folglich n ungerade, und bezeichnet man mit $h_1 = \sqrt[n]{c}$ die reelle Wurzel der Gleichung $h^n = c$, so ist

$$\psi(s) = \sqrt[n]{c}\int_a^b K(s, t)\,\psi(t)\,dt.$$

Ist aber n gerade, so muß $c > 0$ sein, und wenn dann $h_1 = +\sqrt[n]{c}$, $h_2 = -\sqrt[n]{c}$ die beiden reellen Wurzeln der Gleichung $h^n = c$ bezeichnen, so ist

$$\psi(s) = \chi_1(s) + \chi_2(s),$$
$$\chi_1(s) = +\sqrt[n]{c}\int_a^b K(s, t)\,\chi_1(t)\,dt,$$
$$\chi_2(s) = -\sqrt[n]{c}\int_a^b K(s, t)\,\chi_2(t)\,dt,$$

wobei noch eine der beiden Funktionen $\chi_1(s)$ und $\chi_2(s)$ identisch verschwinden kann. *Ist also* n *ungerade, so ist jede Eigenfunktion von*

$K^n(s,t)$ auch eine Eigenfunktion von $K(s,t)$; ist aber n gerade, so ist jede Eigenfunktion von $K^n(s,t)$ entweder eine Eigenfunktion von $K(s,t)$ oder die Summe zweier solcher.

Jedes vollständige normierte Orthogonalsystem des Kernes $K(s,t)$ ist auch ein solches für den Kern $K^n(s,t)$.

§ 7.

Fundamentalsatz.

Zu jedem nicht identisch verschwindenden Kerne $K(s,t)$ gibt es mindestens eine Eigenfunktion. Den Beweis dieses Fundamentalsatzes lasse ich, um hier den Ideengang nicht zu unterbrechen, in § 11 nachfolgen.

§ 8.

Entwicklung des Kernes und seiner Iterationen.*)

Es mögen die Funktionen $\varphi_1(s), \varphi_2(s), \cdots, \varphi_\nu(s), \cdots$ ein vollständiges normiertes Orthogonalsystem des Kernes $K(s,t)$ bilden, denen die Eigenwerte $\lambda_1, \lambda_2, \cdots, \lambda_\nu, \cdots$ der absoluten Größe nach geordnet entsprechen mögen. *Wenn dann die Reihe*

$$\sum_\nu \frac{\varphi_\nu(s)\,\varphi_\nu(t)}{\lambda_\nu}$$

gleichmäßig für $a \leqq s \leqq b$, $a \leqq t \leqq b$ konvergiert, so ist

$$K(s,t) = \sum_\nu \frac{\varphi_\nu(s)\,\varphi_\nu(t)}{\lambda_\nu}; \tag{3}$$

insbesondere ergibt sich hieraus, daß diese Gleichung stets gültig ist, wenn die Anzahl der Eigenfunktionen des vollständigen normierten Orthogonalsystems endlich ist.

Beweis: Wir setzen:

$$K(s,t) - \sum_\nu \frac{\varphi_\nu(s)\,\varphi_\nu(t)}{\lambda_\nu} = Q(s,t).$$

Dann ist $Q(s,t)$ auch eine stetige symmetrische Funktion von s und t, und es ist

$$\int_a^b Q(s,t)\,\varphi_\nu(t)\,dt = 0 \tag{4}$$

für alle Werte von ν. Wäre nun $Q(s,t)$ nicht identisch Null, so müßte

*) Vergl. Hilbert l. c. S. 69—72. — Stekloff l. c. S. 404—425.

es nach dem Fundamentalsatz des vorhergehenden Paragraphen eine stetige Funktion $\psi(s)$ geben, so daß

$$\psi(s) = c\int_a^b Q(s, t)\,\psi(t)\,dt$$

ist. Aus (4) folgt, daß für alle Werte von ν

$$\int_a^b \psi(s)\,\varphi_\nu(s)\,ds = 0, \tag{5}$$

mithin ist auch

$$\int_a^b Q(s, t)\,\psi(t)\,dt = \int_a^b K(s, t)\,\psi(t)\,dt,$$

also ist

$$\psi(s) = c\int_a^b K(s, t)\,\psi(t)\,dt,$$

$\psi(s)$ wäre also eine Eigenfunktion des Kernes $K(s, t)$, welche wegen ihrer durch Gleichung (5) gegebenen Orthogonalität zu allen Funktionen $\varphi_\nu(s)$ sich nicht durch eine endliche Anzahl von ihnen linear homogen mit konstanten Koeffizienten darstellen ließe — im Widerspruch zur Voraussetzung, daß die Funktionen $\varphi_1(s), \varphi_2(s), \cdots, \varphi_\nu(s), \cdots$ ein *vollständiges* normiertes Orthogonalsystem des Kernes $K(s, t)$ bilden. Also ist $Q(s, t)$ identisch gleich Null, was zu beweisen war.

Hieraus schließen wir: *es ist stets*

$$K^4(s, t) = \sum_\nu \frac{\varphi_\nu(s)\,\varphi_\nu(t)}{\lambda_\nu^4} \tag{6}$$

und die Reihe auf der rechten Seite konvergiert absolut und gleichmäßig. Denn da nach § 6 die Funktionen $\varphi_\nu(s)$ auch ein vollständiges normiertes Orthogonalsystem des Kernes $K^4(s, t)$ bilden, denen die Eigenwerte λ_ν^4 entsprechen, so folgt unsere Behauptung aus der eben bewiesenen, wenn nur die absolute und gleichmäßige Konvergenz der Reihe rechts dargetan werden kann. Es ist aber

$$\sum_{\nu=n}^{\nu=n+m}\left|\frac{\varphi_\nu(s)\,\varphi_\nu(t)}{\lambda_\nu^4}\right| \leqq \frac{1}{2\lambda_n^2}\left(\sum_{\nu=n}^{\nu=n+m}\frac{(\varphi_\nu(s))^2}{\lambda_\nu^2} + \sum_{\nu=n}^{n=n+m}\frac{(\varphi_\nu(t))^2}{\lambda_\nu^2}\right)$$

und da nach der Besselschen Ungleichung

$$\int_a^b (K(s, t))^2\,dt \geqq \sum_{\nu=n}^{\nu=n+m}\left(\int_a^b K(s, t)\,\varphi_\nu(t)\,dt\right)^2 = \sum_{\nu=n}^{\nu=n+m}\frac{(\varphi_\nu(s))^2}{\lambda_\nu^2},$$

so folgt

$$\sum_{\nu=n}^{\nu=n+m}\left|\frac{\varphi_\nu(s)\varphi_\nu(t)}{\lambda_\nu^4}\right| \leqq \frac{1}{\lambda_n^2}\int_a^b (K(s,t))^2\,dt,$$

woraus die zu beweisende absolute und gleichmäßige Konvergenz sich ergibt.

§ 9.

Entwicklung willkürlicher Funktionen.*)

Es mögen wie im vorigen Paragraphen die Funktionen $\varphi_1(s)$, $\varphi_2(s)$, $\cdots$, $\varphi_\nu(s)$, $\cdots$ ein vollständiges normiertes Orthogonalsystem des Kernes $K(s,t)$ bilden, denen die Eigenwerte $\lambda_1, \lambda_2, \cdots, \lambda_\nu, \cdots$ dem absoluten Betrage nach geordnet entsprechen mögen. Ist dann $h(s)$ eine stetige Funktion, so daß

$$\int_a^b K(s,t)\,h(t)\,dt = 0$$

ist, dann ergibt sich durch Multiplikation dieser Gleichung mit $\varphi_\nu(s)\,ds$ und Integration von a bis b die für alle ν gültige Gleichung

$$\int_a^b h(s)\,\varphi_\nu(s)\,ds = 0.$$

Umgekehrt folgt aber auch aus dem Bestehen dieser Gleichungen für alle ν die Gleichung

$$\int_a^b K(s,t)\,h(t)\,dt = 0.$$

Beweis. Multipliziert man die im vorigen Paragraphen bewiesene Gleichung

$$K^4(s,t) = \sum_\nu \frac{\varphi_\nu(s)\,\varphi_\nu(t)}{\lambda_\nu^4}$$

mit $h(s)\,h(t)\,ds\,dt$ und integriert nach s und t von a bis b, so folgt

$$\begin{aligned} 0 &= \int_a^b\int_a^b K^4(s,t)\,h(s)\,h(t)\,ds\,dt \\ &= \int_a^b dr\int_a^b K^2(s,r)\,h(s)\,ds\int_a^b K^2(t,r)\,h(t)\,dt \\ &= \int_a^b dr\left(\int_a^b K^2(s,r)\,h(s)\,ds\right)^2; \end{aligned}$$

*) Vergl. Hilbert l. c. S. 72—78. Stekloff l. c. S. 404—425.

29*

mithin ist identisch in r

$$\int_a^b K^2(s,r)\,h(s)\,ds = 0;$$

daher ist auch

$$0 = \int_a^b\int_a^b K^2(s,t)\,h(s)\,h(t)\,ds\,dt,$$

und durch Wiederholung des eben angewandten Schlußverfahrens ergibt sich identisch in r

$$\int_a^b K(r,s)\,h(s)\,ds = 0,$$

was zu beweisen war.

Es sei die stetige Funktion $g(s)$ darstellbar durch die Gleichung

$$g(s) = \int_a^b K(s,t)\,p(t)\,dt,$$

wo $p(t)$ eine stetige Funktion bedeutet, dann ist

$$g(s) = \sum_\nu \varphi_\nu(s)\int_a^b g(t)\,\varphi_\nu(t)\,dt = \sum_\nu \frac{\varphi_\nu(s)}{\lambda_\nu}\int_a^b p(t)\,\varphi_\nu(t)\,dt$$

$$= \sum_\nu \int_a^b K(s,t)\,\varphi_\nu(t)\,dt \int_a^b p(t)\,\varphi_\nu(t)\,dt,$$

und die Reihe rechts konvergiert absolut und gleichmäßig.

Beweis. Aus der dritten Darstellungsform ihres allgemeinen Gliedes erlaubt uns der in § 2 bewiesene Konvergenzsatz die behauptete absolute und gleichmäßige Konvergenz der Reihe abzulesen.

Setzt man

$$g(s) - \sum_\nu \varphi_\nu(s)\int_a^b g(t)\,\varphi_\nu(t)\,dt = h(s),$$

so ist für alle ν

$$\int_a^b h(s)\,\varphi_\nu(s)\,ds = 0 \tag{7}$$

und mithin nach dem eben bewiesenen Theorem

$$\int_a^b K(s,t)\,h(t)\,dt = 0. \tag{8}$$

Nun ist

$$\int_a^b (h(s))^2\,ds = \int_a^b h(s)\,g(s)\,ds - \sum_\nu \int_a^b h(s)\,\varphi_\nu(s)\,ds \int_a^b g(t)\,\varphi_\nu(t)\,dt$$

und da wegen der Gleichungen (7) die Summe rechts verschwindet, so ist

$$\int_a^b (h(s))^2\,ds = \int_a^b h(s)\,g(s)\,ds = \int_a^b p(r)\,dr \int_a^b K(s,r)\,h(s)\,ds = 0$$

wegen Gleichung (8). Also ist $h(s)$ identisch gleich Null, was zu beweisen war.

Es mögen $p(s)$ und $q(s)$ zwei stetige Funktionen bedeuten; dann ergibt sich durch Multiplikation der eben bewiesenen Gleichung mit $q(s)ds$ und Integration von a bis b

$$\int_a^b \int_a^b K(s,t)\,q(s)\,p(t)\,ds\,dt = \sum_\nu \frac{1}{\lambda_\nu} \int_a^b q(s)\,\varphi_\nu(s)\,ds \int_a^b p(t)\,\varphi_\nu(t)\,dt.$$

Dies ist die Fundamentalformel von Hilbert, welche er aus der kanonischen Zerlegung einer quadratischen Form durch Grenzübergang gewinnt, und aus welcher er dann die Sätze des § 8 und das erste Theorem des § 9 für alle Kerne und das Entwicklungstheorem für „allgemeine“ Kerne ableitet.

§ 10.

Die inhomogene lineare Integralgleichung.

Es sei $f(s)$ eine gegebene stetige Funktion; es soll eine stetige Funktion $\varphi(s)$ bestimmt werden, so daß

$$f(s) = \varphi(s) - \lambda \int_a^b K(s,t)\,\varphi(t)\,dt \tag{9}$$

ist. Wir setzen

$$\varphi(s) = f(s) + g(s).$$

Dann ist

$$g(s) = \lambda \int_a^b K(s,t)\,(f(t) + g(t))\,dt, \tag{10}$$

es ist folglich nach dem Entwicklungssatze des vorigen Paragraphen

$$g(s) = \sum_\nu \varphi_\nu(s) \int_a^b g(t)\,\varphi_\nu(t)\,dt, \tag{11}$$

wo $\varphi_\nu(s)$ ein vollständiges normiertes Orthogonalsystem des Kernes $K(s,t)$ durchläuft, und die Reihe rechts absolut und gleichmäßig konvergiert. Multipliziert man (10) mit $\varphi_\nu(s)\,ds$ und integriert, so folgt

$$\int_a^b g(s)\,\varphi_\nu(s)\,ds = \lambda\int_a^b (f(t)+g(t))\,dt\int_a^b K(s,t)\,\varphi_\nu(s)\,ds,$$

$$(12)\qquad \int_a^b g(t)\,\varphi_\nu(t)\,dt = \frac{\lambda}{\lambda_\nu}\int_a^b f(t)\,\varphi_\nu(t)\,dt + \frac{\lambda}{\lambda_\nu}\int_a^b g(t)\,\varphi_\nu(t)\,dt,$$

$$\int_a^b g(t)\,\varphi_\nu(t)\,dt = \frac{\lambda}{\lambda_\nu-\lambda}\int_a^b f(t)\,\varphi_\nu(t)\,dt,$$

und also gemäß (11)

$$(13)\qquad \varphi(s) = f(s) + \lambda\sum_\nu \frac{\varphi_\nu(s)}{\lambda_\nu-\lambda}\int_a^b f(t)\,\varphi_\nu(t)\,dt.$$

Umgekehrt konvergiert aber auch, wenn λ von allen λ_ν verschieden ist, die letzte Reihe nach § 2 absolut und gleichmäßig, weil

$$\frac{\varphi_\nu(s)}{\lambda_\nu-\lambda}\int_a^b f(t)\,\varphi_\nu(t)\,dt = \frac{1}{1-\frac{\lambda}{\lambda_\nu}}\int_a^b K(s,t)\,\varphi_\nu(t)\,dt\int_a^b f(t)\,\varphi_\nu(t)\,dt$$

ist, und es stellt die rechte Seite der Gleichung (13) eine Lösung der Gleichung (9) dar, wie sich durch Einführung derselben in Gleichung (9) bei Berücksichtigung der aus dem Entwicklungssatz des vorigen Paragraphen folgenden Gleichung

$$\int_a^b K(s,t)\,f(t)\,dt = \sum_\nu \frac{\varphi_\nu(s)}{\lambda_\nu}\int_a^b f(t)\,\varphi_\nu(t)\,dt$$

ergibt. *Wir sehen also, daß, wenn λ kein Eigenwert des Kernes $K(s,t)$ ist, die Gleichung* (9) *immer eine und nur eine durch die Gleichung* (13) *gegebene Lösung hat. Ist aber λ ein k-facher Eigenwert, so ergibt die Gleichung* (12), *daß, damit die Gleichung* (9) *eine Lösung hat, $f(s)$ den k Gleichungen*

$$\int_a^b f(t)\,\varphi_{n+\nu}(t)\,dt = 0$$

genügen muß, wo $n+1, n+2, \cdots, n+k$ die Indizes der zum betreffenden k-fachen Eigenwerte gehörigen Eigenfunktionen des vollständigen normierten Orthogonalsystems bedeuten; dann ist, wie die Einführung in die Gleichung (9) *zeigt,*

$$\varphi(s) = f(s) + a_1\varphi_{n+1}(s) + a_2\varphi_{n+2}(s) + \cdots + a_k\varphi_{n+k}(s) + \lambda\sum_\nu \frac{\varphi_\nu(s)}{\lambda_\nu-\lambda}\int_a^b f(t)\,\varphi_\nu(t)\,dt,$$

wo v alle Indizes des Orthogonalsystems mit Ausnahme von $n+1, n+2, \cdots, n+k$ durchläuft, und $a_1, a_2, \cdots, a_k$ beliebige Konstanten bedeuten. Dies sind für den symmetrischen Kern die wesentlichsten derjenigen Sätze, welche von Fredholm durch seine Reihen bewiesen worden sind.

§ 11.

Beweis des Fundamentalsatzes.*)

Jetzt gehen wir zu dem in § 7 schuldig gebliebenen Beweise des Fundamentalsatzes über, daß es zu jedem Kerne mindestens eine Eigenfunktion gibt.

Wir setzen

$$U_1 = \int_a^b K^1(s,s)\,ds,\quad U_2 = \int_a^b K^2(s,s)\,ds, \cdots, \quad U_n = \int_a^b K^n(s,s)\,ds, \cdots.$$

Dann folgt aus § 6 (1)

$$U_{\mu+\nu} = \int_a^b\int_a^b K^\mu(s,r)\,K^\nu(s,r)\,dr\,ds, \tag{14}$$

$$U_{2\nu} = \int_a^b\int_a^b (K^\nu(s,r))^2\,dr\,ds. \tag{15}$$

Da nun $K^\nu(s,t)$, wie in § 6 gezeigt, nicht identisch verschwinden kann, so folgt, daß alle $U_{2\nu}$ von Null verschieden und positiv sind. Es sei $n \geqq 2$; setzt man dann in (14) $n+1$ für μ und $n-1$ für ν und wendet die in § 1 gegebene Schwarzsche Ungleichung an, welche gemäß der Schlußbemerkung des ersten Kapitels auch für vielfache Integrale ihre Gültigkeit behält, so folgt

$$U_{2n}^2 \leqq U_{2n-2} \cdot U_{2n+2},$$

$$\frac{U_{2n}}{U_{2n-2}} \leqq \frac{U_{2n+2}}{U_{2n}}.$$

Setzt man nun

$$\frac{U_{2n+2}}{U_{2n}} = c_n, \tag{16}$$

so ist also

$$c_{n-1} \leqq c_n. \tag{17}$$

Nun ist nach § 6 Gleichung (1)

*) Vergl. H. A. Schwarz l. c.

$$K^{\mu+\nu}(s,t)=\int_a^b K^{\mu}(s,r)\,K^{\nu}(r,t)\,dr,$$

$$(K^{\mu+\nu}(s,t))^2 \leqq \int_a^b (K^{\mu}(s,r))^2\,dr \int_a^b (K^{\nu}(t,r))^2\,dr,$$

$$\int_a^b\int_a^b (K^{\mu+\nu}(s,t))^2\,ds\,dt \leqq \int_a^b\int_a^b (K^{\mu}(s,r))^2\,dr\,ds \cdot \int_a^b\int_a^b (K^{\nu}(t,r))^2\,dr\,dt.$$

Also nach (15)

$$U_{2\mu+2\nu} \leqq U_{2\mu}\cdot U_{2\nu},$$

$$U_{2\nu} \geqq \frac{U_{2\mu+2\nu}}{U_{2\mu}}$$

und wegen (16) und (17)

(18) $$U_{2\nu} \geqq c_{\mu}^{\nu}.$$

Bei Berücksichtigung von (17) ergibt sich hieraus, daß

$$\operatorname{Lim}_{\mu=\infty} c_{\mu} = c,$$

wo c eine endliche positive Größe bedeutet und

(19) $$\frac{U_{2\nu}}{c^{\nu}} \geqq 1$$

ist.

Aus (16) folgt, weil $c_n \leqq c$ ist, daß

(20) $$\frac{U_{2n+2}}{c^{n+1}} \leqq \frac{U_{2n}}{c^{n}}.$$

Aus (19) und (20) folgt, daß

(21) $$\operatorname{Lim}_{n=\infty} \frac{U_{2n}}{c^{n}} = U$$

ist, wo U eine endliche Zahl $\geqq 1$ ist.

Nun ist

$$\frac{K^{2n+2m}(s,t)}{c^{n+m}} - \frac{K^{2n}(s,t)}{c^{n}}$$

$$=\frac{1}{c}\int_a^b\int_a^b K(s,r_1)\left\{\frac{K^{2n+2m-2}(r_1,r_2)}{c^{n+m-1}} - \frac{K^{2n-2}(r_1,r_2)}{c^{n-1}}\right\} K(r_2,t)\,dr_1\,dr_2,$$

$$\left(\frac{K^{2n+2m}(s,t)}{c^{n+m}} - \frac{K^{2n}(s,t)}{c^{n}}\right)^2 \leqq \frac{1}{c^2}\int_a^b\int_a^b (K(s,r_1)K(r_2,t))^2\,dr_1\,dr_2 \times$$

$$\times\int_a^b\int_a^b dr_1\,dr_2\left\{\left(\frac{K^{2n+2m-2}(r_1,r_2)}{c^{n+m-1}}\right)^2 - 2\,\frac{K^{2n+2m-2}(r_1,r_2)\,K^{2n-2}(r_1,r_2)}{c^{2n+m-2}} + \left(\frac{K^{2n-2}(r_1,r_2)}{c^{n-1}}\right)^2\right.$$

Bei Berücksichtigung von (14) und (15) ergibt sich hieraus

$$\left(\frac{K^{2n+2m}(s,t)}{c^{n+m}} - \frac{K^{2n}(s,t)}{c^n}\right)^2 \leqq \frac{1}{c^2}\int_a^b (K(s,r_1))^2 dr_1 \int_a^b (K(t,r_2))^2 dr_2 \times$$

$$\times \left\{\frac{U_{4n+4m-4}}{c^{2n+2m-2}} - 2\,\frac{U_{4n+2m-4}}{c^{2n+m-2}} + \frac{U_{4n-4}}{c^{2n-2}}\right\}.$$

Der Ausdruck auf der rechten Seite wird aber wegen (21) mit wachsendem n, unabhängig von m, s und t, unendlich klein. Hieraus folgt, daß $\frac{K^{2n}(s,t)}{c^n}$ mit wachsendem n gleichmäßig gegen eine mithin stetige Funktion $u(s,t)$ konvergiert, welche wegen

$$\int_a^b u(s,s)\,ds = \operatorname*{Lim}_{n=\infty} \int_a^b \frac{K^{2n}(s,s)\,ds}{c^n} = \operatorname*{Lim}_{n=\infty} \frac{U_{2n}}{c^n} = U \geqq 1$$

nicht identisch in s und t verschwinden kann. Ferner folgt aus

$$\frac{K^{2n+2}(s,t)}{c^{n+1}} = \frac{1}{c}\int_a^b K^2(s,r)\,\frac{K^{2n}(r,t)}{c^n}\,dr$$

$$u(s,t) = \frac{1}{c}\int_a^b K^2(s,r)\,u(r,t)\,dr.$$

Wählt man nun für t einen solchen Wert t_1, daß $u(s,t_1)$ nicht identisch in s verschwindet, so ist gemäß der letzten Gleichung $u(s,t_1)$ eine Eigenfunktion des Kernes $K^2(s,t)$. Daraus folgt aber nach § 6, daß auch $K(s,t)$ eine Eigenfunktion haben muß, was zu beweisen war.

§ 12.

Erweiterung der Voraussetzungen.

Auch Unstetigkeiten des symmetrischen Kernes können in einem durch folgende Voraussetzungen beschränkten Umfange zugelassen werden.

I. Die Punktmenge in der s, t-Ebene, welche aus den Unstetigkeitsstellen von $K(s,t)$ gebildet wird und daher in der s, t-Ebene abgeschlossen ist, soll auf jeder Geraden $s = \text{const.}$ den äußeren Inhalt Null haben.

II. $\int_a^b (K(s,t))^2 dt$ soll für $a \leqq s \leqq b$ endlich und bestimmt sein und eine stetige Funktion von s darstellen.

Man teile das quadratische Definitionsgebiet von $K(s,t)$ durch Parallelen zu den Seiten in 2^{2n} gleiche Quadrate und bezeichne mit Q_n

das aus der Gesamtheit derjenigen Quadrate gebildete Gebiet, welche im Inneren oder auf der Umgrenzung Unstetigkeitsstellen von $K(s,t)$ enthalten. Dann kann aus I und II ohne Schwierigkeit das Ergebnis bewiesen werden: zu jeder beliebig kleinen positiven Größe ε gibt es eine Zahl n, so daß für alle Geraden $s = \text{const.}$ sowohl die Gesamtlänge der auf ihnen von Q_n überdeckten Gebiete als auch der Wert des über die Gesamtheit dieser Gebiete erstreckten Integrals

$$\int_{Q_n} (K(s,t))^2\, dt^{*)}$$

$< \varepsilon$ sind.

Hieraus folgt zunächst, daß auch für alle Geraden $s = \text{const.}$

$$\int_{Q_n} |K(s,t)|\, dt < \varepsilon$$

ist; denn gemäß der Schwarzschen Ungleichung ist

$$\Big(\int_{Q_n} |K(s,t)|\, dt\Big)^2 \leqq \int_{Q_n} (K(s,t))^2 dt \cdot \int_{Q_n} dt \leqq \varepsilon^2.$$

Aus den bewiesenen Ungleichungen ergibt sich leicht: Der planare Inhalt der aus den Unstetigkeitsstellen von $K(s,t)$ bestehenden Punktmenge ist gleich Null. Für jede stetige Funktion $m(t)$ sind $\int_a^b (K(s,t))\, m(t)\, dt$ und $\int_a^b (K(s,t))^2\, m(t)\, dt$ für $a \leqq s \leqq b$ endlich und bestimmt und stellen eine stetige Funktion von s dar. Ähnlich beweist man leicht bei Anwendung der Schwarzschen Ungleichung auf das Integral über das Produkt der beiden Kerne, daß auch

$$K^2(s,t) = \int_a^b K(s,r)\, K(r,t)\, dr$$

für $a \leqq s \leqq b$, $a \leqq t \leqq b$ endlich und bestimmt ist und eine stetige Funktion von s und t darstellt, welche wegen

$$K^2(s,s) = \int_a^b (K(s,r))^2\, dr$$

nur dann identisch verschwinden kann, wenn $K(s,t)$ in seinem ganzen Stetigkeitsbereich identisch verschwindet.

Diese aus den Voraussetzungen I und II gewonnenen Folgerungen gestatten leicht alle in den §§ 4, 5, 6 vorkommenden Operationen wie namentlich die häufigen Vertauschungen der Integrationsordnung auch für

*) Es kann statt der Voraussetzungen I und II auch I und die Gültigkeit dieser Ungleichung gefordert werden, aus welchen Voraussetzungen sich leicht II ergibt.

den Fall des unstetigen Kernes zu legitimieren.*) Die Sätze und Beweise der §§ 4, 5, 6 bleiben daher ungeändert gültig. Der in § 7 ausgesprochene Fundamentalsatz bleibt bestehen, weil $K^2(s, t)$ als stetiger Kern Eigenfunktionen haben muß und hieraus gemäß § 6 die Existenz von Eigenfunktionen von $K(s, t)$ folgt.

Im § 8 muß die Gültigkeit der Gleichung (3) auf den Stetigkeitsbereich des Kernes beschränkt werden, während die Gleichung (6) unverändert gültig bleibt. In den §§ 9 und 10 bleiben alle Sätze und Beweise unverändert bestehen.

Es ist auch zulässig, daß I und II längs einer endlichen Anzahl von Geraden $s = \text{const.}$ unerfüllt sind, indem der Kern auf beiden Rändern dieser verschiedene Wertefolgen annimmt, I und II müssen dann aber in jedem der Rechtecke, in welche das Definitionsquadrat des Kernes durch die genannten Geraden zerlegt wird, *einschließlich* der Ränder postuliert werden, und es müssen an den betreffenden Werten von s beiden Eigenfunktionen sowie der Lösungsfunktionen der inhomogenen Integralgleichung Sprünge zugelassen werden.

Ferner kann der Gültigkeitsbereich des in § 9 erhaltenen Entwicklungssatzes noch dahin erweitert werden, daß die Voraussetzung der Stetigkeit der Funktion $p(t)$ durch die Voraussetzung der Integrabilität und der Integrabilität ihres Quadrates ersetzt wird.

Ebenso ändert sich nichts in den Sätzen und Beweisen dieses Kapitels, wenn $s, t, r, \cdots$, Punkte eines n-dimensionalen, ganz im Endlichen liegenden, aus einer endlichen Anzahl analytischer Stücke bestehenden Gebildes in einem $(n + m)$-dimensionalen Raum bedeuten und $ds, dt, dr, \cdots$ die entsprechenden Elemente.

Auch in diesem Fall bestimmen die Bedingungen I und II einen Bereich der Zulässigkeit von Unstetigkeiten.

Drittes Kapitel.

Über die lineare unsymmetrische Integralgleichung.

§ 13.

Die inhomogene Integralgleichung.

Es seien der nicht mehr als symmetrisch vorausgesetzte Kern $K(s, t)$ und $f(s)$ für $a \leqq s \leqq b$, $a \leqq t \leqq b$ als reelle stetige Funktionen definiert. Gesucht wird eine reelle stetige Funktion $\varphi(s)$, welche die Integralgleichung

*) Siehe z. B. Jordan, Cours d'Analyse Bd. II, Cap. II, II.

$$(22)\qquad f(s) = \varphi(s) - \int_a^b K(s,t)\,\varphi(t)\,dt$$

erfüllt.

Setzt man

$$(23)\qquad g(t) = \chi(t) - \int_a^b K(s,t)\,\chi(s)\,ds,$$

so ergeben sich die Identitäten

$$(24)\qquad g(s) - \int_a^b K(s,t)\,g(t)\,dt = \chi(s) - \int_a^b Q(s,t)\,\chi(t)\,dt,$$

$$(25)\qquad \int_a^b (g(s))^2\,ds = \int_a^b \chi(s)\Big(\chi(s) - \int_a^b Q(s,t)\,\chi(t)\,dt\Big)\,ds,$$

wo

$$Q(s,t) = K(s,t) + K(t,s) - \int_a^b K(s,r)\,K(t,r)\,dr$$

und mithin *symmetrisch* ist.

Man bezeichne jede von Null verschiedene reelle stetige Funktion, welche, für $\varphi(s)$ substituiert, die rechte Seite der Gleichung (22) identisch verschwinden läßt, als *Nulllösung in s des Kernes* und jede von Null verschiedene reelle stetige Funktion, welche für $\chi(t)$ substituiert die rechte Seite der Gleichung (23) identisch verschwinden läßt, als *Nulllösung in t*. Gemäß dem ersten Theorem des § 5 für $\lambda = 1$, bei dessen Beweis von der Voraussetzung der Symmetrie des Kernes kein Gebrauch gemacht wird, sind die Anzahlen der *linearunabhängigen* Nulllösungen in s sowie in t *endlich*. Ist $\chi(t)$ eine Nulllösung in t, so folgt aus (23) und (24), daß $\chi(t)$ eine zum Eigenwerte $\lambda = 1$ gehörige Eigenfunktion des symmetrischen Kernes $Q(s,t)$ ist; aus (25) und (23) folgt das umgekehrte. Mithin erhält man die Gesamtheit der ersteren Funktionen, indem man die mit ihr als *identisch* erwiesene Gesamtheit der letzteren bildet.

Nun ist die notwendige und hinreichende Bedingung für die Lösbarkeit der Gleichung (22) *die Orthogonalität von $f(s)$ zu allen eventuell vorhandenen Nulllösungen in t, und aus einer Lösung ergeben sich dann alle durch additive Hinzufügung aller Nulllösungen in s**).

Denn die Notwendigkeit dieser Bedingung erhellt vorweg bei Multiplikation der Gleichung (22) mit einer Nulllösung in t und Integration; und daß die Bedingung hinreichend ist, zeigt die unmittelbare Anwendung der Auflösungstheoreme des § 10 auf die symmetrische Integralgleichung

*) Dieses Theorem ist auch zuerst von Fredholm l. c. bewiesen worden.

$$f(s) = \chi(s) - \int_a^b Q(s,t)\,\chi(t)\,dt,$$

auf welche gemäß (24) die Gleichung (22) durch die Substitution

$$\varphi(t) = \chi(t) - \int_a^b K(s,t)\,\chi(s)\,ds$$

zurückgeführt wird.

§ 14.

Begriff der Eigenfunktion.

Es sei $K(s,t)$ eine für $a \leqq s \leqq b,\ a \leqq t \leqq b$ definierte reelle stetige Funktion, die nicht als symmetrisch vorausgesetzt werden soll. Wenn dann die beiden reellen oder komplexen stetigen nicht identisch verschwindenden Funktionen $\varphi(s)$ und $\psi(s)$ den Gleichungen

$$\varphi(s) = \lambda \int_a^b K(s,t)\,\psi(t)\,dt \tag{26}$$

$$\psi(s) = \lambda \int_a^b K(t,s)\,\varphi(t)\,dt \tag{27}$$

genügen, so sollen sie als ein *Paar zum betreffenden Eigenwert λ gehöriger adjungierter Eigenfunktionen des Kernes $K(s,t)$* bezeichnet werden.

Wir definieren nun

$$\overline{K}(s,t) = \int_a^b K(s,r)\,K(t,r)\,dr \tag{28}$$

$$\underline{K}(s,t) = \int_a^b K(r,s)\,K(r,t)\,dr. \tag{29}$$

Dann sind $\overline{K}(s,t)$ und $\underline{K}(s,t)$ symmetrisch.

Führt man (27) in (26) und (26) in (27) ein, so ergeben sich die Gleichungen

$$\varphi(s) = \lambda^2 \int_a^b \overline{K}(s,t)\,\varphi(t)\,dt \tag{30}$$

$$\psi(s) = \lambda^2 \int_a^b \underline{K}(s,t)\,\psi(t)\,dt. \tag{31}$$

Wäre nun

$$\varphi(s) = \varphi_1(s) + i\varphi_2(s) \quad \text{und} \quad \psi(s) = \psi_1(s) + i\psi_2(s),$$

so würde, da λ^2 als Eigenwert des symmetrischen Kernes $\overline{K}(s,t)$, wie in § 4 gezeigt, reell sein muß, aus (30) folgen

$$\varphi_1(s) = \lambda^2 \int_a^b \overline{K}(s,t)\,\varphi_1(t)\,dt$$

$$\int_a^b (\varphi_1(s))^2\,ds = \lambda^2 \int_a^b\int_a^b \varphi_1(s)\,\overline{K}(s,t)\,\varphi_1(t)\,ds\,dt$$

$$= \lambda^2 \int_a^b dr \int_a^b K(s,r)\,\varphi_1(s)\,ds \int_a^b K(t,r)\,\varphi_1(t)\,dt$$

$$\int_a^b (\varphi_1(s))^2 ds = \lambda^2 \int_a^b dr \left(\int_a^b K(s,r)\,\varphi_1(s)\,ds\right)^2.$$

Ebenso ergibt sich

$$\int_a^b (\varphi_2(s))^2\,ds = \lambda^2 \int_a^b dr \left(\int_a^b K(s,r)\,\varphi_2(s)\,ds\right)^2.$$

Da nun in mindestens einer dieser beiden Gleichungen nicht beide Seiten identisch verschwinden können, so folgt, *daß λ^2 positiv und mithin λ reell ist.* Es müßten mithin $\varphi_1(s)$ und $\psi_1(s)$, $\varphi_2(s)$ und $\psi_2(s)$ je ein Paar zum Eigenwerte λ gehöriger adjungierter Eigenfunktionen des Kernes $K(s,t)$ bilden. Aus diesem Grunde sollen im folgenden nur *reelle* Paare von adjungierten Eigenfunktionen betrachtet und unter dieser Bezeichnung verstanden werden. Indem wir über das Vorzeichen von $\psi(s)$ geeignet verfügen, können wir die Eigenwerte eines unsymmetrischen Kernes sämtlich als *positiv* voraussetzen.

Aus (30) folgt, wenn $\psi(s)$ durch (27) definiert wird, (26) und durch Einführung von (26) in (27) (31); ebenso folgt aus (31), wenn $\varphi(s)$ durch (26) definiert wird, (27) und durch Einführung von (27) in (26) (30). *Es entspricht also jeder Eigenfunktion des symmetrischen Kernes $\overline{K}(s,t)$ eine Eigenfunktion des symmetrischen Kernes $\underline{K}(s,t)$ und umgekehrt — und zwar so, daß das betreffende Funktionenpaar ein Paar adjungierter Eigenfunktionen des unsymmetrischen Kernes $K(s,t)$ bildet.*

§ 15.

Das vollständige normierte Orthogonalsystem eines unsymmetrischen Kernes.

Die adjungierten Funktionen eines vollständigen normierten Orthogonalsystems des Kernes $\overline{K}(s,t)$ bilden wieder ein vollständiges normiertes Orthogonalsystem des Kernes $\underline{K}(s,t)$ und umgekehrt.

Beweis.

$$\int_a^b \psi_\mu(r)\,\psi_\nu(r)\,dr = \int_a^b dr\,\lambda_\mu \int_a^b K(t,r)\,\varphi_\mu(t)\,dt\,\lambda_\nu \int_a^b K(s,r)\,\varphi_\nu(s)\,ds$$

$$= \lambda_\mu \lambda_\nu \int_a^b \overline{K}(s,t)\,\varphi_\mu(t)\,\varphi_\nu(s)\,ds\,dt;$$

wegen (30) ergibt sich hieraus

$$\int_a^b \psi_\mu(s)\,\psi_\nu(s)\,ds = \frac{\lambda_\nu}{\lambda_\mu}\int_a^b \varphi_\mu(s)\,\varphi_\nu(s)\,ds.$$

Bilden also die Funktionen $\varphi_1(s), \varphi_2(s), \cdots, \varphi_n(s), \cdots$ ein vollständiges normiertes Orthogonalsystem des Kernes $\overline{K}(s,t)$, so folgt aus der letzten Gleichung, daß auch die adjungierten Funktionen $\psi_1(s), \psi_2(s), \cdots, \psi_n(s), \cdots$ sämtlich normiert und zueinander orthogonal sind. Es sei nun $\psi(s)$ eine Eigenfunktion von $\underline{K}(s,t)$ und $\varphi(s)$ ihre adjungierte, also eine Eigenfunktion von $\overline{K}(s,t)$. Dann ist gemäß Voraussetzung

$$\varphi(s) = \sum_\varrho c_\varrho \varphi_\varrho(s),$$

wo ϱ eine endliche Anzahl von Indizes durchläuft, und nach § 5 sämtliche $\varphi_\varrho(s)$ zum selben Eigenwerte gehören wie $\varphi(s)$. Dann folgt wegen der Gleichungen

$$\psi_\varrho(s) = \lambda \int_a^b K(t,s)\,\varphi_\varrho(t)\,dt,$$

$$\psi(s) = \lambda \int_a^b K(t,s)\,\varphi(t)\,dt$$

das Resultat

$$\psi(s) = \sum_\varrho c_\varrho \psi_\varrho(s).$$

Also bilden die Funktionen $\psi_1(s), \psi_2(s), \cdots, \psi_n(s), \cdots$ auch ein *vollständiges* normiertes Orthogonalsystem des Kernes $\underline{K}(s,t)$, was zu beweisen war; die Umkehrung ergibt sich in analoger Weise. Unter einem *vollständigen normierten Orthogonalsystem des unsymmetrischen Kernes $K(s,t)$ wollen wir das Paar zweier solcher adjungierter vollständiger normierter Orthogonalsysteme der Kerne $\overline{K}(s,t)$ und $\underline{K}(s,t)$ verstehen.*

§ 16.

Entwicklung willkürlicher Funktionen.

Es mögen die Funktionen

$$\varphi_1(s),\ \varphi_2(s),\cdots,\varphi_n(s),\cdots$$
$$\psi_1(s),\ \psi_2(s),\cdots,\psi_n(s),\cdots,$$

denen die Eigenwerte $\lambda_1,\ \lambda_2,\cdots,\lambda_n,\cdots$ der Größe nach geordnet entsprechen mögen, ein vollständiges normiertes Orthogonalsystem des unsymmetrischen Kernes $K(s,t)$ in der Definition des vorigen Paragraphen bilden. Dann gelten folgende Sätze:

Wenn identisch in s

$$\int_a^b K(t,s)\,h(t)\,dt = 0$$

ist, wo $h(s)$ eine stetige Funktion bedeutet, so ist auch für jedes ν

$$\int_a^b h(s)\,\varphi_\nu(s)\,ds = 0,$$

wie die Multiplikation der Gleichung (26) *mit $h(s)\,ds$ und Integration von a bis b ergibt; ebenso ist, wenn identisch in s*

$$\int_a^b K(s,t)\,h(t)\,dt = 0$$

ist, für jedes ν

$$\int_a^b h(s)\,\psi_\nu(s)\,ds = 0.$$

Umgekehrt gilt aber auch, wenn für jedes ν

$$\int_a^b h(s)\,\varphi_\nu(s)\,ds = 0$$

ist, die Gleichung

$$\int_x^b K(t,s)\,h(t)\,dt = 0,$$

und wenn für jedes ν

$$\int_a^b h(s)\,\psi_\nu(s)\,ds = 0$$

ist, die Gleichung

$$\int_a^b K(s,t)\,h(t)\,dt = 0.$$

Beweis. Wir beweisen nur die erste Behauptung, da der Beweis der zweiten derselbe ist. Da $h(s)$ gemäß Voraussetzung zu allen Funktionen eines vollständigen normierten Orthogonalsystems des symmetrischen Kernes $\overline{K}(s,t)$ orthogonal ist, so folgt nach § 9, daß

$$\int_a^b \overline{K}(s,t)\,h(t)\,dt = 0,$$

$$0 = \int_a^b\int_a^b \overline{K}(s,t)\,h(s)\,h(t)\,ds\,dt = \int_a^b dr \int_a^b K(s,r)\,h(s)\,ds \int_a^b K(t,r)\,h(t)\,dt$$

$$= \int_a^b dr \left(\int_a^b K(s,r)\,h(s)\,ds\right)^2;$$

folglich ist identisch in r

$$\int_a^b K(s,r)\,h(s)\,ds = 0,$$

was zu beweisen war.

Wenn

$$g(s) = \int_a^b K(s,t)\,h(t)\,dt$$

ist, wo $h(t)$ eine stetige Funktion bedeutet, so ist

$$g(s) = \sum_\nu \varphi_\nu(s) \int_a^b g(t)\,\varphi_\nu(t)\,dt = \sum_\nu \frac{\varphi_\nu(s)}{\lambda_\nu} \int_a^b h(t)\,\psi_\nu(t)\,dt$$

$$= \sum_\nu \int_a^b K(s,t)\,\psi_\nu(t)\,dt \int_a^b h(t)\,\psi_\nu(t)\,dt;$$

wenn

$$g(s) = \int_a^b K(t,s)\,h(t)\,dt$$

ist, so ist

$$g(s) = \sum_\nu \psi_\nu(s) \int_a^b g(t)\,\psi_\nu(t)\,dt = \sum_\nu \frac{\psi_\nu(s)}{\lambda_\nu} \int_a^b h(t)\,\varphi_\nu(t)\,dt$$

$$= \sum_\nu \int_a^b K(t,s)\,\varphi_\nu(t)\,dt \int_a^b h(t)\,\varphi_\nu(t)\,dt,$$

und die Reihen rechts konvergieren in beiden Gleichungen absolut und gleichmäßig.

Beweis. Wir wollen nur die erste Behauptung beweisen, da der Beweis der zweiten derselbe ist. Aus der dritten Darstellungsform ihres allgemeinen Gliedes gestattet der im § 2 bewiesene Konvergenzsatz die behauptete absolute und gleichmäßige Konvergenz der Reihe abzulesen. Setzt man nun

$$g(s) - \sum_\nu \varphi_\nu(s) \int_a^b g(t)\, \varphi_\nu(t)\, dt = f(s),$$

so folgt

(32) $$\int_a^b f(s)\, \varphi_\nu(s)\, ds = 0,$$

und hieraus ergibt sich nach dem eben bewiesenen Theorem

(33) $$\int_a^b K(t, s) f(t)\, dt = 0.$$

Nun ist

$$\int_a^b (f(s))^2 ds = \int_a^b f(s)\, g(s)\, ds = \int_a^b h(t)\, dt \int_a^b K(s, t) f(s)\, ds = 0$$

wegen (33). Folglich ist $f(s) = 0$, was zu beweisen war.

Es seien $p(s)$ und $q(s)$ zwei stetige Funktionen. Der eben bewiesene Satz liefert dann

$$\int_a^b K(s, t)\, q(t)\, dt = \sum \frac{\varphi_\nu(s)}{\lambda_\nu} \int_a^b q(t)\, \psi_\nu(t)\, dt$$

und nach Multiplikation dieser Gleichung mit $p(s)\, ds$ und Integration von a bis b erhält man

$$\int_a^b \int_a^b K(s, t)\, p(s)\, q(t)\, ds\, dt = \sum_\varkappa \frac{1}{\lambda_\nu} \int_a^b p(s)\, \varphi_\nu(s)\, ds \int_a^b q(t)\, \psi_\nu(t)\, dt.$$

Dieser Satz entspricht der kanonischen Zerlegung einer bilinearen Form.

Aus der eben bewiesenen Gleichung ergibt sich, daß, wenn $\sum_\nu \frac{\varphi_\nu(s)\, \psi_\nu(t)}{\lambda_\nu}$ gleichmäßig konvergiert,

(34) $$K(s, t) = \sum_\nu \frac{\varphi_\nu(s)\, \psi_\nu(t)}{\lambda_\nu}$$

ist, und daß also insbesondere *diese Gleichung stets gültig ist, wenn das vollständige normierte Orthogonalsystem des Kernes $K(s, t)$ nur aus einer endlichen Anzahl von Funktionenpaaren besteht.*

§ 17.

Erweiterung der Voraussetzungen.

Wie eine der in § 13 auseinandergesetzten völlig analoge Schlußweise zeigt, können auch Unstetigkeiten des unsymmetrischen Kernes in einem durch folgende Voraussetzungen beschränkten Umfange zugelassen werden.

I. Die Punktmenge in der s, t-Ebene, welche aus den Unstetigkeitsstellen von $K(s, t)$ gebildet wird, soll auf jeder Geraden $s = \text{const.}$, $t = \text{const.}$ den äußeren Inhalt Null haben.

II. $\int_a^b (K(s, t))^2 dt$ und $\int_a^b (K(t, s))^2 dt$ sollen für $a \leqq s \leqq b$ endlich und bestimmt sein und stetige, nicht identisch verschwindende Funktionen von s darstellen.

Dann bleiben alle Sätze und Beweise dieses Kapitels bestehen, nur muß die Gültigkeit der Gleichung (34) auf den Stetigkeitsbereich von $K(s, t)$ beschränkt werden.

Ebenso ändert sich nichts in den Sätzen und Beweisen dieses Kapitels, wenn $s, t, r, \cdots$ Punkte eines n-dimensionalen, ganz im Endlichen liegenden, aus einer endlichen Anzahl analytischer Stücke bestehenden Gebildes in einem $(n + m)$-dimensionalen Raum bedeuten und $ds, dt, dr, \cdots$ die entsprechenden Elemente. Auch in diesem Fall bestimmen die Bedingungen I und II einen Bereich der Zulässigkeit von Unstetigkeiten.

Viertes Kapitel.

Über die beste Approximation von Funktionen zweier Variabeler durch Produktsummen von Funktionen einer Variabelen.

§ 18.

Das Approximationstheorem.

Es sei $K(s, t)$ eine gegebene, für $a \leqq s \leqq b$, $a \leqq t \leqq b$ definierte reelle stetige Funktion *Es werde verlangt, sie durch eine Summe von höchstens m Produkten einer stetigen Funktion von s mit einer stetigen Funktion von t möglichst gut zu approximieren*, wobei, wie gewöhnlich, als Maß der Approximation das über das Definitionsgebiet der gegebenen Funktion erstreckte Doppelintegral des Fehlerquadrates betrachtet wird.

30*

Es mögen die Funktionen

$$\varphi_1(s),\ \varphi_2(s),\ \cdots,\ \varphi_\nu(s),\ \cdots;$$
$$\psi_1(s),\ \psi_2(s),\ \cdots,\ \psi_\nu(s),\ \cdots,$$

denen die positiven Eigenwerte $\lambda_1, \lambda_2, \cdots, \lambda_\nu, \cdots$ der wachsenden Größe nach geordnet entsprechen, ein *vollständiges normiertes Orthogonalsystem des unsymmetrischen Kernes* $K(s,t)$ in der Definition des § 15 bilden. Im speziellen Falle, daß die Anzahl der vom Index ν durchlaufenen Paare adjungierter Eigenfunktionen $\varphi_\nu(s), \psi_\nu(s) \leqq m$ ist, liefert die Gleichung (34) eine unmittelbare und triviale Lösung des gestellten Problems. Ist aber jene Anzahl unendlich oder endlich und $\geqq m$, *so wird die Lösung durch die Produktsumme*

$$\sum_{\nu=1}^{\nu=m} \frac{\varphi_\nu(s)\,\psi_\nu(t)}{\lambda_\nu}$$

gegeben.

Beweis. Das Maß der Approximation M_m, dessen Minimum die Problemstellung fordert, wird gemäß Voraussetzung durch die Gleichung

$$M_m = \int_a^b\!\!\int_a^b \left(K(s,t) - \sum_{\nu=1}^{\nu=m} \frac{\varphi_\nu(s)\,\psi_\nu(t)}{\lambda_\nu} \right)^2 ds\,dt$$

definiert.

Dieser Ausdruck reduziert sich bei Heranziehung der Definitionsgleichungen (26), (27) und bei Berücksichtigung der Orthogonalität und des Normiertseins des Systems der Funktionen $\varphi_\nu(s)$ und des Systems der Funktionen $\psi_\nu(s)$ leicht auf die Formel

$$(35) \qquad M_m = \int_a^b\!\!\int_a^b (K(s,t))^2 ds\,dt - \sum_{\nu=1}^{\nu=m} \frac{1}{\lambda_\nu^2}.$$

Wir haben also zu zeigen, daß

$$(36) \quad \int_a^b\!\!\int_a^b \Big(K(s,t) - \sum_{\nu=1}^{\nu=n} \alpha_\nu \beta_\nu \Big)^2 ds\,dt \geqq \int_a^b\!\!\int_a^b (K(s,t))^2 ds\,dt - \sum_{\nu=1}^{\nu=m} \frac{1}{\lambda_\nu^2}$$

ist für alle Systeme von n stetigen Funktionenpaaren

$$\alpha_1(s),\ \alpha_2(s),\ \cdots,\ \alpha_n(s);$$
$$\beta_1(t),\ \beta_2(t),\ \cdots,\ \beta_n(t),$$

wo $n \leqq m$ ist, und α_ν statt $\alpha_\nu(s)$ und β_ν statt $\beta_\nu(t)$ geschrieben wird. Wir können voraussetzen, daß die Funktionen $\beta_1, \beta_2, \cdots, \beta_n$ normiert und zueinander orthogonal sind; denn wäre das nicht der Fall, so könnten wir sie nach § 3 durch ein System von höchstens n solchen linear homogen mit konstanten Koeffizienten ausdrücken und dann die Produktsumme nach diesen ordnen. Dann ist

$$(37)\quad \int_a^b\int_a^b\Big(K(s,t)-\sum_{\nu=1}^{\nu=n}\alpha_\nu\beta_\nu\Big)^2 ds\,dt=\int_a^b\int_a^b(K(s,t))^2 ds\,dt$$
$$+\sum_{\nu=1}^{\nu=n}\int_a^b\Big(\alpha_\nu^2-2\alpha_\nu\int_a^b K(s,t)\,\beta_\nu\,dt\Big)ds$$
$$=\int_a^b\int_a^b(K(s,t))^2 ds\,dt+\sum_{\nu=1}^{\nu=n}\int_a^b\Big(\alpha_\nu-\int_a^b K(s,t)\,\beta_\nu\,dt\Big)^2 ds$$
$$-\sum_{\nu=1}^{\nu=n}\int_a^b\Big(\int_a^b K(s,t)\,\beta_\nu\,dt\Big)^2 ds.$$

Die zu beweisende Ungleichung (36) folgt also a fortiori aus der Ungleichung

$$0\leqq\sum_{\nu=1}^{\nu=m}\frac{1}{\lambda_\nu^2}-\sum_{\nu=1}^{\nu=n}\int_a^b\Big(\int_a^b K(s,t)\,\beta_\nu\,dt\Big)^2 ds$$

und diese, weil $n\leqq m$ ist, wieder a fortiori aus der Ungleichung

$$(38)\qquad 0\leqq\sum_{\nu=1}^{\nu=n}\frac{1}{\lambda_\nu^2}-\sum_{\nu=1}^{\nu=n}\int_a^b\Big(\int_a^b K(s,t)\,\beta_\nu\,dt\Big)^2 ds,$$

welche wir jetzt beweisen wollen.

Gemäß dem in § 16 gegebenen Entwicklungssatze ist

$$(39)\qquad \int_a^b K(s,t)\,\beta_\nu\,dt=\sum_\varrho\frac{\varphi_\varrho(s)}{\lambda_\varrho}\int_a^b\beta_\nu\psi_\varrho(t)\,dt,$$

wo die Summe über alle Paare adjungierter Eigenfunktionen $\varphi_\varrho(s)$, $\psi_\varrho(t)$ des vollständigen normierten Orthogonalsystems zu erstrecken ist. Bei Berücksichtigung des Normiertseins und der Orthogonalität des Systems der Funktionen $\varphi_\varrho(s)$ folgt aus der Gleichung (39) leicht

$$(40)\qquad \int_a^b\Big(\int_a^b K(s,t)\,\beta_\nu\,dt\Big)^2 ds=\sum_\varrho\frac{1}{\lambda_\varrho^2}\Big(\int_a^b\beta_\nu\psi_\varrho(t)\,dt\Big)^2.$$

Da nun gemäß der Besselschen Ungleichung § 1

$$(41)\qquad 1=\int_a^b\beta_\nu^2\,dt\geqq\sum_\varrho\Big(\int_a^b\beta_\nu\psi_\varrho(t)\,dt\Big)^2.$$

ist, und mithin letztere Summe konvergiert, so ergibt eine leichte identische Umformung der rechten Seite der Gleichung (40)

Es mögen die Funktionen

$$\varphi_1(s),\ \varphi_2(s), \cdots, \varphi_\nu(s), \cdots;$$
$$\psi_1(s),\ \psi_2(s), \cdots, \psi_\nu(s), \cdots,$$

denen die positiven Eigenwerte $\lambda_1, \lambda_2, \cdots, \lambda_\nu, \cdots$ der wachsenden Größe nach geordnet entsprechen, ein *vollständiges normiertes Orthogonalsystem des unsymmetrischen Kernes* $K(s, t)$ in der Definition des § 15 bilden. Im speziellen Falle, daß die Anzahl der vom Index ν durchlaufenen Paare adjungierter Eigenfunktionen $\varphi_\nu(s), \psi_\nu(s) \leqq m$ ist, liefert die Gleichung (34) eine unmittelbare und triviale Lösung des gestellten Problems. Ist aber jene Anzahl unendlich oder endlich und $\geqq m$, *so wird die Lösung durch die Produktsumme*

$$\sum_{\nu=1}^{\nu=m} \frac{\varphi_\nu(s)\,\psi_\nu(t)}{\lambda_\nu}$$

gegeben.

Beweis. Das Maß der Approximation M_m, dessen Minimum die Problemstellung fordert, wird gemäß Voraussetzung durch die Gleichung

$$M_m = \int_a^b\int_a^b \left(K(s, t) - \sum_{\nu=1}^{\nu=m} \frac{\varphi_\nu(s)\,\psi_\nu(t)}{\lambda_\nu}\right)^2 ds\,dt$$

definiert.

Dieser Ausdruck reduziert sich bei Heranziehung der Definitionsgleichungen (26), (27) und bei Berücksichtigung der Orthogonalität und des Normiertseins des Systems der Funktionen $\varphi_\nu(s)$ und des Systems der Funktionen $\psi_\nu(s)$ leicht auf die Formel

$$(35)\qquad M_m = \int_a^b\int_a^b (K(s, t))^2 ds\,dt - \sum_{\nu=1}^{\nu=m} \frac{1}{\lambda_\nu^2}.$$

Wir haben also zu zeigen, daß

$$(36)\qquad \int_a^b\int_a^b \left(K(s, t) - \sum_{\nu=1}^{\nu=n} \alpha_\nu\beta_\nu\right)^2 ds\,dt \geqq \int_a^b\int_a^b (K(s, t))^2 ds\,dt - \sum_{\nu=1}^{\nu=m} \frac{1}{\lambda_\nu^2}$$

ist für alle Systeme von n stetigen Funktionenpaaren

$$\alpha_1(s),\ \alpha_2(s), \cdots, \alpha_n(s);$$
$$\beta_1(t),\ \beta_2(t), \cdots, \beta_n(t),$$

wo $n \leqq m$ ist, und α_ν statt $\alpha_\nu(s)$ und β_ν statt $\beta_\nu(t)$ geschrieben wird. Wir können voraussetzen, daß die Funktionen $\beta_1, \beta_2, \cdots, \beta_n$ normiert und zueinander orthogonal sind; denn wäre das nicht der Fall, so könnten wir sie nach § 3 durch ein System von höchstens n solchen linear homogen mit konstanten Koeffizienten ausdrücken und dann die Produktsumme nach diesen ordnen. Dann ist

Beweis. Gemäß der Gleichung (35) kann die zu beweisende Behauptung durch die Gleichung

$$(43)\qquad \sum_\varrho \frac{1}{\lambda_\varrho^2} = \int_a^b\int_a^b (K(s,t))^2\,ds\,dt$$

ausgedrückt werden, wo λ_ϱ alle Eigenwerte des unsymmetrischen Kernes $K(s,t)$, jeden nach seiner Vielfachheit gezählt, durchläuft.

Nach dem Entwicklungssatz § 16 ist

$$(44)\qquad \int_a^b K(s,t)\,K(r,t)\,dt = \sum_\varrho \frac{\varphi_\varrho(s)}{\lambda_\varrho}\int_a^b K(r,t)\,\psi_\varrho(t)\,dt = \sum_\varrho \frac{\varphi_\varrho(s)\,\varphi_\varrho(r)}{\lambda_\varrho^2},$$

wobei die Summe bei festem s gleichmäßig in r und bei festem r gleichmäßig in s konvergiert. Wenn $r = s$ gesetzt wird, erhält man

$$(45)\qquad \int_a^b (K(s,t))^2\,dt = \sum_\varrho \frac{(\varphi_\varrho(s))^2}{\lambda_\varrho^2}.$$

Aus der Gleichung (45) ergibt sich die zu beweisende Gleichung (43) durch eine nach s von a bis b erstreckte Integration, wenn diese auf der rechten Seite *gliedweise* ausgeführt werden darf; also insbesondere, wenn die Reihe auf der rechten Seite der Gleichung (45) *gleichmäßig* konvergiert. Den zur Schließung des Beweises allein noch erforderlichen Nachweis der gleichmäßigen Konvergenz der Reihe (45), aus welcher übrigens wegen

$$\frac{\varphi_\varrho(s)\,\varphi_\varrho(r)}{\lambda_\varrho^2} \leqq \frac{1}{2}\left(\frac{(\varphi_\varrho(s))^2}{\lambda_\varrho^2} + \frac{(\varphi_\varrho(r))^2}{\lambda_\varrho^2}\right)$$

auch die in s *und* r gleichmäßige Konvergenz der Reihe (44) folgt, leistet nun ein Theorem von Dini*), welches lautet:

Wenn eine Reihe positiver, stetiger, für $a \leqq s \leqq b$ definierter Funktionen der Variablen s so konvergiert, daß die Summe eine stetige Funktion von s darstellt, so ist die Konvergenz auch gleichmäßig.

Beweis. Es sei

$$(46)\qquad v(s) = \sum_{\nu=1}^{\nu=\infty} u_\nu(s),$$

und es seien $v(s)$ und alle $u_\nu(s)$ für $a \leqq s \leqq b$ stetig und $\geqq 0$.

Es bezeichne P_n die aus allen denjenigen Punkten gebildete Punktmenge, für welche die stetige Funktion

$$R_n(s) = v(s) - \sum_{\nu=1}^{\nu=n} u_\nu(s)$$

*) Dini „Fondamenti per la teoria delle funzioni di variabili reali", Pisa 1878, § 99.

ihr Maximum erreicht, das wir mit Max. (R_n) bezeichnen wollen. Dann wähle man aus jeder Punktmenge P_n einen Punkt α_n aus, und es sei α einer der Häufungspunkte der aus den Punkten $\alpha_1, \alpha_2, \cdots, \alpha_n, \cdots$ bestehenden Punktmenge. Es sei nun ε eine beliebig kleine, positive, von Null verschiedene Größe. Da gemäß der vorausgesetzten Konvergenz der Reihe (46)

$$\operatorname*{Lim}_{n=\infty} R_n(\alpha) = 0$$

ist, so gibt es einen Index p, so daß

$$R_p(\alpha) < \frac{\varepsilon}{2} \tag{47}$$

ist. Wegen der Stetigkeit von $R_p(s)$, und weil α ein Häufungspunkt der Punktmenge $\alpha_1, \alpha_2, \cdots, \alpha_n, \cdots$ ist, läßt sich ein Index $q > p$ so bestimmen, daß

$$R_p(\alpha_q) - R_p(\alpha) | < \frac{\varepsilon}{2} \tag{48}$$

ist. Aus (47) und (48) folgt

$$R_p(\alpha_q) < \varepsilon.$$

Da nun wegen der vorausgesetzten Positivität der Funktionen $u_\nu(s)\ R_n(s)$ nicht negativ sein kann und bei festem s mit wachsendem n nicht wachsen kann, so ergibt sich für $m > q > p$

$$0 \leqq \text{Max.}\,(R_m) = R_m(\alpha_m) \leqq R_q(\alpha_m) \leqq \text{Max.}\,(R_q) = R_q(\alpha_q) \leqq R_p(\alpha_q) < \varepsilon.$$

Also ist

$$\operatorname*{Lim}_{n=\infty} \text{Max.}\,(R_n) = 0,$$

was zu beweisen war.

Schußbemerkung.

Auch Unstetigkeiten des Kernes können in dem in § 17 präzisierten Umfange zugelassen werden.

Ebenso ändert sich nichts in den Sätzen und Beweisen dieses Kapitels, wenn $s, t, r, \cdots$ Punkte eines n-dimensionalen, ganz im Endlichen liegenden, aus einer endlichen Anzahl analytischer Stücke bestehenden Gebildes in einem $(n+m)$-dimensionalen Raum bedeuten und $ds, dt, dr, \cdots$ die entsprechenden Elemente.

Fünftes Kapitel.

Über die Entwicklung willkürlicher Funktionen nach Systemen vorgeschriebener.

§ 20.

Das vorgeschriebene Funktionensystem verschwindet in den Endpunkten des Definitionsintervalles.

Es sei $\varphi_1(x), \varphi_2(x), \cdots, \varphi_\nu(x), \cdots$ eine unendliche Reihe im Intervall $a \leqq x \leqq b$ definierter, reeller, stetiger und zweimal stetig differenzierbarer Funktionen, die außerdem noch für $x = a$ und $x = b$ sämtlich verschwinden mögen. Es sei ferner das System

$$\varphi_1''(x), \varphi_2''(x), \cdots, \varphi_\nu''(x), \cdots, \quad \text{wo} \quad \varphi_\nu''(x) \quad \text{für} \quad \frac{d^2\varphi_\nu(x)}{dx^2} \quad \text{geschrieben ist,}$$

ein *abgeschlossenes* d. h., wie schon in der Einleitung erklärt, ein solches, daß es keine von Null verschiedene stetige Funktion $f(x)$ gibt, welche für jedes ν der Gleichung

$$\int_a^b f(x)\,\varphi_\nu''(x)\,dx = 0$$

genügt. Wir bilden dann

$$\psi_1(x) = \frac{\varphi_1(x)}{\sqrt{\int\limits_a^b (\varphi_1'(y))^2\,dy}}$$

$$\psi_2(x) = \frac{\varphi_2(x) - \psi_1(x)\int\limits_a^b \varphi_2'(z)\,\psi_1'(z)\,dz}{\sqrt{\int\limits_a^b \left(\varphi_2'(y) - \psi_1'(y)\int\limits_a^b \varphi_2'(z)\,\psi_1'(z)\,dz\right)^2 dy}}$$

$$\vdots$$

$$\psi_\nu(x) = \frac{\varphi_\nu(x) - \sum\limits_{\varrho=1}^{\varrho=\nu-1}\psi_\varrho(x)\int\limits_a^b \varphi_\nu'(z)\,\psi_\varrho'(z)\,dz}{\sqrt{\int\limits_a^b \left(\varphi_\nu'(y) - \sum\limits_{\varrho=1}^{\varrho=\nu-1}\psi_\varrho'(y)\int\limits_a^b \varphi_\nu'(z)\,\psi_\varrho'(z)\right)^2 dy}}$$

$$\vdots$$

wobei $\varphi_\nu'(x)$, $\psi_\nu'(x)$ bezüglich für $\frac{d\varphi_\nu(x)}{dx}$ und $\frac{d\psi_\nu(x)}{dx}$ geschrieben sind.

Wir beachten ferner noch folgendes. Wie in § 3 gezeigt, verschwindet einer der Nenner in den obigen Ausdrücken dann und nur dann, wenn die entsprechende Funktion $\varphi_\nu'(x)$ linear homogen mit konstanten

Koeffizienten durch die vorhergehenden darstellbar ist. Da aber wegen der Gleichungen

$$\varphi_\nu(a) = 0$$

jede solche lineare homogene Relation zwischen den $\varphi'_\nu(x)$ auch zwischen den $\varphi_\nu(x)$ gültig bleibt und umgekehrt, so folgt, daß einer der Nenner dann und nur dann verschwindet, wenn die betreffende Funktion $\varphi_n(x)$ von den vorhergehenden linear abhängig ist. In diesem Fall ignorieren wir die betreffende Funktion $\varphi_n(x)$ und fahren in der Bildung der Funktionen $\psi_\nu(x)$ so fort, als ob in der gegebenen Reihe der $\varphi_\nu(x)$ die Funktion $\varphi_n(x)$ überhaupt nicht vorkäme. *Durch die obigen Formeln sind dann alle $\psi_\nu(x)$ als lineare homogene Aggregate der $\varphi_\nu(x)$ gegeben und umgekehrt.*

Es sei nun $g(x)$ eine beliebige im Intervall $a \leq x \leq b$ definierte einmal stetig differenzierbare Funktion, welche für $x = a$ und $x = b$ verschwinde. Dann ist

$$g(x) = \sum_{\nu=1}^{\nu=\infty} \psi_\nu(x) \int_a^b g'(y)\, \psi'_\nu(y)\, dy,$$

und die Summe auf der rechten Seite konvergiert absolut und gleichmäßig.

Beweis. Nach § 3 bestehen die Gleichungen

$$\int_a^b \psi'_\mu(x)\, \psi'_\nu(x)\, dx = 1 \quad \text{oder} \quad 0,$$

je nachdem μ und ν gleich oder verschieden sind. Hieraus folgt gemäß dem Zusatz zu § 2 die absolute und gleichmäßige Konvergenz der Reihe auf der rechten Seite der zu beweisenden Gleichung. Setzen wir nun

$$g(x) - \sum_{\nu=1}^{\nu=\infty} \psi_\nu(x) \int_a^b g'(y)\, \psi'_\nu(y)\, dy = f(x),$$

so ergibt sich wegen

$$\int_a^b g(x)\, \psi''_\varrho(x)\, dx = -\int_a^b g'(x)\, \psi'_\varrho(x)\, dx$$

und

$$\int_a^b \psi_\nu(x)\, \psi''_\varrho(x)\, dx = -\int_a^b \psi'_\nu(x)\, \psi'_\varrho(x)\, dx = -1 \quad \text{oder} \quad 0,$$

je nachdem ν und ϱ gleich oder verschieden sind, für jedes ϱ

$$\int_a^b f(x)\, \psi''_\varrho(x)\, dx = 0;$$

da aber jede Funktion $\varphi''_\nu(x)$ sich linear homogen mit konstanten Koef fizienten durch eine endliche Anzahl der $\psi_\nu''(x)$ darstellen läßt, so folgt für jedes ν

$$\int_a^b f(x)\,\varphi_\nu''(x)\,dx = 0,$$

und hieraus erlaubt uns die vorausgesetzte Abgeschlossenheit des Systemes der $\varphi_\nu''(x)$ zu schließen, daß $f(x)$ identisch verschwindet, was zu beweisen war.

§ 21.
Der allgemeine Fall.

Es sei $\varphi_1(x), \varphi_2(x), \cdots, \varphi_\nu(x), \cdots$ eine unendliche Reihe im Intervall $a \leqq x \leqq b$ definierter, reeller, stetiger, zweimal stetig differenzierbarer Funktionen, die jedoch keinerlei Grenzbedingungen unterworfen seien. Es sei ferner das System $\varphi_1''(x), \varphi_2''(x), \cdots, \varphi_\nu''(x), \cdots$ ein abgeschlossenes. Wir bilden dann für jeden Index ν

$$\overline{\varphi}_\nu(x) = \varphi_\nu(x) - \varphi_\nu(a) - \frac{x-a}{b-a}(\varphi_\nu(b) - \varphi_\nu(a));$$

dann gelten die Gleichungen

$$\overline{\varphi}_\nu(a) = \overline{\varphi}_\nu(b) = 0$$
$$\overline{\varphi}_\nu''(x) = \varphi_\nu''(x),$$

und es ist daher das System $\overline{\varphi}_1''(x), \overline{\varphi}_2''(x), \cdots, \overline{\varphi}_\nu''(x), \cdots$ auch ein abgeschlossenes. Nun konstruieren wir, wie im vorigen Paragraphen, die Funktionenreihe

$$\psi_1(x) = \frac{\overline{\varphi}(x)}{\sqrt{\int_a^b (\overline{\varphi}_1'(y))^2\,dy}}$$
$$\cdot$$
$$\cdot$$
$$\cdot$$
$$\psi_\nu(x) = \frac{\overline{\varphi}_\nu(x) - \sum_{\varrho=1}^{\varrho=\nu-1}\psi_\varrho(x)\int_a^b \overline{\varphi}_\nu'(z)\,\psi_\varrho'(z)\,dz}{\sqrt{\int_a^b \left(\overline{\varphi}_\nu'(y) - \sum_{\varrho=1}^{\varrho=\nu-1}\psi_\varrho(y)\int_a^b \overline{\varphi}'_\nu(z)\,\psi_\varrho'(z)\,dz\right)^2 dy}}$$
$$\cdot$$
$$\cdot$$
$$\cdot$$

Ist dann $g(x)$ eine beliebige im Intervall $a \leqq x \leqq b$ definierte stetige und einmal stetig differenzierbare Funktion und setzt man

$$\overline{g}(x) = g(x) - g(a) - \frac{x-a}{b-a}(g(b) - g(a)),$$
$$\overline{g}(a) = \overline{g}(b) = 0,$$

so liefert das im vorigen Paragraphen bewiesene Entwicklungstheorem

$$\bar{g}(x) = \sum_{\nu=1}^{\nu=\infty} \psi_\nu(x) \int_a^b \bar{g}'(y)\, \psi'_\nu(y)\, dy,$$

$$g(x) = \frac{b g(a) - a g(b)}{b-a} + x \frac{g(b) - g(a)}{b-a} + \sum_{\nu=1}^{\nu=\infty} \psi_\nu(x) \int_a^b g'(y)\, \psi'_\nu(y)\, dy,$$

und die Reihen rechts konvergieren absolut und gleichmäßig.

Wir haben beim Beweise der Entwicklungssätze dieses und des vorigen Paragraphen vorausgesetzt, daß das System der $\varphi''_\nu(x)$ ein abgeschlossenes ist; es hätte aber genügt etwas weniger vorauszusetzen, nämlich bloß, daß jede Funktion, welche zu allen $\varphi''_\nu(x)$ orthogonal ist, linear ist; denn das für den im vorigen Paragraphen gegebenen Beweis erforderliche identische Verschwinden von $f(x)$ ergibt sich wegen des Verschwindens von $f(x)$ in den Endpunkten des Intervalls aus der Tatsache, daß $f(x)$ linear sein muß.

Da jede stetige Funktion durch einmal stetig differenzierbare gleichmäßig approximiert werden kann, so ergibt sich aus dem letzten Entwicklungstheorem: *Es sei* $\varphi_1(x), \varphi_2(x), \cdots, \varphi_\nu(x), \cdots$ *eine unendliche Reihe für* $a \leqq x \leqq b$ *definierter, reeller, zweimal stetig differenzierbarer Funktionen, deren zweite Ableitungen ein abgeschlossenes System bilden; dann läßt sich jede für* $a \leqq x \leqq b$ *definierte stetige Funktion in eine Reihe endlicher linearer homogener Aggregate der Funktionen* $1, x, \varphi_1(x), \varphi_2(x), \cdots, \varphi_\nu(x), \cdots$ *gleichmäßig konvergent entwickeln.*

Zur Theorie der linearen und nicht linearen Integralgleichungen.

Zweite Abhandlung*): Auflösung der allgemeinen linearen Integralgleichung.

Von

Erhard Schmidt in Bonn.

---

§ 1.

Das Problem.

Den Gegenstand dieser Untersuchung bildet die für $a \leqq s \leqq b$ durch Bestimmung der reellen stetigen Funktion $\varphi(s)$ zu erfüllende Integralgleichung

$$(1) \qquad f(s) = \varphi(s) - \int_a^b K(s,t)\,\varphi(t)\,dt,$$

wo der „Kern“ $K(s,t)$ und $f(s)$ als für $a \leqq s \leqq b$, $a \leqq t \leqq b$ definierte reelle stetige Funktionen gegeben sind. Es erweist sich eine parallele Behandlung der für $a \leqq t \leqq b$ zu erfüllenden Integralgleichung

$$(2) \qquad g(t) = \psi(t) - \int_a^b K(s,t)\,\psi(s)\,ds$$

als zweckmäßig, wo $g(t)$ die gegebene und $\psi(t)$ die gesuchte reelle stetige Funktion bedeuten.

Für identisch verschwindende $f(s)$ und $g(t)$ sollen jede Lösung der Gleichung (1) eine *Nulllösung in s* und jede Lösung der Gleichung (2) eine *Nulllösung in t* des Kernes heißen.

Die linearen Integralgleichungen sind zuerst von Fredholm mittels seiner berühmten Reihen vollständig gelöst worden. Hilbert**) hat eine Auflösungsmethode mit Hilfe der Theorie der quadratischen Formen mit

---

*) Diese Abhandlung kann ohne Kenntnis der vorangehenden ersten gelesen werden.

**) „Grundzüge einer allgemeinen Theorie der linearen Integralgleichungen“, 4te und 5te Mitteilung, Göttinger Nachrichten 1906.

unendlich vielen Variabelen gegeben. Eine auf die Annahme der Symmetrie des Kernes sich stützende neue Auflösung wurde in meiner Dissertation*) und im zweiten Kapitel der vorangehenden Abhandlung**) entwickelt, während im dritten Kapitel gezeigt wurde, wie sich jede Integralgleichung auf eine symmetrische zurückführen läßt. Hier soll eine ganz elementare neue Auflösungsmethode auseinandergesetzt werden, welche auch dem numerischen Gebrauche sich anpassen läßt, und deren Grundzüge unmittelbar darauf wiederkehren werden, um den Zugang zu den *nicht linearen* Integralgleichungen und den *Verzweigungen* ihrer Lösungen zu eröffnen. Die Integralgleichung wird zunächst in zwei durch besondere Voraussetzungen über den Kern charakterisierten speziellen Fällen gelöst, und dann der allgemeine Fall in diese beiden speziellen zerspalten.

§ 2.

Erster spezieller Fall.

Es bestehe die Ungleichung

$$\int_a^b\int_a^b (K(s,t))^2\, ds\, dt < 1. \tag{3}$$

Wir definieren wie in § 6 meiner ersten Abhandlung

$$\begin{aligned}
K^1(s,t) &= K(s,t),\\
K^2(s,t) &= \int_a^b K(s,r)\, K(r,t)\, dr,\\
&\;\;\vdots\\
K^\nu(s,t) &= \int_a^b K(s,r)\, K^{\nu-1}(r,t)\, dr,\\
&\;\;\vdots
\end{aligned}$$

Denkt man sich dann $K^{n+1}(s,t)$ als n-faches Integral über ein Produkt von $n+1$ Kernen explizite ausgedrückt, so erhellt:

$$K^{\mu+\nu}(s,t) = \int_a^b K^\mu(s,r)\, K^\nu(r,t)\, dr.$$

Aus

$$K^n(s,t) = \int_a^b K(s,r)\, K^{n-1}(r,t)\, dr$$

*) „Entwicklung willkürlicher Funktionen nach Systemen vorgeschriebener", Inauguraldissertation, Göttingen 1905.

**) Math. Ann. 63, S. 433—476.

folgt gemäß der Ungleichung von **Schwarz** (erste Abhandlung § 1)

$$(K^n(s,t))^2 \leqq \int_a^b (K(s,r))^2 dr \cdot \int_a^b (K^{n-1}(r,t))^2 dr,$$

$$\int_a^b\int_a^b (K^n(s,t))^2 ds\, dt \leqq \int_a^b\int_a^b (K(s,r))^2 ds\, dr \cdot \int_a^b\int_a^b (K^{n-1}(r,t))^2 dr\, dt.$$

Durch Wiederholung dieses Verfahrens ergibt sich

$$\int_a^b\int_a^b (K^n(s,t))^2 ds\, dt \leqq \Big[\int_a^b\int_a^b (K(s,t))^2 ds\, dt\Big]^n. \tag{4}$$

Nun ist für $\nu \geqq 3$

$$K^\nu(s,t) = \int_a^b\int_a^b K(s,r_1) K^{\nu-2}(r_1,r_2) K(r_2,t)\, dr_1\, dr_2$$

und mithin nach der Schwarzschen Ungleichung, welche auch für mehrfache Integrale gültig bleibt,

$$(K^\nu(s,t))^2 \leqq \int_a^b\int_a^b (K^{\nu-2}(r_1,r_2))^2 dr_1\, dr_2 \cdot \int_a^b\int_a^b (K(s,r_1) K(r_2,t))^2 dr_1\, dr_2.$$

Gemäß der Ungleichung (4) ist also

$$(K^\nu(s,t))^2 \leqq \Big[\int_a^b\int_a^b (K(s,t))^2 ds\, dt\Big]^{\nu-2} \cdot \int_a^b (K(s,r_1))^2 dr_1 \cdot \int_a^b (K(r_2,t))^2 dr_2.$$

Diese allgemein gültige Ungleichung erlaubt aus der besonderen Voraussetzung (3) die absolute und gleichmäßige Konvergenz der Reihe $\sum_{\nu=1}^{\nu=\infty} K^\nu(s,t)$ zu schließen.

Definieren wir

$$\Gamma(s,t) = \sum_{\nu=1}^{\nu=\infty} K^\nu(s,t),$$

so ist

$$\Gamma(s,t) = K(s,t) + \int_a^b K(s,r)\, \Gamma(r,t)\, dr, \tag{5}$$

$$\Gamma(s,t) = K(s,t) + \int_a^b \Gamma(s,r)\, K(r,t)\, dr. \tag{6}$$

Auf Grund dieser Gleichungen kann durch Einführung von (7) in (8) und (8) in (7) leicht verifiziert werden, daß die Gleichungen

$$(7)\qquad f(s) = \varphi(s) - \int_a^b K(s,t)\,\varphi(t)\,dt,$$

$$(8)\qquad \varphi(s) = f(s) + \int_a^b \Gamma(s,t) f(t)\,dt$$

wechselseitig auseinander folgen. Ebenso folgen auch die Gleichungen

$$(9)\qquad g(t) = \psi(t) - \int_a^b K(s,t)\,\psi(s)\,ds,$$

$$(10)\qquad \psi(t) = g(t) + \int_a^b \Gamma(s,t)\,g(s)\,ds$$

wechselseitig auseinander. Unter der zu Anfang dieses Paragraphen gemachten Voraussetzung (3) hat also die Integralgleichung (7) *immer eine und nur eine Lösung*, welche durch die Gleichung (8) gegeben wird und identisch verschwindet, sobald $f(s)$ identisch Null ist. Dasselbe gilt von der Integralgleichung (9), deren Lösung durch die Gleichung (10) dargestellt wird. *Der Kern hat also weder Nulllösungen in s noch in t.*

§ 3.

Zweiter spezieller Fall.

Es sei der Kern darstellbar als eine endliche Summe von Produkten einer stetigen Funktion von s mit einer stetigen Funktion von t:

$$K(s,t) = \sum_{\nu=1}^{\nu=m} \alpha_\nu(s)\,\beta_\nu(t).$$

Die Integralgleichung (1) ist in diesem Falle gleichbedeutend mit dem Gleichungssystem

$$(11)\qquad \varphi(s) = f(s) + \sum_{\nu=1}^{\nu=m} \varrho_\nu\,\alpha_\nu(s);$$

$$(12)\qquad \varrho_\mu = \int_a^b \beta_\mu(t)\,\varphi(t)\,dt \qquad (\mu = 1, 2, \cdots, m).$$

Durch Einführung von (11) in (12) erhält man

$$(13)\qquad \varrho_\mu - \sum_{\nu=1}^{\nu=m} \varrho_\nu \int_a^b \alpha_\nu(s)\,\beta_\mu(s)\,ds = \int_a^b f(s)\,\beta_\mu(s)\,ds \qquad (\mu = 1, 2, \cdots, m).$$

Die Integralgleichung (1) und das Gleichungssystem (13), (11) folgen also wechselseitig auseinander, und damit ist die Integralgleichung auf *m gewöhnliche lineare Gleichungen* (13) *mit den m Unbekannten* ϱ_μ zurückgeführt. Die Diskussion dieser Gleichungen und der sich ergebenden Lösbarkeitsgesetze der Integralgleichung soll, um Wiederholungen zu vermeiden, erst im nächsten Paragraphen nach Befreiung von den spezialisierenden Voraussetzungen über den Kern folgen.

§ 4.

Der allgemeine Fall.

Es sei $K(s,t)$ eine *beliebige* für $a \leqq s \leqq b$, $a \leqq t \leqq b$ definierte reelle stetige Funktion. Es sei ferner eine endliche Anzahl *linear unabhängiger* reeller stetiger Funktionen von s und ebenso vieler *linear unabhängiger* reeller stetiger Funktionen von t

$$\alpha_1(s),\ \alpha_2(s),\ \cdots,\ \alpha_m(s);$$

$$\beta_1(t),\ \beta_2(t),\ \cdots,\ \beta_m(t)$$

so bestimmt, daß

$$(14) \qquad \int_a^b\int_a^b \left(K(s,t) - \sum_{\nu=1}^{\nu=m} \alpha_\nu(s)\,\beta_\nu(t) \right)^2 ds\,dt < 1$$

wird. Eine stets mögliche Herstellung eines solchen Systems von Funktionenpaaren ist im vierten Kapitel der ersten Abhandlung auseinandergesetzt worden. Dort wird nämlich das Problem der Variationsrechnung gelöst, bei vorgeschriebener Anzahl die Funktionenpaare so zu bestimmen, daß das obige Doppelintegral zum Minimum wird, und es wird bewiesen, daß durch Verfügung über die Größe der vorgeschriebenen Anzahl jenes Minimum unter jede Grenze herabgedrückt werden kann. Zum Zwecke *numerischer* Rechnung wird es im allgemeinen nicht angezeigt sein, die Funktionenpaare, wie l. c., aus den Paaren adjungierter Eigenfunktionen des unsymmetrischen Kernes $K(s,t)$ zu bilden. Es wird sich dann häufig empfehlen, etwa als Funktionen von s die Koeffizienten, und als Funktionen von t die zugehörigen trigonometrischen Funktionen der ersten Glieder in der Fourier-Entwicklung des Kernes nach t zu wählen, wenn nicht noch andere Entwicklungen sich aus der gegebenen Form des Kernes als vorteilhaft darbieten. Wie das Folgende zeigt, werden sich die numerischen Schwierigkeiten um so mehr reduzieren, je geringer die Anzahl der benutzten Funktionenpaare ist, und je kleiner das Doppelintegral (14) über das Fehlerquadrat der Approximation des Kernes durch die Produktsumme ist.

Man setze

$$K_1(s,t) = K(s,t) - \sum_{\nu=1}^{\nu=m} \alpha_\nu(s)\,\beta_\nu(t),$$

$$\Gamma_1(s,t) = \sum_{\nu=1}^{\nu=\infty} K_1^{\nu}(s,t),$$

wo die Summe auf der rechten Seite wegen (14) gemäß § 2 absolut und gleichmäßig konvergiert. Dann läßt sich die Gleichung (1) schreiben:

$$\text{(15)}\quad f(s) + \int_a^b \left(\sum_{\nu=1}^{\nu=m} \alpha_\nu(s)\,\beta_\nu(t)\right)\varphi(t)\,dt = \varphi(s) - \int_a^b K_1(s,t)\,\varphi(t)\,dt.$$

Wendet man die Formeln (7), (8) an, um $\Gamma_1(s,t)$ statt $K_1(s,t)$ einzuführen, und ordnet dann ein wenig um, so geht (15) über in die Gleichung:

$$\text{(16)}\quad f(s) + \int_a^b \Gamma_1(s,r)\,f(r)\,dr$$

$$= \varphi(s) - \int_a^b \left[\sum_{\nu=1}^{\nu=m}\left(\alpha_\nu(s) + \int_a^b \Gamma_1(s,r)\,\alpha_\nu(r)\,dr\right)\beta_\nu(t)\right]\varphi(t)\,dt.$$

Diese Gleichung ist von der § 3 behandelten Form.

Für später ist die Feststellung von Wichtigkeit, daß auch die Funktionen $\alpha_\nu(s) + \int_a^b \Gamma_1(s,r)\,\alpha_\nu(r)\,dr$ linear unabhängig sind. Denn wäre

$$0 = \sum_{\nu=1}^{\nu=m} c_\nu\left(\alpha_\nu(s) + \int_a^b \Gamma_1(s,r)\,\alpha_\nu(r)\,dr\right)$$

$$= \sum_{\nu=1}^{\nu=m} c_\nu\,\alpha_\nu(s) + \int_a^b \Gamma_1(s,r)\left(\sum_{\nu=1}^{\nu=m} c_\nu\,\alpha_\nu(r)\right)dr,$$

so wäre auch, da die Gleichungen (7) und (8) *wechselseitig* auseinander folgen,

$$0 = \sum_{\nu=1}^{\nu=m} c_\nu\,\alpha_\nu(s),$$

im Widerspruch zur vorausgesetzten linearen Unabhängigkeit der Funktionen $\alpha_\nu(s)$.

Nach Vorausschickung dieser Bemerkung schreiten wir zur Anwendung des in § 3 angegebenen Auflösungsverfahrens.

Die Gleichung (16) ist gleichbedeutend mit dem Gleichungssystem:

$$(17)\quad \varphi(s) = f(s) + \int_a^b \Gamma_1(s,r) f(r)\,dr + \sum_{\nu=1}^{\nu=m} \varrho_\nu \left(\alpha_\nu(s) + \int_a^b \Gamma_1(s,r)\,\alpha_\nu(r)\,dr\right),$$

$$(18)\quad \varrho_\mu = \int_a^b \beta_\mu(t)\,\varphi(t)\,dt \qquad (\mu = 1, 2, \cdots, m).$$

Durch Einführung von (17) in (18) erhält man

$$(19)\quad \varrho_\mu - \sum_{\nu=1}^{\nu=m} \varrho_\nu \left[\int_a^b \alpha_\nu(s)\,\beta_\mu(s)\,ds + \int_a^b \Gamma_1(s,r)\,\alpha_\nu(r)\,\beta_\mu(s)\,dr\,ds\right]$$
$$= \int_a^b \left(\beta_\mu(t) + \int_a^b \Gamma_1(r,t)\,\beta_\mu(r)\,dr\right) f(t)\,dt \qquad (\mu = 1, 2, \cdots, m).$$

Die Integralgleichung (1) und das Gleichungssystem (19), (17) sind also gleichbedeutend.

Ebenso wird die Integralgleichung (2) umgeformt in das Gleichungssystem

$$(20)\quad \varrho'_\mu - \sum_{\nu=1}^{\nu=m} \varrho'_\nu \left[\int_a^b \alpha_\mu(t)\,\beta_\nu(t)\,dt + \int_a^b \Gamma_1(r,t)\,\alpha_\mu(t)\,\beta_\nu(r)\,dr\right]$$
$$= \int_a^b \left(\alpha_\mu(s) + \int_a^b \Gamma_1(s,r)\,\alpha_\mu(r)\,dr\right) g(s)\,ds \qquad \mu = (1, 2, \cdots, m),$$

$$(21)\quad \psi(t) = g(t) + \int_a^b \Gamma_1(r,t)\,g(r)\,dr + \sum_{\nu=1}^{\nu=m} \varrho_\nu \left(\beta_\nu(t) + \int_a^b \Gamma_1(r,t)\,\beta_\nu(r)\,dr\right).$$

Die Determinante Δ der m linearen Gleichungen (19) mit den m Unbekannten ϱ_μ und die Determinante Δ' der m linearen Gleichungen (20) mit den m Unbekannten $\varrho_\mu{}'$ unterscheiden sich nur durch Vertauschung von Reihen und Kolonnen.

Es sei nun Δ und mithin auch Δ' von Null verschieden.

Dann lassen sich die Gleichungen (19) nach den Unbekannten ϱ_μ auf eine und nur eine Weise auflösen, und die Einführung der erhaltenen Werte in (17) liefert die gesuchte Funktion $\varphi(s)$; ist insbesondere $f(s)$ identisch gleich Null, so muß auch $\varphi(s)$ identisch verschwinden. Ebenso lassen sich die Gleichungen (20) nach den Unbekannten ϱ'_μ auf eine und nur eine Weise auflösen, und die Einführung der erhaltenen Werte in (21) liefert die gesuchte Funktion $\psi(t)$; ist insbesondere $g(t)$ identisch gleich Null, so muß auch $\psi(t)$ identisch verschwinden.

Die Integralgleichungen (1) *und* (2) *haben also in diesem Falle stets eine und nur eine Lösung, während weder in s noch in t Nulllösungen existieren.*

Jetzt machen wir die Annahme, *daß* Δ *und mithin auch* Δ' *verschwinden, und zwar vom Range* $m-n$ *seien.*

Bezeichnet man dann mit a_{ik} das k^{te} Element der i^{ten} Zeile von Δ, so können n m-gliedrige Größenreihen

$$\begin{array}{llll} p_{1,1} & p_{1,2} & \cdots & p_{1,m}, \\ p_{2,1} & p_{2,2} & \cdots & p_{2,m}, \\ \vdots & & & \\ p_{n,1} & p_{n,2} & \cdots & p_{n,m} \end{array}$$

bestimmt werden, welche folgenden beiden Forderungen genügen:

I. Es bestehen die nm Gleichungen

$$\sum_{k=1}^{k=m} a_{ik} p_{\mu k} = 0 \qquad \begin{pmatrix} i = 1, 2, \cdots, m \\ \mu = 1, 2, \cdots, n \end{pmatrix}.$$

II. Die Größenreihen sind linear unabhängig, d. h. bei nicht sämtlich verschwindenden c_μ besteht kein Gleichungssystem von der Form

$$\sum_{\mu=1}^{\mu=n} c_\mu p_{\mu,k} = 0 \qquad (k = 1, 2, \cdots, m).$$

Aus I und II ergibt sich auf Grund des Ranges der Determinante:

III. Die Gesamtheit aller Lösungen des Gleichungssystems

$$\sum_{k=1}^{k=m} a_{ik} x_k = 0 \qquad (i = 1, 2, \cdots, m)$$

wird durch die Formel

$$x_k = \sum_{\mu=1}^{\mu=n} c_\mu p_{\mu k} \qquad (k = 1, 2, \cdots, m)$$

dargestellt, wo die c_μ verfügbare Koeffizienten bedeuten.

Ebenso können n m-gliedrige Größenreihen

$$\begin{array}{llll} q_{1,1} & q_{1,2} & \cdots & q_{1,m}, \\ q_{2,1} & q_{2,2} & \cdots & q_{2,m}, \\ \vdots & & & \\ q_{n,1} & q_{n,2} & \cdots & q_{n,m} \end{array}$$

bestimmt werden, welche folgenden beiden Forderungen genügen:

I′. Es bestehen die nm Gleichungen

$$\sum_{i=1}^{i=m} a_{i,k}\, q_{\mu,i} = 0 \qquad \begin{pmatrix} k = 1, 2, \cdots, m \\ \mu = 1, 2, \cdots, n \end{pmatrix}$$

II′. Die n Größenreihen sind linear unabhängig.

Aus I′ und II′ ergibt sich bei Berücksichtigung des Ranges der Determinante:

III′. Die Gesamtheit aller Lösungen des Gleichungssystems

$$\sum_{i=1}^{i=m} a_{ik}\, x_i = 0 \qquad (k = 1, 2, \cdots, m)$$

wird durch die Formel

$$x_i = \sum_{\mu=1}^{\mu=n} c_\mu\, q_{\mu,i} \qquad (i = 1, 2, \cdots, m)$$

dargestellt, wo die c_μ verfügbare Koeffizienten bedeuten.

Um nun zunächst die Nulllösungen in s zu bestimmen, setze man in den Gleichungen (19) und (17) $f(s)$ identisch gleich Null. Dann folgt wegen III

$$\varrho_k = \sum_{\mu=1}^{\mu=n} c_\mu\, p_{\mu,k} \qquad (k = 1, 2, \cdots, m).$$

Durch Einführung dieser Formeln in (17) ergibt sich, daß die *Gesamtheit* aller Nulllösungen in s dargestellt wird durch die Formel

$$\sum_{\mu=1}^{\mu=n} c_\mu\, \varphi_\mu(s), \tag{22}$$

wo die c_μ willkürliche Koeffizienten bedeuten und

$$\varphi_\mu(s) = \sum_{k=1}^{k=m} p_{\mu,k} \left(\alpha_k(s) + \int_a^b \Gamma_1(s, r)\, \alpha_k(r)\, dr\right) \qquad (\mu = 1, 2, \cdots, n) \tag{23}$$

ist. Die n Funktionen $\varphi_\mu(s)$ sind offenbar selbst auch Nulllösungen in s, und zwar bilden sie ein *linear unabhängiges, vollständiges System von Nulllösungen in s*, d. h. sie sind linear unabhängig, und die Gesamtheit aller Nulllösungen in s läßt sich durch sie linear homogen mit konstanten Koeffizienten zusammensetzen. Die letztere Behauptung ist in der Formel (22) bewiesen; wäre ferner bei nicht sämtlich verschwindenden c_μ

$$0 = \sum_{\mu=1}^{\mu=n} c_\mu\, \varphi_\mu(s) = \sum_{k=1}^{k=m} \left(\alpha_k(s) + \int_a^b \Gamma_1(s, r)\, \alpha_k(r)\, dr\right) \left(\sum_{\mu=1}^{\mu=n} c_\mu\, p_{\mu,k}\right),$$

so wäre wegen der Seite 166 bewiesenen linearen Unabhängigkeit der Funktionen

$$\alpha_k(s) + \int_a^b \Gamma_1(s, r)\, \alpha_k(r)\, dr \qquad (k = 1, 2, \cdots, m)$$

$$0 = \sum_{\mu=1}^{\mu=n} c_\mu\, p_{\mu,k} \qquad (k = 1, 2, \cdots, m),$$

im Widerspruch zu II.

Ebenso ergeben die Gleichungen (20), (21) ein gleichfalls aus n Funktionen bestehendes *linear unabhängiges, vollständiges System von Nulllösungen in t*, welches durch die Formeln

$$(24) \qquad \psi_\mu(t) = \sum_{k=1}^{k=m} q_{\mu k}\left(\beta_k(t) + \int_a^b \Gamma_1(r, t)\, \beta_k(r)\, dr\right) \qquad (\mu = 1, 2, \cdots, n)$$

dargestellt wird.

Nach Bestimmung der Nulllösungen kehren wir zum allgemeinen Fall der Inhomogenität der Integralgleichung (1) zurück. Damit die Gleichungen (19), auf welche diese sich reduziert, lösbar sind, müssen ihre linken Seiten n notwendigen und in ihrer Gesamtheit hinreichenden linearen homogenen Bedingungsgleichungen genügen, welche auf folgende Weise zu erhalten sind: Um etwa die μ^{te} Bedingungsgleichung zu bilden, multipliziere man für $i = 1, 2, \cdots, m$ die rechte Seite der i^{ten} Gleichung (19) mit $q_{\mu i}$ und setze die Summe über alle i gleich Null. So ergeben sich für die Lösbarkeit der Integralgleichung (1) die n notwendigen und hinreichenden Bedingungsgleichungen

$$(25) \qquad 0 = \int_a^b \psi_\mu(t)\, f(t)\, dt \qquad (\mu = 1, 2, \cdots, n),$$

wo die Funktionen $\psi_\mu(t)$ das durch die Formeln (24) gegebene *linear unabhängige, vollständige* System von Nulllösungen in t durchlaufen.

Ebenso ergeben sich für die Lösbarkeit der Integralgleichung (2) die n notwendigen und hinreichenden Bedingungsgleichungen

$$(26) \qquad 0 = \int_a^b \varphi_\mu(s)\, g(s)\, ds \qquad (\mu = 1, 2, \cdots, n),$$

wo die Funktionen $\varphi_\mu(s)$ das durch die Formeln (23) dargestellte *linear unabhängige, vollständige* System von Nulllösungen in s durchlaufen.

Zum Schluß sollen die Hauptresultate dieses Paragraphen kurz in folgenden Sätzen zusammengefaßt werden:

Die linear unabhängigen, vollständigen Systeme von Nulllösungen in s

und Nulllösungen in t des Kernes K(s, t) sind stets ***endlich*** *und von* ***gleicher*** *Anzahl.*

Ist diese Anzahl Null, d. h. gibt es überhaupt keine Nulllösungen, so hat die Integralgleichung (1) *und ebenso auch die Integralgleichung* (2) *stets eine und nur eine Lösung.*

Ist die Anzahl von Null verschieden, so besteht die notwendige und hinreichende Bedingung der Lösbarkeit der Integralgleichung (1) *in der Orthogonalität von* $f(s)$ *zu allen Nulllösungen in* t, *und aus einer Lösung ergibt sich die Gesamtheit aller durch Hinzuaddieren aller Nulllösungen in* s. *Ebenso besteht die notwendige und hinreichende Bedingung für die Lösbarkeit der Integralgleichung* (2) *in der Orthogonalität von* $g(t)$ *zu allen Nulllösungen in* s, *und aus einer Lösung ergibt sich die Gesamtheit aller durch Hinzuaddieren aller Nulllösungen in* t.

Alle diese fundamentalen Theoreme sind zuerst von Fredholm mittels seiner berühmten Reihen bewiesen worden. Das hier auseinandergesetzte einfache Beweisverfahren hat durch die Formeln (23), (24) auch Aufschluß über die Gestalt der Nulllösungen gegeben.

§ 5.

Der lösende Kern.

Es lohnt der Mühe, im Falle nicht verschwindender Determinante Δ die Lösung in Formeln etwas weiter durchzuführen.

Man bezeichne mit A_{ik} die Adjunkte des k^{ten} Koeffizienten der i^{ten} Zeile von Δ, löse die Gleichungen (19) auf und führe die erhaltenen Formeln in (17) ein. Dann geht das Gleichungssystem (19), (17) über in das Gleichungssystem

$$\varrho_k = \frac{1}{\Delta} \sum_{\mu=1}^{\mu=m} A_{\mu k} \int_a^b \left(\beta_\mu(t) + \int_a^b \Gamma_1(r, t)\, \beta_\mu(r)\, dr \right) f(t)\, dt, \tag{27}$$

$$\varphi(s) = f(s) + \int_a^b \Gamma(s, t)\, f(t)\, dt, \tag{28}$$

wo

$$\Gamma(s, t) = \Gamma_1(s, t)$$

$$+ \frac{1}{\Delta} \sum_{k=1}^{k=m} \sum_{\mu=1}^{\mu=m} A_{\mu k} \left(\alpha_k(s) + \int_a^b \Gamma_1(s, r)\, \alpha_k(r)\, dr \right) \left(\beta_\mu(t) + \int_a^b \Gamma_1(r, t)\, \beta_\mu(r)\, dr \right)$$

gesetzt ist. Die Integralgleichung (28) stellt die Lösung der Integralgleichung (1) eindeutig dar.

Ebenso wird die Lösung der Integralgleichung (2) durch die Integralgleichung

$$\psi(t) = g(t) + \int_a^b \Gamma(s, t)\, g(s)\, ds \tag{29}$$

eindeutig dargestellt.

Die Funktion $\Gamma(s, t)$ wird der *lösende Kern des Kernes* $K(s, t)$ genannt. Durch Einführung von (1) in (28) und (28) in (1) folgen leicht die Gleichungen

$$K(s, t) = \Gamma(s, t) - \int_a^b K(s, r)\, \Gamma(r, t)\, dr, \tag{30}$$

$$K(s, t) = \Gamma(s, t) - \int_a^b K(r, t)\, \Gamma(s, r)\, dr. \tag{31}$$

Diese Gleichungen können auch zur Definition des lösenden Kernes dienen, da sich aus ihnen wiederum das wechselseitige Auseinanderfolgen von (1) und (28) und ebenso auch von (2) und (29) ergibt. Der lösende Kern ist ferner eindeutig definiert. Denn betrachtet man t als Parameter, so genügt $\Gamma(s, t)$ als Funktion von s der Integralgleichung (30), welche vom Typus der Integralgleichung (1) ist, und daher, weil Δ gemäß Vorausetzung nicht verschwindet, nur eine einzige Lösung hat. Auch der „lösende Kern" ist von Fredholm eingeführt worden.

§ 6.

Transformation des Kernes.

In diesem Paragraphen soll ein Theorem bewiesen werden, das in der Theorie der nicht linearen Integralgleichungen von wesentlicher Bedeutung ist.

Es mögen die Funktionen

$$\varphi_1(s),\ \varphi_2(s),\ \cdots,\ \varphi_n(s),$$
$$\psi_1(t),\ \psi_2(t),\ \cdots,\ \psi_n(t)$$

vollständige Systeme linear unabhängiger Nulllösungen des Kernes $K(s, t)$ in s und in t bilden. Wir setzen

$$Q(s, t) = \sum_{\nu=1}^{\nu=n} p_\nu(s)\, q_\nu(t) + K(s, t), \tag{32}$$

wo die $p_\nu(s)$ und $q_\nu(t)$ reelle stetige Funktionen bedeuten.

Ferner setze man

$$A_{\mu\nu} = \int_a^b \psi_\mu(r)\, p_\nu(r)\, dr,$$

$$B_{\mu\nu} = \int_a^b \varphi_\mu(r)\, q_\nu(r)\, dr.$$

Dann besteht die notwendige und hinreichende Bedingung dafür, daß der neue Kern $Q(s, t)$ keine Nulllösungen mehr hat, darin, daß keine der beiden n-reihigen Determinanten $|A_{\mu\nu}|$ und $|B_{\mu\nu}|$ verschwindet. Berücksichtigt man, daß alle Nulllösungen in s von $K(s, t)$ in der Form

$$\sum_{\nu=1}^{\nu=n} c_\nu \varphi_\nu(s)$$

darstellbar sind, und alle Nulllösungen in t in der Form

$$\sum_{\nu=1}^{\nu=n} c_\nu \psi_\nu(t),$$

so kann, wie leicht ersichtlich, das eben ausgesprochene Kriterium auch in die Forderung formuliert werden, daß $K(s, t)$ weder eine zu allen p_ν orthogonale Nulllösung in t, noch eine zu allen q_ν orthogonale Nulllösung in s hat.

Beweis. Die Notwendigkeit unserer Bedingung folgt unmittelbar aus ihrer zweiten Formulierung. Denn gäbe es z. B. eine zu allen p_ν orthogonale Nulllösung in t des Kernes $K(s, t)$, so wäre sie, wie die Verifikation in die Augen springen läßt, auch eine Nulllösung in t des Kernes $Q(s, t)$.

Es ist also nur noch zu zeigen, daß die Bedingung hinreichend ist, d. h. daß ihr Erfülltsein Nulllösungen von $Q(s, t)$ ausschließt. Nehmen wir also an, der Kern $Q(s, t)$ habe eine Nulllösung in s, $\varphi(s)$:

$$0 = \varphi(s) - \int_a^b Q(s, t)\, \varphi(t)\, dt,$$

$$\varphi(s) - \int_a^b K(s, t)\, \varphi(t)\, dt = \sum_{\nu=1}^{\nu=n} p_\nu(s) \int_a^b q_\nu(t)\, \varphi(t)\, dt. \tag{33}$$

Multipliziert man diese Gleichung mit $\psi_\mu(s)\, ds$ und integriert von a bis b, so verschwindet die linke Seite. Man erhält also die Gleichungen

$$\sum_{\nu=1}^{\nu=n} A_{\mu\nu} \int_a^b q_\nu(t)\, \varphi(t)\, dt = 0 \qquad (\mu = 1, 2, \cdots, n).$$

Hieraus folgen wegen des vorausgesetzten Nichtverschwindens der Determinante $|A_{\mu\nu}|$ die Gleichungen

$$\int_a^b q_\nu(t)\, \varphi(t)\, dt = 0 \qquad (\nu = 1, 2, \cdots, n). \tag{34}$$

Es müßte also wegen (33), (34) $\varphi(s)$ auch von $K(s, t)$ eine Nulllösung in s sein, welche wegen (34) zu allen q_ν orthogonal wäre, im Widerspruch zur zweiten Formulierung unserer Bedingung. q. e. d.

Wählen wir z. B. als Funktionen p_ν irgend ein vollständiges System linear unabhängiger Nulllösungen in t des Kernes $K(s, t)$ und als Funktionen q_ν irgend ein vollständiges System linear unabhängiger Nulllösungen in s, so ist unsere notwendige und hinreichende Bedingung, wie ihre zweite Formulierung zeigt, erfüllt. Denn wäre $\chi(s)$ eine zu allen p_ν orthogonale Nulllösung in t von $K(s, t)$, so müßte auch $\chi(s)$ zu allen Funktionen von der Form $\sum_{\nu=1}^{\nu=n} c_\nu p_\nu$ orthogonal sein, wo die c_ν beliebige Konstanten bedeuten. Wegen der vorausgesetzten Vollständigkeit des Systems der p_ν sind in dieser Form aber alle Nulllösungen in t von $K(s, t)$ enthalten, und mithin auch $\chi(s)$. Es müßte also $\chi(s)$ zu sich selbst orthogonal sein, was unmöglich ist. *Wenn also die vollständigen Systeme linear unabhängiger Nulllösungen in s und in t des Kernes $K(s, t)$ von der Anzahl n sind, so läßt sich dieser Kern durch Hinzufügung von n Produkten einer stetigen Funktion von s mit einer stetigen Funktion von t in einen solchen Kern transformieren, der keine Nulllösungen mehr hat. Durch Hinzufügung von weniger als n solchen Produkten kann dies nicht erreicht werden.* Denn diesen Fall erhält man bei der spezialisierenden Voraussetzung, daß einige der n Funktionen p_ν identisch gleich Null sein müssen. Dann aber verschwindet die Determinante $|A_{\mu\nu}|$.

Schlußbemerkung.

Es ändert sich nichts in den eben auseinandergesetzten Sätzen und Beweisen, wenn $s, t, r, \cdots$ Punkte eines n-dimensionalen, ganz im Endlichen liegenden, aus einer endlichen Anzahl analytischer Stücke bestehenden Gebildes in einem $n+m$-dimensionalen Raum bedeuten und $ds, dt, dr, \cdots$ die entsprechenden Elemente.

Auch Unstetigkeiten können in dem in § 16 der vorangehenden Abhandlung kurz angegebenen und in § 12 näher ausgeführten Umfange zugelassen werden.

Lebenslauf

Ich, Erhard Schmidt, bin geboren am 14ten Jan. 1876 zu Dorpat als Sohn des Professors der Physiologie an der Dorpater Universität, Alexander Schmidt, und seiner Frau Ida geb. Fick. Ich besuchte von 1888–1892 das Kollmannsche Privatgymnasium zu Dorpat und von 1892 ~~das~~ das Stadtgymnasium zu Riga, wo ich im Dec. 1892 mein Maturitätszeugnis erhielt. Von 1893 bis 1899 war ich in Dorpat immatriculiert. Von 1899 bis 1901 studierte ich an der Universität zu Berlin und von 1901 bis 1905 an der Universität zu ~~Berlin~~ Goettingen, wo ich am 29 Juni 1905 auf die Dissertation „Entwickelung willkürlicher Functionen nach Systemen vorgeschriebener" zum Doctor promoviert wurde. Ich habe ferner noch veröffentlicht „Über die Definition des Begriffs der Länge krummer Linien" Math. Ann. 55 und „Über die Anzahl der Primzahlen unter gegebener Grenze" Math. Ann. 57. Im Frühjahr 1906 wurde ich auf die bisher noch unveröffentlichte Habilitationsschrift „Theorie der linearen und nicht linearen Integralgleichungen" zur Habilitation an der Universität zu Bonn zugelassen.

Bonn, d. 14ten Mai 1906, Dr. Erhard Schmidt.

Lebenslauf ERHARD SCHMIDTS, 1906

RENDICONTI

DEL

CIRCOLO MATEMATICO

DI PALERMO

DIRETTORE: G. B. GUCCIA.

TOMO XXV

(1° SEMESTRE 1908).

PALERMO,

SEDE DELLA SOCIETÀ

30, VIA RUGGIERO SETTIMO, 30.

1908

ÜBER DIE AUFLÖSUNG LINEARER GLEICHUNGEN MIT UNENDLICH VIELEN UNBEKANNTEN [1]).

Von **Erhard Schmidt** (Bonn).

Adunanza del 18 agosto 1907.

Einleitung.

Die von Hill, Poincaré, Helge von Koch u. a. zuerst in Angriff genommene Theorie der linearen Gleichungen mit unendlich vielen Unbekannten, ist in jüngster Zeit Gegenstand tiefgreifender Untersuchungen von Hilbert [2]) geworden, welche durch Toeplitz [3]) wesentliche Vereinfachungen und Ergänzungen erfahren haben.

Es seien gegeben die Gleichungen

(1) $$\sum_{m=1}^{m=\infty} a_{nm} Z_m = c_n \qquad (n = 1, 2, \ldots, \text{ad inf.}).$$

I. Es mögen nur solche Lösungen in Betracht gezogen werden, für welche

(2) $$\sum_{m=1}^{m=\infty} |Z_m|^2$$

convergiert.

II. Es sei in jeder einzelnen Gleichung die Quadratsumme der absoluten Beträge der Coefficienten convergent.

III. Hilbert und Toeplitz fügen noch die Voraussetzung hinzu, dass das Coefficientensystem der Gleichungen das einer *beschränkten* quadratischen Form sei; d. h. dass es eine positive Grösse M giebt, so dass für jedes n

(3) $$\left|\sum_{i=1}^{i=n}\sum_{k=1}^{k=n} a_{ik} x_i \bar{y}_k\right| < M$$

---

[1]) Diese Untersuchung ist bis auf die spaeter hinzugefügten Sätze der §§ 12 und 15 den 12. Februar 1907 in der Mathematischen Gesellschaft in Göttingen vorgetragen worden. Cf. Jahresbericht der Deutschen Math. Vereinigung, Bd. XVI, pag. 167.

[2]) *Grundzüge einer allgemeinen Theorie der linearen Integralgleichungen* (Vierte Mitteilung) [Nachrichten von der Kgl. Gesellschaft der Wissenschaften zu Göttingen, Math.-physikalische Klasse, 1906, S. 157-227].

[3]) *Die* Jacobi'*sche Transformation der quadratischen Formen von unendlichvielen Veränderlichen* [Nachrichten von der Kgl. Gesellschaft der Wissenschaften, Math.-physikalische Klasse, 1907, S. 101-109 (Sitzung vom 23. Februar 1907)].

bleibt für alle x_i, y_k für welche

(4) $$\sum_{i=1}^{i=n} |x_i|^2 = 1 \qquad \sum_{k=1}^{k=n} |y_k|^2 = 1$$

ist.

Unter diesen Voraussetzungen I, II, III gelingt es HILBERT und TOEPLITZ das Kriterium anzugeben, ob die Convergenz von

(5) $$\sum_{n=1}^{n=\infty} |c_n|^2$$

eine hinreichende Bedingung für die Lösbarkeit resp. eindeutige Lösbarkeit der Gleichungen (1) darstellt [4]), und in diesen Fall die Lösungen zu bestimmen.

Da aus der Beschränkheit des Coefficientensystems der Gleichungen, wie HILBERT gezeigt hat, leicht folgt, dass

(6) $$\sum_{n=1}^{n=\infty} \left| \sum_{m=1}^{m=\infty} a_{nm} x_m \right|^2$$

convergirt, sobald

(7) $$\sum_{m=1}^{m=\infty} |x_m|^2$$

convergirt, und da gemäss einem noch unveröffentlichten Theorem von TOEPLITZ aus der letzteren Eigenschaft auch die Beschränktheit folgt, so können wir die genannten Resultate von HILBERT und TOEPLITZ auch in folgender Weise formulieren [5]).

Es wird unter Beibehaltung von I und II vorausgesetzt, dass die Convergenz von (5) eine *notwendige* Bedingung für die Lösbarkeit unserer Gleichungen ist. Es wird das Kriterium angegeben, wann diese Bedingung auch *hinreicht*, und es werden in diesem Falle die Lösungen bestimmt.

Diese Fragestellung, die sich im Hinblick auf die von HILBERT begründete Theorie der quadratischen Formen mit unendlich vielen Variabeln als die naturgemässe und wesentliche erweist, ist von Gesichtspunkt einer Theorie der linearen Gleichungen mit unendlich vielen Unbekannten ein wenig speciell. Zunächst bleiben alle diejenigen Fälle unerledigt, wo die Voraussetzung III nicht erfüllt ist. Ist aber auch die Voraussetzung III erfüllt, so sind die HILBERT-TOEPLITZ'schen Lösungsmethoden nur dann anwendbar, wenn gerade die Convergenz von (5) die hinreichende Bedingung für die Lösbarkeit darstellt.

So sind z. B. die Gleichungen

(8) $$n x_n = c_n \qquad (n = 1, 2, \ldots \text{ ad inf.}$$

[4]) Die Fragestellung nach der Existenz einer beschränkten Resolvente (cf. § 15 Anm. [17]) der vorliegenden Untersuchung), wie HILBERT das Problem formuliert, ist, wie ohne Schwierigkeit gezeigt werden kann, mit der obigen Fragestellung, ob die Convergenz von (5) genügt, um die Lösbarkeit der Gleichungen zu sichern, gleichbedeutend.

[5]) Wir sehen hier von den von HILBERT, l. c. X behandelten besonders interessanten speciellen Fall ab, wo sich das Coefficientensystem der Gleichungen aus der Einheitsform und dem einer sogen. vollstetigen Form zusammensetzt.

nach HILBERT-TOEPLITZ nicht lösbar, weil das Coefficientensystem auf der linken Seite nicht das einer beschränkten Form ist. Aber auch das Gleichungssystem

$$(9) \qquad \frac{1}{n} x_n = c_n \qquad (n = 1, 2, \ldots \text{ ad inf.})$$

ist nicht lösbar, weil das Coefficientensystem zwar beschränkt ist, aber jetzt wieder die Convergenz von (5) nicht hinreicht, um die Lösbarkeit unserer Gleichungen im Sinne von I zu sichern. Wir können nun freilich die Gleichungen (8) durch Multiplication mit $\frac{1}{n}$ und die Gleichungen (9) durch Multiplication mit n in solche Gleichungssysteme transformiren, welche nach den HILBERT-TOEPLITZ'schen Methoden lösbar sind. Das liegt aber nur an der besonders einfachen Form der speciell gewählten Beispiele. Im allgemeinen Fall fehlen die Mittel, um solche Multiplicatorensysteme zu bestimmen; ja es können die Gleichungen sehr schön lösbar sein, während es überhaupt nicht solche Multiplicatorensysteme giebt.

Durch eine Anwendung der in meiner Dissertation [6]) auseinandergesetzten Methoden, welche ihre volle Gültigkeit behalten, wenn statt des Bereiches der stetigen Funktionen der Bereich der unendlichen Zahlenreihen von convergenter Quadratsumme der absoluten Beträge zu Grunde gelegt wird, gelingt es in der vorliegenden Untersuchung, *nur unter den Voraussetzungen I und II die notwendigen und hinreichenden Kriterien für die Lösbarkeit unserer Gleichungen herzuleiten* und es wird die *Gesammtheit aller vorhandenen Lösungen in immer convergenten Reihen dargestellt.*

Im § 12 werden zwei *immer convergente* Reihen angegeben, deren Glieder aus den Coefficienten und den rechten Seiten unserer Gleichungen in einfacher Weise gebildet werden. *Der Quotient dieser beiden Reihen stellt, wenn unsere Gleichungen überhaupt Lösungen haben, stets eine Lösung dar,* und zwar diejenige von der kleinsten Quadratsumme der absoluten Beträge. *Wenn es aber keine Lösungen giebt, so wird dies durch das Verschwinder der den Nenner bildenden Reihe als notwendiges und hinreichendes Kriterium angezeigt.* Im § 14 wird das Kriterium der Lösbarkeit unserer Gleichungen in folgender Form dargestellt: *Die notwendige und hinreichende Bedingung für die Lösbarkeit unserer Gleichungen besteht in der Convergenz einer gewissen quadratischen Form*

$$(10) \qquad \sum_{n=1}^{n=\infty} \left| \sum_{\nu=1}^{\nu=n} \overline{\gamma}_{n\nu} c_\nu \right|^2,$$

wo die Coefficienten $\overline{\gamma}_{nr}$ aus den a_{nm} in einfacher Weise gebildet werden. Nur wenn die Convergenz von (10) aus der Convergenz von (5) folgt, hat also das Gleichungssystem die von HILBERT-TOEPLITZ in den Vordergrund gestellte Eigenschaft, dass die Convergenz von (5) eine hinreichende Bedingung der Lösbarkeit unserer Gleichungen ist.

---

[6]) *Entwicklung willkürlicher Funktionen nach Systemen vorgeschriebener* (Göttingen 1905). Abgedruckt Math. Annalen, Bd. LXIII, S. 433-476. Siehe namentlich das letzte Capitel.

I. Kapitel.

GEOMETRIE IN EINEM FUNCTIONENRAUM [7], [8].

§ 1. Der pythagoräische Lehrsatz und die Bessel'sche Ungleichung.

Mit grossen Buchstaben, die vor das eingeklammerte x gesetzt werden, wie z. B. mit $C(x)$ sollen in dieser Untersuchung durchweg Funktionen von folgenden Eigenschaften verstanden werden.

I. *Die Funktion ist nur für* $x = 1, 2, 3, \ldots$ ad inf. *definiert.*

II. *Die Quadratsumme der absoluten Beträge der von ihr durchlaufenen Werte convergiert.*

Wegen

$$(1) \qquad |A(x)B(x)| \leqq \frac{|A(x)|^2 + |B(x)|^2}{2}$$

folgt bei Berücksichtigung von II, dass $\sum_{x=1}^{x=\infty} A(x)B(x)$ convergiert.

Ebenso folgt wegen

$$|\alpha A(x) + \beta B(x)|^2 \leqq |\alpha|^2 |A(x)|^2 + 2|\alpha||\beta||A(x)||B(x)| + |\beta|^2 |B(x)|^2$$
$$\leqq 2|\alpha|^2 |A(x)|^2 + 2|\beta|^2 |B(x)|^2,$$

dass die Funktion $\alpha A(x) + \beta B(x)$ auch den Eigenschaften I und II genügt. Hieraus ergiebt sich leicht, dass *jede Funktion von der Form*

$$\alpha_1 A_1(x) + \alpha_2 A_2(x) + \cdots + \alpha_n A_n(x)$$

die Forderungen I und II erfüllt.

Wir definieren das Symbol $(A; B)$ durch die Gleichung

$$(2) \qquad (A; B) = (B; A) = \sum_{x=1}^{x=\infty} A(x)B(x).$$

Dementsprechend würde also etwa das Symbol

$$(\alpha A + \beta B; \gamma C + \delta D) = \sum_{x=1}^{x=\infty} [\alpha A(x) + \beta B(x)][\gamma C(x) + \delta D(x)]$$

zu setzen sein.

---

7) Vergl. zu diesem Kapitel die analogen Begriffsbildungen in der Thèse von Fréchet (Rendiconti del Circolo Matematico di Palermo, t. XXII 1906) und in den Noten von Riesz (Comptes rendus 12ten November 1906, 18ten März, 2ten April, 24sten Juni 1907) und insbesondere die Noten von E. Fischer (Comptes rendus 13ten und 27ten Mai 1907), die unter Zugrundelegung eines anderen Funktionenraumes eine mit den Entwickelungen dieses Kapitels voellig analoge Theorie enthalten.

8) Die geometrische Deutung der in diesem Kapitel entwickelten Begriffe und Theoreme verdanke ich Kowalewski. Sie tritt noch klarer hervor, wenn $A(x)$ statt als Funktion als Vector in einem Raume von unendlich vielen Dimensionen definiert wird. Die zugrunde gelegte Definition der Länge $\|A\|$ und der Orthogonalität sind die von Study [Math. Annalen, Bd. LX, p. 372] in die Geometrie eingeführten.

Wie gewöhnlich soll der horizontale Strich über einer Grösse den Uebergang zur conjugiert complexen bedeuten.

Mit $\|A\|$ bezeichnen, wir die positive Grösse welche durch die Gleichung

(3) $$\|A\|^2 = (A;\ \bar{A}) = \sum_{x=1}^{x=\infty} |A(x)|^2$$

definirt wird. $\|A\|$ verschwindet also *dann* und *nur* dann, wenn $A(x)$ *identisch* verschwindet. Ist

(4) $$\|A\| = 1$$

so nennen wir $A(x)$ *normirt.*

Ist

(5) $$(A;\ \bar{B}) = 0$$

und mithin auch

(6) $$(B;\ \bar{A}) = 0,$$

so bezeichnen wir $A(x)$ und $B(x)$ als zueinander *orthogonal.* Bei dieser Definition der Orthogonalität bleibt auch im Complexen das Theorem erhalten, dass eine zu sich selbst orthogonale Funktion identisch verschwinden muss. Sind

$$C_1(x),\quad C_2(x),\quad \ldots\quad C_n(x)$$

sämmtlich zu einander orthogonal und setzt man

$$C_1(x) + C_2(x) + \cdots + C_n(x) = D(x),$$

so gilt, wie sofort, zu sehen das eine Verallgemeinerung des *pythagoräischen Lehrsatzes* bildende Theorem:

(7) $$\|D\|^2 = \|C_1\|^2 + \|C_2\|^2 + \cdots + \|C_n\|^2.$$

Aus diesem Theorem ergiebt sich zunächst, dass n nicht identisch verschwindende zu einander orthogonale Funktionen $C_1(x)$, $C_2(x)$, $\ldots$ $C_n(x)$ linear unabhängig sind; denn es würde aus der identisch in x gültigen Gleichung

$$\sum_{\nu=1}^{\nu=n} c_\nu C_\nu(x) = 0$$

$$\sum_{\nu=1}^{\nu=n} |c_\nu|^2 \|C_\nu\|^2 = 0$$

und mithin auch

$$c_\nu = 0 \qquad (\nu = 1, 2, 3, \ldots, n)$$

folgen.

Es seien $B_1(x)$, $B_2(x)$, $\ldots$ $B_m(x)$ normirt und zueinander orthogonal. Setzt man bei beliebigem $F(x)$

$$F(x) - \sum_{\nu=1}^{\nu=m} (F;\ \bar{B}_\nu) B_\nu(x) = P(x),$$

so ist $P(x)$, wie die Verification unmittelbar ergiebt, orthogonal zu allen $B_\nu(x)$, und da

$$F(x) = \sum_{\nu=1}^{\nu=m} (F;\ \bar{B}_\nu) B_\nu(x) + P(x)$$

ist, so folgt aus (7) die Bessel'sche Identität

(8) $$\|F\|^2 = \sum_{\nu=1}^{\nu=m} |(F;\ \bar{B}_\nu)|^2 + \|P\|^2$$

und hieraus auch die BESSEL'sche Ungleichung

$$\|F\|^2 \geqq \sum_{\nu=1}^{\nu=m} |(F; \overline{B}_\nu)|^2. \tag{9}$$

Ist die gegebene Reihe der $B_\nu(x)$ unendlich, so ergiebt die BESSEL'sche Ungleichung, dass

$$\sum_{\nu=1}^{\nu=\infty} |(F; \overline{B}_\nu)|^2$$

convergiert und $\leqq \|F\|^2$ ist.

Es seien $F(x)$ und $G(x)$ beliebig. Setzt man, wenn $\|G\|$ von Null verschieden ist,

$$B_1(x) = \frac{\overline{G}(x)}{\|G\|}$$

so ist $B_1(x)$ normirt. Die BESSEL'sche Ungleichung für den Fall $m = 1$ ergiebt daher

$$\|F\|^2 \geqq |(F; \overline{B}_1)|^2 = \frac{1}{\|G\|^2} |(F; G)|^2$$

$$\|F\| \|G\| \geqq |(F; G)|, \tag{10}$$

welche Ungleichung auch für ein verschwindendes $\|G\|$ erfüllt ist. Das Analogon dieser bekannten Relation wird in der Integralrechnung als SCHWARZ'sche Ungleichung bezeichnet. Es sei

$$A(x) + B(x) = C(x).$$

Dann ist Wegen (10)

$$(C; \overline{C}) = (A; \overline{A}) + (A; \overline{B}) + (B; \overline{A}) + (B; \overline{B}) \leqq \|A\|^2 + 2\|A\| \|B\| + \|B\|^2$$

$$\|C\| \leqq \|A\| + \|B\| \tag{11}$$

$$\|A\| \geqq \|C\| - \|B\| \text{ [9]}. \tag{12}$$

§ 2. Begriff der starken Convergenz [10].

Wir sagen, eine unendliche Folge $D_1(x), D_2(x), \ldots, D_n(x), \ldots$ ad inf. convergiere *stark* gegen $D(x)$ und schreiben

$$\frac{\lim}{n=\infty} D_n(x) = D(x),$$

wenn

$$\lim_{n=\infty} \|D - D_n\| = 0$$

ist. Aus der starken Convergenz ergiebt sich wegen (3) für alle Werte von x die gewöhnliche Convergenz.

Ist

$$\frac{\lim}{n=\infty} C_n(x) = C(x), \qquad \frac{\lim}{n=\infty} D_n(x) = D(x),$$

9) Vergl. zudiesem § meine Dissertation § 1.

10) Die Unterscheidung zwischen gewöhnlicher Convergenz und starker Convergenz entspricht der HILBERT'schen Unterscheidung zwischen stetigen und vollstetigen Funktionen, l. c., S. 200.

so ist auch

$$(13) \qquad \lim_{n=\infty} [C_n(x) + D_n(x)] = C(x) + D(x);$$

denn wegen (11) ist

$$\|C + D - C_n - D_n\| \leqq \|C - C_n\| + \|D - D_n\|.$$

Ferner ist auch

$$(14) \qquad \lim_{n=\infty} (C_n;\ D_n) = (C;\ D);$$

denn es ist

$$\begin{aligned}(C;\ D) - (C_n;\ D_n) &= (C;\ D) - [C - (C - C_n);\ D - (D - D_n)] \\ &= (C - C_n;\ D) + (C;\ D - D_n) - (C - C_n;\ D - D_n) \\ &\leqq \|D\| \cdot \|C - C_n\| + \|C\| \cdot \|D - D_n\| + \|C - C_n\| \cdot \|D - D_n\|\end{aligned}$$

wegen (10). Setzt man

$$C_n(x) = \bar{D}_n(x),$$

so folgt aus (14)

$$(15) \qquad \lim_{n=\infty} \|D_n\| = \|D\|.$$

Setzt man

$$C_n(x) = E(x),$$

so folgt

$$(16) \qquad \lim_{n=\infty} (E;\ D_n) = (E;\ D).$$

Wir sagen, dass die *unendliche Summe* $\sum_{\nu=1}^{\nu=\infty} U_\nu(x)$ *stark gegen* $S(x)$ *convergirt, wenn die Folge der Partialsummen stark gegen* $S(x)$ *convergirt.* Hieraus folgt leicht wegen (16) für die beliebige Funktion $E(x)$

$$(17) \qquad \sum_{\nu=1}^{\nu=\infty} (E;\ U_\nu) = (E;\ S).$$

§ 3. Das Convergenztheorem.

Die notwendige und hinreichende Bedingung dafür, dass zu einer unendlichen Folge $D_1(x), D_2(x), \ldots, D_n(x), \ldots$ ad inf. eine starke Grenzfunktion $D(x)$ existiert, besteht darin, dass jeder positiven Zahl ε ein Index N so zugeordnet werden kann, dass für $n > N$, $m > N$

$$\|D_n - D_m\| < \varepsilon$$

ist.

Beweis: Dass diese Bedingung notwendig ist, folgt unmittelbar aus der gemäss (11) bestehenden Ungleichung.

$$\|D_n - D_m\| \leqq \|D_n - D\| + \|D - D_m\|.$$

Wir haben jetzt zu zeigen, dass die Bedingung auch hinreicht. Da wegen (3) für jeden Wert von x

$$|D_n(x) - D_m(x)| \leqq \|D_n - D_m\|$$

ist, so folgt zunächst, dass für jeden Wert von x die unendliche Folge der $D_n(x)$ einen endlichen Grenzwert im *gewöhnlichen* Sinne des Wortes hat, den wir mit $\lim_{n=\infty} D_n(x)$

bezeichnen. Ferner ist für $n > N$, $m > N$ wegen (3)

$$(18) \qquad \sum_{x=1}^{x=p} |D_n(x) - D_m(x)|^2 \leqq \|D_n - D_m\|^2 \leqq \varepsilon^2 .$$

Da nun

$$\sum_{x=1}^{x=p} |\lim_{n=\infty} D_n(x) - D_m(x)|^2 = \lim_{n=\infty} \sum_{x=1}^{x=p} |D_n(x) - D_m(x)|^2$$

ist, so folgt wegen (18)

$$\sum_{x=1}^{x=p} |\lim_{n=\infty} D_n(x) - D_m(x)|^2 \leqq \varepsilon^2.$$

Da diese Ungleichung für jedes p gilt, so convergirt die Summe auf der linken Seite bei unbegrenzt wachsendem p und es ist

$$(19) \qquad \sum_{x=1}^{x=\infty} |\lim_{n=\infty} D_n(x) - D_m(x)|^2 \leqq \varepsilon^2 .$$

Aus der Convergenz dieser Summe und aus der Convergenz von $\sum_{x=1}^{x=\infty} |D_m(x)|^2$ ergiebt sich wegen

$$\lim_{n=\infty} D_n(x) = D_m(x) + [\lim_{n=\infty} D_n(x) - D_m(x)]$$

leicht die Convergenz von

$$\sum_{x=1}^{x=\infty} |\lim_{n=\infty} D_n(x)|^2 .$$

Es genügt also die Funktion $\lim_{n=\infty} D_n(x)$ den in § 1 aufgestellten Forderungen I und II, und wir dürfen sie daher durch das Symbol $D(x)$ bezeichnen. Die Ungleichung (19) lässt sich dann schreiben.

$$\|D - D_m\|^2 \leqq \varepsilon^2 .$$

Q. E. D.

§ 4. Nach orthogonalen Funktionen fortschreitende Reihen.

Es seien $B_1(x)$, $B_2(x)$, ..., $B_r(x)$, ... ad inf. normirt und zueinander orthogonal. Die notwendige und hinreichende Bedingung dafür, dass

$$\sum_{\nu=1}^{\nu=\infty} c_\nu B_\nu(x)$$

stark convergirt, besteht in der Convergenz von

$$\sum_{\nu=1}^{\nu=\infty} |c_\nu|^2.$$

Bezeichnet man nämlich mit $S_n(x)$ die Summe der ersten n Glieder der erstern Reihe, so folgt aus dem pythagoräischen Lehrsatz

$$\|S_{n+l} - S_n\|^2 = \sum_{\nu=n}^{\nu=n+l} |c_\nu|^2,$$

und auf dieser Gleichung gestattet das Convergenztheorem des § 3 die ausgesprochene Behauptung abzulesen.

§ 5 [11]). Die Orthogonalisierung.

Es seien die Funktionen $A_1(x)$, $A_2(x)$, ... $A_n(x)$ gegeben. Wir definieren

$$(20)\quad \begin{cases} C_1(x) = A_1(x) \\ C_2(x) = A_2(x) - \dfrac{(A_2;\, \overline{C}_1)}{\|C_1\|^2} C_1(x) \\ C_3(x) = A_3(x) - \dfrac{(A_3;\, \overline{C}_1)}{\|C_1\|^2} C_1(x) - \dfrac{(A_3;\, \overline{C}_2)}{\|C_2\|^2} C_2(x) \\ \cdots\cdots\cdots\cdots\cdots\cdots\cdots\cdots\cdots \\ C_n(x) = A_n(x) - \sum\limits_{\rho=1}^{\rho=n-1} \dfrac{(A_n;\, \overline{C}_\rho)}{\|C_\rho\|^2} C_\rho(x), \end{cases}$$

wobei die Formeln so zu verstehen sind, dass, wenn $\|C_\rho\|$ verschwindet, d. h. wenn $C_\rho(x)$ identisch verschwindet, die in den Summen rechts vorkommenden Glieder von der Form $\dfrac{(A_\nu;\, \overline{C}_\rho)}{\|C_\rho\|^2} C_\rho(x)$ durch Null zu ersetzen sind.

Das durch diese Rekursionsformeln gegebene Funktionensystem

$$C_1(x),\quad C_2(x),\ \ldots,\ C_n(x)$$

ist offenbar *linear aequivalent* mit dem Funktionensystem $A_1(x)$, $A_2(x)$, ..., $A_n(x)$, d. h. jede der Funktionen des ersten Systems lässt sich linear homogen mit constanten Coefficienten durch die Funktionen des zweiten Systems ausdrücken und umgekehrt. Die Funktionen $C_1(x)$, $C_2(x)$, ..., $C_n(x)$ bilden ferner ein *orthogonales* Funktionensystem. Das ist zunächst klar für $C_1(x)$ und $C_2(x)$. Nehmen wir aber die Orthogonalität des Funktionensystems $C_1(x)$, $C_2(x)$, ..., $C_{\nu-1}(x)$ an, so bestehen auch die Gleichungen

$$(C_\nu;\, \overline{C}_\rho) = 0 \qquad (\rho = 1, 2, \ldots \nu - 1)$$

d. h. es bilden auch die Funktionen $C_1(x)$, $C_2(x)$, ..., $C_{\nu-1}(x)$, $C_\nu(x)$ ein orthogonales System.

Da, wie § 1 aus dem pythagoräischen Lehrsatz gefolgert wurde, nicht identisch verschwindende zueinander orthogonale Funktionen linear unabhängig sind, so ist die *Anzahl der nicht identisch verschwindenden* im System der Funktionen $C_1(x)$, $C_2(x)$, ..., $C_n(x)$ gleich der *Anzahl der linear unabhängigen* im System der Funktionen $A_1(x)$, $A_2(x)$, ..., $A_n(x)$, ...

Dividiert man jede der nicht identisch verschwindenden Funktionen $C_\nu(x)$ durch $\|C_\nu\|$, so erhält man ein orthogonales und *normirtes* Funktionensystem $B_1(x)$,

[11]) Vergl. meine Dissertation, § 3. und J. P. GRAM, *Ueber die Entwickelung reeller Functionen in Reihen mittelst der Methode der kleinsten Quadrate* [Journal für die reine und angewandte Mathematik, Bd. XCIV (1883), S. 41-73].

$B_2(x), \ldots, B_k(x)$, das mit dem gegebenen System linear aequivalent ist, k ist hierbei gleich der Anzahl der linear unabhängigen im System der $A_1(x), A_2(x), \ldots, A_n(x)$.

Unsere Rekursionsformeln (20) und die an sie geknüpften Schlussfolgerungen behalten ihre Gültigkeit, wenn die gegebene Funktionenreihe *unendlich* ist. Das angegebene Verfahren liefert dann eine *orthogonale und normirte Funktionenreihe, welche mit der gegebenen in dem Sinne linear aequivalent ist, dass jede Funktion der ersteren Reihe sich linear homogen mit constanten Coefficienten durch eine endliche Anzahl der Funktionen der zweiten Reihe darstellen lässt und umgekehrt.* Besteht insbesondere zwischen keiner endlichen Anzahl der Funktionen der ersteren Reihe eine lineare Abhängigkeit, so ist für jeden Wert von n das System der n ersten Funktionen der ersteren Reihe linear aequivalent mit dem System der n ersten Funktionen der zweiten Reihe.

§ 6. Ein weiteres Kriterium linearer Abhängigkeit.

Wir definieren

$$(21) \qquad \Delta = \begin{vmatrix} (A_1; \bar{A}_1) & (A_1; \bar{A}_2) & \ldots & (A_1; \bar{A}_n) \\ (A_2; \bar{A}_1) & (A_2; \bar{A}_2) & \ldots & (A_2; \bar{A}_n) \\ \ldots & \ldots & \ldots & \ldots \\ (A_n; \bar{A}_1) & (A_n; \bar{A}_2) & \ldots & (A_n; \bar{A}_n) \end{vmatrix} \text{[12]).}$$

Man setze

$$A_\nu(x) = \sum_{\mu=1}^{\mu=n} \gamma_{\nu\mu} D_\mu(x) \qquad (\nu = 1, 2, 3, \ldots n)$$

und es sei die Determinante dieser Substitution gleich g. Dann ist

$$\Delta = g \cdot \begin{vmatrix} (D_1; \bar{A}_1) & (D_1; \bar{A}_2) & \ldots & (D_1; \bar{A}_n) \\ (D_2; \bar{A}_1) & (D_2; \bar{A}_2) & \ldots & (D_2; \bar{A}_n) \\ \ldots & \ldots & \ldots & \ldots \\ (D_n; \bar{A}_1) & (D_n; \bar{A}_2) & \ldots & (D_n; \bar{A}_n) \end{vmatrix} = g \cdot \bar{g} \begin{vmatrix} (D_1; \bar{D}_1) & (D_1; \bar{D}_2) & \ldots & (D_1; \bar{D}_n) \\ (D_2; \bar{D}_1) & (D_2; \bar{D}_2) & \ldots & (D_2; \bar{D}_n) \\ \ldots & \ldots & \ldots & \ldots \\ (D_n; \bar{D}_1) & (D_n; \bar{D}_2) & \ldots & (D_n; \bar{D}_n) \end{vmatrix}$$

Der Ausdruck (21) ist mithin eine *Invariante* für die Gruppe aller linearen Substitutionen, deren Determinante den absoluten Betrag *eins* hat. Wir unterwerfen nun die Funktionen $A_1(x), A_2(x), \ldots, A_n(x)$ der durch die Rekursionsformeln (20) gegebenen linearen Substitution, deren Determinante gleich eins ist, da die Diagonalcoefficienten sämmtlich gleich 1 sind, während auf einer Seite der Diagonale alle Coefficienten verschwinden. Dann ergiebt sich

$$\Delta = \begin{vmatrix} (C_1; \bar{C}_1) & (C_1; \bar{C}_2) & \ldots & (C_1; \bar{C}_n) \\ (C_2; \bar{C}_1) & (C_2; \bar{C}_2) & \ldots & (C_2, \bar{C}_n) \\ \ldots & \ldots & \ldots & \ldots \\ (C_n; \bar{C}_1) & (C_n; \bar{C}_2) & \ldots & (C_n; \bar{C}_n) \end{vmatrix}$$

---

[12]) Vergl. J. P. GRAM, l. c. [10]).

und wegen der Orthogonalität des Systems der $C_\nu(x)$

$$\Delta = (C_1;\ \bar{C}_1).(C_2;\ \bar{C}_2)\ldots(C_n;\ \bar{C}_n) = \|C_1\|^2.\|C_2\|^2\ldots\|C_n\|^2$$

Die Determinante (21) *ist also stets reell und nie negativ. Sie ist gleich Null, wenn die Funktionen* $A_1(x)$, $A_2(x)$, ..., $A_n(x)$ *linear abhängig sind und grösser als Null, wenn sie linear unabhängig sind.*

§ 7. Funktionenmenge und Häufungsfunktion.

Bezeichnet $\mathfrak{M}$ eine Menge von Funktionen von den Eigenschaften I und II § 1, so heisst die Funktion $A(x)$ dann eine *Häufungsfunktion* von $\mathfrak{M}$ wenn es zu jeder positiven Grösse ε eine von $A(x)$ verschiedene Funktion $M(x)$ in $\mathfrak{M}$ giebt; sodass $\|A - M\| < \varepsilon$ ist. Wenn $\mathfrak{M}$ alle seine Häufungsfunktionen enthält, heisst $\mathfrak{M}$ *abgeschlossen.*

Die Menge $\mathfrak{M}'$ aller Häufungsfunktionen der Menge $\mathfrak{M}$ ist *stets abgeschlossen*; denn aus (11) folgt leicht, dass jede Häufungsfunktion von $\mathfrak{M}'$ auch eine, Häufungsfunktion von $\mathfrak{M}$ ist, und mithin zu $\mathfrak{M}'$ gehört. Ebenso ist auch die aus allen zu $\mathfrak{M}$ oder zu $\mathfrak{M}'$ gehörenden Funktionen bestehende Menge $\mathfrak{M} + \mathfrak{M}'$ abgeschlossen.

§ 8. Das lineare Funktionengebilde.

Eine *abgeschlossene* Funktionenmenge soll dann ein *lineares Funktionengebilde* heissen, wenn aus der Zugehörigkeit von $A(x)$ und $B(x)$ zur Menge auch die Zugehörigkeit von $\alpha A(x) + \beta B(x)$ für alle Werte von α und β folgt.

Eine Funktion heisst *orthogonal zu einem linearen Funktionengebilde,* wenn sie zu sämmtlichen Funktionen desselben orthogonal ist. Zwei lineare Funktionengebilde heissen zu einander orthogonal, wenn jede Funktion des einen orthogonal zu jeder Funktion des andern ist.

Es durchlaufe $A_\nu(x) (\nu = 1, 2, \ldots)$ eine endliche oder unendliche Funktionenreihe. Bezeichnen wir mit $\mathfrak{M}$ die Menge derjenigen Funktionen, welche aus einer endlichen Anzahl der $A_\nu(x)$ linear-homogen mit constanten Coefficienten zusammengesetzt werden können, und setzen wir

$$\mathfrak{A} = \mathfrak{M} + \mathfrak{M}', \tag{22}$$

so ist die, wie § 7 gezeigt, abgeschlossene Funktionenmenge $\mathfrak{A}$ wegen (13) ein *lineares Funktionengebilde.* Offenbar muss jedes die Funktionen $A_\nu(x)$ sämmtlich enthaltende lineare Funktionengebilde auch $\mathfrak{A}$ enthalten. Die Gesammtheit der $A_\nu(x)$ wird als eine *Basis* von $\mathfrak{A}$ bezeichnet. Jede mit der Reihe der $A_\nu(x)$ im Sinne des Schlussatzes des § 5 linear aequivalente Funktionenreihe stellt auch eine Basis von $\mathfrak{A}$ dar [13]).

Die Orthogonalität einer Funktion zu allen Functionen $A_\nu(x)$ d. h. zu allen

[13]) In der Fortsetzung dieser Untersuchung wird das Theorem bewiesen werden, das sich zu jedem linearen Funktionengebilde eine solche abzählbare Basis construiren lässt.

Funktionen einer Basis genügt um die Orthogonalität zum linearen Funktionengebilde $\mathfrak{A}$ zu sichern; denn zunächst ergiebt sich die Orthogonalität zu allen Funktionen von $\mathfrak{M}$ und aus dieser folgt gemäss (16) die Orthogonalität zu allen Funktionen von $\mathfrak{M}'$.

§ 9. Die Perpendikelfunktion.

Es bezeichne wie im vorigen § $\mathfrak{A}$ das zur endlichen oder unendlichen Basis $A_1(x)$, $A_2(x)$, ... gehörige lineare Funktionengebilde und es sei $D(x)$ eine beliebige Funktion.

Dann lässt sich $D(x)$ *stets auf eine und nur auf eine Weise in zwei Summanden zerlegen, deren einer in* $\mathfrak{A}$ *liegt, während der andere zu* $\mathfrak{A}$ *orthogonal ist.* Den letztern wollen wir als die von $D(x)$ auf $\mathfrak{A}$ gefällte Perpendikelfunktion bezeichnen.

Beweis. Es durchlaufe $B_\nu(x)$ eine orthogonale, normirte, mit der Reihe der $A_\nu(x)$ im Sinne des § 5 linear aequivalente und daher auch eine Basis von $\mathfrak{A}$ bildende Funktionenreihe, wie eine solche § 5 herzustellen gelehrt worden ist. Man setze

$$S(x) = \sum_\nu (D;\ \overline{B}_\nu) B_\nu(x), \tag{23}$$

wo die Summe rechts gemäss dem Convergenztheorem § 4 stark convergirt, da, wie § 1 gezeigt, aus der BESSEL'schen Ungleichung die Convergenz von

$$\sum_\nu |(D;\ \overline{B}_\nu)|^2$$

folgt. Die Folge der Partialsummen von (23) liegt dann jedenfalls in $\mathfrak{A}$, und da $\mathfrak{A}$ abgeschlossen ist, so liegt auch $S(x)$ als starke Grenzfunktion dieser Folge in $\mathfrak{A}$. Ferner ist wegen (17) für alle Werte von ν

$$(S;\ \overline{B}_\nu) = (D;\ \overline{B}_\nu). \tag{24}$$

Setzt man nun

$$P(x) = D(x) - S(x), \tag{25}$$

so ist wegen (24) für alle Werte von ν

$$(P;\ \overline{B}_\nu) = 0.$$

$P(x)$ ist also zu allen Funktionen einer Basis von $\mathfrak{A}$ und mithin gemäss § 8 zu $\mathfrak{A}$ orthogonal. *Also ist* $P(x)$ *eine Perpendikelfunktion. Damit ist die Existenz bewiesen,* und wir gehen jetzt zum Beweise der *Eindeutigkeit* des Begriffs der Perpendikelfunktion über.

Es sei $P(x)$ eine Perpendikelfunktion und man setze

$$S(x) = D(x) - P(x).$$

Es sei nun $T(x)$ eine beliebige Funktion von $\mathfrak{A}$. Dann ist

$$D(x) - T(x) = P(x) + [S(x) - T(x)]. \tag{26}$$

Da nun gemäss Voraussetzung $P(x)$ zu $\mathfrak{A}$ orthogonal ist, so folgt, weil $S(x)$ und $T(x)$ und mithin auch $S(x) - T(x)$ in $\mathfrak{A}$ liegen, dass $P(x)$ zu $S(x) - T(x)$ orthogonal ist. Gemäss dem pythagoräischen Lehrsatz ergiebt sich dann aus (26)

(27) $$\|D-T\|^2 = \|P\|^2 + \|S-T\|^2.$$

Wenn man also $T(x)$ alle Funktionen von $\mathfrak{A}$ durchlaufen lässt, so ist $\|P\|$ das Minimum von $\|D-T\|$ und dieses Minimum wird *nur* für $T(x)=S(x)$ erreicht. Damit ist die Eindeutigkeit der Perpendikelfunktion gegeben.

Es ist also insbesondere die durch die Gleichungen (23) und (25) definirte Funktion $P(x)$ unabhängig davon, welche orthogonale normirte Basis von $\mathfrak{A}$ durch die Gesammtheit der $B_\nu(x)$ bezeichnet wird.

$\|P\|$ *ist dann und nur dann Null, wenn* $D(x)$ *in* $\mathfrak{A}$ *liegt.* Dann hat man wegen (23), (25)

(27) $$D(x) = S(x) = \sum_\nu (D;\, \bar{B}_\nu) B_\nu(x).$$

Bei Berücksichtigung von § 4 können wir also schliessen: *Die Gesammtheit der Funktionen eines linearen Funktionengebildes* $\mathfrak{A}$ *wird durch die Formel*

(28) $$\sum_\nu c_\nu B_\nu(x)$$

dargestellt, wo die $|c_\nu|$ *von convergenter Quadratsumme sind, und die* $B_\nu(x)$ *eine normirte Orthogonalbasis von* $\mathfrak{A}$ *durchlaufen.* $\|P\|$ kann als die *Entfernung* der Funktion $D(x)$ vom linearen Funktionengebilde $\mathfrak{A}$ bezeichnet werden. Eine solche Entfernung ist also stets reell und $\geqq 0$. Man hat ferner

(29) $$\|P\|^2 = (P;\, \bar{P}) = (P;\, \overline{D-S}) = (P;\, \bar{D})$$

und hieraus folgt, indem man zu den conjugierten Werten übergeht, auch

(30) $$\|P\|^2 = (\bar{P};\, D).$$

Aus (29) ergiebt sich wegen (23), (25) leicht

(31) $$\|P\|^2 = \|D\|^2 - \sum_\nu |(D;\, \bar{B}_\nu)|^2.$$

II. Kapitel.

AUFLÖSUNG LINEARER GLEICHUNGEN MIT UNENDLICH VIELEN UNBEKANNTEN.

---

§ 10. Homogene Gleichungen.

Es sei gegeben das Gleichungssystem

(32) $$a_{n1} Z_1 + a_{n2} Z_2 + \cdots + a_{nm} Z_m \cdots \text{ ad inf.} = 0 \quad (n = 1, 2, \ldots \text{ ad inf.})$$

Es sei ferner in jeder einzelnen Gleichung die Quadratsumme der absoluten Beträge der Coefficienten convergent.

Wir stellen die Aufgabe alle *regulären* Lösungen anzugeben, wobei unter einer regulären eine solche Lösung verstanden wird, für welche $\sum_{\nu=1}^{\nu=\infty} |Z_\nu|^2$ convergirt.

Wir definieren

(33) $$A_n(x) = \overline{a}_{nx} \qquad \begin{pmatrix} n = 1, 2, \ldots \text{ad inf.} \\ x = 1, 2, \ldots \text{ad inf.} \end{pmatrix}$$

(34) $$Z(x) = Z_x \qquad (x = 1, 2, \ldots \text{ad inf.}).$$

Die Gleichungen (32) lassen sich dann schreiben

(35) $$(\overline{A}_n; Z) = 0 \qquad (n = 1, 2, \ldots \text{ad inf.})$$

Es bezeichne $E_\nu(x)$ diejenige Funktion, welche für $x = \nu$ gleich eins ist und für alle andern Werte von x verschwindet. Es bezeichne ferner $\mathfrak{A}$ das lineare Funktionengebilde, zu welchem $A_1(x), A_2(x), \ldots, A_n(x), \ldots$ ad inf. eine Basis bilden, und $\Pi_\nu(x)$ die Perpendikelfunktion von $E_\nu(x)$ auf $\mathfrak{A}$, deren Darstellung § 9 angegeben worden ist. Es bezeichne ferner $\mathfrak{B}$ dasjenige lineare Funktionengebilde zu welchem die Gesammtheit der Funktionen $\Pi_\nu(x)$ eine Basis bilden. Dann sind $\mathfrak{A}$ und $\mathfrak{B}$ zu einander orthogonal. Ferner giebt es keine nicht identisch verschwindende sowohl zu $\mathfrak{A}$ als auch zu $\mathfrak{B}$ orthogonale Funktion; denn eine solche müsste zu sämmtlichen Funktionen $E_\nu(x) - \Pi_\nu(x)$, welche ja gemäss Definition der $\Pi_\nu(x)$ in $\mathfrak{A}$ liegen, orthogonal sein, und da sie als zu sämmtlichen Funktionen $\Pi_\nu(x)$ orthogonal vorausgesetzt wurde, auch zu sämmtlichen Funktionen $E_\nu(x)$ orthogonal sein, d. h. identisch verschwinden.

Hieraus ergiebt sich, dass jede zu $\mathfrak{A}$ orthogonale Funktion in $\mathfrak{B}$ liegt. Ihre Perpendikelfunktion auf $\mathfrak{B}$ muss nämlich identisch verschwinden; denn sie muss nicht nur zu $\mathfrak{B}$ sondern auch zu $\mathfrak{A}$ orthogonal sein, da sie die Perpendikelfunktion einer zu $\mathfrak{A}$ orthogonalen Funktion auf ein zu $\mathfrak{A}$ orthogonales Funktionengebilde ist. Ebenso liegt auch jede zu $\mathfrak{B}$ orthogonale Funktion in $\mathfrak{A}$. $\mathfrak{A}$ und $\mathfrak{B}$ können als zueinander orthogonale komplementäre Funktionengebilde bezeichnet werden.

Die Gesammtheit der Funktionen von $\mathfrak{B}$, *deren explicite Darstellung durch das* § 9 (28) *ausgesprochene Theorem geliefert wird, stellt also auch die Gesammtheit der Lösungen unserer Gleichungen* (35) *und mithin auch durch Vermittlung von* (34) *unserer Gleichungen* (32) *dar.*

§ 11. Angabe der expliciten Formeln.

Wir machen in diesem § die Voraussetzung, dass zwischen keiner endlichen Anzahl der Gleichungen (32) eine lineare Abhängigkeit bestehe. Das bedeutet keine Einschränkung. Man lasse nämlich im allgemeinen Fall alle diejenigen von den Gleichungen (32) oder, was dasselbe ist, von den Funktionen (33), welch aus der Gesammtheit der vorhergehenden linear homogen mit constanten Coefficienten sich zusammensetzen lassen einfach fallen; dann erhält man ein mit dem ursprünglich gegebenen Gleichungssystem gleichbedeutendes, in welchem unsere Voraussetzung erfüllt ist. Ob aber eine Funktion aus der Gesammtheit der vorhergehenden linear homogen mit constanten Coefficienten darstellbar ist, kann durch mehrfache Anwendung des im § 6 angegebenen Kriteriums oder durch das § 5 auseinandergesetzte Orthogonalisierungsverfahren leicht entschieden werden. Der Fall, wo das System sich so auf eine *endliche* Anzahl von Gleichungen reduciert, kann übergangen werden, da zu seiner Erledigung die elementaren Auflösungsmethoden linearer Gleichungen mit endlich vielen Unbekannten ausreichen.

Unter der obigen Voraussetzung wird die Reihe der $A_n(x)$ durch die Formeln des § 5 in eine Reihe orthogonaler normirter Funktionen $B_n(x)$ so transformirt, dass für jeden Wert von m die Funktionen $A_1(x), A_2(x), \ldots, A_m(x)$ und die Funktionen $B_1(x), B_2(x), \ldots, B_m(x)$ linear aequivalent sind. Es sei nun $D(x)$ eine beliebige Funktion.

Wir definieren

$$(36) \qquad \alpha_{ik} = (A_i;\ \overline{A}_k) \qquad \begin{pmatrix} i = 1, 2, \ldots \text{ ad inf.} \\ k = 1, 2, \ldots \text{ ad inf.} \end{pmatrix}$$

$$(37) \qquad P_m(x) = \frac{\begin{vmatrix} \alpha_{11} & \alpha_{12} & \ldots & \alpha_{1m} & A_1(x) \\ \alpha_{21} & \alpha_{22} & \ldots & \alpha_{2m} & A_2(x) \\ \cdot & \cdot & \cdot & \cdot & \cdot \\ \alpha_{m1} & \alpha_{m2} & \ldots & \alpha_{mm} & A_m(x) \\ (\overline{A}_1;\ D) & (\overline{A}_2;\ D) & \ldots & (\overline{A}_m;\ D) & D(x) \end{vmatrix}}{\begin{vmatrix} \alpha_{11} & \alpha_{12} & \ldots & \alpha_{1m} \\ \alpha_{21} & \alpha_{22} & \ldots & \alpha_{2m} \\ \cdot & \cdot & \cdot & \cdot \\ \alpha_{m1} & \alpha_{m2} & \ldots & \alpha_{mm} \end{vmatrix}} \text{ [14]}.$$

In dieser Formel kann der Nenner wegen der linearen Unabhängigkeit der Funktionen $A_1(x), A_2(x), \ldots, A_m(x)$, wie § 6 gezeigt, nicht verschwinden und ist stets reell und positiv. Wie die Verification unmittelbar ergiebt, ist

$$(P_m;\ \overline{A}_n) = 0 \qquad (n = 1, 2, \ldots m)$$

d. h. $P_m(x)$ ist zu den Funktionen $A_1(x), A_2(x), \ldots, A_m(x)$ orthogonal. Entwickelt man ferner die Determinate im Zähler nach den Elementen der letzten Kolonne, so erhält man

$$P_m(x) = D(x) - c_{m1} A_1(x) - c_{m2} A_2(x) - \cdots - c_{mm} A_m(x)$$

wo die c_{mn} Constanten bedeuten. Mithin ist $P_m(x)$ die Perpendikelfunktion auf dasjenige lineare Funktionengebilde, zu welchem die Funktionen $A_1(x), A_2(x), \ldots, A_m(x)$ eine Basis bilden. Bei Berücksichtigung der § 9 bewiesenen Eindeutigkeit der Perpendikelfunktion und der Formeln (23), (25), ergiebt sich hieraus

$$(38) \qquad D(x) - \sum_{n=1}^{n=m} (D;\ \overline{B}_n) B_n(x) = P_m(x).$$

Bezeichnet $P(x)$ die Perpendikelfunktion von $D(x)$ auf das lineare Funktionengebilde $\mathfrak{A}$, zu welchem die *gesammte* Reihe der Funktionen $A_1(x), A_2(x), \ldots$ ad inf. eine Basis bildet, so ergiebt sich wegen (23), (25)

$$P(x) = D(x) - \sum_{n=1}^{n=\infty} (D;\ \overline{B}_n) B_n(x) = \lim_{m=\infty} \left[D(x) - \sum_{n=1}^{n=m} (D;\ \overline{B}_n) B_n(x) \right].$$

[14]) Vergl. J. P. GRAM, l. c. [10]).

Also ist

$$(39) \qquad P(x) = \lim_{m=\infty} P_m(x).$$

Die Gleichungen (37), (39) leisten eine explicite Darstellung der Perpendikelfunktion $P(x)$ von $D(x)$ auf $\mathfrak{A}$.

Aus (39) folgt gemäss (15) und (29)

$$(40) \qquad \|P\|^2 = \lim_{m=\infty} \|P_m\|^2 = \lim_{m=\infty} (P_m;\ \overline{D}),$$

wo der Ausdruck unter dem Limeszeichen stets positiv ist und, wie (31) zeigt, mit wachsendem m nie wächst. Im vorigen § ist bewiesen worden, dass die dort definirten Funktionen $\Pi_\nu(x)$ ein solches System von Lösungen unserer Gleichungen (35) bilden, dass das über ihnen als Basis construirte lineare Funktionengebilde die Gesammtheit aller Lösungen darstellt. Da $\Pi_\nu(x)$ als Perpendikelfunktion von $E_\nu(x)$ auf $\mathfrak{A}$ definirt ist, ergiebt sich gemäss (37), (39) bei Berücksichtigung der Definition von $E_\nu(x)$

$$(41) \qquad \Pi_\nu(x) = \lim_{m=\infty} \frac{\begin{vmatrix} \alpha_{11} & \alpha_{12} & \cdots & \alpha_{1m} & \overline{a}_{1x} \\ \alpha_{21} & \alpha_{22} & \cdots & \alpha_{2m} & \overline{a}_{2x} \\ \cdot & \cdot & \cdots & \cdot & \cdot \\ \alpha_{m1} & \alpha_{m2} & \cdots & \alpha_{mm} & \overline{a}_{mx} \\ a_{1\nu} & a_{2\nu} & \cdots & a_{m\nu} & E_\nu(x) \end{vmatrix}}{\begin{vmatrix} \alpha_{11} & \alpha_{12} & \cdots & \alpha_{1m} \\ \alpha_{21} & \alpha_{22} & \cdots & \alpha_{2m} \\ \cdot & \cdot & \cdots & \cdot \\ \alpha_{m1} & \alpha_{m2} & \cdots & \alpha_{mm} \end{vmatrix}}.$$

Ebenso ergiebt sich gemäss (40)

$$(42) \qquad \|\Pi_\nu\|^2 = \lim_{m=\infty} \frac{\begin{vmatrix} \alpha_{11} & \alpha_{12} & \cdots & \alpha_{1m} & \overline{a}_{1\nu} \\ \alpha_{21} & \alpha_{22} & \cdots & \alpha_{2m} & \overline{a}_{2\nu} \\ \cdot & \cdot & \cdots & \cdot & \cdot \\ \alpha_{m1} & \alpha_{m2} & \cdots & \alpha_{mm} & \overline{a}_{m\nu} \\ a_{1\nu} & a_{2\nu} & \cdots & a_{m\nu} & 1 \end{vmatrix}}{\begin{vmatrix} \alpha_{11} & \alpha_{12} & \cdots & \alpha_{1m} \\ \alpha_{21} & \alpha_{22} & \cdots & \alpha_{2m} \\ \cdot & \cdot & \cdots & \cdot \\ \alpha_{m1} & \alpha_{m2} & \cdots & \alpha_{mm} \end{vmatrix}}$$

In diesen Gleichungen (41) und (42) convergieren die rechten Seiten stets, die Nenner unter dem Limeszeichen sind stets von Null verschieden reell und positiv, in (42) ist auch der Zähler stets reell und nicht negativ und der Quotient nimmt mit wachsenden m nie zu.

Die notwendige und hinreichende Bedingung dafür, dass unsere Gleichungen (32) *ausser der identisch verschwindenden überhaupt keine regulären Lösungen zulassen, besteht offenbar darin, dass* $\Pi_\nu(x)$ *für alle Werte von* ν *identisch verschwindet,* d. h. *sie besteht in den Gleichungen*

(43) $$\|\Pi_\nu\|^2 = 0, \qquad (\nu = 1, 2, \ldots \text{ ad inf.})$$

wo $\|\Pi_\nu\|^2$ durch die Gleichung (42) gegeben ist. Machen wir die specielle Voraussetzung, dass die Funktionen $A_1(x)$, $A_2(x)$, ... $A_n(x)$, ... ad inf. normirt und zu einander orthogonal sind, so nehmen bei Berücksichtigung von (36) die Gleichungen (42), (43) die Form an

(44) $$1 - \sum_{m=1}^{m=\infty} |a_{m\nu}|^2 = 0 \qquad (\nu = 1, 2, \ldots \text{ ad inf.}).$$

Das sind also die notwendigen und hinreichenden Bedingungen dafür, dass ein normirtes Orthogonalsystem nicht durch Hinzufügung einer neuen von Null verschiedenen zu allen Funktionen des Systems orthogonalen Funktion erweitert werden kann, eine Tatsache die auch direkt leicht zu beweisen ist [15]).

§ 12. Auflösung der inhomogenen linearen Gleichungen.

Man suche die regulären Lösungen der Gleichungen

(45) $$a_{n1} Z_1 + a_{n2} Z_2 + \cdots + a_{nm} Z_m + \cdots + \text{ ad inf.} = c_n \qquad (n = 1, 2, \ldots \text{ ad inf.})$$

wo wie im vorigen § in jeder einzelnen Gleichung die Quadratsumme der absoluten Beträge der Coefficienten als convergent vorausgesetzt wird.

Man definiere

(46) $$G_n(1) = -\bar{c}_n, \qquad G_n(x) = \bar{a}_{n,x-1} \qquad (x = 2, 3, \ldots \text{ ad inf.})$$

(47) $$Z(x) = Z_{x-1} \qquad (x = 2, 3, \ldots \text{ ad inf.})$$

Die Gleichungen (45) lauten dann

(48) $$Z(1) = 1$$

(49) $$(\bar{G}_n;\, Z) = 0 \qquad (n = 1, 2, \ldots \text{ ad inf.}).$$

Die Gleichung (48) lässt sich auch schreiben

(50) $$(\bar{E}_1;\, Z) = 1$$

wo $E_1(x)$ wie in § 10 definiert ist.

Es bezeichne $H(x)$ die Perpendikelfunktion von $E_1(x)$ auf das lineare Funktionengebilde $\mathfrak{G}$, zu welchem die Funktionen $G_1(x)$, $G_2(x)$, ... ad inf. eine Basis bilden. Ist dann $\|H\|$ gleich Null, so liegt gemäss § 9 $E_1(x)$ in $\mathfrak{G}$ und gemäss § 8 folgt dann aus den Gleichungen (49)

$$(\bar{E}_1;\, Z) = 0$$

im Widerspruch zu (50). In diesem Falle giebt es daher überhaupt keine reguläre Lösung. Ist aber $\|H\|$ von Null verschieden, so ergiebt sich, da gemäss (29)

$$(\bar{E}_1;\, H) = \|H\|^2$$

---

[15]) Dieses Theorem findet sich auch bei HILBERT, l. c. [2]).

ist, dass

$$Z_1(x) = \frac{H(x)}{\|H\|^2} \tag{51}$$

eine Lösung unserer Gleichungen (49), (50) darstellt.

Die Formeln

$$Z_{1\nu} = \frac{H(\nu+1)}{\|H\|^2} \qquad (\nu = 1, 2, \ldots \text{ ad inf.}) \tag{52}$$

stellen mithin, wenn der Nenner nicht verschwindet, eine reguläre Lösung unserer Gleichungen (45) *dar,* aus welcher sich die Gesammtheit aller regulären Lösungen durch die § 11 erledigte Auflösung der homogenen Gleichungen ergiebt, in welche die Gleichungen (45) durch Nullsetzung der rechten Seiten übergehen. *Das Verschwinden aber des Nenners zeigt als notwendiges und hinreichendes Kriterium die Unlösbarkeit unserer Gleichungen* (45) *an.*

Um explicite Formeln zu erhalten, setzen wir voraus, dass zwischen keiner endlichen Anzahl der linken Seiten der Gleichungen (45) eine lineare Abhänigkeit bestehe, worauf sich das allgemeine Problem durch Heranziehung der in §§ 5 und 6 angegebenen Kriterien leicht reduzieren lässt. Es besteht dann auch zwischen keiner endlichen Anzahl der Funktionen $G_1(x)$, $G_2(x)$, ... ad inf. eine lineare Abhängigkeit.

Wir definieren nun

$$\beta_{ik} = (G_i;\ \overline{G}_k) = \overline{c}_i c_k + \sum_{\nu=1}^{\nu=\infty} \overline{a}_{i\nu} a_{k\nu} = \overline{c}_i c_k + \alpha_{ik}. \tag{53}$$

Die Formeln des § 11 ergeben dann bei Berücksichtigung dessen, dass $E_1(x)$ nur für $x = 1$ nicht verschwindet,

$$H(\nu+1) = \lim_{m=\infty} \frac{\begin{vmatrix} \beta_{11} & \beta_{12} & \ldots & \beta_{1m} & \overline{a}_{1\nu} \\ \beta_{21} & \beta_{22} & \ldots & \beta_{2m} & \overline{a}_{2\nu} \\ \ldots & \ldots & \ldots & \ldots & \ldots \\ \beta_{m1} & \beta_{m2} & \ldots & \beta_{mm} & \overline{a}_{m\nu} \\ -c_1 & -c_2 & \ldots & -c_m & 0 \end{vmatrix}}{\begin{vmatrix} \beta_{11} & \beta_{12} & \ldots & \beta_{1m} \\ \beta_{21} & \beta_{22} & \ldots & \beta_{2m} \\ \ldots & \ldots & \ldots & \ldots \\ \beta_{m1} & \beta_{m2} & \ldots & \beta_{mm} \end{vmatrix}} \qquad (\nu = 1, 2, \ldots \text{ ad inf.}) \tag{54}$$

$$\|H\|^2 = \lim_{m=\infty} \frac{\begin{vmatrix} \beta_{11} & \beta_{12} & \ldots & \beta_{1m} & -\overline{c}_1 \\ \beta_{21} & \beta_{22} & \ldots & \beta_{2m} & -\overline{c}_2 \\ \ldots & \ldots & \ldots & \ldots & \ldots \\ \beta_{m1} & \beta_{m2} & \ldots & \beta_{mm} & -\overline{c}_m \\ -c_1 & -c_2 & \ldots & -c_m & 1 \end{vmatrix}}{\begin{vmatrix} \beta_{11} & \beta_{12} & \ldots & \beta_{1m} \\ \beta_{21} & \beta_{22} & \ldots & \beta_{2m} \\ \ldots & \ldots & \ldots & \ldots \\ \beta_{m1} & \beta_{m2} & \ldots & \beta_{mm} \end{vmatrix}}. \tag{55}$$

Die rechten Seiten dieser Gleichungen convergieren stets, die Nenner unter dem Limeszeichen sind stets von Null verschieden reell und positiv; in (55) ist auch der Zähler stets reell und nicht negativ, und der Quotient nimmt mit wachsendem m nie zu. Giebt es ausser der durch die Gleichung (51) dargestellten Lösung $Z_1(x)$ unserer Gleichungen (49), (50) noch eine von ihr verschiedene $Z_2(x)$, so müsste $Z_2(x)-Z_1(x)$ nicht nur zu $\mathfrak{G}$ sondern auch zu $E_1(x)$ und mithin auch zur Perpendikelfunktion $H(x)$ von $E_1(x)$ auf $\mathfrak{G}$ orthogonal sein. Gemäss (51) müsste also $Z_2(x) - Z_1(x)$ auch zu $Z_1(x)$ orthogonal sein. Nachdem pytagoräischen Lehrsatz gilt dann

$$\|Z_2\|^2 = \|Z_2 - Z_1\|^2 + \|Z_1\|^2.$$

Da ferner gemäss (47), (48)

$$\|Z_1\|^2 = 1 + \sum_{\nu=1}^{\nu=\infty} |Z_{1\nu}|^2, \qquad \|Z_2\|^2 = 1 + \sum_{\nu=1}^{\nu=\infty} |Z_{2\nu}|^2$$

ist, so ergiebt sich

$$\sum_{\nu=1}^{\nu=\infty} |Z_{1\nu}|^2 \leqq \sum_{\nu=1}^{\nu=\infty} |Z_{2\nu}|^2.$$

Die Formel (52) stellt daher, wenn ihr Nenner nicht verschwindet, d. h. wenn es überhaupt Lösungen der Gleichungen (45) giebt, stets die Lösung von der kleinsten Quadratsumme der absoluten Beträge dar.

§ 13. Zweite Auflösungsmethode der inhomogenen Gleichungen.

Die zu lösenden Gleichungen (45) gehen, wenn man die Funktionen $A_1(x)$, $A_2(x)$, ... ad inf. und $Z(x)$ wie in § 10 (33), (34) definiert, in das Gleichungssystem

(56) $$(\bar{A}_n;\ Z) = c_n \qquad (n = 1, 2, \ldots \text{ ad inf.})$$

über. Wir bezeichnen wie vorhin mit $\mathfrak{A}$ dasjenige lineare Funktionengebilde, zu welchem die Gesammtheit der Funktionen $A_1(x)$, $A_2(x)$, ... ad inf. eine Basis bilden, während wir mit $\mathfrak{A}_n$ dasjenige lineare Funktionengebilde bezeichnen, zu welchem die genannte Basis von $\mathfrak{A}$ nach Fortfall von $A_n(x)$ eine Basis darstellt. Es sei ferner $P_n(x)$ die Perpendikelfunktion von $A_n(x)$ auf $\mathfrak{A}_n$. Dann gelten folgende Theoreme:

I) *Liegt für keinen Wert von n $A_n(x)$ in $\mathfrak{A}_n$ d. h., ist keine der Grössen $\|P_n\|$ der Entfernungen der Funktionen $A_n(x)$ von $\mathfrak{A}_n$ gleich Null, so sind unsere Gleichungen* (45), (56) *immer dann lösbar, wenn*

(57) $$\sum_{n=1}^{n=\infty} \frac{|c_n|}{\|P_n\|}$$

convergiert. Es liefert dann nämlich die Formel

(58) $$Z_1(x) = \sum_{n=1}^{n=\infty} \frac{c_n}{\|P_n\|^2} P_n(x),$$

deren rechte Seite immer stark convergirt, eine Lösung und zwar diejenige, für welche $\|Z\|$ zum Miminum wird.

Beweis: Es ist wegen (11)

$$\left\|\sum_{n=p}^{n=p+q}\frac{c_n}{\|P_n\|^2}P_n(x)\right\| \leqq \sum_{n=p}^{n=p+q}\left\|\frac{c_n}{\|P_n\|^2}P_n(x)\right\| = \sum_{n=p}^{n=p+q}\frac{|c_n|}{\|P_n\|}. \tag{59}$$

Aus dieser Ungleichung erlaubt der § 3 bewiesene Convergenzsatz bei Berücksichtigung von (57) die starke Convergenz der Reihe (58) abzulesen. Nun ist wegen der Definition von $P_n(x)$, wenn m und n verschieden sind,

$$(\bar{A}_m;\ P_n) = 0. \tag{60}$$

Und es ist ferner wegen (29)

$$(\bar{A}_m;\ P_m) = \|P_m\|^2. \tag{61}$$

Da die Reihe (58) stark convergiert, folgt bei Berücksichtigung von (17) für alle Werte von m

$$(\bar{A}_m;\ Z_1) = \sum_{n=1}^{n=\infty}\frac{c_n}{\|P_n\|^2}(\bar{A}_m;\ P_n) = c_m.$$

Also ist $Z_1(x)$ eine Lösung. Da ferner jede der Funktionen $P_n(x)$ in $\mathfrak{A}$ liegt, und die Reihe (58) stark convergirt, so liegt $Z_1(x)$ auch in $\mathfrak{A}$. Da sich nun jede andere Lösung der Gleichungen (56) von $Z_1(x)$ um eine zu $\mathfrak{A}$ und also auch zu $Z_1(x)$ selbst orthogonale Funktion unterscheiden muss, so ergiebt der pythagoräische Lehrsatz, dass für jede andere Lösung $Z_2(x)$

$$\|Z_2\| \geqq \|Z_1\|$$

ist.

II). Es gebe nun unter den $A_n(x)$ Funktionen, die im entsprechenden linearen Funktionengebilde $\mathfrak{A}_n$ liegen, so liege etwa $A_m(x)$ in $\mathfrak{A}_m$ d. h. es verschwinde $\|P_m\|$. Bezeichnet $L_1(x)$, $L_2(x)$, $L_3(x)$, ..., die mittels der Formeln des § 5 aus der gegebenen Basis construierte normierte Orthogonalbasis von $\mathfrak{A}_m$, so ist zunächst

$$L_\nu(x) = \sum_\mu \gamma_{\nu\mu} A_\mu(x) \tag{62}$$

wo die Coefficienten $\gamma_{\nu\mu}$ durch die Formeln des § 5 gegeben sind, und der Index μ für jeden Wert von ν nur eine endliche Anzahl durchläuft, aber gemäss der Definition von $\mathfrak{A}_m$ nie den Wert m annimmt. Da ferner gemäss Voraussetzung $A_m(x)$ in $\mathfrak{A}_m$ liegt, so ist gemäss dem § 9 ausgesprochenen Theorem

$$A_m(x) = \sum_\nu (A_m;\ \bar{L}_\nu) L_\nu(x).$$

Wegen der starken Convergenz dieser Reihe ergiebt sich laut (17)

$$(\bar{A}_m;\ Z) = \sum_\nu (\bar{A}_m;\ L_\nu)(\bar{L}_\nu;\ Z) = \sum_\nu (\bar{A}_m;\ L_\nu)\sum_\mu \bar{\gamma}_{\nu\mu}(\bar{A}_\mu;\ Z).$$

Es stellt also die Gleichung

$$c_m = \sum_\nu (\bar{A}_m;\ L_\nu)\sum_\mu \bar{\gamma}_{\nu\mu} c_\mu \tag{63}$$

eine lineare Relation zwischen den rechten Seiten dar, welche eine notwendige Bedingung für die Lösbarkeit unserer Gleichungen (45) *ist.* Convergiert die rechte Seite von (63) überhaupt nicht oder nicht gegen c_m, so sind unsere Gleichungen unlösbar. Besteht aber die Gleichung (63), so ist die m^{te} Gleichung (45) eine identische Folge der übrigen.

Im Speciellen folgt aus I, dass, wenn keine der Entfernungen $\|P_n\|$ *verschwindet, unsere Gleichungen immer lösbar sind, wenn nur eine endliche Zahl der rechten Seiten von Null verschieden ist. Umgekehrt folgt aus II, dass, wenn unsere Gleichungen immer lösbar sind, falls nur eine endliche Zahl der rechten Seiten von Null verschieden ist, keine der Entfernungen* $\|P_n\|$ *verschwinden kann.* Die Theoreme I und II bilden eine evidente Analogie zu den bekannten Fundamentalsätzen über die Auflösbarkeit beliebiger Systeme linearer Gleichungen mit einer endlichen Anzahl von Unbekannten.

§ 14. Dritte Auflösungsmethode der inhomogenen Gleichungen.

Um uns im folgenden § auf die Formeln beziehen zu kömmen, machen wir die für die Anwendbarkeit dieser Methode nicht notwendige Voraussetzung, dass zwischen keiner endlichen Anzahl der durch (33) definierten Funktionen $A_1(x)$, $A_2(x)$, ... ad inf. eine lineare Abhänigkeit bestehe. Durch das § 5 angegebene Verfahren erhält man eine mit der Reihe $A_1(x)$, $A_2(x)$, ... ad inf. linear aequivalente Reihe zu einander orthogonaler und normierter Funktionen $B_1(x)$, $B_2(x)$, ... ad inf.

Und zwar wird wegen der vorausgesetzten linearen Unabhänigkeit jedes endlichen Systems in der Reihe $A_1(x)$, $A_2(x)$, ... ad inf. die lineare Aequivalenz unserer beiden Funktionenreihen durch Gleichungen von der Form

$$B_n(x) = \sum_{\nu=1}^{\nu=n} \gamma_{n\nu} A_\nu(x)$$

gegeben, wo die Coefficienten durch die Rekursionsformeln (20) sich bestimmen lassen, und sämmtliche γ_{nn} von Null verschieden sind. Die zu lösenden Gleichungen (45) gehen jetzt in die Gleichungen

$$(64) \qquad (\overline{B}_n;\ Z) = g_n \qquad (n = 1, 2, \ldots \text{ ad inf.})$$

über, wo die g_n durch die Gleichungen

$$g_n = \sum_{\nu=1}^{\nu=n} \overline{\gamma}_{n\nu} c_\nu$$

definiert sind.

Die notwendige und hinreichende Bedingung für die Lösbarkeit unserer Gleichungen (45) *besteht nun in der Convergenz der quadratischen Form*

$$(65) \qquad \sum_{n=1}^{n=\infty} |g_n|^2 = \sum_{n=1}^{n=\infty} \left| \sum_{\nu=1}^{\nu=n} \overline{\gamma}_{n\nu} c_\nu \right|^2 .$$

Beweis: Die Notwendigkeit der Bedingung erlaubt die Bessel'sche Ungleichung (9) aus den Gleichungen (64) abzulesen. Die Bedingung ist aber auch hinreichend; denn, wenn sie erfüllt ist, convergiert gemäss § 4 die Reihe

$$(66) \qquad Z_1(x) = \sum_{\nu=1}^{\nu=\infty} g_\nu B_\nu(x)$$

stark, und gemäss (17) ergiebt sich dann für alle Werte von n die Gültigkeit der Gleichungen (64) und mithin auch der Gleichungen (45).

Da $Z_1(x)$ in $\mathfrak{A}$ liegt, so folgt, wie im vorigen § gezeigt, dass $Z_1(x)$ diejenige Lösung unserer Gleichungen ist, für welche $\|Z\|$ zum Minimum wird. Es giebt eben, wenn es überhaupt Lösungen giebt, *stets eine und immer nur eine in* $\mathfrak{A}$ *gelegene.*

§ 15. Anwendung der allgemeinen Methoden auf die Hilbert-Toeplitz'sche Fragestellung.

Wir machen wie im vorigen § die Voraussetzung, dass zwischen keiner endlichen Anzahl der durch (33) definierten Funktionen $A_1(x)$, $A_2(x)$, ... ad inf. eine lineare Abhänigkeit bestehe, und setzen wie in § 11 (36)

$$\alpha_{ik} = (A_i; \bar{A}_k).$$

Die Wurzeln der Gleichung

$$(67) \qquad \begin{vmatrix} \alpha_{11} - \lambda & \alpha_{12} & \dots & \alpha_{1n} \\ \alpha_{21} & \alpha_{22} - \lambda & \dots & \alpha_{2n} \\ \dots & \dots & \dots & \dots \\ \alpha_{n1} & \alpha_{n2} & \dots & \alpha_{nn} - \lambda \end{vmatrix} = 0$$

sind wegen der Relation $\alpha_{ik} = \bar{\alpha}_{ki}$, wie bekannt, stets reell. Da ferner $A_1(x)$, $A_2(x)$, ..., $A_n(x)$ linear unabhänig und mithin die HERMITE'sche Form

$$(68) \qquad H_n = \left\|\sum_{\nu=1}^{\nu=n} y_\nu A_\nu\right\|^2 = \sum_{i=1}^{i=n}\sum_{k=1}^{k=n} \alpha_{ik} y_i \bar{y}_k$$

definit ist, so sind die Wurzeln auch alle von Null verschieden und positiv; wir bezeichnen sie der wachsenden Grösse nach geordnet durch

$$\lambda_{n1}, \ \lambda_{n2}, \ \dots \ \lambda_{nn}.$$

Da λ_{n1} das Mimimum und λ_{nn} das Maximum der Form H_n unter der Nebenbedingung

$$\sum_{\nu=1}^{\nu=n} |y_\nu|^2 = 1$$

sind, und da H_n als aus H_{n+1} durch Nullsetzung von y_{n+1} hervorgegangen betrachtet werden kann, so kann λ_{n1} mit wachsendem n nicht zunehmen, und λ_{nn} nicht abnehmen, $\lim\limits_{n=\infty} \lambda_{n1}$ ist mithin immer endlich und bestimmt und kann nur entweder gleich Null oder grösser als Null sein. Wir setzen

$$(69) \qquad \lim_{n=\infty} \lambda_{n1} = l.$$

Es besteht nun folgendes Theorem: *Wenn*

$$(70) \qquad l > 0$$

ist, so sind unsere Gleichungen (45) *stets lösbar, wenn*

$$\sum_{\nu=1}^{\nu=\infty} |c_\nu|^2$$

convergiert [16]). Um eine Lösung darzustellen, können wir die Formel (52) des § 12 oder auch die Formel (66) des § 14 benutzen, welche ja stets eine Lösung und zwar diejenige von der kleinsten Quadratsumme der absoluten Beträge liefern, wenn es überhaupt eine Lösung giebt.

Beweis: Es ist, wenn die Grössen g_ν und die Functionen $B_\nu(x)$ wie im vorigen § definiert sind,

$$\sum_{\nu=1}^{\nu=n} g_\nu B_\nu(x) = \sum_{\nu=1}^{\nu=n} h_\nu A_\nu(x) \tag{71}$$

wo die h_ν aus den g_ν durch eine linare Substitution hervorgehen und umgekehrt. Nach dem pythagoräischen Lehrsatz ist ferner

$$\sum_{\nu=1}^{\nu=n} |g_\nu|^2 = \left\|\sum_{\nu=1}^{\nu=n} g_\nu B_\nu(x)\right\|^2 = \left\|\sum_{\nu=1}^{\nu=n} h_\nu A_\nu(x)\right\|^2 = \sum_{i=1}^{i=n}\sum_{k=1}^{k=n} \alpha_{ik} h_i \bar{h}_k = U. \tag{72}$$

Da die Gleichungen

$$\left(\bar{B}_\rho;\ \sum_{\nu=1}^{\nu=n} g_\nu B_\nu(x)\right) = g_\rho \qquad (\rho = 1, 2, \ldots, n)$$

und mithin auch die Gleichungen

$$\left(\bar{A}_\rho;\ \sum_{\nu=1}^{\nu=n} g_\nu B_\nu(x)\right) = c_\rho \qquad (\rho = 1, 2, \ldots, n)$$

bestehen, so folgt

$$\sum_{\nu=1}^{\nu=n} \alpha_{\nu\rho} h_\nu = \left(\bar{A}_\rho;\ \sum_{\nu=1}^{\nu=n} h_\nu A_\nu(x)\right) = c_\rho \qquad (\rho = 1, 2, \ldots, n).$$

Es ist also

$$\sum_{\rho=1}^{\rho=n} |c_\rho|^2 = \sum_{\rho=1}^{\rho=n} c_\rho \bar{c}_\rho = \sum_{i=1}^{i=n}\sum_{k=1}^{k=n} \chi_{ik} h_i \bar{h}_k = U^{(2)}, \tag{73}$$

wo

$$\chi_{ik} = \sum_{\rho=1}^{\rho=n} \alpha_{i\rho} \bar{\alpha}_{k\rho} = \sum_{\rho=1}^{\rho=n} \alpha_{i\rho} \alpha_{\rho k} \tag{74}$$

ist. Nun giebt es bekanntlich stets eine solche umkehrbare lineare Substitution der Variabeln $h_1, h_2, \ldots, h_n$ in die Variabeln $k_1, k_2, \ldots, k_n$, dass

$$\sum_{\nu=1}^{\nu=n} h_\nu \bar{h}_\nu = \sum_{\nu=1}^{\nu=n} k_\nu \bar{k}_\nu \tag{75}$$

und

$$U = \sum_{\nu=1}^{\nu=n} \lambda_{n\nu} k_\nu \bar{k}_\nu \tag{76}$$

wird, wo die $\lambda_{n\nu}$ die oben definierte Bedeutung haben.

Es bezeichne D die dieser Substitution entsprechende Matrix, D' die aus ihr durch Vertauschung von Zeilen und Spalten hervorgehende, E die der identischen Substitution entsprechende, und Δ die der Form U entsprechende Matrix.

---

[16]) Dieses Theorem ist von HILBERT und TOEPLITZ, l. c. [2]), [3]), unter der Voraussetzung, dass das Coefficientensystem der Gleichungen das einer *beschränkten* quadratischen Form ist, bewiesen worden.

Dann schreibt sich in der Sprache des Matricencalcüls die Gleichung (75)

$$D'\bar{D} = E$$

und die Gleichung (76)

$$D'\Delta\bar{D} = \begin{Bmatrix} \lambda_{n1} & 0 & 0 & 0 & 0 & \dots & \\ 0 & \lambda_{n2} & 0 & 0 & 0 & \dots & 0 \\ \dots & \dots & \dots & \dots & \dots & \dots & \dots \\ 0 & 0 & 0 & 0 & 0 & \dots & \lambda_{nn} \end{Bmatrix}.$$

Es ist daher

$$\Delta = \bar{D} \begin{Bmatrix} \lambda_{n1} & 0 & 0 & \dots & 0 \\ 0 & \lambda_{n2} & 0 & \dots & 0 \\ \dots & \dots & \dots & \dots & \dots \\ 0 & 0 & 0 & \dots & \lambda_{nn} \end{Bmatrix} D',$$

$$D'\Delta^2\bar{D} = \begin{Bmatrix} \lambda_{n1}^2 & 0 & 0 & \dots & 0 \\ 0 & \lambda_{n2}^2 & 0 & \dots & 0 \\ \dots & \dots & \dots & \dots & \dots \\ 0 & 0 & 0 & \dots & \lambda_{nn}^2 \end{Bmatrix}.$$

Da Δ^2 die Matrix der durch die Gleichungen (73), (74) definierten Form $U^{(2)}$ ist, so bedeutet die letzte Gleichung, dass bei unserer Substitution

$$U^{(2)} = \sum_{\nu=1}^{\nu=n} \lambda_{n\nu}^2 k_\nu \bar{k}_\nu \tag{77}$$

wird. Aus den Gleichungen (76), (77) folgt daher

$$\lambda_{nn} U \geqq U^{(2)} \geqq \lambda_{n1} U, \tag{78}$$

und gemäss (72), (73)

$$\lambda_{nn} \sum_{\rho=1}^{\rho=n} |g_\rho|^2 \geqq \sum_{\rho=1}^{\rho=n} |c_\rho|^2 \geqq \lambda_{n1} \sum_{\rho=1}^{\rho=n} |g_\rho|^2. \tag{79}$$

Hieraus ergiebt sich, indem wir jetzt die Voraussetzung (70) herauziehen, für alle Werte von n

$$\sum_{\rho=1}^{\rho=n} |g_\rho|^2 \leqq \frac{1}{l} \sum_{\rho=1}^{\rho=n} |c_\rho|^2.$$

Convergiert also

$$\sum_{\rho=1}^{\rho=\infty} |c_\rho|^2,$$

so convergiert auch

$$\sum_{\rho=1}^{\rho=\infty} |g_\rho|^2$$

und die Formel (66) stellt eine Lösung unserer Gleichungen (45) dar. Q. E. D.

Umgekehrt gilt auch:

Wenn die Convergenz von

$$\sum_{n=1}^{n=\infty} |c_n|^2$$

hinreicht, und die Lösbarkeit unserer Gleichungen zu sichern, dann ist $l > 0$. Den einfachen Beweis dieses Theorems werde ich in einer demnächst erscheinenden Fortsetzung dieser Untersuchung geben.

Man bezeichne nach HILBERT das Grössensystem

$$b_{nm} \qquad \begin{pmatrix} n = 1, 2, \ldots \text{ ad inf.} \\ m = 1, 2, \ldots \text{ ad inf.} \end{pmatrix}$$

dann als eine *Resolvente* der Gleichungen (45), wenn $\sum_{m=1}^{m=\infty} |b_{nm}|^2$ für jeden Wert von n convergiert, und die Gleichungen bestehen

$$\sum_{m=1}^{m=\infty} a_{nm} b_{nm} = 1 \qquad (n = 1, 2, \ldots \text{ ad inf.})$$

$$\sum_{m=1}^{m=\infty} a_{im} b_{km} = 0 \qquad \begin{pmatrix} i = 1, 2, \ldots \text{ ad inf.} \\ k = 1, 2, \ldots \text{ ad inf.} \end{pmatrix} (i \neq k).$$

Aus den Theoremen I und II des § 13 folgt dann unmittelbar:

(*a*) *Die notwendige und hinreichende Bedingung für die Existenz einer Resolvente besteht darin, dass keine der dort definierten Grössen* $\|P_n\|$ *verschwindet. Unter dieser Voraussetzung stellen die Gleichungen*

$$(80) \qquad b_{nm} = \frac{P_n(m)}{\|P_n\|^2}$$

eine Resolvente dar, und zwar diejenige, für welche in jeder Zeile die Quadratsumme der absoluten Beträge ein Minimum ist. Ferner gilt:

(*b*) *Die notwendige und hinreichende Bedingung dafür, dass es eine* BESCHRÄNKTE *Resolvente giebt, besteht in der Ungleichung* $l > 0$ [17]).

Unter der Voraussetzung $l > 0$ sind naemlich sämmtliche Entfernungen $\|P_n\| \geq \sqrt{l}$, und die Gleichungen (80) stellen eine beschränkte Resolvente dar. Der aufgrund der hier auseinandergesetzten Methoden fast auf der Hand liegenden Beweis des Theorems (*b*) wird in der Fortsetzung ausführlich gebracht werden, welche auch die einfachen Folgerungen enthalten wird, die sich für die Lösbarkeit von Schaaren linearer Gleichungssysteme ergeben.

Bonn, den 6. August 1907.

ERHARD SCHMIDT.

[17]) Das Theorem (*b*) ist von HILBERT und TOEPLITZ l. c. [2]), [3]) unter der Voraussetzung, dass das Coefficientensystem der Gleichungen das einer beschraenkten quadratischen Form ist, bewiesen worden.

Die Dissertation und die Habilitationsschrift des Herrn Dr. Schmidt beziehen sich auf die Theorie der Integralgleichungen, eine Schöpfung des schwedischen Mathematikers Fredholm. Er handelt sich dabei vor Allem um Gleichungen der Form

$$\varphi(s) - \int_0^1 dt\, \varphi(t)\, K(s,t) = f(s),$$

in denen eine zu bestimmende Function $\varphi(s)$ gleichzeitig unter einem Integralzeichen und ausserhalb auftritt. Auf Gleichungen dieser Art, die man bis vor Kurzem nur in besonderen Fällen und auch in diesen nicht in befriedigender Weise zu behandeln verstand, führen verwickelte Probleme der theoretischen Physik, darunter die sogenannte Randwerthaufgabe, die schon seit langer Zeit den Gegenstand der Anstrengungen der bedeutendsten Mathematiker gebildet hat. Die erste allgemeine Methode zur Lösung derartiger Gleichungen verdankt man Fredholm, der auf den glücklichen Gedanken kam, sie als Grenzfälle von Systemen linearer Gleichungen, gewissermaassen als Systeme von unendlich vielen linearen Gleichungen mit unendlich vielen Unbekannten aufzufassen. Er hat sodann Hilbert diese Theorie wesentlich gefördert, dessen Schüler Herr Dr. Schmidt ist. Hilbert be

Ausschnitt aus einem Gutachten EDUARD STUDYS zur Habilitation von ERHARD SCHMIDT in Bonn, 1905

schränkte sich jedoch auf den Fall eines sogenannten symmetrischen Kerns, $K(s,t) = K(t,s)$.

Die Beiträge, die Herr Dr. Schmidt zu dieser Theorie, in seiner Dissertation und Habilitationsschrift geliefert hat, lassen sich nun kurz etwa so charakterisiren: 1) Er hat durch ein sehr sinnreiches und dabei einfaches Verfahren den be-[illegible] Grenzübergang entbehrlich gemacht (Diss. und Kap. 2 der H. S.), und er hat damit die junge Theorie auf eigene Füsse gestellt und leichter zugänglich gemacht. 2). Er hat eine Reihe von Beschränkungen, besonders die auf den symmetrischen Kern, aufgehoben. 3) Er hat die Theorie angewendet auf eine sehr allgemeine Classe von Reihenentwickelungen, unter die die bisher in der theoretischen Physik gebräuchlichen als besondere Fälle subsumirt werden können. 4) Er hat die Theorie selbst derart erweitert, dass sie auch Anwendung finden kann auf ähnliche Probleme, in denen die zu suchende Function nicht mehr nur linear auftritt. (Kap 3 der H. S.).

Herr Dr Schmidt hat in der letzten Zeit die Freundlichkeit gehabt, mir seine Ideen auseinanderzusetzen – ich würde natürlich sonst nicht so schnell im Stande gewesen sein, mir über den Werth seiner Arbeiten eine Meinung zu bilden. Wenn ich mich nun auch keineswegs rühmen darf, in diese zum Theil schwierigen Ideenbildungen genügend eingedrungen zu sein, so glaube ich doch, der Facultät die Annahme seines Gesuches empfehlen zu dürfen; Herr Dr. Schmidt legt Werth darauf, seine durch jahrelange Krankheit verzögerte Habilitation nicht noch weiter hinausschieben zu müssen, wie es die Folge sein würde, wenn ich <u>alle</u> Einzelheiten seiner Arbeiten prüfen sollte. Es ist das nach Lage der Umstände nicht möglich, aber auch gar nicht nöthig. Die Theorie der Integralgleichungen selbst bedeutet ohne jeden Zweifel einen der grössten Fortschritte, vielleicht sogar den grössten, den die Mathematik seit den Zeiten von Gauss gemacht hat; und zu ihrer Vereinfachung und Weiterbildung hat Herr Dr. Schmidt sehr wichtige und dabei auch originelle Beiträge geliefert. Umfangreiche und schwierige Untersuchungen sehr namhafter Mathematiker, wie C. Neumann, H. A. Schwarz und Poincaré, sind nun überholt und völlig entbehrlich gemacht, und zahlreiche Probleme, denen man bisher gar nicht beikommen konnte, sind nun ihrer grössten Schwierigkeiten entkleidet.

In den erwähnten Gesprächen mit Herrn Dr. Schmidt habe ich diesen als einen ungemein kenntnisreichen und vielseitig interessierten Gelehrten kennen und schätzen gelernt, der zudem auch die Gabe besitzt, seine Gedanken in klarer und ansprechender Form zu entwickeln. Wir werden an ihm einen vorzüglichen und anregenden Lehrer gewinnen.

Ich empfehle der Facultät die Zulassung des Herrn Dr. Schmidt zu den weiteren Habilitationsleistungen.

Bonn, d. 15. Febr. 1905.

E. Study.

einverstanden Kortum
" Laspeyres
" Ludwig
" Anschütz
Kayser
Küstner
Wilmanns
Trautmann
Loeschcke
Bülbring
Schulte Clemen
Prym
[illegible]
[illegible] Foerster
Stein Brinkmann
Dyroff Jacobi
Elter
Bezold Nissen
Ritter Justi

FORTSCHRITTE
DER MATHEMATISCHEN WISSENSCHAFTEN
IN MONOGRAPHIEN
HERAUSGEGEBEN VON OTTO BLUMENTHAL
HEFT 3

GRUNDZÜGE EINER ALLGEMEINEN THEORIE DER LINEAREN INTEGRALGLEICHUNGEN

VON

DAVID HILBERT

LEIPZIG UND BERLIN
DRUCK UND VERLAG VON B. G. TEUBNER
1912

Titelseite des 1912 bei B. G. TEUBNER erschienenen Buches (vgl. Hinweis im Vorwort, S. 3, dieses Bandes)

Nachwort[1)]

Dieser Band enthält die entscheidenden Arbeiten über

Lineare Integralgleichungen und Gleichungen mit unendlich vielen Unbekannten,

die DAVID HILBERT und sein Schüler ERHARD SCHMIDT in der Zeit von 1904 bis 1910 publiziert haben. Das Reizvolle an dieser Zusammenstellung besteht insbesondere darin, daß wir hier zwei Persönlichkeiten begegnen, die völlig unterschiedliche Auffassungen in der mathematischen Forschung repräsentieren.[2)]

Der eine Standpunkt wird dadurch charakterisiert, daß man sich in erster Linie auf die Ergebnisse konzentriert und nur wenig Wert auf abgerundete Theorien und elegante Methoden legt. Nach dem Grundsatz „Der Zweck heiligt die Mittel" ist auch die „Brechstange" als mathematisches Handwerkszeug erlaubt, und es wird kein Versuch unternommen, die ursprünglichen Beweise zu vereinfachen. Ein solches Herangehen ist gerechtfertigt, wenn echtes Neuland erschlossen wird. Außerdem gehört es zu den unbestreitbaren Rechten des gedankensprühenden Genies, sich neuen Problemen zuzuwenden, sobald eine Lösung der alten gefunden wurde. Die Hilbertsche „Brechstange" ist der mit aller Konsequenz durchgeführte Grenzübergang $n \to \infty$, der von den bekannten Aussagen der n-dimensionalen linearen und bilinearen Algebra zu den entsprechenden Ergebnissen über Integralgleichungen und Gleichungen mit unendlich vielen Unbekannten führt.[3)]

Der entgegengesetzte (und ergänzende!) Standpunkt beruht auf der Feststellung, daß die Mathematik eine unverzichtbare ästhetische Komponente besitzt. Deshalb darf eine Theorie erst dann als abgeschlossen betrachtet werden, wenn solche Begriffe und Methoden gefunden worden sind, die einen einfachen und natürlichen Aufbau ermöglichen. Ausnahmen bestätigen die Regel! Es ist also eine wichtige Aufgabe, die neu erschlossenen Gebiete zu kultivieren und bequeme Straßen und Wege zu den markantesten Punkten der Landschaft anzulegen. ERHARD SCHMIDT bekannte sich in seiner Antrittsrede als Mitglied der Preußischen Akademie der Wissenschaften eindeutig zu der zweiten Auffassung.[4)] Sicherlich hat er an seinen berühmten Lehrer gedacht, als er die nachfolgenden Worte formulierte:

[1)] Alle Hinweise auf Seitenzahlen von Publikationen, die in diesem Band fotomechanisch nachgedruckt worden sind, beziehen sich auf die jeweils am oberen Rand befindliche Originalpaginierung.

[2)] Die folgende Einschätzung des Hilbertschen Arbeitsstils betrifft ausschließlich seine „Grundzüge". In bezug auf die „Grundlagen" würde man wohl zu einem völlig anderen Urteil kommen.

[3)] BLUMENTHAL (1935, S. 412): „Von unserem heutigen Standpunkt erscheinen uns die Entwicklungen etwas ungelenk, wenn wir sie etwa mit der Kürze und Eleganz von E. SCHMIDTS Beweisen vergleichen."
WEYL (1944, S. 647): „HILBERT's passage to the limit is laborious."
HEUSER (1986, S. 626): „Die 4. Mitteilung ist durch und durch klassische Analysis. In einer heroischen Anstrengung preßt sie dem passaggio dal discontinuo al continuo alles ab, was er zu geben vermag – und saugt ihm damit das Leben aus. Ihre Resultate brachten den funktionalanalytischen Stein ins Rollen, ihre Methoden wurden unter ihm begraben."

[4)] SCHMIDT (1919, S. 565–566).

„So habe ich denn überhaupt in der Erinnerung an große Schwierigkeiten, die mir das Lesen mathematischer Abhandlungen bereitet hat, stets viel Mühe darauf verwandt, Beweise zu vereinfachen. Dabei fallen einem sofort zwei Arten von Beweisführungen in die Augen. Entweder man geht gerade auf das Ziel los – durch Gestrüpp und Sumpf, über Stock und Stein. Man hat dabei den Vorteil, das Ziel stets vor Augen zu haben und im großen die geradeste Linie einzuhalten, während man im kleinen den Weg oft nicht übersieht und hin und her springen muß. Oder man macht einen Umweg auf bequemer Straße. Hierbei verliert man das Ziel aus den Augen, das oft erst nach einer Wendung im letzten Augenblick überraschend vor einem steht, aber man übersieht dafür leicht das vor und hinter einem liegende Wegstück und erfreut sich an manch schöner Aussicht."

Nach dem Erscheinen seiner „Grundlagen der Geometrie" bei Teubner (1899) und dem berühmten Vortrag über „Mathematische Probleme" auf dem Internationalen Mathematikerkongreß in Paris (1900) beschäftigte sich Hilbert mit Fragen der Variationsrechnung. Dabei spielte das Dirichletsche Prinzip eine besondere Rolle. Als Endziel schwebte ihm eine Axiomatik der Analysis vor.[5)] Von großer Bedeutung für die Durchführung dieser Absicht war ein Vortrag, den Holmgren im Frühjahr 1901 in Göttingen hielt. Der schwedische Mathematiker berichtete dort über die Determinantentheorie für Integralgleichungen, die sein Landsmann Fredholm kürzlich entwickelt hatte.[6)] Blumenthal macht dazu die folgende Bemerkung:[7)]

„Dieser Tag war entscheidend für eine lange Periode in Hilberts Leben und einen beträchtlichen Teil seines Ruhmes. Es muß dahingestellt bleiben, ob er es fertig gebracht hätte, den Variationsmethoden soviel Geschmeidigkeit und Kraft zu verleihen, daß sie allein die ganze Analysis hätten durchdringen und tragen können. Er hat es nicht versucht, sondern hat mit Feuer die neue Entdeckung aufgenommen und in ihrer Verknüpfung mit den Variationsprinzipien sein Ziel gefunden."

Die Ergebnisse seiner Forschungstätigkeit in den Jahren von 1901 bis 1910 stellte David Hilbert in einer Serie von Mitteilungen dar, die unter dem Titel

„Grundzüge einer allgemeinen Theorie der linearen Integralgleichungen"

in den Nachrichten von der Königlichen Gesellschaft der Wissenschaften zu Göttingen, Mathematisch-physikalische Klasse, veröffentlicht wurden:

1. Mitteilung, Jahrgang 1904, S. 49–91, vorgelegt am 5. März 1904,
2. Mitteilung, Jahrgang 1904, S. 213–259, vorgelegt am 25. Juni 1904,
3. Mitteilung, Jahrgang 1905, S. 307–338, vorgelegt am 22. Juli 1905,
4. Mitteilung, Jahrgang 1906, S. 157–227, vorgelegt am 3. März 1906,
5. Mitteilung, Jahrgang 1906, S. 439–480, vorgelegt am 28. Juli 1906,
6. Mitteilung, Jahrgang 1910, S. 355–417, vorgelegt am 17. Juli 1909,
Inhaltsübersicht, Jahrgang 1910, S. 595–618, vorgelegt am 2. Mai 1910.

5) Dazu stellt Blumenthal (1935, S. 408) folgendes fest: „Mir scheint, daß sich auch für diese Untersuchungen Hilbert von vornherein ein axiomatisches Programm gesteckt hat."
Vgl. auch das Ende des 4. Abschnitts dieses Nachworts.

6) Fredholm (1900). 7) Blumenthal (1935, S. 410).

Eine Monographie, in der diese Mitteilungen in fast unveränderter Form zusammengefaßt wurden, erschien 1912 bei B. G. Teubner (Nachauflage 1924; Nachdruck bei Chelsea, New York 1953).

Damals wäre es eigentlich angebracht gewesen, die „Grundzüge" unter Berücksichtigung der inzwischen gewonnenen Erkenntnisse völlig neu zu bearbeiten.[8)] HILBERT hat das jedoch nicht getan und sich in seinem Vorwort (Juni 1912) mit der folgenden Bemerkung begnügt:

> „Die in diesen Mitteilungen enthaltene Theorie ist seitdem von meinen Schülern und anderen jüngeren Mathematikern durch wertvolle Untersuchungen ergänzt und in wesentlichen Punkten weitergeführt worden. Ich sehe von allen besonderen Angaben hinsichtlich der an meine Mitteilungen anknüpfenden Literatur ab."

Die einfachste Erklärung für diese Unterlassungssünde ist wohl die, daß sich HILBERT zu diesem Zeitpunkt schon nicht mehr für Integralgleichungen, sondern für Probleme der mathematischen Physik interessierte. Vielleicht ging es ihm aber auch darum, seinen Zugang in „unverfälschter Form" wiederzugeben.

Die Hilbertschen Mitteilungen lassen sich in bezug auf ihre Problemstellung in zwei Gruppen unterteilen. Während in der ersten, vierten und fünften die Grundlagen einer neuen Theorie aufgebaut werden, sind die zweite, dritte und sechste den verschiedenartigsten Anwendungen gewidmet. Wegen ihrer überragenden Bedeutung für die Entstehung der Funktionalanalysis werden in diesem Band des „TEUBNER-ARCHIVs zur Mathematik" die theoretisch orientierten Beiträge neu herausgegeben. Um trotzdem einen geschlossenen Eindruck von HILBERTS Gesamtwerk auf diesem Gebiet zu gewährleisten, haben wir die Inhaltsübersicht hinzugefügt, die er als Abschluß seiner Untersuchungen im Jahr 1910 veröffentlicht hatte. Als wichtige Ergänzung kommt dazu ein programmatischer Vortrag, den HILBERT auf dem Internationalen Mathematikerkongreß in Rom (1908) halten wollte:

Wesen und Ziel einer Analysis der unendlichvielen unabhängigen Variablen. Rendiconti Circ. Matem. Palermo **27** (1909), 59–74.

Am 29. Juni 1905 schloß ERHARD SCHMIDT sein Promotionsverfahren an der Göttinger Universität mit der mündlichen Prüfung ab. Dazu hatte er eine Inauguraldissertation vorgelegt, die einen sehr eleganten Zugang zu den von HILBERT in seiner 1. Mitteilung publizierten Ergebnissen enthielt. Durch Fortführung dieser erfolgreichen Untersuchungen entstand in der Folgezeit eine Reihe von Arbeiten „Zur Theorie der linearen und nichtlinearen Integralgleichungen", die in den „Mathematischen Annalen" erschienen sind:

1. Teil. Entwicklung willkürlicher Funktionen nach Systemen vorgeschriebener, **63** (1907), 433–476,[9)]
2. Teil. Auflösung der allgemeinen linearen Integralgleichung, **64** (1907), 161–174,
3. Teil. Über die Auflösung der nichtlinearen Integralgleichung und die Verzweigung ihrer Lösungen, **65** (1908), 370–399.

[8)] Dabei handelt es sich insbesondere um den Schmidtschen Zugang und das Riesz-Fischer-Theorem.

[9)] Im wesentlichen Inauguraldissertation. Vgl. Fußnote *) auf S. 433 von Teil 1.

Weil dieser Band des „TEUBNER-ARCHIVs zur Mathematik" hauptsächlich der linearen Theorie gewidmet ist, wurden hier nur die beiden ersten Abhandlungen aufgenommen. Hinzu kommt der außerordentlich wichtige Artikel

Über die Auflösung linearer Gleichungen mit unendlich vielen Unbekannten. Rendiconti Circ. Matem. Palermo **25** (1908), 53–77,

den man als die eigentliche Geburtsurkunde des Hilbertschen Folgenraumes ansehen kann.

Es gibt bereits eine beträchtliche Anzahl von Beiträgen, in denen die Leistungen von Hilbert und Schmidt auf dem Gebiet der linearen Integralgleichungen und der Gleichungen in unendlich vielen Unbekannten beschrieben und gewürdigt werden. Diese Reihe beginnt mit dem klassischen Enzyklopädie-Artikel von Hellinger/Toeplitz (1927). Es folgt eine Abhandlung, die Hellinger (1935) ausschließlich dem Hilbertschen Werk gewidmet hat. Dazu kommen die Nachrufe von Schmidt (1943) und Weyl (1944). Hervorheben muß man ferner die beiden Bücher von Monna (1973) und Dieudonné (1981) zur Geschichte der Funktionalanalysis sowie den historischen Anhang zum Lehrbuch von Heuser (1986). Wir erwähnen auch die entsprechenden Kapitel aus den Elementen der Mathematikgeschichte von Bourbaki (1971). Schließlich sei noch auf die folgenden Autoren verwiesen, die in ihren Artikeln ebenfalls auf den Einfluß von Hilbert und Schmidt bei der Herausbildung der Funktionalanalysis eingegangen sind:
Bernkopf (1966, 1968), Steen (1973), Siegmund-Schultze (1982, 1986), Taylor (1982, 1985) und Birkhoff/Kreyszig (1984).

Das Ziel dieses Nachwortes kann deshalb nicht darin bestehen, die schon vorhandenen Beiträge durch einen ähnlichen zu ergänzen oder gar eine Zusammenfassung zu geben. Vielmehr habe ich mich darauf beschränkt, die Entstehungsgeschichte einiger zentraler Begriffe und Theoreme zu behandeln und ihre Weiterentwicklung bis hinein in die Gegenwart zu verfolgen. Die dabei getroffene Auswahl ist natürlich in hohem Maße durch meine persönlichen mathematischen Interessen bestimmt.

Wenn im folgenden aufgezeigt wird, daß sich zwar die Hilbertschen Ergebnisse durchgesetzt haben, nicht aber seine Methoden und Denkweisen, dann soll das keinesfalls eine anmaßende Kritik sein. Wie die Geschichte beweist, haben fast alle mathematischen Theorien einen längeren Reifeprozeß durchlaufen, ehe sie ihre endgültige Form erhielten. Dabei sind viele Irrwege beschritten worden, und auch den ganz großen Wissenschaftlern ist es nur selten gelungen, schon beim ersten Versuch die tragfähigsten Begriffsbildungen zu finden. Entscheidend ist, daß man mit vereinten Kräften das Ziel erreicht – nach Hilberts Motto:

Wir müssen wissen. Wir werden wissen.

1. Räume und Operatoren

Nachdem WEYL (1909) einen Seminarvortrag über seinen Beweis des Riesz-Fischer-Theorems gehalten hatte, soll ihn HILBERT gefragt haben:[10)]

> „WEYL, sagen Sie mir bitte, was ist ein Hilbertscher Raum? Das habe ich nicht verstanden!"

Wenn diese Episode vielleicht auch nicht wahr ist, dann ist sie wenigstens gut erfunden. Das Interesse von HILBERT galt nämlich nur selten dem linearen Raum aller quadratisch summierbaren Zahlenfolgen $x = (\xi_i)$, den wir heute mit l_2 bezeichnen.[11)] Er beschränkte sich vielmehr auf die Betrachtung der abgeschlossenen Einheitskugel:[12)]

$$U_2 = \left\{ x \in l_2 : \sum_{i=1}^{\infty} |\xi_i|^2 \leqq 1 \right\}.$$

Das war für seine Zwecke auch völlig ausreichend, denn die von ihm untersuchten linearen und quadratischen Formen,

$$L(x) = \sum_{i=1}^{\infty} \alpha_i \xi_i \text{ und } Q(x) = \sum_{i=1}^{\infty} \sum_{j=1}^{\infty} \alpha_{ij} \xi_i \xi_j ,$$

lassen sich bereits durch ihr Verhalten auf U_2 hinreichend gut beschreiben. Der entscheidende Vorteil besteht aber darin, daß auf U_2 die koordinatenweise Konvergenz mit der schwachen Konvergenz übereinstimmt und somit U_2 in dieser Topologie kompakt ist. Dadurch war HILBERT in der Lage, in seiner 4. Mitteilung (S. 200) das Konzept der Vollstetigkeit mit Hilfe von traditionellen Begriffen zu erklären.[13)] Der durch HILBERT vertretene Standpunkt wurde auch von SCHOENFLIES übernommen, als er 1908 zum ersten Mal die Bezeichnung „Hilbertscher Raum" einführte.[14)] Darunter verstand er ebenfalls nicht den ganzen Folgenraum l_2, sondern nur dessen (offene) Einheitskugel. Eine solche Begriffsbildung war für einen Topologen durchaus natürlich.

Kein Wissenschaftler kann die Schule verleugnen, durch die er geprägt wurde. Deshalb ist es auch nicht verwunderlich, wenn HILBERT der durch WEIERSTRASS, KRONECKER und vor allem FROBENIUS vertretenen „deutschen Auffassung" huldigte, daß eine Matrix in erster Linie dazu dient, um eine Bilinearform zu definieren. Der Multiplikation ent-

---

10) YOUNG (1981, S. 312). Vgl. auch TAYLOR (1982, S. 283).

11) Das Symbol L_2 – damals $[L^2]$ – wurde bereits 1910 von RIESZ in seiner Arbeit über Systeme integrierbarer Funktionen eingeführt und ist seitdem allgemein üblich. Dagegen hat sich die entsprechende Bezeichnung für den Hilbertschen Folgenraum, die – nach meinem Wissen – erstmalig bei BANACH (1932, S. 12) auftritt, nur sehr zögernd durchgesetzt. Zwischenzeitlich wurden die folgenden Varianten benutzt:
R_∞ (HELLINGER/TOEPLITZ 1927, S. 1434), Ω (FRÉCHET 1928, S. 83), F_z (VON NEUMANN 1932, S. 16), H_0 (STONE 1932, S. 14), σ_2 (KÖTHE/TOEPLITZ (1934, S. 193) und H (SZ.-NAGY 1942, S. 1, vgl. auch S. 6).

12) Vgl. 4. Mitteilung, S. 177.

13) In der modernen Literatur nennt man einen linearen Operator zwischen Banachräumen vollstetig, wenn er jede schwach-konvergente Folge in eine stark-konvergente Folge überführt; RIESZ (1913, S. 96).

14) SCHOENFLIES (1908, S. 86, 266 und 298).

spricht dabei die Faltung.[15] Daß dieser Weg unweigerlich in eine Sackgasse geführt hätte, wird beim Betrachten des folgenden Ausdrucks klar, den man auf S. 181 der 4. Mitteilung findet:

$$A(.,\bullet)O(.,x)O(\bullet,\circ)B(\star,\star)O(\star,\circ)O(\star,y)\ .$$

Glücklicherweise wurde dieses Hindernis innerhalb kürzester Zeit von der Jugend überrannt. Schon 1910 fühlte sich Hilbert in seiner Inhaltsübersicht (S. 596) verpflichtet, den Begriff der beschränkten linearen Transformation kurz zu erwähnen, und in einer 1913 erschienenen Monographie von Riesz findet man ein Kapitel mit der Überschrift

„La théorie des substitutions linéaires à une infinité de variables".

Damit war der von Peano, Pincherle und Volterra am Ende des vorigen Jahrhunderts begründete „italienische Standpunkt", der auch von Hadamard und Fredholm vertreten wurde, wieder zu seinem Recht gekommen.[16] Wie lange sich allerdings überholte Ansätze von anerkannten Gelehrten halten können, zeigt das Beispiel des Enzyklopädie-Artikels von Hellinger/Toeplitz (1927). Dort spielte die transformationstheoretische Auffassung, die zwangsläufig das Arbeiten mit linearen Räumen erfordert hätte, eine völlig untergeordnete Rolle, und der Hilbertsche unendlichdimensionale Raum wurde nur kurz erwähnt.[17]

Auch in Göttingen begann sich bereits ab 1907 die Erkenntnis durchzusetzen, daß es günstiger ist, den vollen Folgenraum l_2 zu betrachten. Diese Entwicklung wurde durch die geometrischen Überlegungen von Schmidt eingeleitet.[18] Seine wichtigsten Ergebnisse lassen sich in den folgenden Punkten zusammenfassen:

Die Menge der quadratisch summierbaren komplexen Zahlenfolgen wird als linearer Raum erkannt und mit einem Skalarprodukt sowie der zugehörigen Norm ausgerüstet.

Es wird das Konzept der starken Konvergenz eingeführt und die Vollständigkeit von l_2 nachgewiesen.

---

[15] Dieudonné (1981, S. 113): „Unfortunately, he follows Frobenius in his conception of the ‚Faltung' of bilinear forms (instead of the natural idea of ‚composing' transformations)."

[16] Fredholm (1903, S. 372): „En considérant l'équation

$$\varphi(x) + \int_0^1 f(x,s)\varphi(s)\mathrm{d}s = \psi(x)$$

comme transformant la fonction $\varphi(x)$ en une nouvelle fonction $\psi(x)$ j'écris cette même équation

$$S_f\varphi(x) = \psi(x)\ ,$$

et je dis que la transformation S_f appartient à la fonction $f(x,y)$."
Vgl. auch Heuser (1986, S. 604–611) und Monna (1973, S. 51 und 120).

[17] Vgl. S. 1434–1438.

[18] Darüber hat Schmidt am 12. Februar 1907 im Rahmen der Mathematischen Gesellschaft in Göttingen vorgetragen. Vgl. Fußnote 1) auf S. 53 des Rendiconti-Artikels.

Ausgehend vom Studyschen Begriff der Orthogonalität, werden der Pythagoräische Lehrsatz und die Besselsche Ungleichung bewiesen. Außerdem wird die große Bedeutung des auf den dänischen Versicherungsmathematiker GRAM (1883) zurückgehenden Orthogonalisierungsverfahrens klar herausgestellt.

Schließlich wird gezeigt, daß zu jeder „Funktion“ $x \in l_2$ und einer beliebigen abgeschlossenen linearen Teilmenge M stets eine „Perpendikelfunktion“ $P(x)$ existiert, die durch die Bedingungen $P(x) \perp M$ und $x - P(x) \in M$ eindeutig bestimmt ist. Dabei gilt

$$\|P(x)\| = \min\left\{\|x-y\| : y \in M\right\}.$$

Die Einleitung des Schmidtschen Rendiconti-Artikels und auch sein Titel bringen klar zum Ausdruck, daß es dem Verfasser hauptsächlich auf die im zweiten Kapitel dargestellte Auflösungstheorie für lineare Gleichungen ankam. Aus unserer heutigen Sicht machen aber gerade die geometrischen „Hilfsbetrachtungen“ den eigentlichen Wert dieser Arbeit aus, durch die der Hilbertsche Folgenraum l_2 endgültig sein Bürgerrecht in der Mathematik erlangte.

Wie sah es nun aber mit dem Hilbertschen Funktionenraum L_2 aus? Rückblickend stellt WEYL (1944, S. 649) fest:

> „I think HILBERT was wise to keep within the bounds of continuous functions when there was no actual need for introducing LEBESGUE's general concept.“

Das steht im Widerspruch zu der von HELLINGER/TOEPLITZ (1927, S. 1366) getroffenen Bemerkung:

> „Das Gesamtergebnis ist, daß die richtige Umgrenzung des Funktionenbereichs, mit dem gearbeitet wird, sich als das entscheidende Moment erwiesen hat.“

Schließlich macht DIEUDONNÉ (1981, S. 119–120) sogar die folgende drastische Bemerkung:

> „When FREDHOLM and SCHMIDT had tried to enlarge the scope of their results on integral equations by weakening the assumptions on the kernel, they had nothing else at their disposal beyond the horrible and useless so-called ‚Riemann integral‘, and it is likely that progress in Functional Analysis might have been appreciably slowed down if the invention of the Lebesgue integral had not appeared, by a happy coincidence, exactly at the beginning of HILBERT's work on integral equations.“

Zunächst muß man WEYL zustimmen, daß es günstiger war, die Popularisierung der neuentwickelten Theorie der Integralgleichungen nicht durch die Verwendung eines noch relativ unbekannten Integralbegriffs zu belasten.[19)] Andererseits ergaben sich durch das Festhalten an der klassischen Arbeitsweise mit stetigen Funktionen und der gleichmäßigen Konvergenz einige unnötige Komplikationen, und das Verständnis der

[19)] Vermutlich war den Göttinger Mathematikern erst durch den Rieszschen Vortrag am 26. Februar 1907 klar geworden, daß das von LEBESGUE (1902) eingeführte Integral grundlegende Bedeutung für ihre Untersuchungen haben könnte. Vgl. Fußnote 21).

allgemeinen Zusammenhänge wurde entscheidend behindert.[20] Aber auch in bezug auf diesen Nachteil des Hilbertschen Zugangs wurde bald Abhilfe geschaffen. Im Frühjahr 1907 erkannten RIESZ und FISCHER fast gleichzeitig, daß der Raum L_2 aller meßbaren und quadratisch integrablen Funktionen das isomorphe Gegenstück zum Folgenraum l_2 ist.[21] Der elegantere Beweis stammte von FISCHER, der die Vollständigkeit von L_2 zeigte. Dadurch war auch klar geworden, daß die aus der Norm

$$\|f\| = (\int_a^b |f(s)|^2 \, ds)^{1/2}$$

abgeleitete Konvergenz im Mittel die natürliche Konvergenz auf L_2 ist. Entsprechendes gilt für l_2. HILBERT hatte sehr geschwankt, welcher Konvergenz er den Vorzug geben sollte. In der 4. Mitteilung (S. 117 und 200) führte er die Begriffe „Stetigkeit" und „Vollstetigkeit" ein; in der 5. Mitteilung (S. 439) ging er zu den Bezeichnungen „beschränkt stetig" und „stetig" über, die er dann bei der zusammengefaßten Herausgabe seiner „Grundzüge" (S. 174) wieder rückgängig machte.

Die nächste Etappe in der Entwicklung der Funktionalanalysis bestand darin, daß RIESZ (1910:a) die Funktionenräume L_p mit $1<p<\infty$ einführte. Die entsprechenden Folgenräume l_p behandelte er 1913 in seiner Monographie. Es war sicherlich eine große Enttäuschung, als der Versuch fehlschlug, das Riesz-Fischer-Theorem auf den Fall $p\neq 2$ zu verallgemeinern.[22] Dieses negative Resultat führte jedoch zu der Erkenntnis, daß für die Behandlung von L_p unbedingt „koordinatenfreie Methoden" erforderlich sind. Damit war die Zeit für eine Axiomatisierung der Theorie der Folgen- und Funktionenräume reif geworden.[23]

Nachdem RIESZ (1918) in seiner grundlegenden Arbeit über lineare Funktionalgleichungen offenbar nur der Mut zu einer unkonventionellen Formulierung seiner Ergebnisse gefehlt hatte, gelang BANACH (1922), HAHN (1922) und WIENER (1922) unabhängig

---

[20] Vgl. die Bemerkungen im 2. Abschnitt dieses Nachworts, S. 290.

[21] Die Entwicklungsgeschichte des Riesz-Fischer-Theorems ist dramatisch. Anschließend an einen kurzen Artikel aus dem Jahre 1906 veröffentlichte RIESZ zwei inhaltlich gleiche Arbeiten, die am 9. März 1907 der Göttinger und am 11. März 1907 der Pariser Akademie der Wissenschaften vorgelegt wurden. In seiner Comptes-Rendus-Note vom 13. Mai 1907 stellt FISCHER fest: „Le 11 mars, M. RIESZ a présenté à l'Académie une Note sur les systèmes orthogonaux de fonctions. J'étais arrivé au même résultat et je l'ai démonstré dans une conférence faite à la Société mathématique à Brünn, déjà la 5 mars. Ainsi mon indépendance est évidente, mais la priorité de la publication revient à M. RIESZ." Daraufhin hält es RIESZ für notwendig, in den Comptes Rendus vom 24. Juni 1907 darauf hinzuweisen, daß er bereits am 26. Februar 1907 in Göttingen über seine Resultate vorgetragen habe. Aufgrund dieser Tatsachen handelt es sich bei dem folgenden Zitat von YOUNG (1981, S. 309) wohl nur um ein boshaftes Gerücht: „Goettingen never forgave his part (damit ist RIESZ gemeint; Anm. d. Hrsg.) in the Riesz-Fischer-Theorem, published after hearing the Seminar talk of FISCHER."
Vgl. auch BERNKOPF (1966, S. 48–54), BIRKHOFF/KREYSZIG (1984, S. 287), SIEGMUND-SCHULTZE (1982, S. 64) und TAYLOR (1982, S. 270–281).

[22] Immerhin ergab sich das Hausdorff-Young-Theorem, das zum Ausgangspunkt vieler interessanter Untersuchungen wurde. Vgl. YOUNG (1912) und HAUSDORFF (1923).

[23] RIESZ (1910:a) machte die folgende Bemerkung: „In der vorliegenden Arbeit wird die Voraussetzung der quadratischen Integrierbarkeit durch jene der Integrierbarkeit von $|f(x)|^p$ ersetzt;... Die Untersuchung dieser Funktionenklassen wird auf die wirklichen und scheinbaren Vorteile des Exponenten $p=2$ ein ganz besonderes Licht werfen; und man kann auch behaupten, daß sie für eine axiomatische Untersuchung der Funktionenräume brauchbares Material liefert."

voneinander der große Wurf.[24] Der entscheidende Schritt bestand darin, die bereits von PEANO (1888) eingeführten und dann wieder in Vergessenheit geratenen linearen Räume neu zu entdecken. Danach war es leicht, aufbauend auf den Ideen von FRÉCHET (1906), solche Begriffe wie Norm, Konvergenz und Vollständigkeit in abstrakter Form zu definieren. Als Endresultat ergab sich eine der wichtigsten Strukturen der modernen Mathematik – der Banachraum.[25]

Bei einer „richtigen Planung" hätte man sicherlich den Hilbertraum vor dem Banachraum axiomatisieren müssen. Aber die Forschung geht (glücklicherweise!) ihre eigenen Wege. Und so hat VON NEUMANN (1927, 1929) den abstrakten Hilbertraum erst einige Jahre später eingeführt. Eine weitere Kuriosität bestand darin, daß er sich dabei weder auf PEANO noch auf BANACH, HAHN oder WIENER berief, sondern die Definition des linearen Raumes von WEYL (1918) übernahm.

Das von Neumannsche Axiomensystem war so gewählt, daß es – in der heutigen Terminologie – den bis auf Isomorphie eindeutig bestimmten separablen unendlichdimensionalen Hilbertraum ergab. Nicht-separable Hilberträume sind erstmalig von LÖWIG (1934) und RELLICH (1934) betrachtet worden.

Die Axiomatisierung der Theorie der Hilbert- und Banachräume bedeutete insbesondere den Übergang zur koordinatenfreien Denkweise. Wie zögernd dieser Schritt vollzogen wurde, läßt sich daran erkennen, daß ERHARD SCHMIDT Ende der zwanziger Jahre JOHANN VON NEUMANN aufgefordert haben soll:[26]

„Nein! Nein! Sagen sie nicht Operator, sagen sie Matrix!"

Auch die fundamentalen Untersuchungen von KÖTHE/TOEPLITZ (1934) zur Theorie der vollkommenen Folgenräume sind voll und ganz am klassischen Vorbild orientiert. Selbst das berühmte Banachsche Basisproblem kann man als den reumütigen Versuch interpretieren, wenigstens in separablen Banachräumen nachträglich doch wieder Koordinaten einzuführen.[27] Wie rigoros aber schließlich der Siegeszug der abstrakten Auffassung war, zeigt die Tatsache, daß die schöne Monographie von WINTNER (1929) nur deshalb weitgehend unbeachtet blieb, weil dort die Spektraltheorie in der altmodischen Sprache der Matrizen dargestellt wurde.

Die von SCHMIDT begründete Geometrie der Hilberträume ist eine relativ arme Theorie, weil es in bezug auf die Orthogonalität keine wesentlichen Unterschiede zum klassischen endlichdimensionalen Fall gibt. Dagegen hat sich die Geometrie der Banachräume seit Mitte der sechziger Jahre zu einer selbständigen Disziplin entwickelt, die weitreichende Anwendungen in den verschiedensten Zweigen der Mathematik besitzt.[28] Ein fundamentales Ergebnis der finiten Theorie ist das Dvoretzky-Theorem,

[24] In diesem Zusammenhang muß man unbedingt auf das Werk von HELLY hinweisen, der bereits 1921 das Konzept des normierten linearen Folgenraumes eingeführt hatte.

[25] Die Bezeichnung „espace de Banach" wurde von FRÉCHET (1928, S. 141) eingeführt. BANACH selbst spricht in seiner Monographie (1932) vom „espace du type (B)".

[26] Übernommen von BERNKOPF (1968, S. 346), der sich auf ein Gespräch mit FRIEDRICHS beruft.

[27] BANACH (1932, S. 111). Heute wissen wir, dank ENFLO (1973), daß das nicht immer möglich ist.

[28] Vgl. etwa den Übersichtsartikel von PEŁCZYŃSKI (1984).

welches besagt, daß jeder unendlichdimensionale Banachraum „fasteuklidische Teilräume" mit beliebig großer endlicher Dimension enthält.[29] Es wäre für ERHARD SCHMIDT sicherlich eine freudige Überraschung gewesen, wenn er erfahren hätte, daß seine Untersuchungen zum isoperimetrischen Problem, die den zweiten Teil seines Lebenswerkes darstellen, die Grundlage für einen eleganten Beweis des Dvoretzky-Theorems liefern.[30]

HELLINGER/TOEPLITZ (1910) haben festgestellt, daß man mit den im Hilbertschen Sinne beschränkten unendlichen Matrizen genau so wie mit endlichen Matrizen rechnen rechnen kann. Auf diese Weise ergab sich eine nicht-kommutative Algebra. Die dazu isomorphe Algebra $\mathfrak{L}(l_2)$, die aus allen beschränkten linearen Operatoren in l_2 besteht, hat RIESZ (1913) untersucht. Er ging jedoch noch einen Schritt weiter und führte die aus der Operatorennorm abgeleitete gleichmäßige Topologie ein. Dadurch wurde $\mathfrak{L}(l_2)$ – im heutigen Sinne – zu einer Banachalgebra.

Wenn man sich nur für die algebraischen und metrischen Eigenschaften von $\mathfrak{L}(l_2)$ interessiert, spielt es keine Rolle, ob die Elemente als Matrizen, Bilinearformen oder Operatoren aufgefaßt werden. Das legt eine Verallgemeinerung nahe, die GELFAND/NEUMARK (1943) vorgenommen haben. Sie führten den abstrakten Begriff der C^*-Algebra ein.[31] Da jede solche Algebra als abgeschlossene Teilalgebra der Operatorenalgebra eines geeigneten Hilbertraumes realisiert werden kann, ergibt sich zwar inhaltlich nichts Neues, aber die methodischen Vorteile sind unübersehbar. Schon etwas früher hatte GELFAND (1941) die Theorie der allgemeinen Banachalgebren axiomatisch begründet. Damit war ein selbständiger Zweig der Funktionalanalysis entstanden, der die geeignete Sprache zur Formulierung vieler spektraltheoretischer Aussagen liefert. Hier findet auch der von HILBERT in seiner 4. Mitteilung (S. 174) eingeführte Begriff der Resolvente seinen richtigen Platz. Insbesondere kann man für jede Banachalgebra mit dem Einselement I zeigen, daß alle Elemente der Form $I-T$ mit $\|T\|<1$ invertierbar sind, wobei

$$(I-T)^{-1} = I + T + T^2 + \dots$$

gilt. Obwohl ein elementarer Konvergenzbeweis für die rechtsstehende Neumannsche Reihe erst von HILB (1908) gegeben wurde, trat sie bereits bei DIXON (1901), HILBERT (4. Mitteilung, S. 185/86) und SCHMIDT (2. Teil, S. 162–164) auf.

[29] DVORETZKY (1961).

[30] Eine aktuelle Darstellung findet man in dem Buch von MILMAN/SCHECHTMAN (1986). Dort wird auf S. 144 SCHMIDT (1948, S. 84–85) zitiert.

[31] Gelegentlich wird auch die Bezeichnung B^*-Algebra verwendet. Vgl. DUNFORD/SCHWARTZ (1963, S. 874). NEUMARK (1956, S. 240) sprach von vollregulären normierten symmetrischen Ringen.

2. Spektraltheorie selbstadjungierter Operatoren

Die wesentlichste Erkenntnis, zu der HILBERT bei der Fortführung der Fredholmschen Theorie der linearen Integralgleichungen gelangte, war die Feststellung, daß man besonders schöne Ergebnisse erhält, wenn der zugrundeliegende stetige Kern als symmetrisch vorausgesetzt wird. Es gelang ihm, die auf EULER, LAGRANGE, LAPLACE, CAUCHY und SYLVESTER zurückgehende Hauptachsentransformation für endliche symmetrische Matrizen zu verallgemeinern. Dabei benutzte er den Grenzübergang $n \to \infty$ nicht nur als Anhaltspunkt zum Auffinden des richtigen Ansatzes, sondern baute ihn zu einer echten Beweismethode aus. Das in seiner 1. Mitteilung (S. 69–70) enthaltene Fundamentaltheorem besagt folgendes:

Zu jedem symmetrischen stetigen Kern $K(s,t)$ existiert ein endliches oder abzählbar unendliches System von paarweise orthogonalen und normierten stetigen Funktionen $\psi^{(i)}(s)$, so daß für alle stetigen Funktionen $f(s)$ und $g(t)$ die Beziehung

$$\int_a^b \int_a^b K(s,t)f(s)g(t)\mathrm{d}s\mathrm{d}t = \sum_i \lambda^{(i)} \int_a^b \psi^{(i)}(s)f(s)\mathrm{d}s \int_a^b \psi^{(i)}(t)g(t)\mathrm{d}t$$

besteht. Die reellen Koeffizienten $\lambda^{(i)}$ sind die sogenannten Eigenwerte, denn es gilt

$$\int_a^b K(s,t)\psi^{(i)}(t)\mathrm{d}t = \lambda^{(i)}\psi^{(i)}(s) \ .$$ [32]

Im Fall $K \neq 0$ erhält man die Folgerung, daß die rechtsstehende Summe in der vorletzten Formel nicht leer sein kann. Also muß wenigstens ein Eigenwert vorhanden sein. Dieses Vorgehen ist etwas ungewöhnlich, weil aus der Existenz eines ganzen Gebäudes auf die Existenz seiner einzelnen Bausteine geschlossen wird.

Bereits SCHMIDT hat den Beweis des Fundamentaltheorems vom Kopf auf die Füße gestellt. Zum eigentlichen Schlüssel wird das Existenztheorem für Eigenwerte, das er mit Hilfe eines auf SCHWARZ (1885) zurückgehenden Verfahrens bewies. Diese Methode war allerdings nicht verallgemeinerungsfähig, weil dabei die Spuren der iterierten Kerne verwendet wurden. In seiner 4. Mitteilung (S. 201–203) hat dann HILBERT selbst einen Beweis gegeben, der in leicht modifizierter Form auch heute noch benutzt wird. Dabei kamen ihm seine Erfahrungen zugute, die er bei der Beschäftigung mit dem Dirichletschen Prinzip gesammelt hatte. Er zeigte, daß jede vollstetige positiv-definite quadratische Form auf der schwach-kompakten Einheitskugel U_2 ihr Maximum $\lambda > 0$ an wenigstens einer Stelle x annimmt. Für den zugehörigen Operator T gilt dann $Tx = \lambda x$, und es stellt sich heraus, daß λ der größte Eigenwert von T ist. In der Folgezeit wurde diese Idee von COURANT (1920) zu dem bekannten Minimaxtheorem ausgebaut.

[32] Wir benutzen in diesem Nachwort die heute übliche Definition der Eigenwerte eines Operators T durch die Gleichung $Tx = \lambda x$ mit $x \neq o$. HILBERT verwendete die reziproken Werte. Diese Auffassung hat auch ihre Vorteile, weil man dann die Eigenwerte als die Wurzeln der Fredholmschen Determinante erhält.

Das große Verdienst von Schmidt beim Aufbau der Spektraltheorie für vollstetige symmetrische Operatoren besteht darin, daß er den Grenzübergang $n \to \infty$ durch einen direkten Zugang ersetzte. Während Hilbert die klassische Hauptachsentransformation für endliche symmetrische Matrizen als unerläßlichen Ausgangspunkt benötigte, wurde diese bei Schmidt zum Spezialfall einer allgemeinen Theorie.

Als wichtigste Frage innerhalb seiner Theorie der linearen Integralgleichungen formulierte Hilbert in seiner 5. Mitteilung (S. 455) die folgende Aufgabe: Es ist zu klären, welche symmetrischen stetigen Kerne ein vollständiges System von Eigenfunktionen besitzen. Dabei werden die Eigenfunktionen als stetig vorausgesetzt. Wenn $\lambda = 0$ nicht als Eigenwert auftritt, bedeutet diese Forderung keine Einschränkung, weil alle quadratisch integrablen Eigenfunktionen automatisch stetig sind. Deshalb kann in diesem Fall auf die Verwendung des Lebesgueschen Integrals verzichtet werden. Dieser Schluß versagt jedoch bei Eigenfunktionen, die zum Eigenwert $\lambda = 0$ gehören. Es gibt symmetrische stetige Kerne $K(s,t)$, so daß die homogene Gleichung

$$\int_a^b K(s,t) f(t) \mathrm{d}t = 0$$

zwar eine nicht-triviale quadratisch integrable, aber keine stetige Lösung außer $f(t) = 0$ hat.[33] Obwohl diese Kerne im Sinne der 1. Mitteilung (S. 73) abgeschlossen sind, gilt für sie nicht der Entwicklungssatz. Da Hilbert in seiner 4. Mitteilung (S. 199) für die quadratischen Formen die „richtige" Definition verwendete, ergab sich der große Nachteil, daß bei der Übersetzung der einen Theorie in die andere die abgeschlossenen Kerne nicht den abgeschlossenen Formen entsprachen.[34] Das ganze Dilemma beruht auf der falschen Wahl des zugrundeliegenden Funktionenraumes.[35]

Besonders hervorheben muß man die Tatsache, daß Hilbert die verallgemeinerte Hauptachsentransformation nicht nur für vollstetige, sondern sogar für beschränkte quadratische Formen durchführte. In diesem Fall ergibt sich eine völlig veränderte Situation, denn neben der endlichen oder abzählbar unendlichen Summe, die aus den Eigenwerten entspringt, tritt noch ein stetiger Anteil auf. Die Erkenntnis, daß sich dieses Phänomen mit Hilfe des damals noch wenig verwendeten Stieltjes-Integrals beschreiben läßt, eröffnete eine ganz neue Entwicklung. Bereits Riesz (1910:b) hat den diskreten und den kontinuierlichen Summanden in einen einheitlichen Ausdruck zusammengefaßt, der als Spektralzerlegung (Zerlegung der Einheit) oder Spektralmaß bezeichnet wird. Dazu benötigte er die von Hilbert nicht ausgesprochene Feststellung, daß die Spektralform $\delta(\lambda)$ für jede reelle Zahl λ eine Einzelform ist. Überraschenderweise formulierte Riesz im 5. Kapitel seiner Monographie (1913) die Ergebnisse in der Sprache der quadratischen Formen, nachdem er im 4. Kapitel den linearen Operatoren den Vorzug gegeben hatte. In der Folgezeit setzte sich dann eindeutig der operatoren-

[33] Vgl. Hellinger/Toeplitz (1927, S. 1524–1525).

[34] Mitteilung, S. 461.

[35] Die verwirrenden Nachwirkungen sind noch heute spürbar, wie z. B. der falsche Satz auf S. 118 in den „Ergänzenden Kapiteln" zu Bronstein/Semendjajew „Taschenbuch der Mathematik", Teubner-Verlag 1979, zeigt.

theoretische Standpunkt durch. Dabei stellte sich insbesondere heraus, daß den Einzelformen die orthogonalen Projektoren in l_2 entsprechen. Diese schöne geometrische Interpretation, die wir VON NEUMANN (1929) verdanken, ist implizit bereits in den Arbeiten von HILBERT und SCHMIDT enthalten.[36)]

Nachdem WEYL (1944, S. 450/51) in seinem Nachruf auf DAVID HILBERT viele innermathematische Anwendungen der Spektraltheorie aufgezählt hat, fährt er fort:

> „The story would be dramatic enough had it ended here. But then a sort of miracle happened: the sprectrum theory of Hilbert spaces was discovered to be the adequate mathematical instrument of the new quantum physics inaugurated by HEISENBERG and SCHRÖDINGER in 1925."

Ehe es allerdings soweit war, mußte noch ein entscheidender Schritt getan werden. Es ging darum, auch für unbeschränkte, und somit nicht überall definierte, symmetrische Operatoren eine Spektralzerlegung anzugeben. Nach Vorarbeiten von CARLEMAN (1923) wurde die endgültige Lösung unabhängig durch VON NEUMANN (1929) und STONE (1932) gefunden.[37)] Die eigentliche Schwierigkeit bestand darin, diejenigen symmetrischen linearen Operatoren zu charakterisieren, die sich mit einem Spektralmaß (E_λ) in der Form

$$Tx = \int_{-\infty}^{+\infty} \lambda \, \mathrm{d}E_\lambda x$$

schreiben lassen. Dabei soll der Definitionsbereich aus allen Elementen x bestehen, für die der Ausdruck

$$\int_{-\infty}^{+\infty} \lambda^2 \, \mathrm{d}(E_\lambda x, x)$$

endlich ist. Als notwendige Bedingung ergab sich, daß solche Operatoren keine echten symmetrischen Fortsetzungen besitzen dürfen. Diese Maximalität ist jedoch nicht hinreichend. Man brauchte eine etwas stärkere Eigenschaft. Aus diesem Grund sprach VON NEUMANN (1929, S. 72) von „hypermaximalen Operatoren". Später hat sich dann die von STONE (1932, S. 50) eingeführte Bezeichnung „selbstadjungiert" durchgesetzt. In diesem Zusammenhang ist es interessant zu erwähnen, daß die entscheidende Idee beim Herauskristallisieren dieses fundamentalen Begriffs von ERHARD SCHMIDT stammt.[38)]

Mit dem Erscheinen der beiden Monographien, die VON NEUMANN und STONE im

---

[36)] Man beachte den in der 4. Mitteilung (S. 194) bewiesenen Darstellungssatz für Einzelformen und die von SCHMIDT in seinem Rendiconti-Artikel (S. 64/65) konstruierte „Perpendikelfunktion". Bemerkenswert ist auch die Tatsache, daß VON NEUMANN im Jahre 1927 (S. 25) noch von Einzeloperatoren sprach, während er 1929 (S. 74) die Bezeichnung „Projektionsoperator" verwendete.

[37)] Die Beziehungen zwischen den von Neumannschen und den Stoneschen Untersuchungen werden von BIRKHOFF/KREYSZIG (1984, S. 309) beschrieben. Sie beziehen sich dabei auf einen Brief von STONE.

[38)] Vgl. VON NEUMANN (1929, Fußnote auf S. 62).

Jahre 1932 publiziert hatten, war ein gewisser Abschluß der Spektraltheorie für selbstadjungierte Operatoren in Hilberträumen erreicht worden. Daß die Entwicklung aber trotzdem nicht stehenblieb, soll nun durch die Beschreibung einiger weiterführender Untersuchungen verdeutlicht werden.

Die „waschechten" Physiker haben es den Mathematikern nie verziehen, daß das Spektrum eines selbstadjungierten Operators auch solche Punkte enthalten kann, zu denen keine Eigenelemente existieren.[39] Betrachtet man etwa den Multiplikationsoperator $M:f(s)\rightarrow sf(s)$ im Hilbertraum L_2 über der reellen Geraden, so folgt aus $Mf=\lambda f$ stets $f=o$. Andererseits besteht die Beziehung $M\delta_\lambda=\lambda\delta_\lambda$, wobei δ_λ die Diracsche Distribution mit der Einheitsmasse im Punkte λ sein soll. Deshalb liegt der Versuch nahe, für einen vorgegebenen selbstadjungierten Operator den zugrundeliegenden Hilbertraum H so zu vergrößern, daß in einem geeigneten Erweiterungsraum Φ^* genügend viele Eigenelemente vorhanden sind. Dieses Ziel wurde durch Gelfand/Kostjutschenko (1955) erreicht. Jede Verbesserung hat aber auch ihren Preis. In diesem Fall muß man damit bezahlen, daß der Entwicklungssatz nur noch für die Elemente aus einem gewissen Teilraum Φ gilt. Insgesamt ergibt sich ein sogenanntes Gelfandsches Tripel $\Phi\subset H\subset\Phi^*$, in dem Φ einen nuklearen lokalkonvexen Raum und Φ^* seinen topologischen Dual bezeichnen.[40]

Es hat nicht an Versuchen gefehlt, den Spektralsatz für selbstadjungierte Operatoren auch auf gewisse Operatoren in Banachräumen auszudehnen.[41] Wesentliche Beiträge zu diesem Problemkreis stammen von Dunford (1958). Insgesamt muß aber wohl eingeschätzt werden, daß sich bisher keine durchschlagenden Erfolge eingestellt haben. Offensichtlich liefern eben gerade die Hilberträume wegen ihrer Selbstdualität den einzig vernünftigen Hintergrund zur Behandlung symmetrischer Operatoren, und jede Verallgemeinerung führt zu einer einschneidenden Verarmung der neuen Theorie.

Nachdem Riesz (1913) einen Funktionalkalkül für beschränkte symmetrische Operatoren aufgebaut hatte, war klar geworden, daß man für jeden solchen Operator einen Absolutbetrag sowie einen positiven und negativen Teil definieren kann. Damit waren die Ansätze für die Einführung einer Verbandsstruktur gegeben. Ausgehend von dieser Erkenntnis gelang es Freudenthal (1936), Bedingungen zu finden, unter denen gewisse Elemente eines linearen Verbandes eine Spektralzerlegung besitzen.[42] Durch Verwendung dieser Begriffsbildungen und Methoden erhielt man einen neuen und sehr einfachen Beweis des klassischen Spektralsatzes.[43]

Als Gegenstück zu der soeben beschriebenen verbandstheoretischen Verallgemeinerung kann man den auf Gelfand/Neumark (1943) zurückgehenden algebraischen Zugang betrachten. Sie zeigten, daß sich jede kommutative C^*-Algebra A mit Einselement als die Algebra aller stetigen komplexwertigen Funktionen auf einem kompakten

[39] Heuser (1986, Fußnote auf S. 198) macht dazu die folgende sarkastische Bemerkung: „Allerdings sind die Physiker so sehr auf Eigenwerte versessen, daß sie selbst dort welche finden, wo es gar keine gibt."
Wie jedoch das hier behandelte Beispiel zeigt, verbirgt sich hinter so manchem wagehalsigen Ansatz unserer Fakultätskollegen ein echter mathematischer Inhalt.

[40] Darstellungen dieser Theorie findet man bei Gelfand/Wilenkin (1964, S. 100–121) oder Maurin (1968).

[41] Diese Spektraltheorie wird ausführlich im 3. Band von Dunford/Schwartz (1971) oder bei Dowson (1978) behandelt.

[42] Eine moderne Darstellung findet man bei Luxemburg/Zaanen (1971, S. 253–269 und 392).

[43] Sz. Nagy (1942, S. 23–25) und Ljusternik/Sobolew (1955, S. 180–185).

Hausdorffraum K realisieren läßt. Falls A eine Teilalgebra der Operatorenalgebra eines Hilbertraumes ist, so wird dieser Isomorphismus durch eine Zuordnung der Form

$$f(\lambda) \rightarrow \int_K f(\lambda)\, \mathrm{d}E_\lambda$$

gegeben, wobei (E_λ) ein eindeutig bestimmtes Spektralmaß bezeichnet. Nimmt man für A insbesondere die kleinste abgeschlossene symmetrische und kommutative Teilalgebra, die einen vorgegebenen beschränkten symmetrischen Operator enthält, so ergibt sich als Folgerung wiederum der klassische Spektralsatz.[44)]

Zweifellos ist die Theorie der C^*-Algebren und W^*-Algebren mit ihren Anwendungen in der modernen Physik die wichtigste Fortführung der Hilbertschen Spektraltheorie in unserer Zeit.[45)]

3. Spektraltheorie kompakter Operatoren

Im Jahre 1877 publizierte der amerikanische Astronom und Mathematiker Hill eine Arbeit, in der erstmalig Determinanten von unendlichen Matrizen vorkamen. Die dabei noch fehlenden Konvergenzbeweise wurden von Poincaré (1886) geliefert. Die wesentlichsten Beiträge zu dieser Theorie sind jedoch von Koch zu verdanken, der durch seinen Lehrer Mittag-Leffler zur Beschäftigung mit diesem Gegenstand angeregt wurde.[46)] Das vorrangige Ziel dieser Untersuchungen war es, Bedingungen für eine unendliche Matrix anzugeben, die garantieren, daß die Folge der zu den endlichen Abschnitten gehörigen Determinanten konvergiert. Dabei erwies es sich als günstig, diese Matrizen in der Form $(\delta_{ij}-\mu_{ij})$ zu schreiben. Dadurch kann man besser zum Ausdruck bringen, daß die Abweichung von der Einheitsmatrix (δ_{ij}) nicht allzu groß sein soll. So stellte von Koch (1901) etwa die Forderung

$$\sum_{i=1}^{\infty} \sup_j |\mu_{ij}| < \infty .$$

Wegen der Analogie zwischen den linearen Gleichungssystemen

$$\xi_i - \sum_{j=1}^{\infty} \mu_{ij}\xi_j = \eta_i \text{ mit } i=1,2,\ldots$$

44) Vgl. Dunford/Schwartz (1963, S. 895–899) oder Neumark (1959, S. 260).

45) Eine knappe Einführung findet man bei Sakai (1971).

46) Einen guten Überblick über seine Beiträge gab von Koch (1910) in einem Vortrag, den er 1909 auf einem Mathematikerkongreß in Stockholm gehalten hat.

und den linearen Integralgleichungen

$$f(s) - \int_a^b K(s,t)f(t)\mathrm{d}t = g(s) \text{ mit } a \leqq s \leqq b$$

war zu erwarten, daß sich auch im kontinuierlichen Fall eine Determinantentheorie aufbauen läßt. Dieses Ziel wurde durch Fredholm erreicht, der ebenfalls ein Schüler von Mittag-Leffler war. Seine wesentlichste Arbeit, die der Ausgangspunkt für die Entwicklung der linearen Funktionalanalysis wurde, erschien 1903. Eine kurze Note über die wichtigsten Ergebnisse legte er jedoch schon im Januar 1900 der Schwedischen Akademie der Wissenschaften vor. Als Hilbert im Frühjahr 1901 davon erfuhr, erkannte er sofort die Ausbaufähigkeit der Fredholmschen Ideen und richtete seine ganze mathematische Schöpferkraft auf diesen faszinierenden Gegenstand. Mehr noch, die gesamte Hilbertsche Schule wandte sich dem neuen Problemkreis zu und entwickelte in kürzester Zeit eine abgerundete Theorie. Damit war wohl eine gewisse Tragik im Leben Fredholms verbunden, der resignierend zusehen mußte, wie sein Ansatz unter den Händen der Göttinger Mathematiker zu voller Blüte gebracht und nach vielen Seiten ausgebaut wurde.[47] Von Fredholm selbst gibt es nach 1903 nur noch einen Übersichtsvortrag, den er 1909 auf einem Mathematikerkongreß in Stockholm hielt.

Während sich von Koch (insbesondere in seinen späteren Arbeiten) für die unendlichen Determinanten als selbständige mathematische Objekte interessierte, waren sie für Fredholm in erster Linie ein methodisches Hilfsmittel zum Auflösen von Integralgleichungen. Als Endergebnis erhielt er seine berühmte Alternative:

Entweder ist die inhomogene Gleichung $x - Tx = y$ für jede rechte Seite y lösbar, oder die homogene Gleichung $x - Tx = o$ besitzt eine Lösung $x \neq o$.

Wie in der linearen Algebra hängt die Entscheidung, welcher der beiden Fälle eintritt, davon ab, ob die zugehörige Determinante von Null verschieden ist oder nicht.

Da in der endgültigen Formulierung der Fredholmschen Alternative keine Determinanten auftreten, erhob sich sofort die Frage, ob es auch einen determinantenfreien Beweis dieser Aussage gibt. Diese Aufgabe wurde von Hilbert in seiner 4. Mitteilung (S. 219) gelöst. Er betrachtete das unendliche lineare Gleichungssystem

$$\xi_i - \sum_{j=1}^{\infty} \mu_{ij}\xi_j = \eta_i \text{ mit } i=1,2,\ldots$$

unter der Voraussetzung, daß die entsprechende Bilinearform vollstetig ist. Dabei sollten die Folgen $x = (\xi_i)$ und $y = (\eta_i)$ quadratisch summierbar sein. In seiner 5. Mitteilung (S. 445–451) übertrug er diese Ergebnisse auf Integralgleichungen. Abgesehen von den in der 1. Mitteilung durchgeführten Betrachtungen über die Fredholmschen Determinanten sind das die einzigen Beiträge Hilberts, die sich auf den unsymmetrischen Fall beziehen.

[47] Vgl. Kowalewski (1950, S. 193).

Nach RIESZ (1913, S. 113) ist ein beschränkter linearer Operator T in l_2 genau dann vollstetig, wenn er sich als gleichmäßiger Limes der Folge seiner endlichen Abschnitte darstellen läßt. In moderner Sprechweise bedeutet dies, daß man T beliebig gut durch Operatoren mit endlichdimensionalen Bildräumen approximieren kann. In diesem Fall ist es möglich, die Gleichung $x-Tx=y$ durch das Schmidtsche Abspaltungsverfahren zu lösen. Zu diesem Zweck wird zu dem approximierbaren Operator T ein endlichdimensionaler Operator A mit $\|T-A\|<1$ bestimmt. Setzt man $B=T-A$, dann ist $I-B$ unter Verwendung der Neumannschen Reihe invertierbar, und die Gleichung $x-Tx=y$ kann in die Gleichung $x-(I-B)^{-1}Ax=(I-B)^{-1}y$ überführt werden. Da aber $(I-B)^{-1}A$ einen endlichdimensionalen Bildraum besitzt, ist die zweite Gleichung zu einem endlichen linearen Gleichungssystem äquivalent. Damit hat man die Auflösung der Gleichung $x-Tx=y$ auf ein elementares Problem der linearen Algebra zurückgeführt. Diese elegante Methode, die zum Standardprogramm jeder Funktionalanalysis-Vorlesung gehört, wurde von SCHMIDT für Integralgleichungen mit stetigen Kernen entwickelt.[48] Man findet sie allerdings auch schon bei DIXON (1901). Leider wurde die Bedeutung seiner bemerkenswerten Arbeit erst sehr spät erkannt.[49] Deshalb hat sie auch keinen Einfluß auf die Entwicklung der Funktionalanalysis gehabt. Unter der Bedingung

$$\sum_{i=1}^{\infty} \sup_j |\mu_{ij}| < \infty ,$$

die auch VON KOCH (1901) verwendet hat, untersuchte DIXON das unendliche lineare Gleichungssystem

$$\xi_i - \sum_{j=1}^{\infty} \mu_{ij}\xi_j = \eta_i \text{ für } i=1,2,\ldots .$$

Dabei sollten die Folgen $x=(\xi_i)$ und $y=(\eta_i)$ absolut summierbar sein. Aus heutiger Sicht handelt es sich um die Gleichung $x-Tx=y$ für den Fall, daß T ein nuklearer Operator im Banachraum l_1 ist.

Der entscheidende Schritt wurde von RIESZ (1918) getan. Er führte im Banachraum der stetigen Funktionen über einem abgeschlossenen Intervall den Begriff des vollstetigen linearen Operators ein und entwickelte seine Spektraltheorie, die zum Schönsten gehört, was die Mathematik hervorgebracht hat. Obwohl die Rieszsche Arbeit in der klassischen Sprache der Funktionenräume abgefaßt ist, ließ sie sich nach Einführung der abstrakten Banachräume mühelos in den neuen Kontext übersetzen. Sie trug ganz wesentlich zur Ausprägung der funktionalanalytischen Denkweise bei. Das einzige, was sich seitdem geändert hat, ist die Terminologie. Einem Vorschlag von HILLE (1948, S. 14) folgend, bürgerte sich im Laufe der fünfziger Jahre anstelle von „vollstetig" die Bezeichnung „kompakt" ein. Dadurch wird die definierende Eigenschaft dieser Operatoren deutlicher zum Ausdruck gebracht.[50]

[48] Das ist der Hauptinhalt des 2. Teils der Schmidtschen Artikel-Serie.

[49] Diese Arbeit wurde – nach meinem Wissen – erstmalig von RIESZ (1913, S. 98) zitiert.

[50] Solche Operatoren bilden alle beschränkten Teilmengen in präkompakte Teilmengen ab.

Sowohl FREDHOLM als auch DIXON hatten neben der Ausgangsgleichung noch die transponierte Gleichung betrachtet. Dabei ergab sich eine wesentliche Präzisierung der Fredholmschen Alternative. Um diese Aussagen in eine abstrakte Form bringen zu können, mußte die Dualitätstheorie für Banachräume aufgebaut werden. Die wichtigste Voraussetzung dafür war das von HAHN (1927) und BANACH (1929) bewiesene Fortsetzungstheorem. Danach wurde das Rieszsche Werk durch SCHAUDER (1930) vollendet.

In der Folgezeit hat man versucht, den genauen Gültigkeitsbereich dieser fundamentalen Theorie zu bestimmen. Die erste Charakterisierung der sogenannten Riesz-Operatoren stammt von RUSTON (1954). Ein sehr schönes geometrisches Kriterium, das eine unmittelbare Verallgemeinerung der Definition der kompakten Operatoren ist, wurde kürzlich von SMYTH angegeben.[51)]

In seiner 4. Mitteilung (S. 218) hat HILBERT gezeigt, daß die zu einer unendlichen Matrix (μ_{ij}) gehörige Bilinearform vollstetig ist, wenn der Ausdruck

$$\sum_{i=1}^{\infty}\sum_{j=1}^{\infty} |\mu_{ij}|^2$$

endlich bleibt. Andererseits war durch die Untersuchungen von CARLEMAN (1921) klar geworden, daß in der von HILBERT und SCHMIDT entwickelten Theorie der Integralgleichungen nicht so sehr die Stetigkeit des Kernes $K(s,t)$, sondern nur die Endlichkeit des Doppelintegrals

$$\int_a^b\int_a^b |K(s,t)|^2 \, \mathrm{d}s\mathrm{d}t$$

von Bedeutung ist. Damit war zu erwarten, daß sich hinter diesen analogen Bedingungen eine interessante Klasse von Operatoren verbirgt. Die Klärung dieses Sachverhaltes ist VON NEUMANN (1927, S. 37–41) zu verdanken, der im Zuge seiner Axiomatisierung des Hilbertraumes Operatoren mit endlichem „Absolutwert" einführte. Heute spricht man von Hilbert-Schmidt-Operatoren, und die zugehörige Norm wird durch den Ansatz

$$|||T|||^2 = \sum_i \|Te_i\|^2$$

definiert. Dabei hängt die rechtsstehende Summe nicht von der speziellen Wahl der orthonormalen Basis (e_i) ab.

Es könnte der Eindruck entstehen, daß SCHMIDT ausschließlich zur methodischen Verbesserung der Hilbertschen Theorie beigetragen hat, ohne selbst neue Ergebnisse beizusteuern. Diese Einschätzung wäre jedoch falsch. Eine ganz wichtige Leistung ist der Entwicklungssatz für beliebige stetige Kerne (1. Teil, S. 466), der in moderner Fas-

51) Vgl. BARNES/MURPHY/SMYTH/WEST (1982). Eine ausführliche Darstellung findet man bei PIETSCH (1987, S. 135–149).

sung folgendermaßen lautet:

Jeder kompakte lineare Operator T in einem unendlichdimensionalen Hilbertraum H läßt sich mit zwei orthonormalen Folgen (x_n) und (y_n) in der Form

$$Tx = \sum_{n=1}^{\infty} \tau_n(x,x_n)y_n \quad \text{für alle } x \in H$$

darstellen. Dabei ist (τ_n) eine monoton fallende Nullfolge nichtnegativer Zahlen.

Weil die Beziehungen $Tx_n = \tau_n y_n$ und $T^* y_n = \tau_n x_n$ bestehen (T^* ist der adjungierte Operator), hat SCHMIDT die beiden Elemente x_n und y_n als ein zum Eigenwert τ_n gehöriges Paar von adjungierten Eigenelementen bezeichnet (Teil 1, S. 261). Das war etwas irreführend, da τ_n im allgemeinen kein Eigenwert von T oder T^* zu sein braucht. Heute spricht man deshalb von singulären Zahlen oder s-Zahlen.

Bereits SCHMIDT (1. Teil, S. 467–472) hat sich für die Frage interessiert, wie gut man einen stetigen Kern bezüglich der Norm $|||\cdot|||$ durch Kerne der Form

$$\sum_{i=1}^{n} f_i(s)g_i(t)$$

approximieren kann. Die Fortführung dieser Untersuchungen hat zum Begriff der Approximationszahlen geführt, den man sogar für beliebige beschränkte lineare Operatoren zwischen Banachräumen definieren kann:[52)]

$$a_n(T) = \inf\left\{\|T-A\| : \operatorname{rang}(A) < n\right\}.$$

Dabei bezeichnet rang(A) die Dimension des Bildraumes der approximierenden Operatoren A. Ist T ein kompakter linearer Operator in einem unendlichdimensionalen Hilbertraum, so ergeben sich nach ALLAKHVERDIEV (1957) gerade die s-Zahlen, denn es gilt $a_n(T) = \tau_n$.

Das asymptotische Verhalten der s-Zahlen kann dazu benutzt werden, um spezielle Klassen von Operatoren zu charakterisieren. So ist T zum Beispiel genau dann ein Hilbert-Schmidt-Operator, wenn die Folge (τ_n) zu l_2 gehört. Wird l_2 durch die allgemeineren Folgenräume l_p mit $0<p<\infty$ ersetzt, so ergeben sich die wichtigen Schatten-von Neumann-Klassen.[53)] Im Spezialfall $p=1$ erhält man die nuklearen Operatoren.

Bereits HILBERT hat in seiner 4. Mitteilung (S. 205) bemerkt, daß die Faltung einer vollstetigen Bilinearform mit einer beschränkten Bilinearform stets wieder vollstetig ist. Selbstverständlich muß die Summe von zwei vollstetigen Bilinearformen ebenfalls vollstetig sein. Somit bilden die vollstetigen Bilinearformen ein Ideal in der Algebra al-

---

[52)] Wegen der Theorie der Approximationszahlen vergleiche man die beiden Monographien von PIETSCH (1978, 1987).

[53)] SCHATTEN/VON NEUMANN (1946, 1948).

ler beschränkten Bilinearformen. Die entsprechende Aussage für Operatoren findet man bei RIESZ (1913, S. 96–97). Er zeigte jedoch zusätzlich (S. 113, Fußnote), daß dieses Ideal abgeschlossen ist.

Die oben beschriebenen Schatten-von Neumann-Klassen sind ebenfalls Ideale in der Operatorenalgebra jedes Hilbertraumes, wenn auch keine abgeschlossenen. Sie können jedoch durch Einführung einer passenden Norm ($1 \leqq p < \infty$) bzw. Quasi-Norm ($0 < p < 1$) zu vollständigen metrischen Räumen gemacht werden.[54)]

Nachdem man die Idealtheorie für Operatoren in Hilberträumen entwickelt hatte, wurde der Versuch unternommen, diese Ergebnisse auf den allgemeineren Fall der Banachräume auszudehnen. Schon RIESZ (1918) hatte gezeigt, daß die kompakten linearen Operatoren ein abgeschlossenes Ideal bilden, und Anfang der fünfziger Jahre war durch RUSTON (1951) und GROTHENDIECK (1951) das Ideal der nuklearen Operatoren eingeführt worden. Dazu kamen die von PIETSCH (1967) untersuchten absolut p-summierenden Operatoren sowie die natürlichen Fortsetzungen der Schatten-von Neumann-Ideale. Aufbauend auf diesen wichtigen Beispielen entstand dann eine selbständige Theorie der Operatorenideale, die viele schöne Anwendungen inner- und außerhalb der Funktionalanalysis gefunden hat.[55)]

In seiner 4. Mitteilung (S. 202) konnte HILBERT zeigen, daß die Folge der Eigenwerte einer vollstetigen quadratischen Form gegen Null konvergiert. Für Integralgleichungen mit symmetrischen stetigen Kernen leitete SCHMIDT (1. Teil, S. 445–446) die gleiche Aussage aus der Beziehung

$$\sum_{i=1}^{\infty} |\lambda_i|^2 \leqq \int_a^b \int_a^b |K(s,t)|^2 \, ds dt$$

ab.[56)] Diese Ungleichung konnte von SCHUR (1909) für beliebige stetige Kerne bewiesen werden, und CARLEMAN (1921) verallgemeinerte sie auf Hilbert-Schmidt-Operatoren.

Beim genauen Hinsehen erkennt man, daß aus dieser Ungleichung mehr als die Behauptung $\lambda_i \to 0$ folgt.[57)] Es ergibt sich nämlich eine zusätzliche Information über die Geschwindigkeit dieser Konvergenz. Damit ist das Problem der asymptotischen Eigenwertverteilung beschrieben, zu dem der berühmteste Hilbert-Schüler, HERMANN WEYL (1912, 1949), fundamentale Beiträge geliefert hat. Sein wichtigstes Ergebnis auf diesem Gebiet ist die sogenannte Weylsche Ungleichung

$$\sum_{i=1}^{n} |\lambda_i|^p \leqq \sum_{i=1}^{n} a_i(T)^p ,$$

die für jeden kompakten linearen Operator T in einem Hilbertraum, $n = 1, 2, \ldots$ und $0 < p < \infty$ gilt. Im Spezialfall $p = 2$ geht sie in die oben beschriebene Schur-Carleman-

54) Die Idealtheorie für Operatoren in Hilberträumen wird in den Büchern von SCHATTEN (1960) und GOHBERG/KREIN (1969) dargestellt. Vgl. auch DUNFORD/SCHWARTZ (1963, S. 1088–1119).

55) Eine ausführliche Darstellung der Theorie der Operatorenideale gab PIETSCH (1978).

56) In diesem Fall gilt sogar das Gleichheitszeichen.

57) Falls der Operator nur endlich viele oder gar keine Eigenwerte hat, setzt man die fehlenden λ_i gleich Null.

Ungleichung über. Erst in jüngster Zeit ist es gelungen, auch für Operatoren in Banachräumen eine abgerundete Theorie der Eigenwertverteilung aufzubauen.[58)]

Am Schluß dieses Abschnitts kommen wir noch einmal auf den historischen Ausgangspunkt der linearen Funktionalanalysis zurück, die Determinantentheorie. Nachdem DIXON, HILBERT, SCHMIDT und RIESZ einen determinantenfreien Zugang zur Fredholmschen Alternative gefunden hatten, spielten die unendlichen Determinanten nur noch eine untergeordnete Rolle. Bis zur Weylschen Arbeit aus dem Jahre 1949 blieben sie allerdings ein unerläßliches Hilfsmittel in der Theorie der Eigenwertverteilungen für Integralgleichungen mit nicht-symmetrischen Kernen.[59)] Danach schien ihre Zeit endgültig vorbei zu sein, weil es nicht gelungen war, diese Theorie in eine geeignete abstrakte Form zu bringen. Das geschah jedoch Anfang der fünfziger Jahre durch unabhängige Beiträge von RUSTON (1951), LEŻAŃSKI (1953) und GROTHENDIECK (1956). Der damals erarbeitete Zugang war leider außerordentlich technisch und hat bisher kaum Anhänger gefunden.[60)] Eine Verschärfung der Situation ergab sich, als ENFLO (1973) ein Gegenbeispiel zum Approximationsproblem konstruierte. Damit war klar geworden, daß man für die nuklearen Operatoren in gewissen Banachräumen keine befriedigende Determinantentheorie aufbauen kann. In letzter Zeit wurden jedoch etwas kleinere Operatorenideale gefunden, in denen alles gut geht. Außerdem konnten durch die Axiomatisierung der Determinantentheorie und die Aufklärung ihrer genauen Beziehungen zur Spurtheorie viele neue Erkenntnisse gewonnen werden.[61)]

Es wird allerdings immer ein Nachteil der Determinantentheorie bleiben, daß sie nur auf eine relativ kleine Klasse von Operatoren direkt anwendbar ist.[62)] Hier läßt sich aber durch ein Regularisierungsverfahren entscheidende Abhilfe schaffen, denn es reicht aus, wenn irgendeine Potenz des Ausgangsoperators „klein" ist. Auch zu diesem Problemkreis hat HILBERT einen richtungweisenden Beitrag geleistet. Am Ende seiner 1. Mitteilung behandelte er nämlich gewisse schwach-singuläre Kerne und zeigte, wie man durch eine geeignete Modifikation der Fredholmschen Determinante auch in diesem Fall zu den gewünschten Ergebnissen kommen kann. Dieser Ansatz, der später durch CARLEMAN (1921) und SMITHIES (1941) ausgebaut wurde, ist die Grundlage für die heutige Regularisierungstheorie. Damit hat sich auch hier der historische Kreis geschlossen.

[58)] Ausführliche Darstellungen findet man in den Monographien von KÖNIG (1986) und PIETSCH (1987).

[59)] Vgl. HILLE/TAMARKIN (1931).

[60)] Eine Darstellung dieser Theorie (im Stile der fünfziger Jahre) wurde kürzlich von RUSTON (1986) gegeben.

[61)] Wir verweisen auf das 4. Kapitel der Monographie von PIETSCH (1987).

[62)] HELLINGER/TOEPLITZ (1927, S. 1421–1422) machten dazu die folgende Bemerkung: „Betrachtet man diese ganze Theorie der unendlichen Determinanten im Rahmen der modernen Auflösungstheorie der unendlichen linearen Gleichungssysteme, so kann man feststellen, daß sie in mannigfacher Weise geeignet ist, darin verwendet zu werden, daß aber trotzdem einem Aufbau der Auflösungstheorie auf der Grundlage der unendlichen Determinanten von Natur enge und unübersteigliche Grenzen gezogen sind."

4. Unendlichdimensionale Analysis

Abschließend soll die Frage behandelt werden, inwieweit das Hilbertsche Programm einer Analysis in unendlich vielen Variablen realisiert worden ist. Zunächst muß man feststellen, daß die koordinatenfreie Denkweise eine methodische Wendung dieser Problematik gebracht hat. Das entscheidende Grundanliegen ist jedoch dasselbe geblieben.

In bezug auf die lineare Theorie wurde außerordentlich viel erreicht. In erster Linie geht es um das Auflösen von linearen Gleichungen und um die Spektraltheorie der dabei auftretenden linearen Operatoren. Die Theorie der linearen gewöhnlichen Differentialgleichungen in Banachräumen und die damit verbundene Theorie der Halbgruppen von Operatoren sind ebenfalls gut entwickelt.[63] Trotzdem gibt es auch im linearen Fall noch zahlreiche offene Probleme. Selbst in Hilberträumen hat man bisher nur eine bescheidene Auswahl von Operatoren mit speziellen Eigenschaften voll im Griff. Glücklicherweise reichen die gewonnenen Ergebnisse aus, um die meisten der durch die Anwendungen aufgeworfenen Fragen zufriedenstellend zu beantworten.

Hinsichtlich der nicht-linearen Theorie stecken wir jedoch noch mitten in der Entwicklung. Man kennt zwar eine große Zahl von Fixpunktsätzen, das Problem der impliziten Funktionen wurde gelöst, und auch die von Schmidt (3. Teil) begründete Verzweigungstheorie ist relativ gut ausgebaut, um nur einiges zu nennen.[64] In diesem Zusammenhang sei auch auf die Theorie der holomorphen Funktionen in unendlichdimensionalen Räumen verwiesen, die Hilbert offenbar ganz besonders am Herzen lag.[65]

Die wesentlichste Schwierigkeit, die sich dem Aufbau einer unendlichdimensionalen Analysis entgegenstellt, ist jedoch die Tatsache, daß man kein Analogon zum Lebesgueschen Maß hat.[66] Als Ersatz wurde die Theorie der Gaußschen Maße aufgebaut, die zur Lösung vieler Probleme beigetragen hat.[67] So ist es etwa gelungen, für gewisse reellwertige Funktionen $u(x)$, wobei x eine offene Menge eines unendlichdimensionalen Hilbertraumes durchläuft, den Laplace-Ausdruck $\Delta u(x)$ zu definieren und eine Potentialtheorie zu entwickeln. Auch der Gaußsche Divergenzsatz wurde verallgemeinert. Insgesamt bleibt aber noch viel zu tun.

Wenn man heute die Funktionalanalysis als die axiomatische Theorie der topologischen linearen Räume und der zwischen ihnen wirkenden linearen und nicht-linearen Operatoren versteht, dann ist diese Auffassung sicherlich völlig verschieden von dem, was sich Hilbert unter einer Axiomatik der Analysis vorgestellt hatte. Ihm ging es darum, solche Aussagen herauszukristallisieren, aus denen man die restliche Theorie

---

63) Vgl. Hille (1948) und Krein (1971).

64) Aus dem großen Angebot von Literatur über nicht-lineare Funktionalanalysis zitieren wir: Dugundji/Granas (1982), Schwartz (1969) und Wainberg/Trenogin (1973).

65) Vgl. Dineen (1981).

66) Wie wichtig ein solches Hilfsmittel ist, erkennt man am Beispiel der lokalkompakten Gruppen, für die der Hilbert-Schüler Haar die Existenz eines invarianten Maßes nachgewiesen hat. Die dort entwickelte Theorie der Fourier-Transformation gehört ebenfalls in das Gebiet der unendlichdimensionalen Analysis. Vgl. Neumark (1959, S. 370–378 und 418–423).

67) Wir verweisen auf die Darstellungen von Kuo (1975) und Skorohod (1974).

„ohne neue Konvergenzbetrachtungen" ableiten kann.[68] Ein solches Anliegen scheint aus heutiger Sicht undurchführbar zu sein und ist wohl auch nicht erstrebenswert. Dagegen hat es sich als außerordentlich nützlich erwiesen, gewisse Teildisziplinen axiomatisch aufzubauen. Dadurch gelingt häufig eine Bündelung von Sachverhalten unterschiedlicher Natur, und die allgemeinen Zusammenhänge treten besser hervor. Das Paradebeispiel ist die bereits erwähnte Theorie der Banachalgebren, die es gestattet, sowohl Operatorenalgebren als auch Funktionenalgebren nach einheitlichen Gesichtspunkten zu behandeln.

5. Die Hilbertsche Schule

Wie die folgende Liste ausweist, wurden in den Jahren von 1901 bis 1914 auf Anregung von Hilbert nicht weniger als 19 Dissertationen angefertigt, die thematisch den Integralgleichungen und verwandten Problemen gewidmet waren:[69]

Oliver Dimon Kellogg (1902): Zur Theorie der Integralgleichungen und des Dirichlet'schen Prinzips,
Charles Max Mason (1903): Randwertaufgaben bei gewöhnlichen Differentialgleichungen,
Albert Andrae (1903): Hilfsmittel zu einer allgemeinen Theorie der linearen elliptischen Differentialgleichungen,
Erhard Schmidt (1905): Entwicklung willkürlicher Funktionen nach Systemen vorgeschriebener,
Wilhelmus David Allen Westfall (1905): Zur Theorie der Integralgleichungen,
Alexander Myller (1906): Gewöhnliche Differentialgleichungen höherer Ordnung in ihrer Beziehung zu den Integralgleichungen,
Wera Lebedeff (1906): Die Theorie der Integralgleichungen in Anwendung auf einige Reihenentwicklungen,
Charles Haseman (1907): Anwendung der Theorie der Integralgleichungen auf einige Randwertaufgaben in der Funktionentheorie,
William DeWeese Cairns (1907): Die Anwendung der Integralgleichungen auf die zweite Variation bei isoperimetrischen Problemen,
Robert König (1907): Oszillationseigenschaften der Eigenfunktionen der Integralgleichung mit definitem Kern und das Jacobische Kriterium der Variationsrechnung,
Ernst Hellinger (1907): Die Orthogonalinvarianten quadratischer Formen von

[68] Hilbert äußerte sich zu diesem Problem in seiner 4. Mitteilung (S. 227) und in dem Artikel „Wesen und Ziel..." (S. 72).

[69] Es handelt sich hier um einen Auszug aus einem Verzeichnis aller Hilbertschen Doktoranden, das man im 3. Band (S. 431–433) seiner Gesammelten Abhandlungen findet.

unendlichvielen Variablen,
Hermann Weyl (1908): Singuläre Integralgleichungen mit besonderer Berücksichtigung des Fourierschen Integraltheorems,
Alfred Haar (1909): Zur Theorie der orthogonalen Funktionensysteme,
Richard Courant (1910): Über die Anwendung des Dirichletschen Prinzipes auf die Probleme der konformen Abbildung,
Wallie Abraham Hurwitz (1910): Randwertaufgaben bei Systemen von linearen partiellen Differentialgleichungen erster Ordnung,
Hugo Steinhaus (1911): Neue Anwendungen des Dirichlet'schen Prinzips,
Hans Bolza (1913): Anwendungen der Theorie der Integralgleichungen auf die Elektronentheorie der verdünnten Gase,
Bernhard Baule (1914): Theoretische Behandlung der Erscheinungen in verdünnten Gasen,
Kurt Schellenberg (1914): Anwendung der Integralgleichungen auf die Theorie der Elektrolyse.

Unter den aufgezählten Dissertationen hat zweifellos die von Schmidt die größte Bedeutung erlangt. Aber auch Weyl und Haar traten gleich am Anfang ihrer wissenschaftlichen Laufbahn mit wichtigen Beiträgen hervor.

Viele der Hilbertschen Doktoranden sind später selbst führende Mathematiker geworden:

Oliver Dimon Kellog (1878–1932),
Erhard Schmidt (1876–1959),
Hermann Weyl (1885–1955),
Ernst Hellinger (1883–1950),
Alfred Haar (1885–1933),
Richard Courant (1888–1972),
Hugo Steinhaus (1887–1972).

Hinzu kommt

Otto Toeplitz (1881–1940),

der sich 1907 in Göttingen habilitierte. Weitere Mitbegründer der Funktionalanalysis sind durch ihre engen Kontakte mit Hilbert wesentlich beeinflußt worden:

Friedrich Riesz (1880–1956),
Hans Hahn (1879–1934),
Johann von Neumann (1903–1957).

Schließlich sei noch darauf hingewiesen, daß

Stefan Banach (1892–1945)

durch den Hilbert-Schüler Steinhaus entdeckt und gefördert worden ist. Solche Ketten von Lehrer-Schüler-Beziehungen ließen sich bis zur heutigen Generation in die verschiedensten Richtungen aufzeigen.

Zusammenfassend kann festgestellt werden, daß David Hilbert durch seine eigenen Leistungen und die seiner Schüler ganz entscheidend zur Entwicklung der Funktionalanalysis beigetragen hat. Gemeinsam mit Fredholm legte er das Fundament zu einem

Gebäude, dessen Rohbau von Riesz, Banach, von Neumann und anderen bis Anfang der dreißiger Jahre fertiggestellt wurde. Danach erfolgte ein ständiger Ausbau, der auch bis jetzt noch nicht abgeschlossen ist. Uns heutigen Mathematikern bleibt die Aufgabe, dieses Werk nicht nur mit handwerklichem Fleiß, sondern auch mit neuen Ideen fortzuführen.

6. Biographische Notizen

David Hilbert wurde am 23. Januar 1862 in Wehlau bei Königsberg (dem heutigen Kaliningrad) geboren. Seine Eltern waren der Jurist Otto Hilbert und dessen Ehefrau Maria, geb. Erdtmann. Nach dem Besuch der Schule in Königsberg studierte Hilbert fast ausschließlich an der dortigen Universität. Nur das zweite Semester verbrachte er in Heidelberg. Zu seinen Lehrern gehörten Heinrich Weber, Lazarus Fuchs und Ferdinand von Lindemann. Großen Einfluß auf seine mathematische Entwicklung hatte die enge Freundschaft mit Hermann Minkowski (1864–1909) und Adolf Hurwitz (1859 bis 1919). Hilbert promovierte 1885 bei Lindemann in Königsberg und habilitierte sich 1886 an der gleichen Universität. Dort wurde er 1892 zum Extraordinarius und ein Jahr später zum Ordinarius ernannt. Der entscheidende Schritt in Hilberts Leben war die durch Felix Klein veranlaßte Berufung an die Universität in Göttingen, wo er von 1895 bis zu seinem Tode am 14. Februar 1943 wirkte. Im Jahre 1892 heiratete Hilbert die Kaufmannstochter Käthe Jerosch, die ihn um zwei Jahre überlebte. Aus dieser Ehe ist ein Sohn hervorgegangen.

Ausführliche Darstellungen über Leben und Werk David Hilberts findet man in dem Buch von Reid (1970) sowie in den Artikeln von Blumenthal (1935), Schmidt (1943) und Weyl (1944). Wir verweisen auch auf den von Reidemeister (1971) herausgegebenen Hilbert-Gedenkband.

Erhard Schmidt wurde am 14. Januar 1876 in Dorpat (dem heutigen Tartu) geboren. Seine Eltern waren der Physiologie-Professor Alexander Schmidt und dessen Ehefrau Ida, geb. von Fick. Nach dem Besuch der Schulen in Dorpat und Riga studierte Schmidt an den Universitäten in Dorpat, Berlin und Göttingen. Zu seinen Lehrern gehörten Adolf Kneser, Hermann Amandus Schwarz und David Hilbert. Schmidt promovierte 1905 bei Hilbert in Göttingen und habilitierte sich 1906 in Bonn. Die erste Berufung erfolgte 1908 an die Züricher Universität. Danach war er Professor in Erlangen und Breslau. Schließlich ging er 1917 an die Universität in Berlin, wo er bis zu seinem Tode am 6. Dezember 1959 wirkte. Im Jahre 1909 heiratete er Berta von Bergmann, die jedoch schon 1916 bei der Geburt des dritten Sohnes verstarb.

Ausführliche Darstellungen über Leben und Werk Erhard Schmidts findet man in den Artikeln von Nevanlinna (1956), Schröder (1963), Rohrbach (1968) und Dinghas (1970).

Aus dem Protokoll des Regierungsrates 1908.

1835. Hochschule. Infolge Rücktritts des Herrn Prof. Burkhardt ist das Ordinariat für Mathematik an der philosophischen Fakultät, II. Sektion, auf Beginn des kommenden Wintersemesters neu zu besetzen. Die Fakultät hat die Frage der Wiederbesetzung dieses wichtigen Lehrstuhles einer eingehenden Prüfung unterzogen und dabei zunächst insbesondere untersucht, ob nicht einer der Mathematiklehrer unserer Mittelschulen in Frage kommen könnte; sie ist jedoch zu einem negativen Resultat gekommen. Die ferneren Nachforschungen haben alsdann, nachdem von einzelnen weitern Kandidaten teils aus Alters-, teils aus finanziellen Rücksichten hatte Abstand genommen werden müssen, auf Privatdozent Dr. Erhard Schmidt in Bonn geführt, der als ein ebenso vorzüglicher Mathematiker wie trefflicher Dozent geschildert wird. Die Fakultät schlägt ihn denn mit Einmut zur Wahl vor und der Erziehungsrat schließt sich dem Antrag an.

Dr. Erhard Schmidt, geboren 1876 in Dorpat, machte seine mathematischen Studien in Göttingen, wo er 1905 promovierte, nachdem er zuerst in einem technischen Beruf tätig gewesen war. Im Jahre 1906 habilitierte er sich an der Universität Bonn für mathematische Disziplinen. In einer Reihe von Publikationen, die in mathematischen Kreisen volle Anerkennung gefunden, hat er den Beweis seiner wissenschaftlichen Befähigung erbracht. Übereinstimmend wird er von mehreren der anerkannt hervorragendsten deutschen und schweizerischen Mathematikern als sehr tüchtig empfohlen. Frobenius, eine der ersten Autoritäten auf dem Gebiete der mathematischen Analysis, bezeichnet ihn als den hervorragendsten Mathematiker der ganzen Göttinger-Schule, während Professor Study in Bonn, auf dessen Veranlassung Dr. Schmidt dort sich habilitierte, auf Grund eigenen Urteils ihn als tüchtigen Dozenten kennt und auch über seine Persönlichkeit nur das allerbeste zu sagen weiß.

Allerdings ist es ungewohnt, einen Privatdozenten direkt als Ordinarius vorzuschlagen. Allein der Umfang wie auch die Bedeutung des zu besetzenden Lehrstuhls bedingen die Berufung eines Ordinarius; nach allen vorliegenden Urteilen hat der Vorgeschlagene auch alle Eigenschaften, die von dem Inhaber des Lehrstuhls gefordert werden müssen.

Der Regierungsrat,

nach Einsicht eines Antrages der Erziehungsdirektion und des Erziehungsrates,

wählt

Herrn Dr. Erhard Schmidt, von Dorpat, zurzeit Privatdozent an der Universität Bonn, als ordentlichen Professor für Mathematik an der Hochschule in Zürich

und beschließt:

I. Der Amtsantritt erfolgt auf 15. Oktober 1908.

II. Die Wahl geschieht auf eine Amtsdauer von sechs Jahren.

III. Der Gewählte ist zu 10—12 wöchentlichen Stunden (Vorlesungen und Übungen) verpflichtet.

IV. Die Jahresbesoldung beträgt außer den gesetzlichen Kollegiengeldern Fr. 5000.

V. Der Gewählte ist verpflichtet, sich zum Eintritt in die Witwen- und Waisenkasse der Professoren der Hochschule anzumelden und in der Stadt Zürich oder deren nächster Umgebung Wohnung zu nehmen.

VI. Mitteilung an Herrn Privatdozent Dr. Erhard Schmidt, in Bonn (im Dispositiv), das Rektorat der Hochschule, das Dekanat der philosophischen Fakultät, II. Sektion, die Direktionen der Finanzen und des Erziehungswesens, die Kantonsschulverwaltung, das Präsidium der Witwen- und Waisenkasse der Professoren der Hochschule.

Zürich, den 24. September 1908.

Vor dem Regierungsrate,
Der Staatsschreiber:

D. G. Huber

Protokoll zur Berufung Erhard Schmidts nach Zürich, 1908

Literatur

Teil A: Historische und biographische Beiträge

BERNKOPF, M.

1966 The development of function spaces with particular reference to their origins in integral equation theory. Arch. Hist. Exact Sci. **3**, 1–96.

1968 A history of infinite matrices. Arch. Hist. Exact Sci. **4**, 308–358.

BIRKHOFF, G./KREYSZIG, E.

1984 The establishment of functional analysis. Historia Math. **11**, 258–321.

BLUMENTHAL, O.

1935 Lebensgeschichte. In: Gesammelte Abhandlungen von David Hilbert, Band **3**, 388 bis 429. Berlin : Springer-Verlag.

BOURBAKI, N.

1971 Elemente der Mathematikgeschichte. Göttingen : Vandenhoeck & Ruprecht.

DIEUDONNÉ, J.

1981 History of functional analysis. Math. Studies **49**. Amsterdam–New York–Oxford : North-Holland.

DINGHAS, A.

1970 Erhard Schmidt (Erinnerungen und Werk). Jahresber. Deut. Math. Verein. **72**, 3–17.

HELLINGER, E.

1935 Hilberts Arbeiten über Integralgleichungen und unendliche Gleichungssysteme. In: Gesammelte Abhandlungen von David Hilbert, Band **3**, 94–145. Berlin : Springer Verlag.

HELLINGER, E./TOEPLITZ, O.

1927 Integralgleichungen und Gleichungen mit unendlich vielen Unbekannten. Encyklopädie Math. Wiss. II. C. 13. Leipzig : Teubner-Verlag. (Nachdruck. New York : Chelsea, 1952.)

HEUSER, H.

1986 Funktionalanalysis. Stuttgart : Teubner-Verlag.

KOWALEWSKI, G.

1950 Bestand und Wandel (Meine Lebenserinnerungen zugleich ein Beitrag zur neueren Geschichte der Mathematik). München : Oldenbourg-Verlag.

MONNA, A. F.

1973 Functional analysis in historical perspective. Utrecht : Oosthoek Publ. Comp.

NEVANLINNA, R.

1956 Erhard Schmidt (zu seinem 80. Geburtstag). Math. Nachr. **15**, 3–6.

REID, C.

1970 Hilbert. New York–Heidelberg–Berlin : Springer-Verlag.

REIDEMEISTER, K. (Herausgeber)

1971 Hilbert (Gedenkband). Berlin–Heidelberg–New York : Springer-Verlag.

ROHRBACH, H.

1968 Erhard Schmidt (Ein Lebensbild). Jahresber. Deut. Math. Verein. **69**, 209–224.

Schmidt, E.
1919 Antrittsrede. Sitzungsber. Preuß. Akad. Wiss. Berlin 564–566.
1943 David Hilbert. Forschungen und Fortschritte **19**, 108.

Schröder, K.
1963 Erhard Schmidt. Math. Nachr. **25**, 1–3.

Siegmund-Schultze, R.
1982 Die Anfänge der Funktionalanalysis und ihr Platz im Umwälzungsprozeß der Mathematik um 1900. Arch. Hist. Exact Sci. **26**, 13–71.
1986 Der Beweis des Hilbert-Schmidt-Theorems. Arch. Hist. Exact Sci. **36**, 251–270.

Steen, L. A.
1973 Highlights in the history of spectral theory. Amer. Math. Monthly **80**, 359–381.

Taylor, A. E.
1982 A study of Maurice Fréchet: I. His early work on point set theory and the theory of functionals. Arch. Hist. Exact Sci. **27**, 233–295.
1985 A study of Maurice Fréchet: II. Mainly about his work on general topology, 1909–1928. Arch. Hist. Exact Sci. **34**, 279–380.
1987 A study of Maurice Fréchet: III. Fréchet as analyst, 1909–1930. Arch. Hist. Exact Sci. **37**, 25–76.

Weyl, H.
1944 David Hilbert and his mathematical work. Bull. Amer. Math. Soc. **50**, 612–654.

Young, L.
1981 Mathematicians and their times. Math. Studies **48**. Amsterdam–New York–Oxford : North Holland.

Teil B: Funktionalanalytische Beiträge

Allakhverdiev, D. E.
1957 Über die Güte der Approximation von vollstetigen Operatoren durch endlichdimensionale Operatoren (russisch). Azerbajzhan. Gos. Univ. Uchen. Zap. (Baku) **2**, 27–37.

Banach, S.
1922 Sur les opérations dans les ensembles abstraits et leur application aux équations intégrales. Fund. Math. **3**, 133–181.
1929 Sur les fonctionelles linéaires. Studia Math. **1**, 211–216 und 223–229.
1932 Théorie des opérations linéaires. Warszawa : Monografie Matematyczne.

Barnes, B. A./Murphy, G. J./Smyth, M. R. F./West, T. T.
1982 Riesz and Fredholm theory in Banach algebras. Research Notes in Math. **67**. Boston–London–Melbourne : Pitman.

Carleman, T.
1921 Zur Theorie der linearen Integralgleichungen. Math. Z. **9**, 196–217.
1923 Sur les équations intégrales singulières à noyau réel et symétrique. Uppsala : Univ. Årsskrift.

Courant, R.
1920 Über die Eigenwerte bei den Differentialgleichungen der mathematischen Physik. Math. Z. **7**, 1–57.

Dineen, S.
1981 Complex analysis in locally convex spaces. Math. Studies **57**. Amsterdam–New York–Oxford : North-Holland.

DIXON, A. C.
1901 On a class of matrices of infinite order and on the existence of "matricial" functions on a Riemann surface. Trans. Cambridge Phil. Soc. **14**, 190–233.

DOWSON, H. R.
1978 Spectral theory of linear operators. London–New York–San Francisco : Academic Press.

DUGUNDJI, J./GRANAS, A.
1982 Fixed point theory. Warszawa : Polish Sci. Publ.

DUNFORD, N.
1958 A survey of the theory of spectral operators. Bull. Amer. Math. Soc. **64**, 217–274.

DUNFORD, N./SCHWARTZ, J. T.
1963 Linear operators, part II. New York–London : Interscience Publ.
1971 Linear operators, part III. New York–London–Sydney–Toronto : Wiley-Interscience.

DVORETZKY, A.
1961 Some results on convex bodies and Banach spaces. Proc. Symp. on Linear Spaces, Jerusalem, 123–160.

ENFLO, P.
1973 A counterexample to the approximation problem in Banach spaces. Acta Math. **130**, 309–317.

FISCHER, E.
1907 Sur la convergence en moyenne. C. R. Acad. Sci. Paris **144**, 1022–1024.

FRÉCHET, M.
1906 Sur quelques points du calcul fonctionnel (Thèse, Paris 1906). Rendiconti Circ. Mat. Palermo **22**, 1–74.
1928 Les espaces abstraits. Paris : Gauthier-Villars.

FREDHOLM, I.
1900 Sur une nouvelle méthode pour la résolution du problème de Dirichlet. Öfversigt of Kongl. Svenska Vetenskaps-Akademiens Förhandlingar **57**, 39–46.
1903 Sur une classe d'équations fonctionnelles. Acta Math. **27**, 365–390.
1910 Les équations intégrales linéaires. C. R. Congrès Math. Stockholm 1909, 92–100. Leipzig : Teubner-Verlag.

FREUDENTHAL, H.
1936 Teilweise geordnete Moduln. Proc. Acad. Sci. Amsterdam **39**, 641–651.

GELFAND, I. M.
1941 Normierte Ringe. Mat. Sbornik **9**, 3–24.

GELFAND, I. M./KOSTJUTSCHENKO, A. G.
1955 Über die Entwicklung von Differentialoperatoren und anderen Operatoren nach Eigenfunktionen (russisch). Doklady Akad. Nauk SSSR **103**, 349–352.

GELFAND, I. M./NEUMARK, M. A.
1943 Über die Einbettung einer normierten Algebra in die Algebra der Operatoren eines Hilbertschen Raumes (russisch). Mat. Sbornik **12**, 197–213.

GELFAND, I. M./WILENKIN, N. J.
1964 Verallgemeinerte Funktionen, Band 4. Berlin : Deut. Verlag der Wiss., Russisches Original (Moskau : Fizmatgiz, 1961).

Gohberg, I. C./Krein, M. G.
1969 Introduction to the theory of non-self-adjoint operators in Hilbert space. Providence : Amer. Math. Soc., Russisches Original (Moskau : Nauka, 1965).

Gram, J. P.
1883 Ueber die Entwicklung reeller Funktionen in Reihen mittels der Methode der kleinsten Quadrate. J. Reine Angew. Math. **94**, 41–73.

Grothendieck, A.
1951 Sur une notion de produit tensoriel topologique d'espaces vectoriels topologiques et une classe remarquable d'espaces vectoriels liée à cette notion. C. R. Acad. Sci. Paris **233**, 1556–1558.
1956 La théorie de Fredholm. Bull. Soc. Math. France **84**, 319–384.

Hahn, H.
1922 Über Folgen linearer Operationen. Monatshefte Math. Phys. **32**, 3–88.
1927 Über lineare Gleichungssysteme in linearen Räumen. J. Reine Angew. Math. **157**, 214 bis 229.

Hausdorff, F.
1923 Eine Ausdehnung des Parsevalschen Satzes über Fourierreihen. Math. Z. **16**, 163–169.

Hellinger, E./Toeplitz, O.
1910 Grundlagen für eine Theorie der unendlichen Matrizen. Math. Ann. **69**, 289–330.
1927 Integralgleichungen und Gleichungen mit unendlich vielen Unbekannten. Encyklopädie Math. Wiss. II. C. 13. Leipzig : Teubner-Verlag. (Nachdruck. New York : Chelsea, 1952.)

Helly, E.
1921 Über Systeme linearer Gleichungen mit unendlich vielen Unbekannten. Monatshefte Math. Phys. **31**, 60–91.

Hilb, E.
1908 Über die Auflösung von Gleichungen mit unendlich vielen Unbekannten. Sitzungsber. Phys.-Med. Sozietät, Erlangen, **40**, 84–89.

Hill, G. W.
1877 On the part of the motion of the lunar perigee which is a function of the mean motion of the sun and moon. Cambridge (Mass.) und Acta Math. **8** (1886), 1–36.

Hille, E.
1948 Functional analysis and semi-groups. New York : Amer. Math. Soc. Erweiterte Auflage gemeinsam mit R. S. Phillips 1957.

Hille, E./Tamarkin, J. D.
1931 On the characteristic values of linear integral equations. Acta Math. **57**, 1–76.

Koch, H. von
1901 Sur quelques points de la théorie des déterminants infinis. Acta Math. **24**, 89–122.
1910 Sur les systèmes d'une infinité d'équations linéaires à une infinité d'inconnues. C. R. Congrès Math. Stockholm 1909, 43–61. Leipzig : Teubner-Verlag.

König, H.
1986 Eigenvalue distribution of compact operators. Basel : Birkhäuser-Verlag.

Köthe, G./Toeplitz, O.
1934 Lineare Räume mit unendlich vielen Koordinaten und Ringe unendlicher Matrizen. J. Reine Angew. Math. **171**, 193–226.

KREIN, S. G.
1971 Linear differential equations in Banach spaces. Providence : Amer. Math. Soc., Russisches Original (Moskau : Nauka, 1967).

KUO, H.-H.
1975 Gaussian measures in Banach spaces. Lecture Notes in Math. **463**. Berlin–Heidelberg–New York : Springer-Verlag.

LEBESGUE, H.
1902 Intégral, longueur, aire (Thèse, Paris 1902). Annali di Mat. (3), **7**, 231–259.

LEZAŃSKI, T.
1953 The Fredholm theory of linear equations in Banach spaces. Studia Math. **13**, 244–276.

LJUSTERNIK, L. A./SOBOLEW, W. I.
1955 Elemente der Funktionalanalysis. Berlin : Akademie-Verlag, Russisches Original (Moskau : Gos. Izd. Tech. Teor. Lit., 1951).

LÖWIG, H.
1934 Komplexe euklidische Räume von beliebiger endlicher oder unendlicher Dimensionszahl. Acta Sci. Math. Szeged **7**, 1–33.

LUXEMBURG, W. A. J./ZAANEN, A. C.
1971 Riesz spaces, Vol. I. Amsterdam–London : North-Holland.

MAURIN, K.
1968 General eigenfunction expansions and unitary representations of topological groups. Warszawa : Polish Sci. Publ.

MILMAN, V. D./SCHECHTMAN, G.
1986 Asymptotic theory of finite dimensional normed spaces. Lecture Notes in Math. **1200**. Berlin–Heidelberg–New York : Springer-Verlag.

NEUMANN, J. VON
1927 Mathematische Begründung der Quantenmechanik. Nachr. Gesell. Wiss. Göttingen, Math.-Phys. Klasse 1–57.
1929 Allgemeine Eigenwerttheorie Hermitescher Funktionaloperatoren. Math. Ann. **102**, 49–131.
1932 Mathematische Grundlagen der Quantenmechanik. Berlin : Springer-Verlag.

NEUMARK, M. A.
1959 Normierte Algebren. Berlin : Deut. Verlag der Wiss., Russisches Original (Moskau : Gos. Izd. Tech. Teor. Lit., 1955).

PEANO, G.
1888 Calcolo geometrico secondo l'Ausdehnungslehre di H. Grassmann. Torino : Fratelli Bocca.

PEŁCZYŃSKI, A.
1984 Structural theory of Banach spaces and its interplay with analysis and probability. Proc. Int. Congress Math., Warsaw 1983, Vol. 1, 237–269, Warszawa : Polish Sci. Publ. und Amsterdam–New York–Oxford : North-Holland.

PIETSCH, A.
1967 Absolut p-summierende Abbildungen in normierten Räumen. Studia Math. **28**, 333 bis 353.
1978 Operator ideals. Berlin : Deut. Verlag der Wiss. und Amsterdam–New York–Oxford : North-Holland 1980.
1987 Eigenvalues and s-numbers. Leipzig : Akademische Verlagsgesellschaft Geest & Portig und Cambridge Univ. Press.

POINCARÉ, H.
1886 Sur les déterminants d'ordre infini. Bull. Soc. Math. France **14**, 77–90.

RELLICH, F.
1934 Spektraltheorie in nicht-separablen Räumen. Math. Ann. **110**, 342–356.

RIESZ, F.
1906 Sur les ensembles de fonctions. C. R. Acad. Sci. Paris 143, 738–741.
1907:a Über orthogonale Funktionensysteme. Nachr. Königl. Gesell. Wiss. Göttingen, Math.-Phys. Klasse 116–122.
1907:b Sur les systèmes orthogonaux de fonctions. C. R. Acad. Sci. Paris 144, 615–619.
1910:a Untersuchungen über Systeme integrierbarer Funktionen. Math. Ann. **69**, 449–497.
1910:b Über quadratische Formen von unendlich vielen Veränderlichen. Nachr. Königl. Gesell. Wiss. Göttingen, Math.-Phys. Klasse 190–195.
1913 Les systèmes d'équations linéaires à une infinité d'inconnues. Paris : Gauthier-Villars.
1918 Über lineare Funktionalgleichungen. Acta Math. **41**, 71–98.

RUSTON, A. F.
1951 On the Fredholm theory of integral equations for operators belonging to the trace class of a general Banach space. Proc. London Math. Soc. (2) **53**, 109–124.
1954 Operators with a Fredholm theory. J. London Math. Soc. **29**, 318–326.
1986 Fredholm theory in Banach spaces. Cambridge Univ. Press.

SAKAI, S.
1971 C*-algebras and W*-algebras. Berlin–Heidelberg–New York : Springer-Verlag.

SCHATTEN, R.
1960 Norm ideals of completely continuous operators. Berlin–Heidelberg–New York : Springer-Verlag.

SCHATTEN R./NEUMANN, J. VON
1946 The cross-space of linear transformations II. Ann. of Math. (2) **47**, 608–630.
1948 The cross-space of linear transformations III. Ann. of Math. (2) **49**, 557–582.

SCHAUDER, J.
1930 Über lineare vollstetige Funktionaloperationen. Studia Math. 2, 183–196.

SCHMIDT, E.
1948 Die Brunn-Minkowskische Ungleichung und ihr Spiegelbild sowie die isoperimetrische Eigenschaft der Kugel in der euklidischen und nichteuklidischen Geometrie. Math. Nachr. **1**, 81–157.

SCHOENFLIES, A.
1908 Die Entwicklung der Lehre von den Punktmannigfaltigkeiten (zweiter Teil). Leipzig : Teubner-Verlag.

SCHUR, I.
1909 Über die charakteristischen Wurzeln einer linearen Substitution mit einer Anwendung auf die Theorie der Integralgleichungen. Math. Ann. **66**, 488–510.

SCHWARTZ, J.T.
1969 Nonlinear functional analysis. New York–London–Paris : Gordon and Breach.

SCHWARZ, H. A.
1885 Über ein die Flächen kleinsten Flächeninhalts betreffendes Problem der Variationsrechnung. Acta Soc. Sci. Fennicae **15**, 315–362.

SKOROHOD, A. V.
1974 Integration in Hilbert space. New York–Heidelberg : Springer-Verlag.

SMITHIES, F.
1941 The Fredholm theory of integral equations. Duke Math. J. **8**, 107–130.

STONE, M. H.
1932 Linear transformations in Hilbert space. New York : Amer. Math. Soc.

SZ.-NAGY, B.
1942 Spektraldarstellung linearer Transformationen des Hilbertschen Raumes. Berlin : Springer-Verlag.

WAINBERG, M. M./TRENOGIN, W. A.
1973 Theorie der Lösungsverzweigung bei nichtlinearen Gleichungen. Berlin : Akademie-Verlag, Russisches Original (Moskau : Nauka, 1969).

WEYL, H.
1909 Über die Konvergenz von Reihen, die nach Orthogonalfunktionen fortschreiten. Math. Ann. **67**, 225–245.
1912 Das asymptotische Verteilungsgesetz der Eigenwerte linearer partieller Differentialgleichungen (mit einer Anwendung auf die Theorie der Hohlraumstrahlung). Math. Ann. **71**, 441–479.
1918 Raum, Zeit, Materie. Berlin : Springer-Verlag.
1949 Inequalities between the two kinds of eigenvalues of a linear transformation. Proc. Nat. Acad. USA **35**, 408–411.

WIENER, N.
1922 Limit in terms of continuous transformations. Bull. Soc. Math. France **150**, 124–134.

WINTNER, A.
1929 Spektraltheorie der unendlichen Matrizen. Leipzig : Hirzel-Verlag.

YOUNG, W. H.
1912 Sur la généralisation du théorème de Parseval. C. R. Acad. Sci. Paris **155**, 30–33.

Grabstein DAVID HILBERTS in Göttingen

Plastik „Erhard Schmidt“ von Fritz Cremer, 1953

Namen- und Sachverzeichnis

(Kursiv gedruckte Seitenzahlen verweisen auf das neuverfaßte Nachwort des Herausgebers. Die Namen D. HILBERT und E. SCHMIDT sind in dieses Verzeichnis nicht aufgenommen worden.)

Teubner-Archiv zur Mathematik

Band 1 (1984): *C. F. Gauß, B. Riemann, H. Minkowski*
Gaußsche Flächentheorie, Riemannsche Räume und Minkowski-Welt
Hrsg.: J. Böhm, H. Reichardt
Bestell-Nr. 666185 9/Springer-Verlag Wien New York: ISBN 3-211-95825-8

Band 2 (1984): *G. Cantor*
Über unendliche, lineare Punktmannigfaltigkeiten. Arbeiten zur Mengenlehre 1872–1884
Hrsg.: G. Asser
Bestell-Nr. 666187 5/Springer-Verlag Wien New York: ISBN 3-211-95826-6

Band 3 (1985): *G. Herglotz*
Vorlesungen über die Mechanik der Kontinua
Hrsg.: R. B. Guenther, H. Schwerdtfeger. Mit e. Geleitwort v. H. Beckert
Bestell-Nr. 666255 2/Springer-Verlag Wien New York: ISBN 3-211-95821-5

Band 4 (1985): *H. Reichardt*
Gauß und die Anfänge der nicht-euklidischen Geometrie
Mit Originalarbeiten von J. Bolyai, N. I. Lobatschewski und F. Klein
Bestell-Nr. 666249 9/Springer-Verlag Wien New York: ISBN 3-211-95822-3

Band 5 (1986): *F. Klein*
Riemannsche Flächen. Vorlesungen, gehalten in Göttingen 1891/92
Hrsg.: G. Eisenreich, W. Purkert
Bestell-Nr. 666254 4/Springer-Verlag Wien New York: ISBN 3-211-95829-0

Band 6 (1986): *D. König*
Theorie der endlichen und unendlichen Graphen. Mit einer Abhandlung von L. Euler
Hrsg.: H. Sachs. Mit e. biograph. Anhang v. T. Gallai u. e. Geleitwort v. P. Erdös
Bestell-Nr. 666319 2/Springer-Verlag Wien New York: ISBN 3-211-95830-4

Band 7 (1987): *F. Klein*
Funktionentheorie in geometrischer Behandlungsweise. Vorlesung, gehalten in Leipzig 1880/81
Hrsg.: F. König. Mit e. Geleitwort v. F. Hirzebruch
Bestell-Nr. 666376 6/Springer-Verlag Wien New York: ISBN 3-211-95839-8

Band 8 (1987): *C. Neumann, F. Klein, S. Lie, F. Engel, F. Hausdorff, H. Liebmann, W. Blaschke, L. Lichtenstein*
Leipziger mathematische Antrittsvorlesungen. Auswahl aus den Jahren 1869–1922
Hrsg.: H. Beckert, W. Purkert
Bestell-Nr. 666373 1/Springer-Verlag Wien New York: ISBN 3-211-95840-1

Band 9 (1988): *K. Weierstraß*
Ausgewählte Kapitel aus der Funktionenlehre. Vorlesung, gehalten in Berlin 1886
Hrsg.: R. Siegmund-Schultze. Mit e. Geleitwort v. K.-R. Biermann
Bestell-Nr. 666459 0/Springer-Verlag Wien New York: ISBN 3-211-95841-X

Band 10 (1988): Nachrufe auf Berliner Mathematiker des 19. Jahrhunderts
C. G. J. Jacobi · P. G. L. Dirichlet · E. E. Kummer · L. Kronecker · K. Weierstrass
Hrsg.: H. Reichardt
Bestell-Nr. 666498 8/Springer-Verlag Wien New York: ISBN 3-211-95842-8